中国三峡集团招标文件范本

项目类型：水力发电工程

金结与机电设备类招标文件范本

（第一册）

（2017 年版）

中国长江三峡集团有限公司　编著

中国三峡出版传媒

中国三峡出版社

图书在版编目（CIP）数据

金结与机电设备类招标文件范本．第一册：2017年版/中国长江三峡集团有限公司编著．—北京：中国三峡出版社，2018.6

中国三峡集团招标文件范本　项目类型．水力发电工程

ISBN 978－7－5206－0044－6

Ⅰ．①金… Ⅱ．①中… Ⅲ．①三峡水利工程—金属结构—招标—文件—范本 ②三峡水利工程—机电设备—招标—文件—范本 Ⅳ．①TV34 ②TV734

中国版本图书馆CIP数据核字（2018）第135942号

责任编辑：任景辉

中国三峡出版社出版发行

（北京市西城区西廊下胡同51号　　100034）

电话：（010）57082566　57082645

http：//www.zgsxcbs.cn

E－mail：sanxiaz@sina.com

北京华联印刷有限公司印刷　新华书店经销

2018年6月第1版　2018年6月第1次印刷

开本：787毫米×1092毫米　1/16　印张：27.25

字数：525千字

ISBN 978－7－5206－0044－6　　定价：138.00元

编 委 会

前　言

　　1992年，经全国人大批准，三峡工程开工建设。中国长江三峡集团有限公司（原名"中国长江三峡工程开发总公司"，以下简称"三峡集团"）作为项目法人，积极推行"项目法人负责制、招标投标制、工程监理制、合同管理制"，对控制"质量、造价、进度"起到了重要作用。三峡工程招标采购管理的改革实践，引领了当时国内大水电招标采购管理，为国家制定招投标方面的法律法规提供了宝贵的实践经验。三峡工程吸引了全国乃至全世界优秀的建筑施工企业、物资供应商和设备制造商参与投标、竞争，三峡集团通过择优选取承包商，实现了资源的优化配置和工程投资的有效控制。三峡集团秉承"规范、公正、阳光、节资"的理念，打造"规范高效、风险可控、知识传承"的招标文件范本体系，持续在科学性和规范性上深耕细作，已发布了覆盖水电工程、新能源工程、咨询服务等领域的100多个招标文件范本。招标文件范本在公司内已经使用2年，对提高招标文件编制质量和工作效率发挥了良好的作用，促进了三峡集团招标投标活动的公开、公平和公正。

　　本系列招标文件范本遵照国家《标准施工招标文件》（2007年版）体例和条款，吸收三峡集团招标采购管理经验，按照标准化、规范化的原则进行编制。系列丛书分为水力发电工程建筑与安装工程、水力发电工程金结与机电设备、水力发电工程大宗与通用物资、咨询服务、新能源工程5类9册15个招标文件范本。在项目划分上充分考虑了实际项目招标需求，既包括传统的工程、设备、物资招标项目，也包括科研项目和信息化建设项目，具有较强的实用性。针对不同招标项目的特点选择不同的评标方法，制定了个性化的评标因素和合理的评标程序，为科学选择供应商提供依据；结合三峡集团的管理经验细化了合同条款，特别是水电工程施工、机电设备合同条款传承了三峡工程建设到金沙江4座巨型水电站建设的经验；编制了有前瞻性的技术条款和技术规范，部分项目采用了三峡标准，发挥企业标准的引领作用；对于近年来备受关注的电子招标投标、供应商信用评价、安全生产、廉洁管理、保密管理等方面，均编制了具备可操作性的条款。

招标文件编制涉及的专业面广，受编者水平所限，本系列招标文件范本难免有不妥当之处，敬请读者批评指正。

联系方式：ctg _ zbfb@ctg. com. cn。

编者

2018 年 6 月

目　录

水电站水轮发电机组采购招标文件范本

水电站水轮发电机组采购
招标文件范本

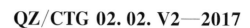
QZ/CTG 02. 02. V2—2017

_____电站水轮发电机组采购
招标文件

招标编号：_____

招标人：

招标代理机构：

20____年____月____日

使用说明

一、本《采购招标文件范本》适用于中国长江三峡集团有限公司水利水电招标项目中常规混流式水轮发电机组的采购招标。

二、本《采购招标文件范本》的章、节、条、款、项、目，供招标人和投标人选择使用；如有的条款不适用于招标项目，可在使用过程中注明"不适用"；以空格标示的由招标人填写的内容，招标人应根据招标项目具体特点和实际需要具体化，确实没有需要填写的，可在空格中用"/"标示。

三、招标人应按照《采购招标文件范本》第一章的格式发布招标公告，并将实际发布的招标公告编入出售的招标文件中，作为投标邀请。其中，招标公告应同时注明发布所在的所有媒介名称。

四、招标人应全文引用《采购招标文件范本》第二章"投标人须知"的正文内容，需要明确和细化的内容在"投标人须知前附表"中修改。

五、《采购招标文件范本》第三章"评标办法"规定采用综合评估法作为评标方法，各评审因素的评审标准、分值和权重等，原则上应不做修改的加以引用。

六、《采购招标文件范本》第四章"合同条款及格式"中的内容可根据项目实际情况进行完善和修改。

七、《采购招标文件范本》第五章"采购清单"由招标人根据招标项目具体特点和实际需要进行细化和完善，并与"投标人须知"、"合同条款及格式"、"技术标准和要求"、"图纸"相衔接。本章所附表格可根据有关规定作相应的调整和补充。

八、《采购招标文件范本》第七章"技术标准和要求"由招标人根据招标项目具体特点和实际需要编制。"技术标准和要求"中的各项技术标准应符合国家强制性标准，不得要求或标明某一特定的专利、商标、名称、设计、原产地或生产供应者，不得含有倾向或者排斥潜在投标人的其他内容。如果必须引用某一生产供应者的技术标准才能准确或清楚地说明拟招标项目的技术标准时，则应当在参照后面加上"或相当于"字样。

九、《采购招标文件范本》第六章"图纸"由招标人根据招标项目具体特点和实际需要调整，并与"投标人须知"、"合同条款及格式"、"技术标准和要求"相衔接。

十、本《采购招标文件范本》为试行版，将根据实际执行过程中出现的问题及时进行修改。各使用单位或个人对《采购招标文件范本》的修改意见和建议，可向编制工作小组反映。

联系方式：ctg＿zbfb@ctg.com.cn。

第一章　招标公告
_____（项目名称）招标公告

1　招标条件

　　本招标项目___（项目名称）___已获批准采购，采购资金来自___（资金来源）___，招标人为_____，招标代理机构为___三峡国际招标有限责任公司___。项目已具备招标条件，现对该项目进行公开招标。

2　项目概况与招标范围

2.1　项目概况

　　_____（说明本次招标项目的建设地点、规模等）。

2.2　招标范围

　　_____（说明本次招标项目的招标范围、标段划分〔如果有〕、计划工期等）。

3　投标人资格要求

3.1　本次招标要求投标人须具备以下条件：

　　（1）资质条件：_____；

　　（2）业绩要求：_____；

　　（3）信誉要求：_____；

　　（4）财务要求：_____；

　　（5）其他要求：_____。

3.2　本次招标_____（接受或不接受）联合体投标。联合体投标的，应满足下列要求：_____。

3.3　投标人不能作为其他投标人的分包人同时参加投标；单位负责人为同一人或者存在控股、管理关系的不同单位，不得参加同一标段投标或者未划分标段的同一招标项目投标；本次招标_____（接受或不接受）代理商的投标（如投标人为代理商，需获得_____授权）。

3.4 各投标人均可就本招标项目的_____（具体数量）个标段投标。^①

4 招标文件的获取

4.1 招标文件发售时间为___年___月___日___时整至___年___月___日___时整（北京时间，下同）。

4.2 招标文件每标段售价___元，售后不退。

4.3 有意向的投标人须登录中国长江三峡集团有限公司电子采购平台（网址：http://epp.ctg.com.cn/，以下简称"电子采购平台"，服务热线电话：_____）进行免费注册成为注册供应商，在招标文件规定的发售时间内通过电子采购平台点击"报名"提交申请，并在"支付管理"模块勾选对应条目完成支付操作。潜在投标人可以选择在线支付或线下支付（银行汇款）完成标书款缴纳：

（1）在线支付（单位或个人均可）时请先选择支付银行，然后根据页面提示进行支付，支付完成后电子采购平台会根据银行扣款结果自动开放招标文件下载权限；

（2）线下支付（单位或个人均可）时须通过银行汇款将标书款汇至三峡国际招标有限责任公司的开户行：_____（账号：_____）。线下支付成功后，潜在投标人须再次登录电子采购平台，依次填写支付信息、上传汇款底单并保存提交，招标代理机构工作人员核对标书款到账情况后开放下载权限。

4.4 若超过招标文件发售截止时间则不能在电子采购平台相应标段点击"报名"，将不能获取未报名标段的招标文件，也不能参与相应标段的投标，未及时按照规定在电子采购平台报名的后果，由投标人自行承担。

4.5 若超过招标文件发售截止时间则不能在电子采购平台相应标段点击"报名"，将不能获取未报名标段的招标文件，也不能参与相应标段的投标，未及时按照规定在电子采购平台报名的后果，由投标人自行承担。

5 电子身份认证

本项目投标文件的网上提交部分需要使用电子钥匙（CA）加密后上传至本电子采购平台（标书购买阶段不需使用 CA 电子钥匙）。本电子采购平台的相关电子钥匙（CA）须在北京天威诚信电子商务服务有限公司指定网站办理（网址：http://sanxia.szzsfw.com/，服务热线电话：_____），请潜在投标人及时办理，以免影响投标，由于未及时办理 CA 影响投标的后果，由投标人自行承担。

---

① 分标段时适用，根据项目情况修改。

6 投标文件的递交

6.1 投标文件递交的截止时间（投标截止时间，下同）为＿＿年＿＿月＿＿日＿＿时整。本次投标文件的递交分现场递交和网上提交，现场递交的地点为＿＿＿＿＿；网上提交的投标文件应在投标截止时间前上传至电子采购平台。

6.2 在投标截止时间前，现场递交的投标文件未送达到指定地点或者网上提交的投标文件未成功上传至电子采购平台，招标人不予受理。

7 发布公告的媒介

本次招标公告同时在中国招标投标公共服务平台（http：//www. cebpubservice. com）、中国长江三峡集团有限公司电子采购平台（http：//epp. ctg. com. cn）、三峡国际招标有限责任公司网站（www. tgtiis. com）上发布。

8 联系方式

招 标 人：＿＿＿＿＿＿＿＿＿＿ 招标代理机构：＿＿＿＿＿＿＿＿＿＿

地   址：＿＿＿＿＿＿＿＿＿＿ 地   址：＿＿＿＿＿＿＿＿＿＿

邮   编：＿＿＿＿＿＿＿＿＿＿ 邮   编：＿＿＿＿＿＿＿＿＿＿

联 系 人：＿＿＿＿＿＿＿＿＿＿ 联 系 人：＿＿＿＿＿＿＿＿＿＿

电   话：＿＿＿＿＿＿＿＿＿＿ 电   话：＿＿＿＿＿＿＿＿＿＿

传   真：＿＿＿＿＿＿＿＿＿＿ 传   真：＿＿＿＿＿＿＿＿＿＿

电子邮箱：＿＿＿＿＿＿＿＿＿＿ 电子邮箱：＿＿＿＿＿＿＿＿＿＿

招标采购监督：＿＿＿＿＿＿＿＿＿＿

联 系 人：＿＿＿＿＿＿＿＿＿＿

电   话：＿＿＿＿＿＿＿＿＿＿

传   真：＿＿＿＿＿＿＿＿＿＿

＿＿年＿＿月＿＿日

第二章　投标人须知

投标人须知前附表

条款号	条款名称	编列内容
1.1.2	招标人	名称： 地址： 联系人： 电话： 电子邮箱：
1.1.3	招标代理机构	名称：三峡国际招标有限责任公司 地址： 联系人： 电话： 电子邮箱：
1.1.4	项目名称	
1.1.5	项目概况	
1.2.1	资金来源	
1.2.2	出资比例	
1.2.3	资金落实情况	
1.3.1	招标范围	本项目招标范围如下：
1.3.2	交货要求	交货批次和进度： 交货地点： 交货条件：
1.3.3	质量要求	
1.4.1	投标人资质条件、能力和信誉	资质条件： 业绩要求： 信誉要求： 财务要求： 其他要求：
1.4.2	是否接受联合体投标	□不接受 □接受，应满足下列要求：
1.4.5	是否接受代理商投标	□不接受 □接受，应满足下列要求：
1.5	费用承担	其中中标服务费用： □由中标人向招标代理机构支付，适用于本须知1.5款＿＿＿＿＿类招标收费标准。 □其他方式：

条款号	条款名称	编列内容
1.9.1	踏勘现场	□不组织 □组织，踏勘时间： 　踏勘集中地点：
1.10.1	投标预备会	□不召开 □召开，召开时间： 　召开地点：
1.10.2	投标人提出问题的截止时间	投标预备会____天前
1.10.3	招标人书面澄清的时间	投标截止日期____天前
1.12.2	实质性偏差的内容	招标文件中规定的标有星号（＊）的技术性能要求、支付、质量保证、索赔、约定违约金、税费、适用法律、争议的解决、保函①
2.2.1	投标人要求澄清招标文件的截止时间	投标截止日期前____天
2.2.2	投标截止时间	____年____月____日____时整
2.2.3	投标人确认收到 招标文件澄清的时间	收到通知后24小时内
2.3.2	投标人确认收到 招标文件修改的时间	收到通知后24小时内
3.1.1	构成投标文件的其他材料	
3.3.1	投标有效期	自投标截止之日起____天
3.4.1	投标保证金	□不要求递交投标保证金 □要求递交投标保证金 投标文件应附上一份符合招标文件规定的投标保证金，金额为人民币_____万元/标段。 **1. 递交形式** 通过在线支付或线下支付递交的投标保证金或由国内银行的省、地市级分行出具的银行保函，不接受汇票、支票或现钞等其他方式。 **2. 递交办法** 2.1　使用在线支付或线下缴纳投标保证金 潜在投标人须登录电子采购平台，于投标截止时间前在"投标管理—投标"菜单中选择项目并点击"支付保证金"，并在"支付管理"模块勾选对应条目完成支付操作。潜在投标人可以选择在线支付或线下支付进行缴纳： （1）在线支付（通过"B2B"即企业银行对公支付）保证金时，请根据页面提示选择支付银行进行支付。 （2）线下支付投标保证金时，潜在投标人须通过银行汇款至招标代理，汇款成功后，再次登录电子采购平台，依次填写支付信息、上传汇款底单并保存提交。 2.2　使用银行保函缴纳投标保证金 潜在投标人须开具有效的银行保函，登录电子采购平台，在线下支付付款方式中选"保函"，并上传银行保函彩色扫描件。 **3. 递交时间** 潜在投标人选择在线支付方式缴纳投标保证金时，须确保在投

---

① 　根据项目具体情况调整偏差内容。

条款号	条款名称	编列内容
3.4.1	投标保证金	标截止时间前投标保证金被扣款成功，否则其投标文件将被否决；选择线下支付缴纳投标保证金时，在投标截止时间前，投标保证金须成功汇至招标代理银行账户上，否则其投标文件将被否决；选择银行保函作为投标保证金时，在投标截止时间前，银行保函原件必须随纸质投标文件一起递交招标代理机构，否则其投标将被否决。 **4. 退还信息** "投标保证金退还信息及中标服务费交纳承诺书"原件应单独密封，并在封面注明"投标保证金退还信息"，随投标文件一同递交。 **5. 投标保证金收款信息：** 开户银行：工商银行北京中环广场支行 账号：0200209519200005317 行号：20956 开户名称：三峡国际招标有限责任公司 汇款用途：BZJ
3.4.3	投标保证金的退还	**1. 使用在线支付或线下支付投标保证金方式：** 未中标投标人的投标保证金，将在中标人和招标人签订书面合同后 5 日内予以退还，并同时退还投标保证金利息；中标人的投标保证金将在其与招标人签订书面合同并提供履约担保（如招标文件有要求）、由招标代理机构扣除中标服务费用后 5 日内将余额退还（如不足，需在接到招标代理机构通知后 5 个工作日内补足差额）。 投标保证金利息按收取保证金之日的中国人民银行同期活期存款利率计息，遇利率调整不分段计息。存款利息计算时，本金以"元"为起息点，利息的金额也算至元位，元位以下四舍五入。按投标保证金存放期间计算利息，存放期间一律算头不算尾，即从开标日起算至退还之日前一天止；全年按 360 天，每月均按 30 天计算。 **2. 使用银行保函方式：** 未中标投标人的银行保函原件，将在中标人和招标人签订书面合同后 5 日内退还；中标人的保函将在中标人和招标人签订书面合同、提供履约担保（如招标文件有要求）且支付中标服务费后 5 日内无息退还。
3.5.3	近年财务状况	___年至___年
	近年完成的类似项目	___年___月___日至___年___月___日
	近年发生的重大诉讼及仲裁情况	___年___月___日至___年___月___日
	......	
3.6	是否允许递交备选投标方案	□不允许 □允许
3.7.2	现场递交投标文件份数	现场递交纸质投标文件正本 1 份、副本___份和电子版___份（U 盘）。
3.7.3	纸质投标文件签字或盖章要求	按招标文件第八章"投标文件格式"要求，签字或盖章。
3.7.4	纸质投标文件装订要求	纸质投标文件应按以下要求装订：装订应牢固、不易拆散和换页，不得采用活页装订。

条款号	条款名称	编列内容
3.7.5	现场递交的投标文件电子版（U 盘）格式	投标报价应使用 .xlsx 进行编制，其他部分的电子版文件可用 .docx、.xlsx 或 PDF 等格式进行编制。
3.7.6	网上提交的电子投标文件中的格式	第八章"投标文件格式"中的投标函和授权委托书采用签字盖章后的彩色扫描件；其他部分的电子版文件应采用 .docx、.xlsx 或 PDF 格式进行编制。
4.1.2	封套上写明	项目名称： 招标编号： 在＿＿年＿＿月＿＿日＿＿时＿＿分（投标文件截止时间）前不得开启 投标人名称：
4.2	投标文件的递交	本条款补充内容如下： 投标文件分为网上提交和现场递交两部分。 （1）网上提交 应按照中国长江三峡集团有限公司电子采购平台（以下简称"电子采购平台"）的要求将编制好的文件加密后上传至电子采购平台，具体操作方法详见网站（http：//epp. ctg. com. cn）中的"使用指南"。 （2）现场递交 投标人应将纸质投标文件的正本、副本、电子版、投标保证金退还信息和银行保函原件（如有）分别密封递交。纸质版、电子版应包含投标文件的全部内容。
4.2.2	投标文件网上提交	网上提交：中国长江三峡集团公司电子采购平台（http：//epp. ctg. com. cn/） （1）电子采购平台提供了投标文件各部分内容的上传通道，其中： "投标保证金支付凭证"应上传投标保证金汇款凭证、"投标保证金退还信息及中标服务费交纳承诺书"以及银行保函（如有）彩色扫描件；"评标因素应答对比表"本项目不适用。 （2）电子采购平台中的"商务文件"（2 个通道）、"技术文件"（2 个通道）、"投标报价文件"（1 个通道）和"其他文件"（1 个通道），每个通道最大上传文件容量为 100M。商务文件、技术文件超过最大上传容量时，投标人可将资格审查资料、图纸文件从"其他文件"通道进行上传；若容量仍不能满足，则将未上传的部分在投标文件格式文件十中进行说明，并将未上传部分包含在现场提交的电子文件中。
4.2.3	投标文件现场递交地点	现场递交至：
4.2.4	是否退还投标文件	□否 □是
4.5.1	是否提交投标样品	□否 □是，具体要求：
5.1	开标时间和地点	开标时间：同投标截止时间 开标地点：同递交投标文件地点

条款号	条款名称	编列内容
7.2	中标候选人公示	招标人在中国招标投标公共服务平台（http：//www．cebpub-service.com）、中国长江三峡集团有限公司电子采购平台（ht-tp：//epp．ctg．com．cn/）网站上公示中标候选人，公示期 3 个工作日。
7.4.1	履约担保	履约担保的形式：银行保函或保证金 履约担保的金额：签约合同价的____％ 开具履约担保的银行：须招标人认可，否则视为投标人未按招标文件规定提交履约担保，投标保证金将不予退还。 （备注：300 万元及以上的合同，签订前必须提供履约担保；300 万元以下的合同，可按项目实际情况明确是否需要履约担保。）
10	需要补充的其他内容	
10.1	是否进行转轮模型试验	□否 □是，具体要求： 根据项目实际情况填写。
10.2	知识产权	构成本招标文件各个组成部分的文件，未经招标人书面同意，投标人不得擅自复印和用于非本招标项目所需的其他目的。招标人全部或者部分使用未中标人投标文件中的技术成果或技术方案时，需征得其书面同意，并不得擅自复印或提供给第三人。
10.3	电子注册	投标人必须登录中国长江三峡集团有限公司电子采购平台（http：//epp．ctg．com．cn）进行免费注册。 未进行注册的投标人，将无法参加投标报名并获取进一步的信息。 本项目投标文件的网上提交部分需要使用电子身份认证（CA）加密后上传至本电子采购平台（标书购买阶段不需使用电子钥匙），本电子采购平台的相关电子身份认证（CA）须在指定网站办理（http：//sanxia．szzsfw．com/），请潜在投标人及时办理，并在投标截止时间至少 3 日前确认电子钥匙的使用可靠性，因此导致的影响投标或投标文件被拒收的后果，由投标人自行承担。 具体办理方法：一、请登录电子采购平台（http：//epp．ctg．com．cn/）在右侧点击"使用指南"，之后点击"CA 电子钥匙办理指南 V1.1"，下载 PDF 文件后查看办理方法；二、请直接登录指定网站（http：//sanxia．szzsfw．com/），点击右上角用户注册，注册用户名及密码，之后点击"立即开始数字证书申请"，按照引导流程完成办理。（温馨提示：电子钥匙办理完成网上流程后需快递资料，办理周期从快递到件计算 5 个工作日完成。已办理电子钥匙的请核对有效期，必要时及时办理延期！）
10.4	投标人须遵守的国家法律法规和规章，及中国长江三峡集团有限公司相关管理制度和标准	

续表

条款号	条款名称	编列内容
10.4.1	国家法律法规和规章	投标人在投标活动中须遵守包括但不限于以下法律法规和规章： （1）《中华人民共和国合同法》 （2）《中华人民共和国民法通则》 （3）《中华人民共和国招标投标法》 （4）《中华人民共和国招标投标法实施条例》 （5）《工程建设项目货物招标投标办法》（国家计委令第 27 号） （6）《工程建设项目招标投标活动投诉处理办法》（国家发展改革委等 7 部门令第 11 号） （7）《关于废止和修改部分招标投标规章和规范性文件的决定》（国家发展改革委等 9 部门令第 23 号）
10.4.2	中国长江三峡集团有限公司相关管理制度	投标人在投标活动中须遵守以下中国长江三峡集团有限公司相关管理制度： （1）《中国长江三峡集团有限公司供应商信用评价管理办法》 （2）中国长江三峡集团有限公司供应商信用评价结果的有关通知（登录中国长江三峡集团有限公司电子采购平台：http：//epp.ctg.com.cn，之后点击"通知通告"）
10.4.3	中国长江三峡集团有限公司相关企业标准	三峡企业标准：_____ 查阅网址：
10.5	投标人和其他利害关系人认为本次招标活动中涉及个人违反廉洁自律规定的，可通过招标公告中的招标采购监督电话等方式举报	

1 总则

1.1 项目概况

1.1.1 根据《中华人民共和国招标投标法》等有关法律、法规和规章的规定，本招标项目已具备招标条件，现对本项目进行招标。

1.1.2 本招标项目招标人：见投标人须知前附表。

1.1.3 本招标项目招标代理机构：见投标人须知前附表。

1.1.4 本招标项目名称：见投标人须知前附表。

1.1.5 本招标项目概况：见投标人须知前附表。

1.2 资金来源和落实情况

1.2.1 本招标项目的资金来源：见投标人须知前附表。

1.2.2 本招标项目的出资比例：见投标人须知前附表。

1.2.3 本招标项目的资金落实情况：见投标人须知前附表。

1.3 招标范围、交货要求、质量要求

1.3.1 本次招标范围：见投标人须知前附表。

1.3.2 本招标项目的交货要求：见投标人须知前附表。

1.3.3 本招标项目的质量要求：见投标人须知前附表。

1.4　投标人资格要求

1.4.1　投标人应具备承担本招标项目的资质条件、能力和信誉。相关资质要求如下：

（1）资质条件：见投标人须知前附表；

（2）业绩要求：见投标人须知前附表；

（3）信誉要求：见投标人须知前附表；

（4）财务要求：见投标人须知前附表；

（5）其他要求：见投标人须知前附表。

1.4.2　投标人须知前附表规定接受联合体投标的，除应符合本章第1.4.1项和投标人须知前附表的要求外，还应遵守以下规定：

（1）联合体各方应按招标文件提供的格式签订联合体协议书，明确联合体牵头人和各成员方权利义务；

（2）由同一专业的单位组成的联合体，按照资质等级较低的单位确定联合体的资质等级；

（3）联合体各方不得再以自己名义单独或参加其他联合体在同一标段中投标。

1.4.3　投标人不得存在下列情形之一：

（1）为招标人不具有独立法人资格的附属机构（单位）；

（2）被责令停业的；

（3）被暂停或取消投标资格的；

（4）财产被接管或冻结的；

（5）在最近三年内有骗取中标或严重违约或投标设备存在重大质量问题的；

（6）投标人处于中国长江三峡集团有限公司限制投标的专业范围及期限内。

1.4.4　投标人不能作为其他投标人的分包人同时参加投标；单位负责人为同一人或者存在控股、管理关系的不同单位，不得参加同一标段投标或者未划分标段的同一招标项目投标。

1.4.5　投标人须知前附表规定接受代理商投标的，应符合本章第1.4.1项和投标人须知前附表的要求。

1.5　费用承担

投标人在本次投标过程中所发生的一切费用，不论中标与否，均由投标人自行承担，招标人和招标代理机构在任何情况下均无义务和责任承担这些费用。本项目招标工作由三峡国际招标有限责任公司作为招标代理机构负责组织，中标服务费用由中标人向招标代理机构支付，具体金额按照下表（中标服务费收费标准）计算执行。投标人投标费用中应包含拟支付给招标代理机构的中标服务费，该费用在投标报价表中不单独出项。收费类型见投标人须知前附表。

中标服务费用在合同签订后 5 日内，由招标代理机构直接从中标人的投标保证金中扣付。投标保证金不足支付中标服务费用时，中标人应补足差额。招标代理机构收取中标服务费用后，向中标人开具相应金额的服务费发票。

中标服务费收费标准

中标金额（万元）	工程类招标费率	货物类招标费率	服务类招标费率
100 以下	1.00%	1.50%	1.50%
100—500	0.70%	1.10%	0.80%
500—1000	0.55%	0.80%	0.45%
1000—5000	0.35%	0.50%	0.25%
5000—10000	0.20%	0.25%	0.10%
10000—50000	0.05%	0.05%	0.05%
50000—100000	0.035%	0.035%	0.035%
100000—500000	0.008%	0.008%	0.008%
500000—1000000	0.006%	0.006%	0.006%
1000000 以上	0.004%	0.004%	0.004%

注：中标服务费按差额定率累进法计算。例如：某货物类招标代理业务中标金额为 900 万元，计算中标服务费如下：
100×1.5％＝1.5 万元
（500－100）×1.1％＝4.4 万元
（900－500）×0.80％＝3.2 万元
合计收费＝1.5＋4.4＋3.2＝9.1 万元

1.6 保密

参与招标投标活动的各方应对招标文件和投标文件中的商业和技术等秘密保密，违者应对由此造成的后果承担法律责任。

1.7 语言文字

1.7.1 招标投标文件使用的语言文字为中文。专用术语使用外文的，应附有中文注释。

1.7.2 投标人与招标人之间就投标交换的所有文件和来往函件，均应用中文书写。

1.7.3 如果投标人提供的任何印刷文献和证明文件使用其他语言文字，则应将有关段落译成中文一并附上，如有差异，以中文为准。投标人应对译文的正确性负责。

1.8 计量单位

所有计量均采用中华人民共和国法定计量单位。

1.9 踏勘现场

1.9.1 投标人须知前附表规定组织踏勘现场的，招标人按投标人须知前附表规定的时间、地点组织投标人踏勘项目现场。

1.9.2 投标人踏勘现场发生的费用自理。

1.9.3 除招标人的原因外，投标人自行负责在踏勘现场中所发生的人员伤亡和财产损失。

1.9.4　招标人在踏勘现场中介绍的工程场地和相关的周边环境情况，供投标人在编制投标文件时参考，招标人不对投标人据此做出的判断和决策负责。

1.10　投标预备会

1.10.1　投标人须知前附表规定召开投标预备会的，招标人按投标人须知前附表规定的时间和地点召开投标预备会，澄清投标人提出的问题。

1.10.2　投标人应在投标人须知前附表规定的时间前，在电子采购平台上以电子文件的形式将提出的问题送达招标人，以便招标人在会议期间澄清。

1.10.3　投标预备会后，招标人在投标人须知前附表规定的时间内，将对投标人所提问题的澄清，在电子采购平台上以电子文件的形式通知所有购买招标文件的投标人。该澄清内容为招标文件的组成部分。

1.10.4　招标人在会议期间澄清仅供投标人在编制投标文件时参考，招标人不对投标人据此做出的判断和决策负责。

1.11　外购与分包制造

1.11.1　投标人选择的原材料供应商、部件制造的分包商应具有相应的制造经验，具有提供本招标项目所需质量、进度要求的合格产品的能力。

1.11.2　投标人需按照投标文件格式的要求，提供有关原材料供应商和部件分包商的完整的资质文件。

1.11.3　投标人应提交与其选定的分包商草签的分包意向书。分包意向书中应明确拟分包项目内容、报价、制造厂名称等主要内容。

1.12　提交偏差表

1.12.1　投标人应对招标文件的要求做出实质性的响应。如有偏差应逐条提出，并按投标文件的格式要求提出商务、技术偏差。

1.12.2　投标人对招标文件前附表中规定的内容提出负偏差将被认为是对招标文件的非实质性响应，其投标文件将被否决。

1.12.3　按投标文件格式提出偏差仅仅是为了招标人评标方便。但未在其投标文件中提出偏差的条款或部分，应视为投标人完全接受招标文件的规定。

2　招标文件

2.1　招标文件的组成

2.1.1　本招标文件包括：

　　第一章　招标公告/投标邀请书；

　　第二章　投标人须知；

第三章　评标办法；

第四章　合同条款及格式；

第五章　采购清单；

第六章　图纸；

第七章　技术标准和要求；

第八章　投标文件格式。

2.1.2　根据本章第 1.10 款、第 2.2 款和第 2.3 款对招标文件所做的澄清、修改，构成招标文件的组成部分。

2.2　招标文件的澄清

2.2.1　投标人应仔细阅读和检查招标文件的全部内容。如发现缺页或附件不全，应及时向招标人提出，以便补齐。如有疑问，应在投标人须知前附表规定的时间前在电子采购平台上以电子文件形式，要求招标人对招标文件予以澄清。

2.2.2　招标文件的澄清将在投标人须知前附表规定的投标截止时间 15 天前在电子采购平台上以电子文件形式发给所有购买招标文件的投标人，但不指明澄清问题的来源。如果澄清发出的时间距投标截止时间不足 15 天，并且澄清内容影响投标文件编制的，招标人相应延长投标截止时间。

2.2.3　投标人在收到澄清后，应在投标人须知前附表规定的时间内以书面形式通知招标人，确认已收到该澄清。未及时确认的，将根据电子采购平台下载记录默认潜在投标人已收到该澄清文件。

2.3　招标文件的修改

2.3.1　在投标截止时间 15 天前，招标人在电子采购平台上以电子文件形式修改招标文件，并通知所有已购买招标文件的投标人。如果修改招标文件的时间距投标截止时间不足 15 天，并且修改内容影响投标文件编制的，招标人相应延长投标截止时间。

2.3.2　投标人收到修改内容后，应在投标人须知前附表规定的时间内以书面形式通知招标人，确认已收到该修改。未及时确认的，将根据电子采购平台下载记录默认潜在投标人已收到该修改文件。

3　投标文件

3.1　投标文件的组成

3.1.1　投标文件应包括下列内容：

（1）投标函；

（2）授权委托书、法定代表人身份证明；

（3）联合体协议书（如果有）；

（4）投标保证金；

（5）投标报价表；

（6）技术方案；

（7）偏差表；

（8）拟分包项目情况表；

（9）资格审查资料；

（10）构成投标文件的其他材料。

3.1.2 投标人须知前附表规定不接受联合体投标的，或投标人没有组成联合体的，投标文件不包括本章第 3.1.1（3）目所指的联合体协议书。

3.2 投标报价

3.2.1 投标人应按第五章"采购清单"的要求填写相应表格。

3.2.2 投标人在投标截止时间前修改投标函中的投标总报价，应同时修改第五章"采购清单"中的相应报价，投标报价总额为各分项金额之和。此修改须符合本章第 4.3 款的有关要求。

3.2.3 投标人应在投标文件中的投标报价上标明本合同拟提供的合同设备及服务的单价和总价。每种投标设备只允许有一个报价，采用可选择报价提交的投标将被视为非响应性投标而予以否决。

3.2.4 报价中必须包括设计、制造和装配投标设备所使用的材料、部件，试验、运输、保险、技术文件和技术服务费等及合同设备本身已支付或将支付的相关税费。

3.2.5 对于投标人为实现投标设备的性能和为保证投标设备的完整性和成套性所必需却没有单独列项和投标的费用，以及为完成本合同责任与义务所需的所有费用等，均应视为已包含在投标设备的报价中。

3.2.6 投标报价应为固定价格，投标人在投标时应已充分考虑了合同执行期间的所有风险，按可调整价格报价的投标文件将被否决。

3.3 投标有效期

3.3.1 在投标人须知前附表规定的投标有效期内，投标人不得要求撤销或修改其投标文件。

3.3.2 出现特殊情况需要延长投标有效期的，招标人在电子采购平台上以电子文件形式通知所有投标人延长投标有效期。投标人同意延长的，应相应延长其投标保证金的有效期，但不得要求或被允许修改或撤销其投标文件；投标人拒绝延长的，其投标失效，但投标人有权收回其投标保证金。

3.4 投标保证金

3.4.1 投标人在递交投标文件的同时，应按投标人须知前附表规定的金额、担保形式和第八章"投标文件格式"规定的投标保证金格式递交投标保证金，并作为其投标文件的组成部分。联合体投标的，其投标保证金由牵头人递交，并应符合投标人须知前附表的规定。

3.4.2 投标人不按本章第3.4.1项要求提交投标保证金的，其投标将被否决。

3.4.3 招标代理机构按投标人须知前附表的规定退还投标保证金。

3.4.4 有下列情形之一的，投标保证金将不予退还：

（1）投标人在规定的投标有效期内撤销或修改其投标文件；

（2）中标人在收到中标通知书后，无正当理由拒签合同协议书或未按招标文件规定提交履约担保。

3.5 资格审查资料

3.5.1 证明投标人资格和投标人合格的文件：

（1）投标人应提交证明其有资格参加投标，且中标后有能力履行合同的文件，并作为其投标文件的一部分。

（2）投标人提交的投标合格性的证明文件应使招标人满意。

（3）投标人提交的中标后履行合同的资格证明文件应使招标人满意，包括但不限于投标人已具备履行合同所需的财务、技术、设计、开发和生产能力。

3.5.2 证明投标设备的合格性和符合招标文件规定的文件：

（1）投标人应提交根据合同要求提供的所有合同货物及其服务的合格性以及符合招标文件规定的证明文件，并作为其投标文件的一部分。

（2）合同货物和服务的合格性的证明文件应包括投标表中对合同货物和服务来源地的声明。

（3）证明投标设备和服务与招标文件的要求相一致的文件可以是文字资料、图纸和数据，投标人应提供：

A. 投标设备主要技术指标和产品性能的详细说明；

B. 逐条对招标人要求的技术规格进行评议，指出自己提供的投标设备和服务是否已做出实质性响应。同时应注意：投标人在投标中可以选用替代标准、牌号或分类号，但这些替代要实质上优于或相当于技术规格的要求。

3.5.3 投标人为了具有被授予合同的资格，应提供投标文件格式要求的资料，用以证明投标人的合法地位和具有足够的能力及充分的财务能力来有效地履行合同。为此，投标人应按投标人须知前附表中规定的时间区间提交相关资格审查资料，供评标委员会审查。

3.6　备选投标方案

　　除投标人须知前附表另有规定外，投标人不得递交备选投标方案。允许投标人递交备选投标方案的，只有中标人所递交的备选投标方案方可予以考虑。评标委员会认为中标人的备选投标方案优于其按照招标文件要求编制的投标方案的，招标人可以接受该备选投标方案。

3.7　投标文件的编制

3.7.1　投标文件应按第八章"投标文件格式"进行编写，如有必要，可以增加附页，作为投标文件的组成部分。其中，投标函在满足招标文件实质性要求的基础上，可以提出比招标文件要求更有利于招标人的承诺。

3.7.2　投标文件包括网上提交的电子文件、纸质文件和现场递交的投标文件电子版（U盘），具体数量要求见投标人须知前附表。

3.7.3　纸质投标文件应用不褪色的材料书写或打印，并由投标人的法定代表人或其委托代理人签字或盖单位章。委托代理人签字的，投标文件应附法定代表人签署的授权委托书。投标文件应尽量避免涂改、行间插字或删除。如果出现上述情况，改动之处应加盖单位章或由投标人的法定代表人或其授权的代理人签字确认。所有投标文件均需使用阿拉伯数字从前至后逐页编码。签字或盖章的具体要求见投标人须知前附表。

3.7.4　现场递交的纸质投标文件的正本与副本应分别装订成册，具体装订要求见投标人须知前附表规定。

3.7.5　现场递交的投标文件电子版（U盘）应为未加密的电子文件，并应按照投标人须知前附表规定的格式进行编制。

3.7.6　网上提交的电子投标文件应按照投标人须知前附表规定格式进行编制。

4　投标

4.1　投标文件的密封和标记

4.1.1　投标文件现场递交部分应进行密封包装，并在封套的封口处加盖投标人单位章；网上提交的电子投标文件应加密后递交。

4.1.2　投标文件现场递交部分的封套上应写明的内容见投标人须知前附表。

4.1.3　未按本章第4.1.1项或第4.1.2项要求密封和加写标记的投标文件，招标人不予受理。

4.2　投标文件的递交

4.2.1　投标人应在投标人须知前附表规定的投标截止时间前分别在网上提交和现场递

交投标文件。

4.2.2　投标文件网上提交：投标人应按照前附表要求将编制好的投标文件加密后上传至电子采购平台，具体操作方法详见（http：//epp.ctg.com.cn）网站中"使用指南"。

4.2.3　投标人现场递交投标文件（包括纸质版和电子版）的地点：见投标人须知前附表。

4.2.4　除投标人须知前附表另有规定外，投标人所递交的投标文件不予退还。

4.2.5　在投标截止时间前，现场递交的投标文件未送达到指定地点或者网上提交的投标文件未成功上传至电子采购平台，招标人不予受理。

4.3　投标文件的修改与撤回

4.3.1　在本章第 2.2.2 项规定的投标截止时间前，投标人可以修改或撤回已递交的投标文件，但应以书面形式通知招标人。

4.3.2　投标人如要修改投标文件，必须在修改后再重新上传电子文件；现场递交的投标文件也要做出相应修改。投标人修改或撤回已递交投标文件的书面通知应按照本章第 3.7.3 项的要求签字或盖章。招标人收到书面通知后，向投标人出具签收凭证。

4.3.3　修改的内容为投标文件的组成部分。修改的投标文件应按照本章第 3 条、第 4 条规定进行编制、密封、标记和递交，并标明"修改"字样。

4.3.4　投标人撤回投标文件的，招标人自收到投标人书面撤回通知之日起 5 日内退还已收取的投标保证金。

4.4　投标文件的有效性

4.4.1　当网上提交和现场递交的投标文件内容不一致时，以网上提交的投标文件为准。

4.4.2　当现场递交的投标文件电子版与投标文件纸质版正本内容不一致时，以投标文件纸质版正本为准。

4.4.3　当电子采购平台上传的投标文件全部或部分解密失败或发生第 5.3 项紧急情形时，经监督人或公证人确认后，以投标文件纸质版正本为准。

4.5　投标样品

4.5.1　除投标人须知前附表另有规定外，投标人应提交能反映货物材质或关键部分的样品，同时应提交"样品清单"。

4.5.2　为方便评标，投标人在提供样品时，应使用透明的外包装或尽量少用外包装，但必须在所提供的样品表面显著位置标注投标人的名称、包号、样品名称、招标文件规定的货物编号。

4.5.3 样品作为投标文件的一部分，除非另有说明，中标单位的样品不再退还，未中标单位须在中标公告发布后五个工作日内，前往招标机构领取投标样品，逾期不领，招标机构将不再承担样品的保管责任，由此引发的样品丢失、毁损，招标机构不予负责。

5 开标

5.1 开标时间和地点

招标人在本章第2.2.2项规定的投标截止时间（开标时间）和投标人须知前附表规定的地点公开开标，并邀请所有投标人的法定代表人或其委托代理人准时参加。

5.2 开标程序（适用于电子开标）

招标人在规定的时间内，通过电子采购平台开评标系统，按下列程序进行开标：

（1）宣布开标程序及纪律；

（2）公布在投标截止时间前递交投标文件的投标人名称，并点名确认投标人是否派人到场；

（3）宣布开标人、记录人、监督人或公证人等人员姓名；

（4）监督人或公证人检查投标文件的递交及密封情况；

（5）根据检查情况，对未按招标文件要求递交投标文件的投标人，或已递交了一封可接受的撤回通知函的投标人，将在电子采购平台中进行不开标设置；

（6）设有标底的，公布标底；

（7）宣布进行电子开标，显示投标总价解密情况，如发生投标总价解密失败，将对解密失败的按投标文件纸质版正本进行补录；

（8）显示开标记录表（如果投标人电子开标总报价明显存在单位错误或数量级差别，在投标人当场提出异议后，按其纸质投标文件正本进行开标，评标时评标委员会根据其网上提交的电子投标文件进行总报价复核）；

（9）公证人员宣读公证词（如有）；

（10）宣布评标期间注意事项；

（11）投标人代表等有关人员在开标记录上签字确认（有公证时，不适用）；

（12）开标结束。

5.3 开标程序（适用于纸质投标文件开标）

主持人按下列程序进行开标：

（1）宣布开标纪律；

（2）公布在投标截止时间前递交投标文件的投标人名称，并点名确认投标人是否派人到场；

（3）宣布开标人、唱标人、记录人、监督人或公证人等有关人员姓名；

（4）监督人或公证人检查投标文件的递交及密封情况；

（5）确定并宣布投标文件开标顺序；

（6）设有标底的，公布标底；

（7）按照宣布的开标顺序当众开标，公布投标人名称、项目及标段名称、投标报价及其他内容，并记录在案；

（8）公证人员宣读公证词（如有）；

（9）宣布评标期间注意事项；

（10）投标人代表等有关人员在开标记录上签字确认（有公证时，不适用）；

（11）开标结束。

5.4 电子招投标的应急措施

5.4.1 开标前出现以下情况，导致投标人不能完成网上提交电子投标文件的紧急情形，招标代理机构在开标截止时间前收到电子钥匙办理单位书面证明材料时，采用纸质投标文件正本进行报价补录。

（1）电子钥匙非人为故意损坏；

（2）因电子钥匙办理单位原因导致电子钥匙办理来不及补办。

5.4.2 当电子采购平台出现下列紧急情形时，采用纸质投标文件正本进行开标：

（1）系统服务器发生故障，无法访问或无法使用系统；

（2）系统的软件或数据库出现错误，不能进行正常操作；

（3）系统发现有安全漏洞，有潜在的泄密危险；

（4）病毒发作或受到外来病毒的攻击；

（5）投标文件解密失败；

（6）其他无法进行正常电子开标的情形。

5.5 开标异议

如投标人对开标过程有异议的，应在开标会议现场当场提出，招标人现场进行答复，由开标工作人员进行记录。

5.6 开标监督与结果

5.6.1 开标过程中，各投标人应在开标现场见证开标过程和开标内容，开标结束后，将在电子采购平台上公布开标记录表，投标人可在开标当日登录电子采购平台查看相关开标结果。

5.6.2 无公证情况时，不参加现场开标仪式或开标结束后拒绝在开标记录表上签字确认的投标人，视为默认开标结果。

5.6.3　未在开标时开封和宣读的投标文件，不论情况如何均不能进入进一步的评审。

6　评标

6.1　评标委员会

6.1.1　评标由招标人依法组建的评标委员会负责。评标委员会由招标人或其委托的招标代理机构熟悉相关业务的代表，以及有关技术、经济等方面的专家组成。

6.1.2　评标委员会成员有下列情形之一的，应当回避：

（1）投标人或投标人的主要负责人的近亲属；

（2）项目行政主管部门或者行政监督部门的人员；

（3）与投标人有经济利益关系，可能影响对投标公正评审的；

（4）曾因在招标、评标以及其他与招标投标有关活动中从事违法行为而受过行政处罚或刑事处罚的；

（5）与投标人有其他利害关系。

6.2　评标原则

评标活动遵循公平、公正、科学和择优的原则。

6.3　评标

评标委员会按照第三章"评标办法"规定的方法、评审因素、标准和程序对投标文件进行评审。第三章"评标办法"没有规定的方法、评审因素和标准，不作为评标依据。

7　合同授予

7.1　定标方式

招标人依据评标委员会推荐的中标候选人确定中标人。

7.2　中标候选人公示

招标人在投标人须知前附表规定的媒介公示中标候选人。

7.3　中标通知

在本章第3.3款规定的投标有效期内，招标人以书面形式向中标人发出中标通知书，同时将中标结果通知未中标的投标人。

7.4　履约担保

7.4.1　中标人应按投标人须知前附表规定的金额、担保形式和招标文件第四章"合同条款及格式"规定的履约担保格式及时间要求向招标人提交履约担保。联合体中标的，其履约担保由牵头人递交，并应符合投标人须知前附表规定的金额、担保形式和招标文件第四章"合同条款及格式"规定的履约担保格式要求。

7.4.2 中标人不能按本章第7.4.1项要求提交履约担保的，视为放弃中标，其投标保证金不予退还，给招标人造成的损失超过投标保证金数额的，中标人还应当对超过部分予以赔偿。

7.5 签订合同

7.5.1 招标人和中标人应当自中标通知书发出之日起30天内，根据招标文件和中标人的投标文件订立书面合同。中标人无正当理由拒签合同的，招标人取消其中标资格，其投标保证金不予退还；给招标人造成的损失超过投标保证金数额的，中标人还应当对超过部分予以赔偿。

7.5.2 发出中标通知书后，招标人无正当理由拒签合同的，招标人向中标人退还投标保证金；给中标人造成损失的，还应当赔偿损失。

8 重新招标和不再招标

8.1 重新招标

有下列情形之一的依法必须招标的项目，招标人将重新招标：

（1）投标截止时间止，投标人少于3名的；

（2）经评标委员会评审后否决所有投标的；

（3）国家相关法律法规规定的其他重新招标情形。

8.2 不再招标

重新招标后投标人仍少于3名或者所有投标被否决的，不再进行招标。

9 纪律和监督

9.1 对招标人的纪律要求

招标人不得泄露招标投标活动中应当保密的情况和资料，不得与投标人串通损害国家利益、社会公共利益或者他人合法权益。

9.2 对投标人的纪律要求

9.2.1 投标人不得相互串通投标或者与招标人串通投标，不得向招标人或者评标委员会成员行贿谋取中标，不得以他人名义投标或者以其他方式弄虚作假骗取中标；投标人不得以任何方式干扰、影响评标工作，或以不正当手段获取招标人评标的有关信息，一经查实，招标人将否决其投标。

9.2.2 如果投标人存在失信行为，招标人除报告国家有关部门由其进行处罚外，招标人还将根据《中国长江三峡集团有限公司供应商信用评价管理办法》中的相关规定对其进行处理。

9.3　对评标委员会成员的纪律要求

评标委员会成员不得收受他人的财物或者其他好处，不得向他人透漏对投标文件的评审和比较、中标候选人的推荐情况以及评标有关的其他情况。在评标活动中，评标委员会成员不得擅离职守，影响评标程序正常进行，不得使用第三章"评标办法"没有规定的评审因素和标准进行评标。

9.4　对与评标活动有关的工作人员的纪律要求

与评标活动有关的工作人员不得收受他人的财物或者其他好处，不得向他人透漏对投标文件的评审和比较、中标候选人的推荐情况以及评标有关的其他情况。在评标活动中，与评标活动有关的工作人员不得擅离职守，影响评标程序正常进行。

9.5　异议处理

9.5.1　异议必须由投标人或者其他利害关系人以实名提出，在下述异议提出有效期间内以书面形式按照招标文件规定的联系方式提交给招标人。为保证正常的招标秩序，异议人须按本章第 9.5.2 项要求的内容提交异议。

（1）对资格预审文件有异议的，应在提交资格预审申请文件截止时间 2 日前提出；对招标文件及其修改和补充文件有异议的，应在投标截止时间 10 日前提出；

（2）对开标有异议的，应在开标现场提出；

（3）对中标结果有异议的，应在中标候选人公示期间提出。

9.5.2　异议书应当以书面形式提交（如为传真或者电邮，需将异议书原件同时以特快专递或者派人送达招标人），异议书应当至少包括下列内容：

（1）异议人的名称、地址及有效联系方式；

（2）异议事项的基本事实（异议事项必须具体）；

（3）相关请求及主张（主张必须明确，诉求清楚）；

（4）有效线索和相关证明材料（线索必须有效且能够查证，证明材料必须真实有效，且能够支持异议人的主张或者诉求）。

9.5.3　异议人是投标人的，异议书应由其法定代表人或授权代理人签订并盖章。异议人若是其他利害关系人，属于法人的，异议书必须由其法定代表人或授权代理人签字并盖章；属于其他组织或个人的，异议书必须由其主要负责人或异议人本人签字，并附有效身份证明复印件。

9.5.4　招标人只对投标人或者其他利害关系人提交了合格异议书的异议事项进行处理，并于收到异议书 3 日内做出答复。异议书不是投标人或者其他利害关系人提出的，异议书内容或者形式不符合第 9.5.2 项要求的，招标人可不受理。

9.5.5 招标人对异议事项做出处理后，异议人若无新的证据或者线索，不得就所提异议事项再提出异议。除开标外，异议人自收到异议答复之日起 3 日内应进行确认并反馈意见，若超过此时限，则视同异议人同意答复意见，招标及采购活动可继续进行。

9.5.6 经招标人查实，若异议人以提出异议为名进行虚假、恶意异议的，阻碍或者干扰了招标投标活动的正常进行，招标人将对异议人做出如下处理：

（1）如果异议人为投标人，将异议人的行为作为不良信誉记录在案。如果情节严重，给招标人带来重大损失的，招标人有权追究其法律责任，并要求其赔偿相应的损失，自异议处理结束之日起 3 年内禁止其参加招标人组织的招标活动。

（2）对其他利害关系人招标人将保留追究其法律责任的权利，并记录在案。

9.6 投诉

投标人和其他利害关系人认为本次招标活动违反法律、法规和规章规定的，有权向有关行政监督部门投诉。

10 需要补充的其他内容

需要补充的其他内容：见投标人须知前附表。

附件一：开标记录表

_____ (项目名称)

开标一览表

招标编号：　　　　　　　　　　标段名称：

开标时间：　　　　　　　　　　开标地点：

序号	投标人名称	投标报价（元）	备　注
1			
2			
3			
4			
5			
6			
7			
8			
9			
10			
11			
12			
……			

备注：

记录人：　　　　　　　　监督人：　　　　　　　　公证人：

附件二：问题澄清通知

项目问题澄清通知

编号：_____

_____（投标人名称）：

现将本项目评标委员会在审查贵单位投标文件后所提出的澄清问题以传真（邮件）的形式发给贵方，请贵方在收到该问题清单后逐一做出相应的书面答复，澄清答复文件的签署要求与投标文件相同，并请于____年____月____日____时前将澄清答复文件传真至三峡国际招标有限责任公司。此外该澄清答复文件电子版还应以电子邮件的形式传给我方，邮箱地址：_____@ctgpc.com.cn。未按时送交澄清答复文件的投标人将不能进入下一步评审。

附：澄清问题清单

1.

2.

......

_____招标评标委员会

____年____月____日

附件三：问题的澄清

_____（项目名称）问题的澄清

编号：_____

_____（项目名称）招标评标委员会：

问题澄清通知（编号：_____）已收悉，现澄清如下：

1.

2.

......

投标人：_____（盖单位章）

法定代表人或其委托代理人：_____（签字）

____年____月____日

附件四：中标候选人公示和中标结果公示

（项目及标段名称）中标候选人公示

（招标编号：　　　　　）

招标人		招标代理机构	三峡国际招标有限责任公司	
公示开始时间		公示结束时间		
内容		第一中标候选人	第二中标候选人	第三中标候选人
1. 中标候选人名称				
2. 投标报价				
3. 质量				
4. 工期（交货期）				
5. 评标情况				
6. 资格能力条件				
7. 项目负责人情况	姓名			
	证书名称			
	证书编号			
8. 提出异议的渠道和方式（投标人或其他利害关系人如对中标候选人有异议，请在中标候选人公示期间以书面形式实名提出，并应由异议人的法定代表人或其授权代理人签字并盖章。对于无异议人名称和地址及有效联系方式、无具体异议事项、主张不明确、诉求不清楚、无有效线索和相关证明材料的异议将不予受理）。	电话			
	传真			
	Email			

（项目及标段名称）中标结果公示

（招标人名称）根据本项目评标委员会的评定和推荐，并经过中标候选人公示，确定本项目中标人如下：

招标编号	项目名称	标段名称	中标人名称

招标人：

招标代理机构：三峡国际招标有限责任公司

日期：

附件五：中标通知书

中标通知书

_____（中标人名称）：

在_____（招标编号：_____）招标中，根据《中华人民共和国招标投标法》等相关法律法规和此次招标文件的规定，经评定，贵公司中标。请在接到本通知后的_____日内与_____联系合同签订事宜。

请在收到本传真后立即向我公司回函确认。谢谢！

合同谈判联系人：

联系电话：

_____

____年____月____日

附件六：确认通知

确认通知

_____（招标人名称）：

我方已接到你方____年____月____日发出的_____（项目名称）招标关于_____的通知，我方已于____年____月____日收到。

特此确认。

投标人：_____（盖单位章）

____年____月____日

第三章　评标办法（综合评估法）

评标办法前附表

条款号		评审因素	评审标准
2.1.1	形式评审标准	投标人名称	与营业执照、相关证书一致
		投标函签字盖章	有法定代表人或其委托代理人签字或加盖单位章
		投标文件格式	符合第八章"投标文件格式"的要求
		联合体投标人（如有）	提交联合体协议书，并明确联合体牵头人
		报价唯一	只能有一个有效报价
2.1.2	资格评审标准	营业执照	具备有效的营业执照
		资质条件	符合第二章"投标人须知"第1.4.1项规定
		业绩要求	符合第二章"投标人须知"第1.4.1项规定
		信誉要求	符合第二章"投标人须知"第1.4.1项规定
		财务要求	符合第二章"投标人须知"第1.4.1项规定
		其他要求	符合第二章"投标人须知"第1.4.1项规定
2.1.3	响应性评审标准	投标内容	符合第二章"投标人须知"第1.3.1项规定
		交货进度	符合第二章"投标人须知"第1.3.2项规定
		投标有效期	符合第二章"投标人须知"第3.3.1项规定
		投标保证金	符合第二章"投标人须知"第3.4.1项规定
		权利义务	符合第四章"合同条款及格式"规定
		投标报价表	符合第五章"采购清单"中给出的范围及数量
		技术标准和要求	符合第七章"技术标准和要求"的规定，偏差在合理范围内

条款号	条款内容	编列内容
2.2.1	评分权重构成（100%）	商务部分：20% 技术部分：50%（其中水轮机30%、发电机20%） 报价部分：30%
2.2.2	评标基准价计算方法	以所有进入详细评审的投标人评标价算术平均值×0.97[①] 作为本次评审的评标价基准值B。并应满足计算规则： （1）当进入详细评审的投标人超过5家时，去掉一个最高价和一个最低价；

[①]　评标价基准值计算系数原则上不做调整。若招标人根据项目规模、难度以及市场竞争性等情况需要调整该系数，请在0.92—0.97之间进行选择，并记录在案。

条款号	条款内容	编列内容	
2.2.2	评标基准价计算方法	（2）当同一企业集团多家所属企业（单位）参与本项目投标时，取其中最低评标价参与评标价基准值计算，无论该价格是否在步骤（1）中被筛选掉； （3）依据（1）、（2）规则计算B值后，如参与计算的投标人不少于3名，去掉评标价高于B值×130％（含）的评标价，重新计算B值。（备注：本条根据项目具体情况，在编制招标文件时选择是否使用。） 评标价为修正后的投标报价。	
2.2.3	偏差率计算公式	偏差率 Di＝100％×（投标人评标价－评标价基准值）/评标价基准值	

条款号	评分因素	评分标准	权重
2.2.4 （1）	商务部分评分标准（20％）	投标文件的符合性	检查投标文件在内容与项目上的完整性，针对投标人提出的非实质性商务偏差，评价其是否合理，是否会损害招标人的利益和未来的合同执行。	5％
		信用评价	根据中国长江三峡集团有限公司最新发布的年度供应商信用评价结果进行统一评分，A、B、C三个等级信用得分分别为100分、85分、70分。如投标人初次进入中国长江三峡集团有限公司投标或报价系统的，由评标委员会根据其以往业绩及在其他单位的合同履约情况合理确定本次评审信用等级。	5％
		财务状况	评价投标人财务状况。	2％
		工作及交货进度	根据投标人提交的交货进度表审查投标人对交货进度的响应情况；核查投标人是否提交符合招标文件要求的工作进度计划，评价工作进度计划是否合理、可行；现有合同项目对本项目的制造进度的影响。	3％
		报价的合理性	对主要报价进行合理性评审。	5％
2.2.4 （2）	水轮机评审标准（30％）	投标人业绩	审查投标人的以往业绩情况，以及用户的证明材料。	3％
		技术能力	设计、制造加工能力，检测设施和手段及技术力量；工艺质量保证措施。	2％
		技术方案	水轮机结构和控制尺寸；主要部件的材料及加工工艺；辅助设备及自动化元件；重大件实施方案（如果有）。	10％
		性能保证	模型水轮机性能；水轮机参数、性能及技术偏差。	13％
		技术服务	设备售后服务体系及现场安装指导与测试的配合。	2％
	发电机评审标准（20％）	投标人业绩	审查投标人的以往业绩情况，以及用户的证明材料。	3％
		技术能力	设计、制造加工能力、检测设施和手段及技术力量；工艺质量保证措施。	2％

条款号		评分因素	评分标准	权重
2.2.4 (2)	发电机评审标准（20%）	技术方案	发电机冷却设计；发电机结构；主要部件的材料及加工工艺；辅助设备及自动化元件；重大件实施方案（如果有）。	10%
		性能保证	发电机参数、性能及技术偏差。	3%
		技术服务	设备售后服务体系及现场安装指导与测试的配合。	2%
2.2.4 (3)	报价部分评审标准（30%）	投标报价得分	当 $0<D_i\leqslant3\%$ 时，每高 1% 扣 2 分；当 $3\%<D_i\leqslant6\%$ 时，每高 1% 扣 4 分；当 $6\%<D_i$，每高 1% 扣 6 分；当 $-3\%<D_i\leqslant0$ 时，不扣分；当 $-6\%<D_i\leqslant-3\%$ 时，每低 1% 扣 1 分；当 $-9\%<D_i\leqslant-6\%$ 时，每低 1% 扣 2 分；当 $D_i\leqslant-9\%$ 时，每低 1% 扣 3 分；满分为 100 分，最低得 60 分。上述评分按分段累进计算，当入围投标人评标价与评标价基准值 B 比例值处于分段计算区间内时，分段计算按内插法等比例计扣分。	
3.1.1	初步评审	初步评审短名单的确定	按照投标人的报价由低到高排序，当投标人少于 10 名时，选取排序前 5 名进入短名单；当投标人为 10 名及以上时，选取排序前 6 名进入短名单。若进入短名单的投标人未能通过初步评审，或进入短名单投标人有算术错误，经修正后的报价高于其他未进入短名单的投标人报价，则依序递补。	
3.2.1	详细评审名单的确定	详细评审名单的确定标准	通过初步评审的投标人全部进入详细评审。	
3.2.2	详细评审	投标报价的处理规则	不适用。	

1　评标方法

本次评标采用综合评估法。评标委员会对满足招标文件实质性要求的投标文件，按照本章第 2.2 款规定的评分标准进行打分，并按综合得分由高到低顺序推荐____名中标候选人，或根据招标人授权直接确定中标人，但投标报价低于其成本的除外。综合评分相等时，投标报价低的优先；投标报价也相等的，技术得分高的优先；当技术得分也相等的，由招标人自行确定。

2　评审标准

2.1　初步评审标准

2.1.1　形式评审标准：见评标办法前附表。

2.1.2　资格评审标准：见评标办法前附表。

2.1.3　响应性评审标准：见评标办法前附表。

2.2 分值构成与评分标准

2.2.1 分值构成

（1）商务部分：见评标办法前附表；

（2）技术部分：见评标办法前附表；

（3）报价部分：见评标办法前附表。

2.2.2 评标价基准值计算

评标价基准值计算方法：见评标办法前附表。

2.2.3 偏差率计算

偏差率计算公式：见评标办法前附表。

2.2.4 评分标准

（1）商务部分评分标准：见评标办法前附表；

（2）技术部分评分标准：见评标办法前附表；

（3）报价部分评分标准：见评标办法前附表。

3 评标程序

3.1 初步评审

3.1.1 初步评审短名单的确定：见评标办法前附表。

3.1.2 评标委员会依据本章第2.1款规定的标准对投标文件进行初步评审。有一项不符合评审标准的，其投标将被否决。

3.1.3 投标人有以下情形之一的，其投标将被否决：

（1）第二章"投标人须知"第1.4.3项规定的任何一种情形的；

（2）串通投标或弄虚作假或有其他违法行为的；

（3）不按评标委员会要求澄清、说明或补正的。

3.1.4 技术评议时，存在下列情况之一的，评标委员会应当否决其投标：

（1）投标文件不满足招标文件技术规格中加注星号（"＊"）的主要参数要求或加注星号（"＊"）的主要参数无技术资料支持；

（2）投标文件技术规格中一般参数超出允许偏离的最大范围；

（3）投标文件技术规格中的响应与事实不符或虚假投标；

（4）投标文件中存在的按照招标文件中有关规定构成否决投标的其他技术偏差情况。

3.1.5 投标报价有算术错误的，评标委员会按以下原则对投标报价进行修正，修正的价格经投标人书面确认后具有约束力。投标人不接受修正价格的，其投标将被否决。

（1）投标文件中的大写金额与小写金额不一致的，以大写金额为准；

（2）总价金额与依据单价计算出的结果不一致的，以单价金额为准修正总价，但单价金额小数点有明显错误的除外。

3.1.6 经初步评审后合格投标人不足 3 名的，评标委员会应对其是否具有竞争性进行评审，因有效投标不足 3 个使得投标明显缺乏竞争的，评标委员会可以否决全部投标。

3.2 详细评审

3.2.1 详细评审短名单确定：见评标办法前附表。

3.2.2 投标报价的处理规则：见评标办法前附表。

3.2.3 评分按照如下规则进行。

（1）评分由评标委员会以记名方式进行，参加评分的评标委员会成员应单独打分。凡未记名、涂改后无相应签名的评分票均作为废票处理。

（2）评分因素按照 A—D 四个档次评分的，A 档对应的分数为 100—90（含 90），B 档 90—80（含 80），C 档 80—70（含 70），D 档 70—60（含 60）。评标委员会讨论进入详细评审投标人在各个评审因素的档次，评标委员会成员宜在讨论后决定的评分档次范围内打分。如评标委员会成员对评分结果有不同看法，也可超档次范围打分，但应在意见表中陈述理由。

（3）评标委员会成员打分汇总方法，参与打分的评标委员会成员超过 5 名（含 5 名）以上时，汇总时去掉单项评价因素的一个最高分和一个最低分，以剩余样本的算术平均值作为投标人的得分。

（4）评分分值的中间计算过程保留小数点后三位，小数点后第四位"四舍五入"；评分分值计算结果保留小数点后两位，小数点后第三位"四舍五入"。

3.2.4 评标委员会按本章第 2.2 款规定的量化因素和分值进行打分，并计算出综合评估得分。

（1）按本章第 2.2.4（1）目规定的评审因素和分值对商务部分计算出得分 A；

（2）按本章第 2.2.4（2）目规定的评审因素和分值对技术部分计算出得分 B；

（3）按本章第 2.2.4（3）目规定的评审因素和分值对投标报价计算出得分 C；

（4）投标人综合得分＝A＋B＋C。

3.2.5 评标委员会发现投标人的报价明显低于其他投标人的报价，或者在设有标底时明显低于标底，使得其投标报价可能低于其成本的，应当要求该投标人做出书面说明并提供相应的证明材料。投标人不能合理说明或者不能提供相应证明材料的，由评标委员会认定该投标人以低于成本报价竞标，否决其投标。

3.3 投标文件的澄清和补正

3.3.1 在评标过程中，评标委员会可以书面形式要求投标人对所提交的投标文件中不明确的内容进行书面澄清或说明，或者对细微偏差进行补正。评标委员会不接受投标人主动提出的澄清、说明或补正。

3.3.2 澄清、说明和补正不得改变投标文件的实质性内容（算术性错误修正的除外）。投标人的书面澄清、说明和补正属于投标文件的组成部分。

3.3.3 评标委员会对投标人提交的澄清、说明或补正有疑问的，可以要求投标人进一步澄清、说明或补正，直至满足评标委员会的要求。

3.4 评标结果

3.4.1 除第二章"投标人须知"前附表授权直接确定中标人外，评标委员会按照综合得分由高到低的顺序推荐_____名中标候选人。

3.4.2 评标委员会完成评标后，应当向招标人提交书面评标报告。

3.4.3 中标候选人在信用中国网站（http：//www.creditchina.gov.cn/）被查询存在与本次招标项目相关的严重失信行为，评标委员会认为可能影响其履约能力的，有权取消其中标候选人资格。

第四章　合同条款及格式

1　合同格式

合同号：＿＿＿＿＿＿＿＿＿＿

日　期：＿＿＿＿＿＿＿＿

签订地点：＿＿＿＿＿＿＿

＿＿＿＿＿＿＿＿（以下简称"买方"）为一方和＿＿＿＿＿＿＿公司（以下简称"卖方"）为另一方同意按下述条款签署本合同（以下简称"合同"）：

1）合同文件

下述文件组成本合同不可分割的部分：

（1）合同书

（2）合同条款

（3）合同技术条款

（4）合同附件

附件一　价格表（合同设备清单）

附件二　设备特性和性能保证值

附件三　合同设备交货批次及进度表

附件四　合同设备描述概要表

附件五　卖方提供的现场技术服务

附件六　技术培训

附件七　履约保函

附件八　预付款保函

附件九　质量保函

附件十　包装标准

附件十一　买方关心的材料部件清单

附件十二　分包、外购清单

附件十三　卖方对拟分包或外购部件、材料监造的实施方案

附件十四　物流信息化管理相关规定

附件十五　廉洁协议

附件十六　合同增值税发票开票及相关信息

（5）中标通知书

（6）双方委托代理人签字并指明的书面文件

2）合同范围和条件

本合同范围和条件应与上述规定的合同文件一致。

3）合同设备和数量

本合同项下所供合同设备和数量详见价格表及合同设备描述概要表。

4）合同金额

本合同项下币种为人民币。合同总金额为（小写）：＿＿＿＿＿＿＿元（大写）：＿＿＿＿＿＿元。其分项价格详见附件一。

5）合同设备的支付条件、交货时间和交货地点以及合同生效等详见合同文件。

6）本合同用中文书写，正本两份，买方、卖方各执正本一份。

7）本合同附件为本合同不可分割的组成部分，与合同正文具有同等效力。

8）双方任何一方未取得另一方书面同意前，不得将本合同项下的任何权利和义务转让给第三方。

买方	卖方
公司名称：＿＿＿＿＿＿	公司名称：＿＿＿＿＿＿
公司印章：＿＿＿＿＿＿	公司印章：＿＿＿＿＿＿
日期：＿＿＿＿＿＿	日期：＿＿＿＿＿＿
委托代理人签字：＿＿＿＿	委托代理人签字：＿＿＿＿
印刷体姓名：＿＿＿＿	印刷体姓名：＿＿＿＿
职务：＿＿＿＿＿＿	职务：＿＿＿＿＿＿

2　合同条款

第2.1条　定义

2.1.1　合同中的下列术语解释：

（1）买方——是指＿＿＿＿或其法人的继任方和受让方或其代理人，其为＿＿＿＿电站的业主和本合同项下合同设备最终的用户。

（2）卖方——是指按本合同规定提供合同设备、技术服务和培训的＿＿＿＿公司或法人的继任方和受让方或其代理人。

（3）工程设计者——指＿＿＿＿＿，负责＿＿＿＿＿的设计。

（4）监造——是指在合同设备设计与制造过程中买方派出人员到卖方制造厂或指定地点，或卖方派出人员到部件制造厂或分包厂或指定地点，对原材料、部件采购与检验、制造工序和工艺、产品质量、检测与检验、组装试验、包装和发运等过程按合同规定的条件实施监督和/或要求的过程，或行为。

（5）合同——是指买方和卖方（下称"合同双方"）之间经双方签字的书面协议，包括所有组成合同的文件、附件和其他经双方委托代理人签字并指明的其他书面文件。

（6）合同总价——是指卖方按照合同全面而正确地履行合同规定的义务、承担合同规定的责任，买方应支付给卖方的合同金额。

（7）合同设备——指卖方按照合同规定的义务应当提供的下列项目：（A）水轮发电机组及其辅助设备；（B）备品备件和安装维修工具；（C）其他设备。

（8）安装维修工具——是设备运输、安装、维修、维护、试验、调试、运行过程中使用的工具（专为本合同设备设计制造）、设备、仪器和仪表等的总称。

（9）技术文件——指卖方按照合同规定的义务应当提供的与合同设备的设计、模型试验、合同设备制造、工厂试验、检验、安装、调试、试运行、验收试验、商业运行、操作和维护保养相关的所有的数据、图纸、各种正式的文字资料、电子文件及其载体，以及生产过程的照片和录像等。

（10）技术服务——是指在本合同设备的组装、安装、调试、试运行和验收试验过程中以及本合同中所规定的其他方面，卖方应提供的监督、指导与服务。

（11）技术培训——是指卖方就合同设备的设计、制造、试验、检验、安装、调试、试运行、验收试验、操作、维护保养等方面的作业以及合同中所规定的卖方向买方人员提供的指导、讲座、讲解、说明、示范并提供培训场所。

（12）服务——是指根据合同规定卖方承担与供货有关的辅助服务，包括但不限于运输、代办保险、现场技术服务、技术培训、设计联络会，合同质保期内和质保期结束后的售后服务以及其他的伴随服务。

（13）技术条款——指招标文件技术标准和要求、图纸，以及合同执行过程中经过买卖双方确认的技术文件、图纸、资料等。

（14）"日"、"周"、"月"、"年"和"日期"——指公历的日、周、月、年和日期。

（15）"工地"——指合同设备安装和运行的＿＿＿＿＿电站所在地。

（16）"安装完成"——指合同规定的水轮发电机组设备安装完毕，并且双方签署了安装工作完毕证书。

（17）"初步验收"——指买卖双方按照合同要求对合同设备进行 72 小时试运行，完成 30 天的考核运行试验，并且双方签署了初步验收证书。

（18）"最终验收"——指从初步验收证书签发之日起合同设备按合同要求通过了60 个月的质量保证期，并且买方签署了最终验收证书。

第 2.2 条　适用性

所有各条款的标题只是为了查阅，不具有解释或理解本合同的意义。

第 2.3 条　资金来源和原产地

2.3.1　买方将使用_____自有资金和自筹资金用于本合同规定的合同设备和服务的合格支付。

2.3.2　本合同提供的所有合同设备、原材料和部件、技术服务和培训应来自符合合同规定的合格产地国和地区。

2.3.3　本合同中所述的"原产地"指生产合同设备或提供技术服务和培训的地方。合同设备的生产是指通过设计、试验、制造、加工或由许多主要部件组装而成的从商业角度上公认的新产品，其在基本特性或功能上已与原部件有本质差别。

2.3.4　合同设备、原材料和部件、技术服务和培训的原产地可有别于卖方的国籍。未经买方做出书面许可，卖方不得变更其内容。

第 2.4 条　合同标的

2.4.1　买方同意从卖方购买，卖方同意向买方出售本合同规定的合同设备。卖方应将提供合同设备的供货范围列在合同附件和合同技术条款中，其技术经济指标和有关技术条件的内容列在合同技术条款和相关附件中。其交货批次和进度应符合合同附件的要求。相应的工作范围还包括完成合同设备的设计、制造、工厂试验、供货、培训、技术资料的提供、现场服务以及合同中规定的所有义务。

2.4.2　卖方应按本合同条款和技术条款对合同设备的性能、设计制造质量及使用寿命提供保证。卖方所提供的所有合同设备的技术性能和技术保证详见本合同附件。

2.4.3　卖方应根据合同第 2.10 条和技术条款的规定向买方提供技术文件。

2.4.4　卖方应按合同规定的方式和方法及时向买方传递合同设备的设计、制造、试验、检验、运输、安装及调试等方面的信息。这些信息应同时通过书面和/或电子邮件向买方传递。卖方使用电子邮件传递的这些信息仅供买方在执行合同时参考。

2.4.5　卖方应派遣数量足够的、有经验的、健康的和称职的并且具有 5 年以上相关专业工作经验的技术指导人员到现场，对合同设备的安装、调试、试运行、验收试验和投入商业运行进行技术指导和监督，以及在工地对买方人员进行运行和维护的技术培训。卖方应对在其指导、监督下的设备安装、调试、试运行和验收试验的质量负责，使其符合技术条款和有关标准的要求。其人数、技术服务范围和待遇条件等详见本合同条款和合同有关规定。

2.4.6　卖方负责在卖方所在地培训买方派遣的技术人员。其人数、培训地点、培训范围和待遇条件等详见合同有关规定。

2.4.7 在全部合同设备最终验收后五年内，卖方有义务随时继续以不变的价格条件供应买方为维护合同设备正常运行所需的备品备件，如在此期间卖方欲停止或不能制造某些备品备件，卖方应提前半年通知买方，以便买方有足够时间可以最后选购一些备品备件。

2.4.8 在本合同有效期内，卖方有义务向买方免费提供与本合同设备有关的最新运行经验及技术和安全方面的改进资料，提供这些资料不构成任何专利转让和技术转让。

2.4.9 卖方应负责协调和分包商、其他制造厂商的接口工作，包括供货、性能参数匹配和本合同项目管理等，具体内容详见本合同条款和合同技术条款。

2.4.10 卖方负责对合同设备设计、制造、安装、调试、试运行中有关系统和部件接口的协调。

第 2.5 条 合同总价

2.5.1 在卖方全面履行本合同项下规定的义务时，其合同总价为：

人民币元：_____（大写：_____）；其中：不含税价为人民币（大写）_____元（¥_____），增值税税额为人民币（大写）_____元（¥_____）。

其中：

A. 水轮发电机组及其辅助设备价格为：_____

（大写：_____）

B. 备品备件价格为：_____

（大写：_____）

C. 安装维修工具的价格为：_____

（大写：_____）

D. 技术服务的价格为：_____

（大写：_____）

E. 水轮机模型设计、试验、验收费用为：_____

（大写：_____）

2.5.2 在合同履行期间，以上所示合同价格为固定价格，卖方已充分考虑了合同执行期间的风险。买方将不因原材料、外购部件价格正常波动等因素对合同价格进行调整。合同支付基于_____工地交货价格进行。

第 2.6 条 ＊支付

2.6.1 本合同项下买方对卖方的支付采用电汇方式支付。卖方对买方的支付全部采用电汇方式支付。

2.6.2 本合同第 2.5.1 A 款规定的合同设备价格，即_____的支付，按以下办法和比例支付：

2.6.2.1 第一笔预付款：合同第 5.5.1 A 款规定的设备价格的 5%，计：_____（大写：_____）在合同生效后，买方收到下列单据，经审核无误后不迟于 45 天支付给卖方：

A. 一份正本一份副本由卖方银行开立的，以买方为受益人的，金额为第 2.5.1 A 款规定的设备价格 5%的不可撤销的银行保函（预付款保函，格式见合同附件，）；

B. 金额为设备价格 5%的增值税专用发票。

2.6.2.2 第二笔预付款：合同第 2.5.1 A 款规定的设备价格的 10%，计：_____（大写：_____），在合同生效六个月后，买方收到下列单据，经审核无误后不迟于 45 天支付给卖方：

A. 一份正本一份副本由卖方银行开立的，以买方为受益人的，金额为第 2.5.1 A 款规定的设备价格 10%的不可撤销的银行保函（预付款保函，格式见合同附件）；

B. 金额为上述设备价格 10%的增值税专用发票。

2.6.2.3 交货付款：合同第 2.5.1 A 款规定的设备价格的 70%，计：_____（大写：_____），按下列方式支付。买方收到下列单据，经审核无误后不迟于 45 天支付给卖方：

A. 金额为该批交货设备价值 70%的增值税专用发票；

B. 三份正本两份副本由卖方或制造商签发的质量证书；

C. 买方监造签署的本批设备出厂证明文件；

D. 买方出具的开箱检验报告；

E. 买方出具的到货证明（本条款 D 不适用时）；

F. 一份正本两份副本符合本合同第 2.8 条规定，投保额为交货价值的 110%，投保一切险的保险单。

2.6.2.4 水轮发电机组安装完成后付款：合同第 2.5.1 A 款规定的设备价格的 5%，计：_____（大写：_____），在每台套水轮发电机组安装结束后，按附件一列明的每台套水轮发电机组及其辅助设备价格的 5%。买方收到下列单据，经审核无误后不迟于 45 天支付给卖方：

A. 五份由双方代表签署的每台套水轮发电机组设备安装完毕的证书的正本；

B. 金额为上述设备价格 5%的增值税专用发票。

2.6.2.5 水轮发电机组初步验收付款：合同第 2.5.1 A 款规定的设备价格的 10%，计：_____（大写：_____），在每台套水轮发电机组初步验收后，按附件一列明的每台套水轮发电机组及其辅助设备价格的 10%。买方收到下列单据，经审核无误后不迟于 45 天支付给卖方：

A. 金额为上述设备价格 10% 的增值税专用发票；

B. 三份按照合同 2.17.5 款由双方代表签署的每台套水轮发电机组设备的初步验收证书正本；

C. 一份正本一份副本由卖方银行开立的，以买方为受益人的，金额为每台套水轮发电机组及其辅助设备价格 5% 的不可撤销的银行保函（质量保函，格式见合同附件）。

2.6.3　本合同第 2.5.1 E 款规定的水轮机模型设计、试验、验收的费用，计：＿＿＿（大写：＿＿＿），在买卖双方完成该项工作并提供令买方满意的最终模型试验报告，凭以下单据进行 100% 款项支付：

A. 相应金额的增值税专用发票；

B. 五份买方出具的模型试验验收证明。

2.6.4　本合同第 2.5.1 B 款规定的备品备件、第 2.5.1 C 款规定的安装维修工具的价格，计：＿＿＿（大写：＿＿＿），在卖方按合同第 2.7 条交货，由买方进行了开箱检验后按每批交货价值的 100% 支付。支付时间最迟不超过收到卖方提交的下列单证后90 天：

A. 金额为交货价值 100% 的增值税专用发票；

B. 三份正本两份副本由卖方或制造商签发的质量证书；

C. 买方出具的到货开箱检验报告；

D. 一份正本两份副本符合本合同第 2.8 条规定，投保额为交货价值的 110%，投保一切险的保险单。

2.6.5　本合同第 2.5.1 D 款规定的技术服务费，计：＿＿＿（大写：＿＿＿），在合同规定的技术服务开始后根据服务履行情况和合同附件一规定的费率每三个月支付一次。卖方应提交附带由买方工地代表签字的卖方技术人员考勤表的支付申请书。买方在收到卖方提交的下列单据经审核无误后不迟于 45 天支付给卖方：

A. 金额为相应技术服务费用的增值税专用发票；

B. 五份买方签发的支付确认书。

2.6.6　买卖双方因履行本合同而发生的银行费用，买方发生的由买方负担，卖方发生的由卖方负担。

2.6.7　买方对支付单据的审核应在收到卖方有关单据后 15 天内完成，如单据有误，也应在 15 天内向卖方发出通知。

2.6.8　纳税人信息：

单位名称：＿＿＿＿＿＿；

纳税人识别号：＿＿＿＿＿＿；

地址：＿＿＿＿＿＿；

电话：＿＿＿＿＿＿；

开户行名称：＿＿＿＿＿＿＿＿；

账户：＿＿＿＿＿＿＿＿＿＿。

2.6.9 卖方应按照结算款项金额向买方提供符合税务规定的增值税专用发票，买方在收到卖方提供的合格增值税专用发票后支付款项。

卖方应确保增值税专用发票真实、规范、合法，如卖方虚开或提供不合格的增值税专用发票，造成买方经济损失的，卖方承担全部赔偿责任，并重新向买方开具符合规定的增值税专用发票。

合同变更如涉及增值税专用发票记载项目发生变化的，应当约定作废、重开、补开、红字开具增值税专用发票。如果收票方取得增值税专用发票尚未认证抵扣，收票方应在开票之日起180天内退回原发票，则可以由开票方作废原发票，重新开具增值税专用发票；如果原增值税专用发票已经认证抵扣，则由开票方就合同增加的金额补开增值税专用发票，就减少的金额依据收票方提供的红字发票信息表开具红字增值税专用发票。

第2.7条 交货、装运条件与通知

2.7.1 交货批次和交货时间的规定

2.7.1.1 卖方应根据合同附件三规定的交货批次和交货时间及第2.7款的规定进行交货，交货地点为工地现场。

2.7.1.2 水轮机和发电机的部件分开装箱，在装运时进行物理分隔，并在包装箱上明确标注水轮机和发电机的部件名称，卖方必须保证所有合同设备的交货包括附件一起成套提供。

2.7.1.3 对要求整批到货的合同设备和按合同2.7.1.2款要求成套提供合同设备，未经买方书面许可，卖方不得分批装运发货，否则将视其最后一次到货时间为整批设备到货时间。如晚于合同规定到货时间，买方则将按本合同2.20条款规定向卖方收取迟交货违约金，或视买方方便从后续到货批次的应付款项中扣除相应的迟交货违约金。

2.7.2 卖方应提交每个批次交货的设备细项及价格细目

2.7.2.1 在每个批次交货的设备开始装运前15天，卖方应向买方提交1份按价格表编制的交货设备的价目明细表，即该批交货设备的明细项目及其每个明细项的价格表。

2.7.2.2 该批次交货设备的价目明细表中应明确各个装运零部件细项的价格，并且是在其价格总数与合同设备总价相同的条件下对各部件进行平衡分配的价格。各交货部件细项价格之和应与本合同附件一对应分项部件价格一致。

2.7.2.3 所有批次交货的明细价格总和，应与本合同附件一中的合同设备总价一致。

2.7.3 对交货文件的要求

2.7.3.1 卖方应编制并向买方提供装箱清单，清单应分为装箱总清单和详细装箱清单，并提供电子文档。装箱总清单应描述该批交货设备名称和总体情况，内容应包括该批次交货设备或部件的名称、编号、重量、体积、箱件数和每个箱件的编号、体积、重量等。详细装箱清单应描述每个箱件里的设备零部件信息，内容包括零部件名称、规格型号、图号、对应的部件号、计量单位、数量、重量及所属部件名称（或编号）。买方可要求卖方按照认可或规定的装箱单标准格式进行填写。

2.7.3.2 卖方应保证提供的交货文件（如货运单、发票、装箱单）的数据（如数量、重量、金额等）前后一致，发票必须标明价格要素如名称、金额、价格术语、对应的合同设备价格表项目、序号、编号与价格等，不同货物价格需分列；对合同供货的任何变更（如补发、漏发、产地变更等）都需提供书面说明；交货文件须统一使用合同语言。

2.7.3.3 卖方应根据本合同附件十四"物流信息化管理相关规定"的规定，向买方提供合格的交货总清单和装箱单。

2.7.4 合同设备运输装卸、贮存和运输方案说明书的提交

2.7.4.1 卖方应在合同生效后180天内，将合同设备的运输装卸、贮存和运输方案说明书通知买方，买方如有异议应在45天内通知卖方。

2.7.4.2 对重量超过20吨，外形尺寸大于9米长、3米宽、3米高的大件或特殊外形的运输件，卖方应在合同设备装运前30天将注明合同设备重心、吊点等的包装草图和捆绑示意图一式六份快件寄送买方。

2.7.4.3 如果合同设备中有油漆、化工用品等易燃品和危险品，卖方应在装运前30天将标有合同设备名称、仓储措施和事故处理方法的说明书一式六份提交买方。

2.7.4.4 合同设备在运输和仓储时，如对温度、湿度、重心及震动等方面有特殊要求，卖方应在装运前30天将标有合同设备名称和注意事项的说明书一式六份提交买方。该说明书及装运布置图将作为买方安排运输及保管的基础。

2.7.5 合同设备装运通知

2.7.5.1 卖方应在每批交货前30天（采用空运方式时提前14天），用传真通知买方如下内容：

（1）合同号

（2）合同设备名称、机组编号和部件号

（3）数量

（4）包装数量

（5）总毛重

（6）总体积

（7）装运地/车站名称

（8）准备从装运地/车站出发的日期

（9）预计到达目的地/站的日期

（10）水运船只的名称或空运航线的名称和航班号或铁路运输的车次

（11）原产地

（12）制造厂商与卖方

同时，卖方应将装运的合同设备的详细装箱清单和说明资料传真给买方，说明资料上面应载明合同号、合同设备描述、规格、数量、箱件或每包件毛重、总毛重、每包的总体积和尺寸（长×宽×高），包装数量、装运合同设备总价值、装运地、准备启运日期、预计启运日期以及其他在运输和仓储中的特殊要求和必要的注意事项。买方如有异议应尽快给予答复。

2.7.5.2　卖方应在卖方所订运输工具预计自装运地出发以前 7 天，用传真将运输工具的名称和装运港（或启运地）、装运日期、目的地、预计到达目的地的日期、合同号、合同设备简介、数量、总毛重、总体积以及其他在运输和仓储中的特殊要求和必要的注意事项通知买方。

2.7.5.3　卖方应在合同设备装载完毕后的 24 小时内，用传真将合同号、提单号、合同设备简介、数量、毛重、体积、发票金额、载运船只（或车辆）的名称和启运日期通知买方。

2.7.6　合同设备交货文件提交

2.7.6.1　卖方应在合同设备装载完毕后的 12 小时内，将水运提单（或铁路运单或汽车运单）、附有主要装运合同设备分项价格的发票、装箱单、质量证书、保险单、原产地证明书等单据交买方，以便买方及时办理接货手续。同时卖方应将工厂试验记录、工厂实验报告和安装图纸，寄给买方。

2.7.6.2　上述单证和文件在设备运抵交货地点前至少 3 天收到。如果由于卖方的责任，卖方未能将上述单证和文件按本条的要求按时并准确提交给买方，则卖方应承担由此而引起的包括滞报金、疏港费、仓储费、集装箱超期使用费等在内的一切有关费用。

2.7.7　交货地点

2.7.7.1　合同设备交货地点：_____设备仓库或买方指定地点。其中水轮机转轮的交货地点为_____厂房安装间。运输条件详见技术条款。

2.7.7.2　本合同设备交货方式：卖方车面交货。

交货时卖方应对买方的设备装卸、贮存、运输进行技术指导，并在交货前进一步提交详细的设备装卸、贮存和运输方案与要求。

因卖方的技术指导失误，和/或提交的详细设备装卸、贮存和运输方案错误，导致买方在装卸、贮存和运输设备时操作不当而造成的设备损坏责任由卖方承担，同时卖方应赔偿买方的相应损失。

2.7.7.3　空运至_____机场并运送到工地交货的货物仅限于工地安装、调试和运行紧急需求的小件货物、小型专用工具、零配件和已交货物的小型短缺件。

2.7.8　现场加工基地的移交（若有）

2.7.8.1　现场加工基地应在最后一台设备加工完成后 180 天内，卖方应将现场加工基地按照合同技术条款要求及时移交给买方。

2.7.8.2　卖方如不能按要求准时移交现场加工基地，买方有权向卖方进行索赔。

第 2.8 条　保险

2.8.1　全部合同设备在交付买方之前，其毁损、灭失风险由卖方承担。卖方必须为全部合同设备投保一切险，投保金额为合同设备出厂价的 110%。保险覆盖范围包括从卖方启运站/港口仓库起，到买方指定的工地卸货仓库或工地安装现场为止。

第 2.9 条　包装和装运标志

2.9.1　卖方应根据合同设备的不同形状和特点，采用防潮、防雨、防锈、防震、防腐的坚固包装。该包装应适应多次搬运、远洋和内陆运输，以保证合同设备安全无损地抵达安装地点。对于为保证精确装配而需具备明亮洁净加工面的合同设备，其加工面应采用优良、耐久的保护层（不得用油漆）以防止在安装前发生锈蚀。对合同设备包装的技术要求见附件十中的"包装标准"。

2.9.2　卖方应对包装箱中设备零部件挂上标牌，标明其部件名称、规格型号、主设备名称或编号及其在装配图中的位置号。合同设备部件在包装箱中应堆码有序，不同部件应分开。备品备件和安装维修工具除按上述要求标记外，还应相应标上"备品备件"、"维修设备"、"试验设备"或"安装维修工具"字样，单独包装，不与其他设备部件混装于同一箱件中，在装箱单中也应加以注明。除备品备件外，不同台号的机组设备、工具和消耗品应分别包装。

卖方应对设备装箱统一设计，即后续机组交货设备的装箱应与首台机组同类设备一致。

2.9.3　卖方应在每个包装箱的四侧用不褪色油漆以醒目的英文和中文刷上以下标记：

（1）合同号：

（2）唛头标记：

2T	**2G**

此标示符包括水轮机（或发电机）组号以及一个 T 字（发电机为 G 字），背景为

蓝色。例如：卖方提供的2号水轮机（2号发电机），其唛头标记式样如上。

（3）目的地：_____

（4）收货人：_____

（5）合同设备名称、机组编号和包装箱号：

（6）收货人编号：

（7）毛重/净重（千克）：

（8）体积（长×宽×高 cm）：

（9）目的港（中文标记）：

（10）发运地：

（11）仓储等级：

对裸装合同设备应以金属标签注明上述内容，裸装合同设备的装箱单应分别集中包装，随合同设备发运。

卖方应在重量大于或等于2吨的每个包装箱的相邻四侧用中文和国际贸易运输常用的标记标明重量、重心和吊点的位置以便于装卸和搬运。根据合同设备的特点和在运输中的不同要求，卖方应在包装箱上醒目地标明"小心轻放"、"勿倒置"、"保持干燥"等字样以及相应的国际贸易通用的标记图案。

每件包装箱内，应附有详细装箱单（一式九份）、质量合格证、有关设备的技术文件、需要组装的设备部件的详细装配图各一式两份。在装箱单中应注明技术文件和装配图所处箱件。

2.9.4 对于包装箱的一般要求：

（1）包装箱强度应能满足箱件能经多次装卸转运和堆码的要求，其中：3t以下包装箱能够满足3层堆码、3t以上包装箱能够满足2层堆码，并应标注可堆码层次/或不能堆码的标识。

（2）包装箱的正面一般应留有叉车孔，且叉车孔高度一般不小于8cm；重量超过4.5t或宽度大于1.2m的包装箱叉车孔高度一般应不小于10cm。

（3）包装箱底部应设计强度足够的能承受叉车作业的横梁，宽度一般应超过1.2m。重量超过2t的包装箱横木一般应不少于3根，宽度1.8—2.4m；重量超过2t的包装箱横木设计一般应不少于4根。通常，包装箱重量最大不得超过8t。

（4）除个别部件尺寸导致包装箱外形尺寸偏大外，包装箱外形尺寸不宜太大，一般长度不超过4m、宽度不超过1.8m为宜。

（5）包装箱储运图示标志应根据箱内设备要求标示完整，重心标志应至少标在包装箱的四个侧面或端面的重心位置上。包装箱的唛头（特别是机组号、设备名称、箱号、重量、尺寸等）应在箱件侧、端面均有标示，使箱件在入库堆码后至少保证唛头有一面向外。

箱内每件零件上均应系零件卡，且名称、编码、件号、图号等均应与该箱设备清单一一对应。

2.9.5　经买卖双方同意的装在甲板上的大件合同设备，应带有足够的支架或包装垫木，且其支架或包装垫木归买方所有。

2.9.6　进境货物使用木质包装的，卖方应当在输出国家或者地区政府检疫主管部门监督下按照国际植物保护公约（以下简称"IPPC"）的要求进行除害处理，并加施 IPPC专用标识。除害处理方法和专用标识应当符合中国国家质量监督检验检疫总局公布的检疫除害处理方法和标识要求。

2.9.7　卖方应按本条款的规定进行合同设备的包装和/或标识。当卖方提供的包装和/或标识不满足本合同要求时，买方将及时书面提请卖方对此进更改以满足买方和合同条款要求。当卖方收到买方的书面要求后，应在下批设备的包装和/或标识上实质性地满足本合同及买方要求。

2.9.8　卖方应按本条款的规定对其提供的包装不善而引起的合同设备的锈蚀、变形、短缺、损坏和丢失负责，在此情况下并应按买方的要求进行修理、更换或赔偿。

　　第2.10条　技术文件的交付

2.10.1　卖方应严格按合同技术条款的规定提交技术文件。

2.10.2　卖方应以快件寄送的方式提交技术文件，交付地点为_____。技术文件送达买方签收的时间为技术文件的交付时间，此时有关技术文件的交付风险由卖方转移至买方。

2.10.3　卖方应确保其提交的技术文件正确、完整、清晰，并能满足合同设备的设计、检验、安装、调试、试运行、验收试验、运行和维护的要求。

　　如果卖方提供的技术文件不完整和不符合合同规定，卖方应在收到买方通知后的20 天内进行必要的修正和补充，并且向买方免费重新提交正确、完整、清晰的文件。如果再次提交文件晚于上述天数，卖方应按第2.20 条支付违约金。如果卖方提交的技术文件有遗漏和错误，卖方应向买方补偿买方由此而引起的增加的工程费用和施工费用。

2.10.4　技术义件及有关资料的费用已包括在合同第 2.5.1.A 条规定的合同设备价格中，不再单独支付。

　　第2.11条　设计联络会

2.11.1　为保证合同有效及顺利的实施，买卖双方应召开四次设计联络会和一次设备接口协调专题会。有关设计联络会的买卖双方的任务和责任的规定，见本合同相关规定。

2.11.2　每次会议均需由买卖双方代表人签署会议纪要，该会议纪要将成为合同的正式组成部分，双方必须遵守。在会议中如对合同内容做重大修改时，须经双方委托代理人签字。

2.11.3　当会议在卖方所在地举行时，对于准备、组织和安排会议的有关费用将由卖方承担。当会议在买方所在地举行时，对于准备、组织和安排会议的有关费用将由买方承担。

第2.12条　工厂监造和检验

2.12.1　卖方对合同设备的制造、检测与试验等工艺质量控制应符合《质量管理体系要求》标准认证。卖方应有完善的质量保证体系和质量控制措施来确保合同设备满足本合同文件的规定。

2.12.2　买方在合同设备制造过程中可以派出代表和监造人员到卖方的制造厂对原材料与采购部件、制造工序和工艺、产品质量、检测检验、组装试验等制造过程进行监督。卖方应允许买方的监造人员出入相关设计、制造场地、办公地。卖方应保证提供复测工具供买方的代表或监造人员使用，并毫无保留地提供部件的制造计划与质量控制措施，以及买方代表认为必要的标准、图纸和资料。卖方应友好地接受上述买方人员的建议和指示，解决存在的任何问题和缺陷，改正制造质量。如果卖方对制造质量问题和缺陷未按要求改正，买方就有充分理由根据买方代表或监造人员的意见和对该部分的影响进行估价，并相应从合同价款中扣除约定违约金。

买方代表或监造人员的监造和所有的指示、意见等并不意味着减轻和免除卖方质量控制和制造质量及交货进度等的任何合同责任义务或增加合同价格。

买方派驻的代表或监造人员的有关情况将在监造开始前的适当时间以书面方式通知卖方，卖方应对他们在工厂所在地或指定地点的食宿、交通等提供一切工作方便，包括但不限于为其提供办公室及办公设施和通信设备并能进行通信联络及收发 E-mail，上述费用除卖方免费提供的办公室及办公设施外，由买方派驻的代表或监造人员自行承担。

2.12.3　买方对卖方的监造要求详见本合同技术条款。除买方对卖方的监造外，卖方应派出专业人员对自己分包商或供货商进行监造：

（1）卖方应采取合理的质量控制措施与手段保证分包商或供货商的加工制造质量、进度满足本合同要求。卖方应对其分包商或供货商所提供的用于本合同设备的原材料、部件或设备的质量负责，对关键部件和材料的加工制造工艺、进度和质量进行监造。

（2）卖方应及时将对分包商或供货商的监造计划、人员安排、实施方案，监造过程记录、中间或完工检验文件，和/或质量事故处理方案与措施提交买方监造备案。

（3）在卖方采购或分包的主要材料、铸锻件或部件、主要辅助设备出厂检验前，或出现质量事故时，卖方有义务及时通知买方监造参与其检验或处理过程。

（4）买方的监造人员有权提出参与任何卖方采购和/或分包的材料或部件，或设备的过程检验、出厂检验，或质量处理过程，对此卖方不得拒绝。

（5）无论本条款所述备案是否完成，和/或买方监造参加本条款规定的过程或检验工作与否，买方的监造人员将不签署任何证明或确认文件，同时也不减轻卖方应承担的本合同任何责任与义务。

（6）卖方不得因分包商或供货商的疏忽、加工制造质量缺陷、交货不及时等因素转移或推卸本合同应承担的责任。

2.12.4　卖方应在第一次设计联络会上将合同设备设计、制造和检验的有关标准提交给买方，此标准详见本合同技术条款的规定。如卖方在规定的时间内没有将上面所说的标准寄给买方，或卖方寄的标准不完全，则买方有权向卖方追索或使用买方认为适当的标准对合同设备做出检验。

2.12.5　卖方在合同设备产品出厂前，须对合同设备的质量、规格、性能、数量和重量进行全面精确的检验，并应出具质量证明以证明合同设备符合合同规定。由制造厂出具并由卖方签字的质量证明书应作为交货时的质量依据，但不能作为设备质量、规格、数量和重量的最终依据。制造厂对设备进行的特殊试验和试验结果应写入试验报告，并与质量检验证书一起提交给买方。

2.12.6　卖方应在合同设备开始组装、试验和检验前三个月将其组装、试验和检验的初步计划通知买方。买方将根据合同的规定派遣技术人员赴卖方制造厂和/或分包商的制造厂或装运港，了解合同设备的组装、检验、试验、包装和装箱情况。卖方应向买方检验人员提供必要的设备及帮助以及用于质量控制的生产数据程序资料，应允许买方检验人员自由接近用于制造合同设备的车间及设施。如果发现合同设备的质量不符合合同的标准，或包装不善，买方检验人员有权提出意见，卖方应给予充分考虑，并应采取必要措施以保证设备质量。设备检验的程序应由买方派出人员与卖方代表经友好协商共同决定。

2.12.7　参加交货前检验的买方人员不予会签任何质量检验证书。买方人员参加质量检验既不解除卖方应承担的质量保证的责任，也不能代替合同设备到达工地后的到货检验。

2.12.8　买方收到卖方组装、试验和检验计划后 30 天内，应将其派遣的技术人员姓名及详细情况通知卖方。

2.12.9　买方和/或买方的监造人员有权在卖方/分包商制造厂对本合同项下的设备进行拍照、摄影，卖方应给予积极配合。

2.12.10　合同设备的交货检验

2.12.10.1 合同设备到达工地交货地点后，由买方和卖方代表人员根据5.7.5款卖方发给买方的传真和有关单据对合同设备的装运数量（件数）、包装外观进行检验并做出初步检验报告，由双方代表在此报告上签字认可。

2.12.10.2 合同设备到达安装现场后，买方应组织开箱检验，检查合同设备的包装、外观、数量、规格和质量。卖方应按时自费派遣人员参加开箱检验。买方应在开箱检验前1天将预计开箱检验的日期通知卖方。

2.12.11 双方在开箱检验时，若在检验时发现由于卖方在质量、数量和规格不符合合同规定而造成的任何损坏和/或缺陷和/或短缺和/或差异，应做开箱记录，并应由双方代表签字，一式两份，双方各执一份，该开箱检验记录应作为买方向卖方进行索赔的依据。

2.12.12 如双方代表对开箱检验记录不能达成协议，则委托国家质量监督检验检疫总局（AQSIQ）的当地机构进行复检并为双方出具检验报告。如AQSIQ的当地机构确定卖方应对设备的损坏、短缺等负责，该报告将作为买方向卖方进行索赔的依据，并由卖方承担相应的委托费用。

2.12.13 卖方应自费派出代表人员按期参加上述交货检验过程。如卖方未能派遣代表参加交货检验过程，若在初步检验和开箱检验时发现由于卖方的原因造成设备损坏、有缺陷、短缺和/或与合同规定的数量或规格不一致，买方应以开箱检验记录或AQSIQ出具的的检验报告为凭据向卖方索赔。

2.12.14 买方提出开箱检验索赔不能迟于合同设备到达工地之日起八个月。

2.12.15 卖方应保证其分包部件的制造同样能够满足上述要求，对关键分包部件要进行驻厂监造。

第2.13条 代用品及其选择权

2.13.1 对于不同于技术条款或图纸规定的材料和设备，卖方应逐项分别提交完整的代用申请给买方审查。该代用申请还应包括分包商推荐用于本合同产品的材料和部件，也包括技术条款中没有明确提出的材料和部件。

2.13.2 本合同文件对制造厂商的商品、产品、设备部件或系统的名称、商标或模型做出的规定，是作为对合同设备质量进行有效性评估的尺度或标准。但决不意味着限制竞争。如果规定的制造厂商的名称多于一个，第一个被提到的制造厂商是设计的依据，第二、第三及随后提到的制造厂商的名称应被考虑为代用，此类代用不要求提出申请。

2.13.3 如果卖方希望使用任何其他商标或与规定的产品具有同等质量、规格性能、外观和效用的其他产品（包括原产地变化），应该按下述方式提出代用申请。买方可以接受或者拒绝代用申请，且其决定是最终的。除非按下述方式提出代用申请，否则，决不允许与图纸和技术条款有任何偏差。

2.13.4 仅当卖方按下述规定提出的代用申请才被考虑：

2.13.4.1 提交全部的技术资料，包括图纸和全部性能规范；提交试验数据和完成买方可能要求的试验，并提供推荐代用产品的样品（如果可行）。

2.13.4.2 提交推荐代用品的材料、设备或系统的用于性能比较的资料。

2.13.4.3 如果卖方申请或建议的代用品涉及合同费用问题，且建议的代用品被接受，买方将从合同价款中扣减因采用代用品使成本相应降低的金额；买方不支付因使用代用品而增加的任何费用。

2.13.4.4 代用申请报告中应包括由卖方签字的证明书，证明推荐的代用品完全符合合同文件的要求。

2.13.4.5 所有的代用申请，包括要求的资料和证明，传真的同时提交给买方一式三份。

2.13.4.6 所有代用申请应分单项逐个申请，在申请报告的题头或标题中，至少应包括下述内容：

　　——工程名称和代号；

　　——标题（合同设备的部件和部分）；

　　——参考图纸（图号和详图）和技术条款。

2.13.5 分析建议的代用品是否符合技术条款、图纸和工程的设计条件，需综合考虑该代用品所有材料和部件的供应服务、运行和维护实际情况。为此，买方要求告知不少于3个在过去5年内使用过该推荐代用品的工程，且该工程应易于了解。

2.13.6 卖方应提供书面保证，确保推荐的代用品在合同规定的期限内，运行情况是令人满意的。

2.13.7 如果卖方要求对推荐的代用品在某些方面进行改变，且买方认为这种改变造成了与合同要求或设计方面的偏差，则可予以拒绝。

2.13.8 卖方应承担由于代用品引起的、卖方自身工作的其他部分的任何变化或分包商及其他承包商的工作的任何变化的责任，买方不承担任何增加的费用。

2.13.9 直到买方满意并书面表示接受了代用品，卖方才可代用。这种接受并不减轻卖方应符合图纸和技术条款要求的义务。

2.13.10 任何提交给买方的代用申请，如不符合上述要求，买方不予审查。

2.13.11 除非代用申请按上述要求提交并被接受，否则仍应提供原规定的产品。

　　第2.14条 卖方工地总代表和提供的技术服务

2.14.1 卖方在＿＿＿＿＿＿＿＿＿电站工地的工地总代表

（1）卖方应任命一名工地总代表常驻工地，应在其抵达工地30天前将其姓名及履历通知买方并须征得买方同意。工地总代表在现场全权代表卖方处理工地有关合同执行的事务，如签收、发出指令、指示、意见和建议，参加联合检查、买方主持召开的现场技术与管理专题会议等。卖方的工地总代表应保持与买方密切联系及友好合作。卖方工地总代表的服务和行为应使买方满意。

（2）卖方工地总代表应在合同范围内全面负责工地技术服务和培训工作，并与买方工地总代表充分合作与协商，有效解决与合同有关的技术和工作问题，以及工地发现的任何交货设备的任何缺陷与质量问题。未经双方授权，双方的工地总代表无权变更和修改合同。

（3）卖方的工地总代表的一切行为必须由卖方负责。

2.14.2 卖方提供的技术指导人员

（1）合同设备安装、调试和现场试验由安装承包商完成。卖方应提供 1 名工地总代表，将协调卖方与买方以及安装承包商的工作；还应提供合适数量并能胜任现场安装、调试、试运行等的现场技术指导人员，对合同设备的安装与调试方法和应注意事项等方面进行指导和监督。卖方派出的现场技术指导人员应有相关专业资质和 5 年以上相关技术工作经验，具备处理与合同设备有关的设计、制造、运输、安装、调试和试运行等方面问题的能力和良好的合作态度。

（2）卖方应根据工地施工的实际工作进度要求，向买方提供一份派到现场进行技术指导人员的计划。通过与买方协商确定卖方技术指导人员的准确专业人员数量、在现场服务的持续时间以及到达和离开工地的日期，经买方批准后执行。如果安装延期，需要卖方技术指导人员提供服务，应根据买方的要求，决定哪些技术指导人员是否返回或仍留在工地。

（3）除上述要求外，卖方应在履行与承担合同全部义务和责任的前提下，主动并自费组织与协调其部件分包商或供货商在工地提供服务，且该服务满足买方合同设备安装、调试和现场试验需要。

2.14.3 任务和责任

（1）卖方技术指导人员代表卖方提供技术服务，完成按合同规定有关合同设备的组装、安装、检查、调试和试验、试运行和考核运行等工作的技术指导和监督，并代表卖方承担相应的责任。

（2）卖方应负责监督和指导合同设备的正确校正、调整、清理、检查、检测和现场试验，负责合同设备安装调试质量的认定和现场试验有关的其他事项，并服从工地安装施工进度的要求。

（3）卖方技术指导人员应负责所有安装工作的正确实施，如发现安装工作未按照其指示执行，应立即书面通知买方。卖方的工地技术指导人员应对合同设备的启动和试运行的指导工作负责，直至顺利完成考核运行。

（4）卖方技术指导人员应详细地解释技术文件、图纸、运行和维护手册、设备特性、分析方法和有关的注意事项，解答和解决买方与安装承包商提出的属于合同范围内的技术问题。

（5）为保证正确完成在本合同2.14.3（1）款和2.14.3（2）款中提到的工作，卖方技术指导人员应向买方和安装承包商提供全面正确的技术服务和必要的示范操作。

（6）卖方技术指导人员应协助买方在现场培训合同设备组装、安装、调试、试运行、验收试验、运行和维护的人员，努力提高他们的技术水平。

（7）卖方技术指导人员的技术指导应是正确的。如果由于卖方技术指导人员错误指导，导致设备和材料损坏、破坏或返工，卖方应负责修复、更换和/或补充，其费用由卖方承担。买方和安装承包商的有关技术人员应服从卖方技术指导人员的正确技术指导。

（8）卖方技术指导人员对现场发现的交货合同设备的任何缺陷和质量问题有义务进行迅速及时地主动检查，及时提出适合现场施工进度要求的技术处理方案和措施，并积极配合买方和安装承包商所采取的相应措施。

2.14.4 技术服务费用

（1）本合同附件中所列的技术服务费已覆盖了卖方为履行本合同项下的全部技术服务责任买方应支付的所有费用，也包括了卖方技术指导人员往返工地（包括行李和基本的可携式工具的运输）的费用和保险费。在合同执行过程中，按买方签署的对卖方技术指导人员在工地实际参加工作小时数考勤表统计，计算其技术服务费。

（2）卖方技术指导人员在现场的技术服务人时数超过合同文件中规定的人时总数，则应由卖方承担额外费用。

（3）派驻安装现场的工地总代表、到工地交货人员和属于合同设备设计制造的业务人员、管理人员、翻译人员等均应视为卖方的管理人员，其费用已包含在合同设备价格中，买方不再另行向卖方支付其在工地的一切费用。

（4）买方支付给卖方的技术服务费应专款专用。

（5）由于下列原因，买方将不支付卖方技术指导人员在此期间工作的技术服务费，并且买方还将追究卖方因此而造成的其他一切损失和责任：

A. 由于卖方技术指导人员指导不正确和错误而导致的返工处理；

B. 由卖方造成的设备缺陷处理和指导处理工作；

C. 其他因卖方原因造成的技术指导人员在现场的额外工作。

2.14.5 卖方技术指导人员在工地的工作

（1）卖方在其技术指导人员来工地前30天，应将技术指导人员的详细个人履历通知买方，并在其技术指导人员启程前 7 天用传真将他们的姓名、确切启程日期、车次（航班）号、确切到达日期、行李件数及其大致重量等通知买方，以便买方安排相应的接待工作。卖方应负责其技术指导人员进出工地的所有手续（买方可提供必要的协助），并且承担其交通、食宿和有关的费用。

（2）卖方技术指导人员到达工地前，应经过双方总代表的共同协商，制定出总的工作进度计划和月计划。卖方技术指导人员应根据工作进度和月计划进行工作。工作进度和月计划的任何修改应由双方总代表协商做出。卖方的技术指导人员在现场的指导、指示、意见、建议、问题处理技术方案等应向买方提供书面文件。

（3）卖方技术指导人员应以合适的工作方式提供技术指导服务，以满足买方对合同设备安装、调试、试运行和验收试验在质量、进度等方面的要求。若卖方技术指导人员的工作方式不能适应现场工作和买方的要求，买方工地总代表应通知卖方工地总代表和卖方技术指导人员并要求其限期改进工作方式。若在规定期限内，卖方技术人员的工作方式仍不能满足现场工作和买方的要求，卖方技术人员应按照买方指定的工作方式提供服务。即使在这种情况下，卖方对合同设备的安装、调试和验收试验所应承担的质量责任并不因此而减轻或免除。

卖方技术指导人员应与买方人员友好合作，所提供的服务和行为应使买方满意。

（4）卖方技术指导人员每天上下班时间应按工地的规定执行。在合同设备的现场调试和试验、启动、试运行期间，卖方技术指导人员在每人每周 40 小时内的多班工时不应作为加班，不得要求增加额外费用。

（5）卖方技术指导人员在现场的工作小时数应由买方代表逐日按卖方技术指导人员在现场的实际有效工作时间记入考勤表，一式两份，其中一份由买方代表送卖方工地总代表备案。实际工作小时数是指技术指导人员在现场的实际工作时间。这个考勤表应作为支付卖方技术指导人员技术服务费的根据。

（6）工作进度、每天做的主要工作、发生的所有问题以及解决办法，应用中文一式两份记录在"工作日志"中，并每天由双方总代表签字，每方各执一份。

（7）在完成技术服务以后，卖方应向买方提供一份书面最终报告，概括卖方进行服务的表现以及不正常的情况和特别说明。最终报告的编制格式和详细的内容应经买方同意。

（8）卖方技术服务人员在工地的交通应自行解决。

2.14.6 休假

（1）卖方技术指导人员在工地连续工作超过 6 个月者，可享受 15 天无技术服务费的休假。

（2）卖方技术指导人员在休假期间的全部费用由卖方承担。

（3）休假的具体时间应以工地工作不受影响或不拖期为前提。由双方总代表商量决定。

（4）卖方技术指导人员的 15 天休假应从他离开工地之日开始计算，到他回到工地之日为止。

（5）卖方同意在卖方技术指导人员休假期间，不减轻其对合同设备承担的任何义务。

2.14.7 遵守法律和条例

卖方技术指导人员和他们的家属在当地居留期间，应遵守当地国家的法律和条例，以及工地的规章和制度。

2.14.8 买方的责任和义务

（1）买方应为卖方技术指导人员免费配备办公室，协助安排住宿。

（2）买方将为卖方在工地的技术人员提供工地办公室的有线电话，但其电话费用由卖方承担。

（3）如果发生意外事故，买方应采取必要措施，最大可能地照顾卖方人员，费用由卖方承担。

2.14.9 发明和/或革新

卖方的技术人员在进行服务期间提出的发明和/或革新，其知识产权应属于买方。

2.14.10   出版限制

（1）卖方在出版与其技术服务工作有关的报告、插图、会谈纪要或服务的细节情况之前，必须获得买方的同意。

（2）在任何情况下，甚至在完成技术服务以后，卖方的人员都不得向第三方透露买方的业务活动和商务方面的情况，不管这些情况是否与服务有关。

2.14.11   其他

（1）卖方在征得买方同意后，可以自费召回或调换其技术人员，但不得影响工地的工作。其间至少应有一周交接时间，以便技术人员向其接替人交接工作。卖方技术指导人员在工地交接工作期间，买方仅支付一人的技术服务费。

（2）卖方技术指导人员连续生病超过 15 天时，卖方应自费另派一同等技术水平的人替换他。

（3）无须买方任何说明，买方有权要求卖方更换卖方技术指导人员，有关更换的全部费用应由卖方承担。

（4）在保证期后，卖方应继续售后服务，帮助合同设备的完善和技术更新；以优惠的价格提供买方所需的元件、材料；参加由买方组织的合同设备重要技术问题的处理。

第2.15条　买方技术人员在卖方的培训

2.15.1　为保证合同设备的顺利安装调试和正常运行，以达到预期性能，卖方同意接纳机组安装和运行维护各一批买方人员在卖方进行技术培训，每批 30 人，时间 14 天。以上时间均包括周六、周日、节假日。

2.15.2　培训结束时，卖方应出具给买方具有培训内容的证明书，并由买、卖双方代表签字。

第2.16条　买方人员在卖方所在地的工作

2.16.1　为保证合同有效、顺利地实施，买方将在卖方所在地或双方协商的其他地方进行工作。具体的工作内容包括但不限于设计联络会、监造、技术培训和工厂检验及见证等。

2.16.2　卖方负责提供买方人员在卖方所在地工作期间的当地交通、医疗服务和意外伤害保险、办公条件、安全用品、工作服、技术文件和工具仪表，并给予买方工作人员在工作和生活上最大限度的帮助。由此发生的费用都已包含在合同总价中，不再另行支付。

2.16.3　买方在根据 2.16.1 款所规定的工作内容派遣人员出发前 30 天，将派出人员名单、职务、职责和授权情况，拟讨论的议程和预计出发日期，以及停留时间以传真形式通知卖方。如买方人员需在境外进行工作，卖方应协助买方办理入境签证及逗留手续。买方在启程前应将派出人员名单、确切出发日期、旅行路线、航班号及到达日期用传真通知卖方。卖方应帮助安排买方人员在卖方所在地或双方协商的其他地点居留期间的食宿。

2.16.4　买方人员在卖方所在地或双方按合同规定协商的其他地点进行工作时，卖方应安排买方人员方便地进入制造厂、试验室以及和工作相关的其他场所。为便于买方技术人员更好地理解与合同设备的设计和运行有关的各种技术问题，卖方应安排买方人员考察电站和类似工程项目。

2.16.5　卖方应为买方人员提供在卖方所在地或双方协商的其他地点工作期间的医疗服务和意外伤害保险。如果买方人员此期间发生意外事故，卖方应及时采取所有必要措施最大限度地维护买方人员的利益。若意外事故是由卖方原因造成的，卖方应负担相关费用。

2.16.6　买方委托或派遣的监造人员在卖方所在地或相关工厂工作时，应视同为买方人员。卖方应提供同等的待遇和工作条件，由此发生的费用已包含在合同设备价中。

2.16.7　由于卖方的过失造成的买方人员在卖方所在地或双方协商的其他地点进行工作，卖方应承担买方人员的全部费用，包括但不限于往返机票、食宿、当地交通、医疗服务和意外伤害保险、办公条件、技术文件和工具仪表等费用，并且由此产生的合同设备延误交货的责任由卖方承担。

第2.17条 安装、调试、试运行和验收试验

2.17.1 买方将根据卖方技术人员的指导及卖方提交的技术文件对合同设备进行现场组装、安装、试运行和验收试验。卖方应对设备的安装、调试和验收试验的质量负责，使其符合技术条款和有关标准的要求。双方应通力合作，采取必要措施保证工程施工进度并使合同设备尽快投入商业运行。

2.17.2 除合同另有规定外，所有由卖方提供的合同设备应为完整和合格的设备、组件或部件，不需再在工地进行加工、制造和修整。

卖方不应将有缺陷的设备、组件、部件或材料等运到工地，如果在安装调试过程中发现由于卖方设备缺陷，包括设计、材质、制造工艺、质量、结构尺寸、误差等缺陷或错误，或由于卖方技术指导人员不正确指导造成损坏或损失，买方有充分的理由退货或要求卖方调换或要求卖方采取措施修理，由此引起的责任和费用由卖方承担。如果由于设计制造原因致使合同设备，包括组件和部件需要在工地进行加工、制作或修整时，所有费用应由卖方承担。

在合同执行过程中，对由卖方责任需要进行的检验、试验、再试验、修理或调换，在卖方提出请求时买方应安排好进行上述工作的有关设备，卖方应负担由此而引起的一切修理或调换的费用。

卖方委托买方施工人员进行加工或修理、调换设备的费用和/或由于卖方设计图纸错误或卖方技术指导人员错误，或合同设备缺陷处理等所造成的返工费用和施工工期损失，卖方应按以下公式向买方支付费用：

$$C = W \times \sum T + \sum Mi + \sum Qj \times Ej + R \times \sum D$$

C＝返工总费用

W＝每小时人工费＝400元人民币/人·时

$\sum T$ ＝工时总数（人×时），包括作业工人、管理人员、技术人员和其他配合人员等人员发生的工时。

$\sum Mi$＝ 返工或缺陷处理中使用的各类买方的备品备件、消耗品、零部件、材料等费用合计（按市场价计算）。

Ej＝使用第j种设备的台时费。

Qj＝第j设备的台时数。

R＝施工工期损失的费率，按25—50万元人民币/天计取。

D＝某个部件引起的施工工期损失的天数。

2.17.3 在每台水轮发电机组安装完毕后，双方代表将对安装工作进行检查和确认，

签署安装工作完成证书，一式两份，双方各执一份。

2.17.4　在每台水轮发电机组安装完毕后，买方将对每台水轮发电机组进行调试和初步验收试验。买方将在初步验收试验前一个月，通知卖方每台机组进行初步验收试验的预计日期，并在初步验收试验前15天，通知其确切日期。卖方应有代表参加上述初步验收试验。

2.17.5　初步验收试验是指检测合同设备是否满足合同规定的所有技术性能及保证值。当下列条件全部满足时，初步验收试验即被认为是成功的：①所有现场试验全部完成，②所有技术性能及保证值均能满足合同的要求，③水轮发电机组按照技术条款要求连续试运行72小时以后停机检查，未发现异常，然后再连续稳定进行30天考核运行。如果初步验收试验是成功的，买卖双方应在7天内签署初步验收证书一式六份，卖方四份，买方两份。如果初步验收试验由于卖方提供设备的故障而中断，初步验收试验须重新进行。

2.17.6　在进行第一次初步验收试验时，如果一项或多项技术性能或保证值不能满足合同的要求，双方应共同分析其原因，分清责任方。

（1）如果责任在卖方，双方应根据具体情况确定第二次验收试验的日期。第二次验收试验必须在第一次验收试验不合格后3个月内完成。在特殊情况下，可在双方同意的期限内完成。卖方应自费采取有效措施使合同设备在第二次验收试验时达到技术性能和保证值的要求，并承担由此引起的一切费用，包括但不限于下列费用：

A. 现场更换和修理的设备材料费；

B. 卖方人员费用；

C. 参与修理的所有买方人员费用；

D. 用于第二次验收试验的机械及设备费用；

E. 用于第二次验收试验的材料费；

F. 运往安装现场及从工地运出的需要更换和修理的设备和材料的所有运费、保险费及进出口税费。

如果在第二次验收试验中，由于卖方的责任有一项或多项技术性能和（或）保证值仍达不到合同规定的要求，买方有权按合同条款进行处理。当偏差值处于买方可接受的范围内，买方有权按本合同第2.19款和第2.20款要求卖方支付约定违约金。卖方向买方支付约定违约金后7天以内双方应签署初步验收证书一式两份，双方各执一份。在这种情况下该证书仅作为支付文件，卖方仍有责任使设备满足合同规定的技术性能和保证值的要求。

（2）如果责任在买方，双方应根据具体情况确定第二次验收试验的日期。第二次验收试验必须在第一次验收试验失败后3个月内完成。在例外情况下，可在双方同意的期限内完成。买方应自费采取有效措施使合同设备在第二次验收试验时达到合同规定的试验条件的要求，并承担上述本条款（1）项中规定的由此引起的有关费用。如果在第二次初步验收试验中由于买方的责任有一项或多项技术性能和保证值仍达不到合同规定的要求，则合同设备将被买方接受。双方应签署初步验收证书一式两份，双方各执一份。在这种情况下卖方仍有责任协助买方采取各种措施使设备满足合同规定的技术性能和保证值的要求。

2.17.7　第2.18条规定的合同设备质量保证期将在签发初步验收证书之日起开始。

2.17.8　在第2.18条规定的质量保证期结束后，买方将对合同设备做一次全面检查，如果按照合同规定认为是满意的，买方将为每台水轮发电机组签发最终验收证书。

最终验收证书不能解除卖方在合同设备中存在的可能引起机组损坏的潜在缺陷应负的任何责任。

第2.18条　*质量保证

2.18.1　卖方应保证按照合同规定所提供的设备是全新的、完整的，技术水平是先进的、成熟的，并按特定的标准设计的，质量是优良的，设备的选型符合安全可靠、有效运行和易于维护的要求，并且在设备部件制造时对设计和材料做过最新的改进。卖方还应保证按合同所提供的货物不存在由于设计、材料或工艺的原因所造成的缺陷，或由于卖方的任何作为或不作为所造成的缺陷。

2.18.2　质量保证体系

为了对合同设备所有设计制造全过程进行质量控制，并使所有合同设备设计制造工艺均达到最高的质量标准要求，卖方应有完善有效的质量管理和质量控制体系。卖方的质量保证体系应符合《质量管理体系要求》标准认证要求。

2.18.3　卖方应保证合同设备和材料的数量、质量、工艺、设计、规范、型式及技术性能，完全满足本合同的全部要求。买方有权拒收未能满足合同规定和卖方保证的材料和设备，并要求卖方付费限期更换，且不能影响机组安装总工期和预定的发电日期。

2.18.4　卖方应保障所提供的油、气、水、冷却、阀门、管路、接头、密封件等辅助设备或部件是设计成熟的，加工工艺是可靠的，产品品质与质量是优秀的，且这些产品通过核电机组和/或单机额定容量600MW及以上火力发电机组、单机额定容量500MW及以上水轮发电机组并网商业运行后被证明是具有质量保证的。为此：

（1）卖方应在设计联络会中将这些辅助设备或部件的设计、选型、加工、质量保证及以往运行与使用状况等向买方逐一进行说明。属于外购的，卖方有义务将外购的辅助设备名称、类别、质量等级、数量及拟采购的厂家、品牌等资料向买方提供。

（2）买方将按自己方便的条件对卖方提供的辅助设备或部件相关资料进行部分和/或全部的认可或确认或拒绝。这种认可或确认或拒绝丝毫不减少卖方对辅助设备或部件供货的责任与义务。

（3）无论是设计联络会或买方监造，或买方安装、调试与验收设备期间，买方有权拒绝未能满足合同规定的辅助设备或部件，并要求卖方自费在限期内更换。卖方不得因此影响机组安装总工期和预定的发电日期。

2.18.5　除非另有规定，质量保证期为每台水轮发电机组签发初步验收证书后 60 个月，但若由于买方的原因影响了验收试验，则不迟于合同设备最后一批交货后 72 个月。所谓最后一批交货，是指对每台水轮发电机组已交货部分的累计总价值已达该台机组合同设备价格的 98％，而且剩余部分应当不影响合同设备的正常运行。

本款中所规定的质量保证期决不意味着解除卖方的合同设备在整个寿命期内应承担的质量承诺。

2.18.6　在保证期内如果由于维修、更换有缺陷或损坏的由卖方提供的合同设备而造成整台机组设备停机，且卖方对此负有责任，除本合同另有规定外，则该台机组的保证期将延长，其延长时间等于停机时间，并承担由此引起的相关费用。修复或更换后的合同设备的保证期为重新投入运行后 60 个月。

2.18.7　如果发现由于卖方责任造成任何设备缺陷或损坏，或不符合本合同要求，或由于卖方技术文件错误或由于卖方技术人员在安装、调试、试运行和验收试验过程中错误指导而导致设备损坏，买方有权根据第 2.19 条向卖方提出索赔。

第 2.19 条　＊索赔

2.19.1　如果合同设备和材料等在数量、质量、设计、规范、型式和技术性能等方面不符合合同规定，并且买方已在检验、安装、调试、试运行、验收试验和合同第 2.18 条规定的保证期内提出索赔，卖方应根据买方的要求按以下一种或几种方式处理该索赔：

（1）卖方用合同规定的币种向买方偿还与被拒收合同设备价格相等的款额，并承担由此产生的一切损失和费用，包括利息、银行费用、运费、保险费、检验费、仓储费、合同设备装卸费、安装与拆卸费、检测试验费、工地现场施工工期损失费等以及为保管和维护拒收合同设备所必需的其他费用。被拒收的材料和设备（包括已交付但被买方拒收的材料和设备），买方将不予付款或从履约保函、质量保函中扣款，或在已支付的情况下，卖方予以退款。

（2）按有缺陷合同设备的低劣、损坏程度及买方遭受损失的金额，由双方协商对合同设备进行降价处理和赔付买方遭受的损失。

（3）在买方规定的期限内用符合合同规定的规格、质量、性能的新部件、组件、材料和/或设备更换有缺陷的合同设备，和/或修好有缺陷的合同设备，并由卖方承担费用和风险，及承担买方为此付出的全部费用，并赔偿买方遭受的损失。如更换发生在检验和安装期间，则这种更换不能影响机组安装总工期和预定的发电日期。

2.19.2 更换和/或增补的合同设备交货至工地，卖方应承担将合同设备运至工地和安装的一切风险及费用。发票应注明：索赔件无商业价值。

2.19.3 如果合同设备技术特性和/或性能保证值有一项或多项不能满足合同规定的要求，且责任在卖方，卖方应在收到买方的通知后3个月内自费采取有效措施达到合同要求，否则，卖方应按本合同第2.19款和第2.20款的规定向买方支付约定违约金。

2.19.4 按合同规定提供的任一合同设备由于卖方有缺陷的设计、制造工艺和材料使机组不能按规定的工期投入商业运行，买方有权对卖方提出索赔。

2.19.5 卖方在接到买方的索赔通知30天内未做答复，视为卖方已接受该索赔要求。如果在接受买方的索赔要求后30天内，或在买方同意的更长的一段时间里，卖方未能按照上述买方要求的任一方式来处理索赔，则买方将从支付款项或履约保证金或质量保证金中扣款。

2.19.6 在合同设备质量保证期内买方因发现有缺陷和/或有损坏的合同设备而向卖方提出的索赔，在合同设备质量保证期满后的30天内保持有效。

第2.20条 *约定违约金

2.20.1 如果由于卖方的原因未能按合同附件三规定的交货期或经买方同意的交货期交货时卖方应按下列比例向买方支付约定违约金：

迟交1周至4周内，每周按迟交合同设备价值的0.5%支付约定违约金；

迟交5周至8周内，每周按迟交合同设备价值的1%支付约定违约金；

迟交8周以上，每周按迟交合同设备价值的1.5%支付约定违约金。

不满一周按一周计算。卖方支付迟交货约定违约金并不解除卖方继续交货的义务。对安装、调试、试运行和验收试验有重大影响的合同设备迟交3个月、其他合同设备迟交6个月，买方有权部分或全部终止合同，并由卖方承担由此产生的责任与费用。

如果是交货设备的附件和/或材料和/或安装工具的迟交，应视同该合同设备的迟交。卖方应按上述规定承担约定违约金。

2.20.2 如果由于卖方原因技术文件未能按本合同规定的时间提交，则每个图号或每种手册每拖期一天卖方应付给买方4000元的约定违约金。卖方支付迟交约定违约金并不解除其继续交付技术文件的义务。

2.20.3 如果由于卖方责任所造成的设备修理或换货而使合同设备的试运行时间延误时，则卖方虽已承担了修理或换货的义务与费用，但还应按合同第2.20.1条的规定支付设备迟交约定违约金，时间从发现缺陷之日开始计算至该设备消除缺陷后的日期为止。

2.20.4 水轮机的设备性能通过模型试验和/或现场性能试验进行测试获得，发电机的设备性能通过现场性能试验测试获得。无论何种原因，如果卖方所提供的设备性能不满足合同规定时，买方将按以下规定向卖方收取约定违约金。

2.20.4.1　未满足水轮机出力保证值

按照合同技术条款的规定将模型验收试验成果换算成由卖方提供的水轮机在额定水头下的出力，将视为卖方提供全部水轮机评价的根据。该出力未能达到合同文件规定的出力保证值，且买方决定接受未满足水轮机出力保证值的设备，则应扣减合同价款。若水轮机出力每低于保证值0.1%，则每台水轮机的合同价款均应扣减500万元人民币；若水轮机出力低于保证值的1%，卖方还应完善设备，直到买方满意为止。该扣款在模型验收试验后进行。

买方在机组调试和试运行期间将按照合同技术条款中"现场试验"所述方法进行现场试验来验证水轮机出力。现场试验过程中，额定水头下的出力将作为该台原型水轮机出力保证评价的依据，若该出力每低于买方在模型验收试验后接受的水轮机出力保证值的0.1%，则该台水轮机的合同价款应扣减500万元人民币。

2.20.4.2　未满足水轮机加权平均效率保证值

按照本合同技术条款的规定将模型验收试验成果换算成由卖方提供的原型水轮机的加权平均效率，将视为卖方提供全部水轮机评价的根据。当按规定的公式计算出的原型水轮机加权平均效率低于合同中的保证值，且买方决定接受未满足水轮机加权平均效率保证值的设备时，则应扣减合同价款。若加权平均效率每低于保证值0.1%，则每台水轮机的合同价款均应扣减500万元人民币；若水轮机加权平均效率低于保证值的1%，卖方还应完善设备，直到买方满意为止。

2.20.4.3　未满足水轮机空化系数裕度和空蚀、磨损失重保证值

若空化系数裕度不能满足本合同技术条款的要求时，应修改模型重做试验，直到达到要求为止。

水轮机在合同规定的空蚀、磨损保证期内，由于空蚀破坏和泥沙磨损引起的水轮机转轮、导叶和尾水管里衬等的金属剥失量达到或超过了本合同技术条款中规定的金属失重值时，卖方应负责免费修理。所有的磨损、空蚀部位修补和修整后，保证期必须重新计算，即自重新投入商业运行起，水轮机运行不超过24个月，再重新鉴定水轮机的金属剥失量，直到达到合同文件规定的金属失重保证值为止。如果卖方未按本款的规定进行修理，则买方将委托其他制造商修理，所产生的费用由卖方承担，由买方从卖方的合同价款或质量保函中扣减。

2.20.4.4　未满足水轮机导叶漏水量保证值

如果买方决定接受按合同文件规定未满足水轮机导叶漏水量保证值的设备，则应扣减合同价款。导叶漏水量每超过保证值$1m^3/s$，该台水轮机合同价款应扣减50万元

人民币。

2.20.4.5 未满足水轮机稳定性能保证值

模型验收试验中测得的尾水管或导叶后、转轮前区域压力脉动值未能达到合同文件规定的保证值，且买方决定接受这些设备，则应扣减合同价款。尾水管或导叶后、转轮前区域压力脉动每超过保证值 1%（以合同附件二中最大者计），则每台水轮机的合同价款均应扣减 300 万元人民币，该扣款在模型验收试验后进行。模型验收试验中，在规定的运行范围内，如果出现了初生叶道涡或可见卡门涡，或出现了叶片正压面和负压面初生空化线，卖方应修改模型直到满足合同保证值为止。

买方在机组调试和试运行期间将按本合同技术条款中"现场试验"所述方法进行原型水轮机尾水管或导叶后、转轮前区域压力脉动值的测试，并作为该台原型水轮机压力脉动保证值评价的根据。现场试验过程中，尾水管或导叶后、转轮前区域压力脉动每超过买方在模型验收试验后接受的保证值 1%（以两处中最大者计），则该台水轮机的合同价款应扣减 200 万元人民币。

水轮机稳定性采用与空蚀相同的保证期，在保证期内并在本合同技术条款中规定的运行范围内运行，出现水轮机轴的摆度、顶盖振动、噪音超过技术条款中规定或合同附件二中的保证值，卖方应负责免费修理设备。所有修理后的设备，保证期必须重新计算，直到达到合同文件规定的保证值为止。

2.20.4.6 转轮出现裂纹

转轮裂纹采用与空蚀相同的质量保证期，在合同技术条款中规定的空蚀、磨损保证期内，水轮机在本合同技术条款中规定的运行范围内运行，转轮出现裂纹，卖方应负责免费修补，并满足转轮的型线要求。所有修补后的设备，必须按 24 个月计算新的质量保证期，在新的质量保证期内，若转轮上还发现需要修复的裂纹，则买方有权要求卖方免费提供一台新的转轮来替换原有的转轮。

在水轮发电机组初步验收证书签发前，如出现转轮裂纹，则应对出现转轮裂纹的水轮机从合同价款中扣除 200 万元人民币，并且卖方还应按本款规定负责免费对转轮进行修补，且满足转轮型线的要求。

2.20.4.7 未满足发电机效率保证值

发电机额定效率或加权平均效率的现场试验实测值每低于合同中规定保证值的 0.1%，每台发电机将处以 200 万元人民币的约定违约金。两者中按效率差值较大者计算约定违约金。

如果发电机额定效率或加权平均效率的现场试验实测值低于合同中规定的保证值达 1% 及以上，买方有权要求卖方对设备进行改进，甚至修改设计；对已投入运行的不合格设备，买方有权要求赔偿损失，或在规定的时间内修改设计后对已制造的设备进行更换，直到买方满意为止。

2.20.4.8 未满足发电机容量保证值

发电机容量现场试验实测值在满足合同规定的温度及温升的条件下，每低于合同中规定保证值的 0.1%，每台发电机将处以 500 万元人民币的约定违约金。

如果发电机容量现场试验实测值低于保证值 1%，买方有权要求卖方对设备进行改进，甚至修改设计。对已投入运行的不合格设备，买方有权要求卖方赔偿损失，或由卖方在规定的时间内修改设计后对已制造的设备进行更换，直到买方满意为止。

2.20.4.9 机组性能未达到合同规定时的约定违约金的支付和终止

（1）卖方同意对每台试验过的机组，按照试验结果计算约定违约金付给买方。对于未经试验的机组，卖方同意根据买方指定的最具有代表性的已试验机组的性能计算约定违约金额，付给买方。

（2）如果在买方选择的具有代表性的机组签发初步验收证书以后 24 个月内，规定的试验还没有完成，则应终止卖方承担上述赔偿的责任；如果是由于不可抗力的原因致使买方拖延了试验的完成，则 24 个月的责任期可以延长，其延长天数等于拖延天数。

（3）如果水轮发电机组的性能优于保证值，卖方应不要求买方支付额外的款项。

2.20.5 应理解这里所指的约定违约金是确定的、经双方一致同意的，买方有权得到此约定违约金而不提供所遭受的实际损失的证明。买方可根据自己的方便从应支付给卖方的合同款项中或从履约保证金、质量保函扣减该约定违约金。

2.20.6 上述约定违约金部分的总金额不超过合同总价的 15%。

第 2.21 条 ＊责任限制

除非是过失犯罪或故意行为不当，卖方在违约情况下的全部责任不超过合同总价，但这一责任限制不适用于约定违约金的支付责任及修理、更换、拒收有缺陷合同设备的责任。

第 2.22 条 知识产权

2.22.1 卖方应保证买方不承担由于使用了卖方提供的合同设备的设计、工艺、方案、技术资料、商标、专利等而产生的侵权责任，若有任何侵权行为，卖方必须承担由此产生的一切索赔和责任。

2.22.2 本合同履行期间所形成的知识产权（包括但不限于软件著作权、版权、专利权、专有技术等）归买卖双方共有。上述知识产权申请、维护费用由买卖双方共担，受益由买卖双方共享。买方利用卖方提交的技术服务工作成果所完成的新的知识产权，归买方所有。

第 2.23 条 变更指令

2.23.1　买方可在任何时候按第 2.33 条规定用书面方式通知卖方在合同总的范围内变更下列各项中的一项或多项：

（1）超过合同规定的设备数量和/或规格、标准的变化；

（2）卖方提供的服务范围。

2.23.2　如果由于上述变更引起卖方执行合同中的任何部分义务的费用或所需时间的增减，应对合同价格和/或供货进度做合理的调整，并相应修改合同。针对本合同项下买方提出的变更，卖方如有任何调整要求，须在卖方接到买方的变更指令以后 30 天内提出。否则，买方的指令和规定将是最终的。如果在买方接到卖方的调整要求后 30 天以内买卖双方不能达成协议，卖方将按照买方的变更指令进行工作。

2.23.3　如果卖方对于因第 2.23.1 款所产生的变更有任何合同价格的调整要求时，在用书面方式向买方提出这种要求的同时，还应同时提交如下详细的完整资料：

（1）买方所发出的要求变更的正式书面通知或指令；

（2）列明了变更项目所包含的所有细项的详细报价清单，说明各个变更细项的数量、种类或规格、单价、合价等；

（3）所列出的变更细项逐一说明其报价依据；

（4）为实施变更项目所完成的相关技术资料，包括但不限于设计图纸、计算书、试验或检验报告等；

（5）实施变更项目实际已发生费用的证明资料（如果有），如所投入人力和物力的真实有效记载、为变更项目采购原材料或其他物资、器件的原始发票复印件或税票等。

2.23.4　如果卖方没有按上述要求及时提交完整真实的资料，买方就有充分的理由拒绝卖方对变更的价格调整要求，所产生的后果由卖方承担责任，并且卖方应按买方的要求在规定的时限内完成买方所要求的变更。

第 2.24 条　合同修改及价格调整

2.24.1　除第 2.23 条的规定之外，对合同条款做出任何改动或偏离，买卖双方均须签署书面的合同修改文件。

2.24.2　合同执行期间如果构成合同设备的主要原材料（结构钢板、铜材、硅钢片）价格发生大幅异常波动，可依据国家或地方政府的调价文件对合同价格进行调整，风险由双方共同承担。具体的调整办法由双方协商确定。

第 2.25 条　转让和分包

2.25.1　卖方未经买方事先的书面同意，不得将合同责任全部或部分进行转让。

2.25.2　卖方应将本合同项下的分包合同以书面形式通知买方，该通知不免除卖方按合同规定的任何责任或义务，卖方还应对任何分包商、代理商、雇员或其他工作人员的行为和疏忽而造成对买方的损失向买方负全部责任。

2.25.3　卖方应自费协调其所有分包商的工作，并负有其不同分包商供货的设备间的接口责任。卖方应负责保证合同设备的完整性和整体性。

2.25.4　不允许分包商再分包。

第2.26条　法定语言和计量单位

2.26.1　本合同以及买卖双方与合同有关的信函和其他文件均应以中文书写。

2.26.2　除技术条款中另有规定外，所有计量单位均采用国际度量制SI单位。

2.26.3　图纸、产品样本、说明、复制的技术条款、说明书和部件一览表等均应使用中文提交买方审查，工作语言以及最终提交的资料也应使用中文。

第2.27条　不可抗力

2.27.1　签约双方中的任何一方由于战争及严重的火灾、水灾、台风、地震等不可抗力事件而影响合同的执行时，则延迟合同受影响部分的履行期限，延迟的时间相当于事件影响的时间。不可抗力事件系指买卖双方在缔结合同时所不能预见的，并且它的发生及其后果是无法克服和无法避免的。

2.27.2　受事件影响的一方应在7天以内将所发生的不可抗力事件的情况以传真通知另一方，并在14天内以航空挂号信件将有关当局出具的证明文件提交给另一方审阅确认。

2.27.3　如不可抗力事件延续到120天以上时，双方应通过友好协商解决合同继续履行的问题。

2.27.4　发生事件的一方应采取一切合理的措施以减少由于不可抗力所导致的拖期。

2.27.5　当不可抗力事件终止或事件消除后，受事件影响的一方应尽快以传真通知另一方，并以航空挂号信证实。

2.27.6　对于本合同中未受不可抗力的其他义务，义务方必须继续履行。

第2.28条　＊税费

2.28.1　国家有关行政管理机构根据现行税法对买方课征有关执行本合同的一切税费应由买方支付，对卖方课征的有关执行本合同的一切税费应由卖方支付。

2.28.2　在中国境外课征有关执行本合同的一切税费应由卖方支付。

2.28.3　本合同项下设备涉及的进口环节税须在"进口材料、部件的税费表"中列出，在合同履行期间买方将根据中国政府对进口环节税率的调整或中国政府给予本项目的特殊政策在对卖方的支付中相应进行扣减。

第2.29条　＊适用法律

本合同适用法律为中华人民共和国法律。

第2.30条　＊争议解决

2.30.1　合同双方在履行合同中发生争议的，友好协商解决。协商不成的，诉讼解决。

第 2.31 条　＊履约保函、预付款保函、质量保函

2.31.1　卖方应在合同签字后 30 天内用合同货币按照合同附件七的格式，向买方提供由下述银行提供的履约保函：

（1）中国的银行总行；

（2）买方同意的在中国境内营业的其他银行。

履约保函总金额为合同总价的 10％，随每台机组的初步验收结束递减。

2.31.2　卖方应在合同生效后，按照合同附件八的格式，向买方提供上述银行提供的第一笔预付款保函，保函金额为水轮发电机组及其辅助设备价格的 5％，有效期至最后一批合同设备发货日后 30 天。

2.31.3　卖方应在合同生效六个月后，按照合同附件八的格式，向买方提供上述银行提供的第二笔预付款保函，保函金额为水轮发电机组及其辅助设备价格的 10％，有效期至最后一批合同设备发货日后 30 天。

2.31.4　卖方应在每一台机组初步验收结束时用合同货币按照合同附件九的格式，向买方提供由上述银行提供的质量保函，保函保证金为每台套水轮发电机组及其辅助设备价格的 5％。质量保函有效期至每一台机组的质量保证期结束。

2.31.5　履约保函、预付款保函、质量保函将在不晚于卖方按合同的规定完成了全部的责任，包括任何保证义务后的 30 天内，由买方无息退还给卖方。

第 2.32 条　终止合同

2.32.1　因卖方违约终止合同

2.32.1.1　发生下列情形时，买方可在采用其他补救措施的同时，用书面形式通知卖方，终止全部或部分合同。

（1）卖方未能在合同规定的时间内，或未能在买方同意的延期内提交任何或全部合同设备或提供服务；或

（2）卖方未能履行合同规定的任何其他责任。

在上述任一情况下，卖方在收到买方的违约通知后 30 天（或买方书面同意的更长的时间里），未能纠正其违约。

2.32.1.2　在买方根据本条终止全部或部分合同的情况下，买方可按其认为合适的条件和方式采购与未提交合同设备类似的合同设备，卖方应有责任承担买方为购买上述类似合同设备时多付出的任何费用，且卖方仍应履行合同中未终止的部分。

2.32.2　因卖方破产终止合同

2.32.2.1　如果卖方破产或无清偿能力时，买方可在任何时候用书面通知卖方终止合同而不对卖方进行任何补偿。但上述合同的终止并不损坏或影响买方采取或将采取行动或补救措施的任何权利。

2.32.3　为买方方便而终止合同

2.32.3.1　买方可在其认为方便的任何时候用书面通知卖方终止部分合同。通知中应说明是为了买方的方便而终止合同，说明按合同所实施工作终止的范围及上述终止生效的日期。

2.32.3.2　对在卖方接到终止合同通知后 30 天内完成和准备发运的合同设备，买方应按合同规定的条件和价格买下，其余部分买方可进行选择：

（1）选择任一部分并按合同条件和价格执行和交货；

（2）放弃其余合同设备，并为卖方已部分完成的合同设备和原先已采购的材料及部件向卖方支付一笔经协商同意的金额。

2.32.4　终止合同的处理

2.32.4.1　卖方应把一切与合同有关的并已付款应交的文件、货物（成品或半成品）交付给买方，在买方未取走之前，卖方应负责存放并办理保险，费用由卖方负责。

2.32.4.2　买方不承担任何由于终止合同而由第三方向卖方提出的各项索赔，不论直接的或间接的。

2.32.4.3　如只是合同的一部分被终止，其他部分仍应继续执行。

2.32.5　本合同终止时双方未了的债权和债务不受合同终止的影响，债务人应对债权人继续偿还未了债务。

第 2.33 条　通知

2.33.1　任何一方根据合同提交给另一方的通知均应采用书面形式，包括邮寄、传真予以确认，并按合同规定的地址递交。

2.33.2　通知以递交之日或通知生效之日起生效，以较迟之日期为准。

第 2.34 条　备品备件

2.34.1　卖方应提供买方要求的有关合同项下由卖方制造的备品备件的材料和信息。

2.34.2　备品备件应按要求进行包装，以防损坏，并与设备分开独立包装。包装箱上应清楚注明标记。

2.34.3　所有备品备件在提供给买方之前应系上标签，标签上应注明上述有关备品备件的说明。

第 2.35 条　合同文件或资料的使用

2.35.1　卖方未经买方事先书面的同意，不得把合同、合同其中的条款或由买方或以买方的名义提供的任何规范、规划、图纸、模型、样品或资料向卖方为履行合同而雇佣人员以外的其他任何人泄露，即使是对上述雇佣人员也应在对外保密的前提下提供，并且也只限于为履行合同所需的范围。

2.35.2　除为履行合同的目的以外，卖方未经买方事先书面同意不得利用第 2.35.1 款中所列举的文件或资料。

2.35.3　第 5.35.1 款中所列举的任何文件，除合同文件本身外，均应属于买方的财产，当买方提出要求时，卖方应在合同履约完成后将上述文件（包括所有副本）退还给买方。

第 2.36 条　合同生效及其他

2.36.1　合同的生效日期以下列事件最晚发生者为准：

（1）双方委托代理人在合同文件上签字、盖章；

（2）买方收到卖方按第 2.31 条的规定提交的合格履约保函。

双方将以传真通知对方合同生效日期并用挂号信确认。

2.36.2　本合同有效期至双方均已完成合同项下各自的义务为止。

第 2.37 条　法定地址

买方：＿＿＿＿＿＿＿＿＿　　卖方：＿＿＿＿＿＿＿＿＿

地址：＿＿＿＿＿＿＿＿＿　　地址：＿＿＿＿＿＿＿＿＿

传真：＿＿＿＿＿＿＿＿＿　　传真：＿＿＿＿＿＿＿＿＿

电话：＿＿＿＿＿＿＿＿＿　　电话：＿＿＿＿＿＿＿＿＿

附件三　合同设备交货批次及进度表

1　交货说明

　　合同采购清单交付至买方指定的地点时间应不迟于交货批次清单表中规定的时间。为了使交货便于工地的储存保管，除非经过买方批准，所有交货不得比规定交货日期提前30天。

2　交货批次及时间

序号	合同采购清单	型号及规格	单位	数量	交货时间
一	第一批				
二	第二批				
……	……				

附件七 履约保函

出具日期：

致：

第_____号合同的履约保函

此保函是为_____（以下称"卖方"）根据_____年___月___日第_____号合同为_____项目（以下称"项目"）向贵方提供的履约保函。

我行，_____银行（以下称"银行"）及其继承人和受让人在此无条件地，不可撤销地保证无追索地支付相当于合同价格 10％的金额_____人民币，并就此立约保证同意：

（A）贵方认为卖方没有忠实地履行任何的合同文件和在其后达成的同意修改、补充、增加和变更，包括替换和/或修复有缺陷的货物的协议（以后称"违约"），而不管卖方反对，银行应按贵方书面报告说明卖方违约的通知及所提要求，立即按贵方所提的不超过上述累计总额的金额，以上述通知中规定的方式支付贵方。

（B）这里所说的任何支付均免于扣除当时和以后的任何税费、关税、费用，无论什么性质的和无论何人强加的扣除和扣缴。

（C）本保函的各项条款构成本行无条件的、不可撤销的直接义务，合同条款的任何更改，经贵方允许的时间上的任何变动及其他宽容或让步，或者贵方发生的可能免除本行责任的任何疏忽或其他行为，均不能解除本行的责任。

（D）本保函的总金额随每批设备的初步验收结束递减，有效期直至最后一批合同设备通过初步验收。

_____（出具行名称）

_____（出具行单位章）

_____（出具行委托代理人签名）

_____（委托代理人印刷体姓名及职务）

_____（银行许可证号）

_____（出具行地址）

_____（出具行电话）

_____（出具行传真）

附件八　预付款保函

合同号_____　　　　　关于第_____号我们的不可撤销的保函

受益人：

根据受益人和_____（卖方名称）（以下称"卖方"）于_____（日期）签订的关于以总额_____（用文字和数字表示的合同价款）提供_____的合同号为_____的合同（以下称"合同"），应卖方的要求，我们特此开出不可撤销的保函，编号_____，收款人为上述受益人。

我们做如下保证：

1. 在本保函，我们的责任应限制为_____（用文字和数字表示的预付款的货币名称及其金额），每年加上年利率为 5％的单利利息，利息的计算从卖方收到预付款之日起到本保函有效期满之日止。

2. 如果你们宣称卖方没有根据合同提供任一合同设备和服务，我们应在收到你们的第一次书面要求后 7 天内，无条件地偿付给你们总额不超过_____（用文字和数字表示的预付款的货币名称及其金额），加上年利率为 5％的单利利息的任何一笔款额，利息计算从卖方收到预付款之日起到本保函有效期满之日止，且按以下第 3 点，保函仍有效。

3. 卖方一收到预付款，本保函立即生效，且应自动减去每次装运合同设备发票值的_____，而不须保函开具银行或受益人的任何确认。

本保函在最后的一批合同设备发货日后 30 天，即在_____（日期）期满，若受益人同意合同设备交货延期，并通知我行，本保函有效期将根据新的交货期自行顺延而无须任何手续。延期必须在本保函期满之前通知我们。

　　　　　　　　　　_____（出具行名称）

　　　　　　　　　　_____（出具行单位章）

　　　　　　　　　　_____（出具行委托代理人签名）

　　　　　　　　　　_____（委托代理人印刷体姓名及职务）

　　　　　　　　　　_____（银行许可证号）

　　　　　　　　　　_____（出具行地址）

　　　　　　　　　　_____（出具行电话）

　　　　　　　　　　_____（出具行传真）

附件九　质量保函

出具日期：

致：

第_____号合同的_____的质量保函

此保函是为_____（以下称"卖方"）根据_____年_____月_____日第_____号合同为_____项目（以下称"项目"）向贵方提供_____（货物和服务的描述）的质量保函。

_____银行（以下称"银行"）及其继承人和受让人在此无条件地、不可撤销地保证无追索地支付相当于合同设备价5％金额_____人民币，大写_____，并就此立约保证同意：

（A）贵方认为卖方没有忠实地履行所有的合同文件和在其后达成的同意修改、补充、增加和变更，包括替换和/或修复有缺陷货物的协议（以下称"违约"），而不管卖方反对，银行应按贵方书面报告说明卖方违约的通知及所提要求，立即按贵方所提的不超过上述累计总额的金额，以上述通知中规定的方式支付贵方。

（B）这里所说的任何支付均免于扣除当时和以后的任何税费、关税、费用，无论什么性质的和无论何人强加的扣除和扣缴。

（C）本保函的各项条款构成本行无条件的、不可撤销的直接义务，合同条款的任何更改，经贵方允许的时间上的任何变动及其他宽容或让步，或者贵方发生的可能免除本行责任的任何疏忽或其他行为，均不能解除本行的责任。

（D）本保函的有效期直至设备最终验收结束后30天。

_____（出具行名称）

_____（出具行公章）

_____（出具行授权代表签名）

_____（授权代表印刷体姓名及职务）

_____（出具行地址）

_____（出具行电话）

_____（出具行传真）

附件十四　　物流信息化管理相关规定

1　为提高设备物流工作效率，保证设备到货的预见性、及时性和准确性，买方利用其项目管理信息系统对机电物流信息进行管理。要求卖方以规范的合同设备交货总清单、装箱单、装运通知的形式提交有关信息，以利于买方对货物的发运、到货、验收等全过程进行跟踪管理。

2　合同设备交货总清单

2.1　"合同设备交货总清单"是卖方合同设备交货明细表的汇总，它的形成是逐个部套设计完成之后的分层次的逐步细化或完善的过程，"合同设备交货总清单"的变更应受版本控制，并在最近一次提交的版本上做增加、修改等，不得重新定义"合同设备交货总清单"。

2.2　"合同设备交货总清单"的格式见本附件7.1。

2.3　外协、外购设备（含外购直发件）也应列入"合同设备交货总清单"，即要求外协、外购设备（含外购直发件）按实际交货设备细项明细列入"合同设备交货总清单"。

2.4　卖方应在合同签订后120天内向买方提交"合同设备交货总清单"初稿供审查，并在合同设备首次交货前10天向买方提交"合同设备交货总清单"第一版，该版本将作为初始数据进入买方的管理系统。卖方应及时补充完善"合同设备交货总清单"，提交更新版本时间应在变化项所属部套首次发货前10天。提交给买方的最新版本的"合同设备交货总清单"，将作为卖方的交货基准和发货依据。

2.5　如果在合同执行过程中随着卖方设计的逐步完成或实际情况的变化导致交货总清单发生改变，则卖方应及时对交货总清单进行更新和维护，并及时提交给买方。

2.6　每次设计联络会期间双方对交货总清单进行审核、更新和维护，使其与以后的实际交货保持一致。

2.7　卖方在更新"合同设备交货总清单"时，应保持与上一版本的延续性。如原有设备项不需要交货时，只需将其数量改为"0"即可，不得将已定义的设备项删除。相对于上一版本的所有更新均应用红色予以标识并在备注栏中做出说明。

2.8　"合同设备交货总清单"以电子邮件方式提交，在每次提交"合同设备交货总清单"的同时，卖方应填写"交货总清单提交通知"并以传真方式通知买方，"交货总清单提交通知"格式见本附件7.2。

3　装箱单

3.1　每批交货设备的装箱单由装箱总清单和详细装箱清单组成，卖方应分别按规定的格式进行填写。"装箱总清单"格式见本附件7.3，"详细装箱清单"格式见本附件7.4。

3.2 卖方在填写"详细装箱清单"时，"详细装箱清单"中的设备项必须是已提交给买方的"合同设备交货总清单"的设备项，如果发现发货内容与"合同设备交货总清单"不相符，则应先对"合同设备交货总清单"进行更新、提交并通知买方，然后填写"详细装箱清单"。

3.3 卖方在按照合同规定以纸质文件形式向买方提交装箱单时，应同时以电子邮件方式提交装箱单的电子文件。

4 装运通知

4.1 卖方在按照合同规定以纸质文件形式向买方提交装运通知时，应同时以电子邮件方式提交装运通知的电子文件。

4.2 "装运通知"格式见本附件7.5。

5 卖方协作单位的规定

5.1 合同中所有涉及卖方协作单位的合同设备交货总清单、装箱单、装运通知等，均应由卖方按上述要求统一提交。

6 其他约定

6.1 买方邮件地址：_____

7.1 合同设备交货总清单

合同设备交货总清单														
合同编号：(16)					版本：(17)				最后修改日期：(18) 年 月 日					
装配名称(1)	装配图号(2)	子装配名称(3)	子装配图号(4)	货物图号(5)	货物名称(6)	供应商货物编码(7)	交货数量(8)	计量单位(9)	原产地(10)	价格(11)	采购合同报价单项代码(12)	采购合同报价单细项代码(13)	交货时间(14)	备注(15)

备注：

1. 项(5)、(6)、(7)、(8)、(9)、(12)、(13)、(16)、(17)、(18)是必填项。

2. 供应商货物编码(7)：按卖方编码规则填写，卖方应向买方提供其编码规则的详细而系统的说明书。

3. 报价单项代码(12)：填写内容为合同"报价表"中合同设备交付项所属的合同对应的最底层报价单项代码。

4. 报价单细项代码(13)：填写内容为合同设备交付项在所属的合同设备对应的最底层报价单项中的序号。该序号由卖方给出，格式为从"0001"开始的由四位数字组成的序号。该序号在同一最底层报价单项(12)下不得重复。

7.2 交货总清单提交通知

交货总清单提交通知	
合同编号	
版本	
最后修改日期	
主要修改内容	
提交文件名	
发送邮件地址	
提交日期	
联系人	
联系电话	
卖方名称及盖章	
传真发送日期	

7.3 装箱总清单

装箱总清单						
卖方						
目的地						
收货人						
合同号				发运地		
装运号				总件数		
联系人				总净重		
传真				总毛重		
电话				总体积		
箱件号	包装类型	存储类型	危险品	长x宽x高（厘米）	净重（Kg）	毛重（Kg）	体积（立方）

7.4 详细装箱清单

<table>
<tr><td colspan="14" align="center">详细装箱清单</td></tr>
<tr><td colspan="2" rowspan="2" align="center">卖方公司名称</td><td>买方</td><td colspan="11"></td></tr>
<tr><td>买方地址</td><td colspan="11"></td></tr>
<tr><td>合同号</td><td></td><td>设备名称</td><td colspan="4"></td><td>设备描述</td><td colspan="5"></td></tr>
<tr><td>箱号</td><td></td><td>运输标记</td><td colspan="11"></td></tr>
<tr><td>序号</td><td>报价单项代码</td><td>报价单细项代码</td><td>供应商货物编码</td><td>装配名称</td><td>装配图号</td><td>子装配名称</td><td>子装配图号</td><td>货物图号</td><td>货物名称</td><td>数量</td><td>计量单位</td><td>重量</td></tr>
<tr><td>1</td><td></td><td></td><td></td><td></td><td></td><td></td><td></td><td></td><td></td><td></td><td></td><td></td></tr>
<tr><td>2</td><td></td><td></td><td></td><td></td><td></td><td></td><td></td><td></td><td></td><td></td><td></td><td></td></tr>
<tr><td>3</td><td></td><td></td><td></td><td></td><td></td><td></td><td></td><td></td><td></td><td></td><td></td><td></td></tr>
<tr><td>4</td><td></td><td></td><td></td><td></td><td></td><td></td><td></td><td></td><td></td><td></td><td></td><td></td></tr>
<tr><td>5</td><td></td><td></td><td></td><td></td><td></td><td></td><td></td><td></td><td></td><td></td><td></td><td></td></tr>
<tr><td>6</td><td></td><td></td><td></td><td></td><td></td><td></td><td></td><td></td><td></td><td></td><td></td><td></td></tr>
<tr><td>7</td><td></td><td></td><td></td><td></td><td></td><td></td><td></td><td></td><td></td><td></td><td></td><td></td></tr>
<tr><td>8</td><td></td><td></td><td></td><td></td><td></td><td></td><td></td><td></td><td></td><td></td><td></td><td></td></tr>
<tr><td>9</td><td></td><td></td><td></td><td></td><td></td><td></td><td></td><td></td><td></td><td></td><td></td><td></td></tr>
<tr><td>10</td><td></td><td></td><td></td><td></td><td></td><td></td><td></td><td></td><td></td><td></td><td></td><td></td></tr>
<tr><td>11</td><td></td><td></td><td></td><td></td><td></td><td></td><td></td><td></td><td></td><td></td><td></td><td></td></tr>
</table>

7.5 装运通知

<table>
<tr><td colspan="4" align="center">装运通知</td></tr>
<tr><td colspan="2">（1）卖方</td><td colspan="2"></td></tr>
<tr><td colspan="2">（2）发运地</td><td colspan="2"></td></tr>
<tr><td colspan="2">（3）交货地点</td><td colspan="2"></td></tr>
<tr><td colspan="2">（4）合同号</td><td colspan="2"></td></tr>
<tr><td colspan="2">（5）装运号</td><td colspan="2"></td></tr>
<tr><td colspan="2">（6）合同设备描述（合同设备名称、机组编号和部件号）</td><td colspan="2"></td></tr>
<tr><td colspan="2">（7）箱号</td><td colspan="2"></td></tr>
<tr><td>（8）收货人</td><td></td><td>（16）发货人</td><td></td></tr>
<tr><td>（9）收货联系人</td><td></td><td>（17）发货联系人</td><td></td></tr>
<tr><td>（10）收货人传真</td><td></td><td>（18）发货人传真</td><td></td></tr>
<tr><td>（11）收货人电话</td><td></td><td>（19）发货人电话</td><td></td></tr>
<tr><td>（12）是否采用滚装运输</td><td></td><td>（20）总件数</td><td></td></tr>
<tr><td>（13）是否有大件</td><td></td><td>（21）总净重</td><td></td></tr>
</table>

装运通知			
（14）装运合同设备总价值		（22）总毛重	
（15）预计到达工地日期		（23）总体积	
大件运输信息			
运输工具的名称（汽车/火车/船只/飞机）			
汽车牌号或铁路运输的车次或水运船只的名称或空运航线的名称和航班号			
运输公司联系人及联系方式			
中转方式及时间			
出发地/车站/港口			
预计从出发地/车站/港口出发的日期			
实际从出发地/车站/港口出发的日期			
目的地/车站/港口			
预计到达目的地/车站/港口的日期			
运输和仓储中的特殊要求和必要的注意事项			
其他说明			

备注：标有数字的项为必填项

附件十五 廉洁协议

廉洁协议

甲方（发包人）：＿＿＿＿＿＿＿＿

乙方（承包人）：＿＿＿＿＿＿＿＿

为了防范和控制＿＿＿＿＿＿＿＿合同（合同编号：＿＿＿＿＿）商订及履行过程中的廉洁风险，维护正常的市场秩序和双方的合法权益，根据反腐倡廉相关规定，经双方商议，特签订本协议。

一、甲乙双方责任

1. 严格遵守国家的法律法规和廉洁从业有关规定。

2. 坚持公开、公正、诚信、透明的原则（国家秘密、商业秘密和合同文件另有规定的除外），不得损害国家、集体和双方的正当利益。

3. 定期开展党风廉政宣传教育活动，提高从业人员的廉洁意识。

4. 规范招标及采购管理，加强廉洁风险防范。

5. 开展多种形式的监督检查。

6. 发生涉及本项目的不廉洁问题，及时按规定向双方纪检监察部门或司法机关举报或通报，并积极配合查处。

二、甲方人员义务

1. 不得索取或接受乙方提供的利益和方便。

（1）不得索取或接受乙方的礼品、礼金、有价证券、支付凭证和商业预付卡等（以下简称"礼品礼金"）；

（2）不得参加乙方安排的宴请和娱乐活动；不得接受乙方提供的通信工具、交通工具及其他服务；

（3）不得在个人住房装修、婚丧嫁娶、配偶、子女和其他亲属就业、旅游等事宜中索取或接受乙方提供的利益和便利；不得在乙方报销任何应由甲方负担或支付的费用。

2. 不得利用职权从事各种有偿中介活动，不得营私舞弊。

3. 甲方人员的配偶、子女、近亲属不得从事与甲方项目有关的物资供应、工程分包、劳务等经济活动。

4. 不得违反规定向乙方推荐分包商或供应商。

5. 不得有其他不廉洁行为。

三、乙方人员义务

1. 不得以任何形式向甲方及相关人员输送利益和方便。

（1）不得向甲方及相关人员行贿或馈赠礼品礼金；

（2）不得向甲方及相关人员提供宴请和娱乐活动；不得为其购置或提供通信工具、交通工具及其他服务；

（3）不得为甲方及相关人员在住房装修、婚丧嫁娶、配偶、子女和其他亲属就业、旅游等事宜中提供利益和便利；不得以任何名义报销应由甲方及相关人员负担或支付的费用。

2. 不得有其他不廉洁行为。

3. 积极支持配合甲方调查问题，不得隐瞒、袒护甲方及相关人员的不廉洁问题。

四、责任追究

1. 按照国家、上级机关和甲乙双方的有关制度和规定，以甲方为主、乙方配合，追究涉及本项目的不廉洁问题。

2. 建立廉洁违约罚金制度。廉洁违约罚金的额度为合同总额的 1‰（不超过 50 万元）。如违反本协议，根据情节、损失和后果按以下规定在合同支付款中进行扣减。

（1）造成直接损失或不良后果，情节较轻的，扣除 10％—40％廉洁违约罚金；

（2）情节较重的，扣除 50％廉洁违约罚金；

（3）情节严重的，扣除 100％廉洁违约罚金。

3. 廉洁违约罚金的扣减：由合同管理单位根据纪检监察部门的处罚意见，与合同进度款的结算同步进行。

4. 对积极配合甲方调查，并确有立功表现或从轻、减轻违纪违规情节的，可根据相关规定履行审批手续后酌情减免处罚。

5. 上述处罚的同时，甲方可按照中国长江三峡集团有限公司有关规定另行给予乙方暂停合同履行、降低信用评级、禁止参加甲方其他项目等处理。

6. 甲方违反本协议，影响乙方履行合同并造成损失的，甲方应承担赔偿责任。

五、监督执行

1. 本协议作为项目合同的附件，由甲乙双方纪检监察部门联合监督执行。

2. 甲方举报电话：_____；乙方举报电话：_____。

六、其他

1. 因执行本协议所发生的有关争议，适用主合同争议解决条款。

2. 本协议作为_____合同的附件，一式肆份，双方各执贰份。

3. 双方法定代表人或授权代表在此签字并加盖单位章，签字并盖章之日起本协议生效。

甲方：（盖章）　　　　　　　　乙方：（盖章）

法定代表人（或授权代表）：　　法定代表人（或授权代表）：

第五章 采购清单

1 采购清单说明

采购清单包括投标人应提供的设备及配套服务。

2 投标报价说明

本项目适用一般计税方法，增值税税率为16％；投标人应按照国家有关法律、法规和"营改增"政策的相关规定计取、缴纳税费，应缴纳的税费均包括在报价中；含增值税价格作为投标人评标价。

投标人应按本招标文件规定和本清单的内容及格式要求，结合本招标文件所有条款及条件的要求，完整填写报价表中各项目的出厂单价、出厂合价、运杂费、保险费、合价、小计、合计等所有要求填写的内容。凡未填写单价和合价的项目，则认为完成该项目所需一切费用（包括全部成本、合理利润、税费及风险等）均已包含在报价表的有关项目单价、合价及总报价中。

按本招标文件的规定，投标人的总报价应包括投标人中标后为提供所有合同设备、技术文件和服务及全面履行合同规定的责任和义务所需发生的全部费用，包括设计、制造及所需材料和部件的采购、成套、工厂检验、包装、保管、运输及保险、交货、工地开箱检验、技术文件、设计联络会、工厂见证、出厂验收、工厂培训、质量保证、技术服务、协调、配合项目主管部门主持的工程专项验收、竣工验收等费用，并包括除合同另有规定以外的应由卖方承担的一切风险（包括物价和汇率等的变化）所需全部费用。

报价表中的出厂价中均已包含其相应设备的制造及所需材料和部件的采购、成套、工厂检验、包装、技术文件等全部成本、合理利润和税费，以及合同规定应由卖方承担的其他义务、责任和风险（包括物价和汇率等的变化风险）等所需全部费用。

报价表中的运杂费中均已包括合同设备自卖方制造工厂至合同规定的现场交货地点的运输费、各种杂费、设备运输过程中所需采取的一切安全保护措施等全部成本、合理利润和税费，以及合同规定应由卖方承担的其他义务、责任和风险（包括物价和汇率等的变化风险）等所需全部费用。

报价表中的保险费中均已包括合同设备自卖方制造工厂至合同规定的现场交货地点所需全部保险费用。保险费的填报应考虑由卖方应承担的责任和风险。

投标人应将所有报价表文字说明附在报价表中一并提交。

投标人提交的报价表中的每一页均应由投标人的法定代表人（或委托代理人）签名和加盖单位章。

3 清单

表 5-1　水轮发电机组及其辅助设备价格汇总表

表 5-2　投标人推荐的水轮机备品备件报价表

表 5-3　投标人推荐的水轮机安装维修工具报价表

表 5-4　投标人推荐的发电机备品备件报价表

表 5-5　投标人推荐的发电机安装维修工具报价表

表 5-6　卖方配合工作项目明细表

表 5-1　水轮发电机组及其辅助设备价格汇总表

序号	项目名称	工地交货总价（含税价格）	备注
1	水轮发电机组设备价格		
1.1	1♯机		
1.2	2♯机		
1.3	3♯机		
1.4	……		
2	规定的机组备品备件		
3	规定的机组安装维修工具		
4	技术服务费		
5	水轮机模型设计、试验、验收费用		
6	总计（1+2+3+4+5）		其中：增值税税额＝＿＿＿＿元

备注：

1. 每台机组的设备价格根据表 5-1-1-1 与 5-1-2-1 的合计交货价之和按报价编号依次填列；

2. 规定的备品备件价格根据表 5-1-1-2 与 5-1-2-2 的合计交货价之和填列；

3. 规定的安装维修工具价格根据表 5-1-1-3 与 5-1-2-3 的合计交货价之和填列；

4. 技术服务费根据表 5-1-3 中的合计填列；

5. 水轮机模型设计、试验、验收费用根据表 5-1-1 第 4 项的数值填列；

6. 增值税税额＝投标总价/（1+17%）×17%。

表 5-1-1　水轮机及其辅助设备价格总表

报价编号：1♯、2♯、3♯……

序号	项目名称	工地交货价
1	水轮机及其辅助设备	

序号	项目名称	工地交货价
1.1	1♯机	
1.2	2♯机	
1.3	3♯机	
1.4	……	
2	规定的水轮机备品备件	
3	规定的水轮机安装维修工具	
4	水轮机模型设计、试验、验收费用	
5	合计（1＋2＋3＋4）	

备注：

1. 每台水轮机的设备价格根据表 5-1-1-1 合计交货价按报价编号分别填列；
2. 规定的水轮机备品备件价格根据表 5-1-1-2 合计交货价填列；
3. 规定的水轮机安装维修工具价格根据表 5-1-1-3 合计交货价填列；
4. 水轮机模型设计、试验、验收费用按照所需全部费用的总额填列。

表 5-1-1-1　每台水轮机及其辅助设备分项报价表

报价编号：

1	2	3	4	5	6	7	8	9	10	11	12
序号	项目	原产地	制造厂	发运地/港	单位	数量	出厂单价	出厂总价（7×8）	运费	运输保险费	工地交货总价（9＋10＋11）
1	水轮机及其辅助设备										
1.1	尾水管里衬、进人门、排水阀、排水盒及拦污栅										
1.2	基础环										
1.3	座环										
1.4	蜗壳及延伸段、进人门、排水阀										
1.5	机坑里衬										
1.6	机坑内走道、扶手及栏杆										
1.7	底环										
1.8	顶盖										
1.9	导叶										
1.10	导叶操作机构										
1.11	接力器										
1.12	转轮										
1.13	水轮机轴										
1.14	水轮机导轴承及冷却系统										
1.15	主轴工作密封和检修密封										

1	2	3	4	5	6	7	8	9	10	11	12
序号	项目	原产地	制造厂	发运地/港	单位	数量	出厂单价	出厂总价（7×8）	运费	运输保险费	工地交货总价（9＋10＋11）
1.16	主轴工作密封加压、过滤装置（若有）										
1.17	机坑内环形吊车										
1.18	大轴中心补气装置										
1.19	油气水量测系统管路、阀门、仪表及附件等										
1.20	动力柜、各类控制柜、端子箱及表计盘										
1.21	机坑内照明系统（含照明箱）										
1.22	自动化元件、仪表和装置										
1.23	各类动力及控制电缆										
1.24	其他（必须列明细项）										
	………										
	合计				台套	1					

备注：

1. 对应于表 5-1-1，投标人应按此表格式分别填写每台水轮机的分项报价，如果各台水轮机分项报价表内容相同，应在表头列出相同报价的报价编号；

2. 第 7 栏"数量"为一台水轮机所需的数量；

3. 表中 1.22 项只填写交货总价，其报价来自于相应报价编号的表 5-1-1-1-A 的合计交货价；

4. 第 2 栏"项目"中各部件含有配套部件及相应的附件；

5. "其他"项下应列出细项及对应的细项报价。

表 5-1-1-1-A 每台套水轮机自动化元件、仪表和装置清单及报价表

报价编号：

1	2	3	4	5	6	7	8	9	10	11	12
序号	项目	原产地	制造厂	发运地/港	单位	数量	出厂单价	出厂总价（7×8）	运费	运输保险费	工地交货总价（9＋10＋11）
1.22	水轮机自动化元件、仪表和装置										
（1）	蜗壳进口带显示的压力变送器				只						
（2）	蜗壳末端带显示的压力变送器				只						
（3）	顶盖带显示的压力真空变送器				只						

续表

1	2	3	4	5	6	7	8	9	10	11	12
序号	项目	原产地	制造厂	发运地/港	单位	数量	出厂单价	出厂总价（7×8）	运费	运输保险费	工地交货总价（9+10+11）
(4)	基础环带显示的压力变送器				只						
(5)	尾水管进口带显示的压力真空变送器				只						
(6)	尾水管出口带显示的压力变送器				只						
(7)	水轮机水头差压变送器				只						
(8)	水轮机流量差压变送器				只						
(9)	水轮机效率仪表				只						
(10)	功率变送器				只						
(11)	主轴密封水进口带显示的压力变送器				只						
(12)	主轴密封水可视流体的机械式流量测控装置				套						
(13)	主轴密封水差压开关				只						
(14)	主轴工作密封磨损量传感器				套						
(15)	主轴检修密封供气带显示的压力变送器				只						
(16)	空气围带投入/切除的压力开关				只						
(17)	导轴承冷却水进、出口压力变送器				只						
(18)	导轴承冷却水 RTD				只						
(19)	导轴承冷却水温度显控器				只						
(20)	导轴承冷却水系统热导式流量开关				套						
(21)	导轴承冷却水系统带显示的插入式电磁流量计				只						
(22)	导轴瓦温度 RTD				只						
(23)	导轴瓦温度显控器				只						
(24)	导轴承油温 RTD				只						
(25)	导轴承油温显控器				只						
(26)	导轴承可视流体的机械挡板式油流量测控装置（耐油、耐高温）				套						

1	2	3	4	5	6	7	8	9	10	11	12
序号	项目	原产地	制造厂	发运地/港	单位	数量	出厂单价	出厂总价（7×8）	运费	运输保险费	工地交货总价（9＋10＋11）
(27)	导轴承磁翻柱油位指示器（耐油、耐高温）				只						
(28)	导轴承油位变送器（耐油、耐高温）				只						
(29)	导轴承油位报警油位开关				只						
(30)	导轴承油混水检测器				只						
(31)	顶盖内水位报警用水位开关				套						
(32)	顶盖水位监测用液位变送器				只						
(33)	接力器油压压力表				只						
(34)	接力器锁锭投入信号指示用行程开关				只						
(35)	接力器锁锭拔出信号指示用行程开关				只						
(36)	导叶保护信号装置及继电器用行程开关				套						
(37)	导叶开度位移变送器				只						
(38)	导叶位置行程开关				套						
(39)	齿盘测速装置齿盘、双探头				套						
(40)	齿盘测速装置 PLC 电脑测速装置				套						
(41)	拦污栅差压变速器及差压开关				只						
(42)	主轴蠕动探测器				只						
(43)	纯机械液压过速保护装置				套						
(44)	漏油箱自动化元件				套						
(45)	其他（必须列明细项）										
	········										
	合　计										

备注：

1. 对应于表 5-1-1-1 中 1.22 项，投标人应按此表格式分别填写每台水轮机自动化元件、仪表和装置的分项报价，如果自动化元件、仪表和装置的报价内容相同，应在表头列出相同报价的报价编号；

2. 第 7 栏"数量"按一台水轮机所需（不少于技术条款规定）数量填写，对于没有明确数量的项，投标人应根据其方案填列具体的数量；

3. 本表中的控制装置项，若采用 PLC 型式，则应对该项列出细项，分项报价；

4. "其他"项下应列出细项及对应的细项报价。

表 5－1－1－2　规定的水轮机备品备件清单及报价表

1	2	3	4	5	6	7	8	9	10	11	12
序号	项目	原产地	制造厂	发运地/港	单位	数量	出厂单价	出厂总价（7×8）	运费	运输保险费	工地交货总价（9＋10＋11）
2	水轮机备品备件										
	水轮机导轴承瓦				台份						
	水轮机导轴瓦调整垫块，包括抗重螺栓、螺母、支承等				台份						
	主轴工作密封的轴套及所有与主轴连接所必需的附件（若有）				台份						
	主轴工作密封副				台份						
	水轮机主轴密封冷却水过滤元件（若有）				台份						
	主轴检修密封件				台份						
	顶盖排水泵				台份						
	导叶上、中、下轴套和导叶止推轴承				台份						
	导叶轴密封件				台份						
	导叶端面密封件（包括固定件）				台份						
	导叶键				台份						
	导叶剪断销（拉断螺栓）				台份						
	导叶接力器活塞密封件				台份						
	导叶控制环轴承				台份						
	导叶连杆轴套及与控制环连接的轴瓦				台份						
	接力器固定密封圈				台份						
	水轮机轴与水轮机转轮及发电机主轴的连接螺栓及附件				台份						
	导轴承油冷却器				台份						
	蜗壳、尾水管排水阀密封件				台份						
	水轮机所有流道进人门密封件				台份						
	补气阀组和补气密封件				台份						
	顶盖、底环抗磨板				台份						
	水导轴承油泵				台份						

续表

1	2	3	4	5	6	7	8	9	10	11	12
序号	项目	原产地	制造厂	发运地/港	单位	数量	出厂单价	出厂总价（7×8）	运费	运输保险费	工地交货总价（9＋10＋11）
	各种型号的温度探测器传感元件				台份						
	合计										

备注：

1. 对应于表5－1－1，投标人应按本表格式填报规定的水轮机及其辅助设备备品备件分项报价；

2. 本表中"台份"是指对应于一台水轮机及其辅助设备的相应部件的所有数量的统称单位。

表5－1－1－3　规定的水轮机安装维修工具清单及报价表

1	2	3	4	5	6	7	8	9	10	11	12
序号	项目	原产地	制造厂	发运地/港	单位	数量	出厂单价	出厂总价（7×8）	运费	运输保险费	工地交货总价（9＋10＋11）
3	水轮机安装维修工具										
3.1	吊具										
3.1.1	转轮吊具				套						
3.1.2	主轴吊具及保护板				套						
3.1.3	顶盖吊具				套						
3.1.4	导叶吊具				套						
3.2	组装、拆卸水轮机任何部件的专用工具										
3.2.1	剪断销/导叶拐臂安装装置				套						
3.2.2	主轴密封装、拆装置				套						
3.2.3	顶盖、底环内径千分尺				套						
3.3	转轮叶片样板				套						
3.4	排水盘形阀移动式油压装置				套						
3.5	转轮检修平台（含固定部分）				套						
3.6	PLC调试所需软、硬件（列明细项）				套						
	合计										

备注：

1. 对应于表5－1－1，投标人应按本表格式填报规定的水轮机及其辅助设备安装维修工具的分项报价；

2. 第7栏"数量"是指用于供货8台套水轮机及其辅助设备所需的安装维修工具总数；

3. 由于供货设备的特殊设计所须的专门用于安装维修的工具由卖方提供，无论是否列出，其费用包含在合同总价中。

表 5－1－2　发电机及其辅助设备价格总表

报价编号：1♯、2♯、3♯……

序号	项目名称	工地交货价
1	发电机及其辅助设备	
1.1	1♯机	
1.2	2♯机	
1.3	3♯机	
1.4	……	
2	规定的发电机备品备件	
3	规定的发电机安装维修工具	
4	合计（1＋2＋3）	

　备注：

　1. 每台发电机的设备价格根据表 5－1－2－1 合计交货价按报价编号分别填列；

　2. 规定的发电机备品备件价格根据表 5－1－2－2 合计交货价填列；

　3. 规定的发电机安装维修工具价格根据表 5－1－2－3 合计交货价填列；

表 5－1－2－1　每台发电机及其辅助设备分项报价表

报价编号：

1	2	3	4	5	6	7	8	9	10	11	12
序号	项目	原产地	制造厂	发运地/港	单位	数量	出厂单价	出厂总价（7×8）	运费	运输保险费	工地交货总价（9＋10＋11）
1	发电机及其辅助设备										
1.1	基础埋件										
1.2	定子										
1.2.1	定子机座										
1.2.2	定子铁心										
1.2.3	定子绕组与连接件										
1.2.4	主引出线、CT 和磁屏蔽体										
1.3	转子										
1.3.1	转子磁极										
1.3.2	转子磁轭										
1.3.3	转子中心体与支架										
1.3.4	集电环与电刷										
1.3.5	直流励磁电缆及支架										
1.4	上机架										
1.5	下机架										
1.6	上导轴承										
1.7	下导轴承										
1.8	推力轴承										

续表

1	2	3	4	5	6	7	8	9	10	11	12
序号	项目	原产地	制造厂	发运地/港	单位	数量	出厂单价	出厂总价（7×8）	运费	运输保险费	工地交货总价（9＋10＋11）
1.9	上端轴										
1.10	发电机轴										
1.11	上、下盖板，扶梯、走道										
1.12	空气冷却器										
1.13	推力轴承外循环油泵装置（如果有）										
1.14	机械制动及顶起系统										
1.15	高压油顶起系统										
1.16	全套蒸发冷却系统（如果有）										
1.17	消防系统（含发电机风罩防火门等）										
1.18	碳粉收集系统										
1.19	制动粉尘收集系统										
1.20	油雾吸收装置										
1.21	发电机机坑内加热器										
1.22	发电机照明系统（含照明箱）										
1.23	中性点设备（含磁屏蔽体）										
1.24	动力柜、控制柜、端子箱及表计盘										
1.25	自动化元件、仪表和装置										
1.26	机组状态在线监测系统										
1.27	油气水系统管道、阀门、仪表及附件等										
1.28	各类动力及控制电缆										
1.29	其他（必须列明细项）										
	……										
	合计				台套	1					

备注：

1. 对应于表5-1-1，投标人应按此表格式分别填写每台发电机的分项报价，如果各台发电机分项报价表内容相同，应在表头列出相同报价的报价编号；

2. 第7栏"数量"为一台发电机及其辅助设备所需的数量；

3. 表中1.25项只填写由卖方提供的项内交货总价，其报价来于相应报价编号的表5-1-2-1-A的合计交货价；

4. 表中1.26项只填写由卖方提供的项内交货总价，其报价来于相应报价编号的表5-1-2-1-M的合计交货价；

5. 第2栏"项目"中各部件含有配套部件及相应的附件；

6. "其他"项下应列出细项及对应的细项报价。

表 5-1-2-1-A　每台套发电机自动化元件、仪表和装置清单及报价表

1	2	3	4	5	6	7	8	9	10	11	12
序号	项目	原产地	制造厂	发运地/港	单位	数量	出厂单价	出厂总价（7×8）	运费	运输保险费	工地交货总价（9+10+11）
1.25	发电机自动化元件、仪表和装置										
1)	推力轴承冷却系统				台套						
(1)	外循环系统油泵出口压力变送器（耐高温）				只						
(2)	外循环系统油泵出口压力开关（耐高温）				只						
(3)	可视流体机械式流量测控装置（耐高温）				组						
(4)	冷却器供水干管压力变送器				只						
(5)	干管插入式冷却器供水热导流量计				只						
(6)	干管插入式冷却器供水电磁流量计				只						
(7)	支管插入式油却器热导流量开关				只						
2)	发电机空冷器										
(1)	干管带显示压力变送器				只						
(2)	支管压力表（进、出水）				只						
(3)	干管插入式电磁流量计（正反向能正常工作）				只						
(4)	支管插入式热导流量开关				只						
3)	上导冷却器										
(1)	干管带显示压力变送器				只						
(2)	支管压力表（进、出水）				只						
(3)	干管插入式电磁流量计（正反向能正常工作）				只						
(4)	支管插入式热导流量开关				只						
4)	下导（推导）冷却器										
(1)	干管带显示压力变送器				只						
(2)	支管压力表（进、出水）				只						
(3)	干管插入式电磁流量计（正反向能正常工作）				只						
(4)	支管插入式热导流量开关				只						

1	2	3	4	5	6	7	8	9	10	11	12
序号	项目	原产地	制造厂	发运地/港	单位	数量	出厂单价	出厂总价（7×8）	运费	运输保险费	工地交货总价（9＋10＋11）
5)	冷却水总管压力开关				只						
6)	冷却水总管带显示压力变送器				只						
7)	冷却水总管带显示的插入式电磁流量计（正反向能正常工作）				只						
8)	推力轴承油槽油位开关				套						
9)	推力轴承油槽油位带显示变送器（耐高温、耐油）				只						
10)	推力轴承油槽油位磁翻柱式指示器（耐高温、耐油）				只						
11)	上导轴承油槽油位开关				1套						
12)	上导轴承油槽油位带显示变送器（耐高温、耐油）				只						
13)	上导轴承油槽油位磁翻柱式指示器（耐高温、耐油）				只						
14)	下导轴承油槽油位开关（如有）				套						
15)	下导轴承油槽油位带显示变送器（耐高温、耐油）（如有）				只						
16)	下导轴承油槽油位磁翻柱式指示器（耐高温、耐油）（如有）				只						
17)	油混水检测变送器（模拟量、开关量）				只						
18)	推力轴承瓦温度显控器（具备断线、断电、上电信号闭锁功能）				只						
19)	推力轴承油温度显控器（具备断线、断电、上电信号闭锁功能）				只						
20)	上/下导轴承瓦温度显控器（具备断线、断电、上电信号闭锁功能）				只						
21)	上/下导轴承油温度显控器（具备断线、断电、上电信号闭锁功能）				只						

1	2	3	4	5	6	7	8	9	10	11	12
序号	项目	原产地	制造厂	发运地/港	单位	数量	出厂单价	出厂总价（7×8）	运费	运输保险费	工地交货总价（9+10+11）
22)	空冷器冷风出口温度显控器（具备断线、断电、上电信号闭锁功能）				只						
23)	空冷器热风出口温度显控器（具备断线、断电、上电信号闭锁功能）				只						
24)	风罩内温湿度测量变送器（具备断线、断电、上电信号闭锁功能）				只						
25)	定子绕组测温电阻（RTD）				只						
26)	定子铁心测温电阻（RTD）				只						
27)	推力瓦测温电阻（RTD）				只						
28)	推力瓦间测温电阻（RTD）				只						
29)	上导轴瓦测温电阻（RTD）				只						
30)	下导轴瓦测温电阻（RTD）				只						
31)	推力/下导轴承油槽测温电阻（RTD）				只						
32)	上导轴承油槽测温电阻（RTD）				只						
33)	空冷器进风口测温电阻（RTD）				只						
34)	空冷器出风口测温电阻（RTD）				只						
35)	空冷器总管进出冷却水测温电阻（RTD）				只						
36)	空冷器支管进出冷却水测温电阻（RTD）				只						
37)	推力轴承冷却水测温电阻（RTD）				只						
38)	上导、下导轴承冷却水测温电阻（RTD）				只						
39)	铁心上、下齿压板测温电阻（RTD）				只						
40)	集电环罩测温电阻（RTD）				只						
41)	制动闸位置行程开关				只						
42)	制动系统自动化元件				套						

续表

1	2	3	4	5	6	7	8	9	10	11	12
序号	项目	原产地	制造厂	发运地/港	单位	数量	出厂单价	出厂总价（7×8）	运费	运输保险费	工地交货总价（9+10+11）
43)	发电机制动屏（含各种自动化元件、仪表、阀门、管路及附件）				套						
44)	推力轴承负荷传感器（如有）										
45)	集电环通风系统（如有）				套						
46)	轴绝缘在线监测装置				套						
47)	其他（必须列明细项）										
	………										
	合　计										

备注：

1. 对应于表5-1-2-1中1.25项，投标人应按此表格式分别填写每台发电机自动化元件、仪表和装置的分项报价。如果自动化元件、仪表和装置报价内容相同，应在表头列出相同报价的报价编号；

2. 第7栏"数量"按一台发电机所需（不少于技术条款规定）的数量填写；

3. 本表中的控制装置项，若采用PLC型式，则应对该项列出细项，分项报价；

4. "其他"项下应列出细项及对应的细项报价。

表5-1-2-1-M　每台套机组状态在线监测系统设备清单及报价表

报价编号：

1	2	3	4	5	6	7	8	9	10	11	12
序号	项目	原产地	制造厂	发运地/港	单位	数量	出厂单价	出厂总价（7×8）	运费	运输保险费	工地交货总价（9+10+11）
1.26	机组状态在线监测系统										
1.26.1	厂站层上位机系统										
(1)	状态数据服务器				套						
(2)	网络设备				套						
(3)	柜体及附件				套						
(4)	机组状态在线监测系统软件				套						
1.26.2	现地数据采集站										
(1)	现地数据采集箱				套						
(2)	液晶显示屏				套						
(3)	网络设备				套						
(4)	电源模块				套						
(5)	柜体及附件				套						

1	2	3	4	5	6	7	8	9	10	11	12
序号	项目	原产地	制造厂	发运地/港	单位	数量	出厂单价	出厂总价（7×8）	运费	运输保险费	工地交货总价（9+10+11）
1.26.3	现地传感器及端子箱										
(1)	键相信号				只						
(2)	上导轴承 X、Y 向摆度				只						
(3)	下导轴承 X、Y 向摆度				只						
(4)	水导轴承 X、Y 向摆度				只						
(5)	上机架 X、Y 径向水平振动				只						
(6)	上机架 Z 向垂直振动				只						
(7)	下机架 X、Y 径向水平振动				只						
(8)	下机架 Z 向垂直振动				只						
(9)	顶盖 X、Y 径向水平振动				只						
(10)	顶盖 Z 向垂直振动				只						
(11)	定子机座 X、Y 向水平振动				只						
(12)	定子机座 Z 向振动				只						
(13)	定子铁芯 X 向水平振动				只						
(14)	定子铁芯 Z 向水平振动				只						
(15)	空气间隙				只						
(16)	机组抬机量（大轴轴向位移）				只						
(17)	蜗壳进口压力脉动				只						
(18)	转轮与导叶间压力脉动				只						
(19)	顶盖压力脉动测量（上止漏环前）				只						
(20)	顶盖压力脉动测量（上止漏环出口和大轴附近）				只						
(21)	尾水管进口压力脉动				只						
(22)	尾水管肘管压力脉动				只						
(23)	现地端子箱				套						
1.26.4	其他（必须列明细项）										
	………										
	合计										

备注：

1. 对应于表 5-1-2-1 中 1.26 项，投标人应按此表格式分别填写每台套机组状态在线监测系统的分项报价，如果每台套机组状态在线监测系统报价内容相同，应在表头列出相同报价的报价编号；

2. 第 7 栏"数量"按一台机组所需（不少于技术条款规定）的数量填写；

3. "其他"项下应列出细项及对应的细项报价；

表 5－1－2－2　规定的发电机备品备件清单及报价表

1	2	3	4	5	6	7	8	9	10	11	12
序号	项目	原产地	制造厂	发运地/港	单位	数量	出厂单价	出厂总价（7×8）	运费	运输保险费	工地交货总价（9＋10＋11）
2	发电机备品备件										
2.1	定子										
2.1.1	上层绕组线圈（包括端部接头、绝缘盒和绝缘带）				台份						
2.1.2	下层绕组线圈（包括端部接头、绝缘盒和绝缘带）				台份						
2.1.3	定子槽楔				台份						
2.1.4	各种规格定子绕组连接线				台份						
2.1.5	定子铁芯叠片压紧螺杆				台份						
2.1.6	并头套				台份						
2.2	转子										
2.2.1	磁极线圈（各类型）				个						
2.2.2	阻尼环接头				台份						
2.2.3	磁轭键				对						
2.2.4	磁极键				台份						
2.2.5	磁轭压紧螺杆				台份						
2.2.6	完整磁极				个						
2.2.7	磁极接头及极间连接线				台份						
2.3	轴承										
2.3.1	推力轴承瓦				台份						
2.3.2	上导轴承瓦				台份						
2.3.3	下导轴承瓦				台份						
2.3.4	轴承用绝缘板、绝缘套筒等				台份						
2.3.5	推力轴承耐磨部件（包括轴瓦、轴瓦垫、支持件）				套						
2.3.6	上导轴瓦调整垫块、抗重螺栓等				套						
2.3.7	下导轴瓦调整垫块、抗重螺栓等				套						
2.3.8	高压顶起装置的高压油泵、电动机、软管、逆止阀、密封件和附件（若有）				套						
2.4	空气冷却器（带所有密封件）				套						

1	2	3	4	5	6	7	8	9	10	11	12
序号	项目	原产地	制造厂	发运地/港	单位	数量	出厂单价	出厂总价（7×8）	运费	运输保险费	工地交货总价（9+10+11）
2.5	蒸发冷却系统（如果有）										
2.5.1	绝缘引流管				根						
2.5.2	卡套接头				台份						
2.5.3	电磁阀				个						
2.5.4	检漏仪				套						
2.5.5	压力传感器				套						
2.6	油槽冷却系统										
2.6.1	上导油槽油冷却器（带密封件）				套						
2.6.2	推力油槽油冷却器（带密封件）				套						
2.6.3	下导油槽油冷却器（带密封件）（如果有）				套						
2.7	制动器										
2.7.1	制动器的制动块、密封圈、弹簧				台份						
2.7.2	制动顶起系统用高压油软管、密封件和附件				台份						
2.8	辅助设备										
2.8.1	集电环炭刷				台份						
2.8.2	集电环炭刷盒及弹簧				台份						
2.8.3	碳粉收集装置				套						
2.8.4	制动粉尘收集装置				套						
2.8.5	各种型号的熔丝				个						
2.8.6	各种型号的电流互感器				个						
2.8.7	中性点接地电阻				套						
2.8.8	各种O型密封圈				台份						
2.9	仪器仪表										
2.9.1	可更换的RTD温度计				台份						
2.9.2	温度显控器				台份						
2.9.3	各种型号油位观察计玻璃管				个						
2.9.4	示流信号器和各种传感器等自动化元件				台份						

1	2	3	4	5	6	7	8	9	10	11	12
序号	项目	原产地	制造厂	发运地/港	单位	数量	出厂单价	出厂总价（7×8）	运费	运输保险费	工地交货总价（9+10+11）
2.9.5	油混水探测器				只						
2.9.6	各类指示仪表				只						
2.9.7	灭火系统传感器				套						
2.10	机组状态在线监测系统										
2.10.1	所用到的各类采集和处理模块										
2.10.2	所用到的各类网卡或网络模件										
2.10.3	所用到的各类电源模件										
2.10.4	现地级别所用到的各类型硬盘										
2.10.5	所用到的各类交换机										
2.10.6	现地触摸屏										
2.10.7	低频振动（水平）传感器										
2.10.8	低频振动（垂直）传感器										
2.10.9	摆度传感器										
2.10.10	键相传感器										
2.10.11	机组抬机量（大轴轴向位移）传感器										
2.10.12	空气间隙传感器										
2.10.13	压力脉动传感器										
2.10.14	各类专用连接缆线										
2.10.15	各种封套标签、标记卡										
	合计										

备注：

本表中"台份"，是指对应于一台发电机及其辅助设备的相应部件的所有数量的统称单位。"套"指形成一个功能部件所需的、包括所有附件的全部成套设施。

表 5-1-2-3 规定的发电机安装维修工具清单及报价表

1	2	3	4	5	6	7	8	9	10	11	12
序号	项目	原产地	制造厂	发运地/港	单位	数量	出厂单价	出厂总价（7×8）	运费	运输保险费	工地交货总价（9+10+11）
3	发电机安装维修工具										
3.1	吊具										

1	2	3	4	5	6	7	8	9	10	11	12
序号	项目	原产地	制造厂	发运地/港	单位	数量	出厂单价	出厂总价（7×8）	运费	运输保险费	工地交货总价（9+10+11）
3.1.1	发电机主轴吊具及竖立保护板				套						
3.1.2	转子吊具（含液压拉伸连接螺栓及附件）				套						
3.1.3	下机架吊具				套						
3.1.4	上机架吊具				套						
3.1.5	上端轴吊具				套						
3.1.6	定子吊具				套						
3.2	定子工具										
3.2.1	定子定位筋安装、铁芯叠装、压紧装置（列明细项）				套						
3.2.2	定子下线工具（列明细项，须含假线棒及压紧工具，感应圈，槽楔打紧工具）				套						
3.2.3	定子测圆架及对中仪（含内径千分尺及测杆）				套						
3.3	转子工具										
3.3.1	磁轭叠装、压紧工具（列明细项，须包括磁轭整形工装）				套						
3.3.2	磁极吊具、紧固及拆卸工具（列明细项）				套						
3.3.3	转子磁轭热套工具（列明细项）				套						
3.3.4	转子测圆架（含内径千分尺及测杆）				套						
3.4	推力轴承工具										
3.4.1	推力轴承轴瓦拆装工具				套						
3.4.2	手提式推力瓦负荷测试设备				套						
3.5	转子组装支墩、基础板等				套						
3.6	移动式顶转子高压油泵装置				套						
3.7	PLC测试软件、硬件（列明细项）										

续表

1	2	3	4	5	6	7	8	9	10	11	12
序号	项目	原产地	制造厂	发运地/港	单位	数量	出厂单价	出厂总价（7×8）	运费	运输保险费	工地交货总价（9＋10＋11）
3.8	安装测试及检修维护所需专用仪器仪表（列出详细清单）										
3.9	加工工具，加工设备及工装（若有，列出相应清单）										
3.10	热成像仪				台						
	合计										

备注：

1. 第7栏"数量"是指用于供货8台套发电机及其辅助设备所需的安装维修工具总数；

2. 本表中"（若有）"项目，投标人按照其安装技术方案需要填列；

3. 除本表所列的安装工具外，供货设备中的特殊设计所须的专门用于安装维修的工具由卖方提供，无论是否列出，其费用包含在合同总价中；

4. 对于诸如转子、定子用的工具螺杆、C型夹等应有5%余量。

表5-1-3 技术服务费报价表

1	2	3	4	5	6	7	8	9	10
序号	项目	国内技术人员人日数	单价（元/每人日）	合价	国外技术人员人日数（如果有）	单价（元/每人日）	合价	合计（5＋8）	备注
1	水轮机技术服务费								
2	发电机技术服务费								
	合计								

备注：

1. 对应于表5-1，投标人应按本表格式分别填报水轮机和发电机部分技术服务费分项报价；

2. 填写此表时应报出卖方人员在工地进行技术服务的项目；

3. 卖方为完成合同规定的对合同设备在工地安装、调试、试运行和验收试验进行的技术指导和监督服务等费用应包括在上述项目中，合计的人日数为卖方完成本合同项下技术指导和监督服务所需要的总人日数，卖方应当根据自己的经验对该人日数充分估算，在合同执行过程中按实际发生人日数分期据实支付，但最终支付的总金额不得超过投标人在报价表中填报的合计数；

4. 对于由于非买方原因而导致的工作人日数超出部分，买方将不再负担费用，由卖方承担；

5. 技术服务应包括对买方人员在工地的培训；

6. 卖方技术指导人员在工地工作的时间按每日8小时计算，小时费率按表中单价除以8小时计算；

7. 技术服务费为综合单价，已考虑加班因素；

8. 卖方派到工地的总代表、管理人员、交货业务人员、翻译等人员的费用应包括在投标设备的价格中，不应作为技术服务人员在本表中列报费用；

9. 卖方技术服务人员在工地的交通应自行解决，费用已包含在上表技术服务费中。

表 5-2　投标人推荐的水轮机备品备件报价表

1	2	3	4	5	6	7	8	9	10	11	12
序号	项目	原产地	制造厂	发运地/港	单位	数量	出厂单价	出厂总价(7×8)	运费	运输保险费	工地交货总价(9+10+11)
	合计										

备注：

1. 投标人应按不同报价方案填报此表；

2. 除规定的备品备件外，投标人应推荐不同报价方案水轮机投运最初十年运行所需增加的备品备件供买方选购，所推荐的备品备件在全部合同设备最终验收后五年内不调价；

3. 本表报价不计入投标总价。

表 5-3　投标人推荐的水轮机安装维修工具报价表

1	2	3	4	5	6	7	8	9	10	11	12
序号	项目	原产地	制造厂	发运地/港	单位	数量	出厂单价	出厂总价(7×8)	运费	运输保险费	工地交货总价(9+10+11)
	合计										

备注：

1. 投标人应按不同台套报价方案填报此表。

2. 除规定的水轮机安装维修工具外，投标人应按不同报价方案推荐水轮机安装和最初十年运行维护所需增加的安装维修工具供买方选购，所推荐的安装维修工具在全部合同设备最终验收后五年内不调价。

3. 工具的数量必须满足投标设备现场安装、加工正常工作需要，并不得影响正常工作的进行，且应充分考虑被加工设备的材料性能；

4. 本表报价不计入投标总价。

表 5-4　投标人推荐的发电机备品备件报价表

1	2	3	4	5	6	7	8	9	10	11	12
序号	项目	原产地	制造厂	发运地/港	单位	数量	出厂单价	出厂总价(7×8)	运费	运输保险费	工地交货总价(9+10+11)

1	2	3	4	5	6	7	8	9	10	11	12
序号	项目	原产地	制造厂	发运地/港	单位	数量	出厂单价	出厂总价(7×8)	运费	运输保险费	工地交货总价(9+10+11)
	合计										

备注：

1. 投标人应按不同报价方案填报此表；

2. 除规定的备品备件外，投标人应推荐不同报价方案发电机投运最初十年运行所需增加的备品备件供买方选购，所推荐的备品备件在全部合同设备最终验收后五年内不调价；

3. 本表报价不计入投标总价。

表 5-5　投标人推荐的发电机安装维修工具报价表

1	2	3	4	5	6	7	8	9	10	11	12
序号	项目	原产地	制造厂	发运地/港	单位	数量	出厂单价	出厂总价(7×8)	运费	运输保险费	工地交货总价(9+10+11)
	合计										

备注：

1. 投标人应按不同台套报价方案填报此表；

2. 除规定的发电机安装维修工具外，投标人应按不同报价方案推荐发电机安装和最初十年运行维护所需增加的安装维修工具供买方选购，所推荐的安装维修工具在全部合同设备最终验收后五年内不调价；

3. 工具的数量必须满足投标设备现场安装、加工正常工作需要，并不得影响正常工作的进行，且应充分考虑被加工设备的材料性能；

4. 本表报价不计入投标总价。

表 5-6　卖方配合工作项目明细表

1	2	3	4	5	6
序号	项目	每次天数	每次人数	次数	备注
1	水轮机模型验收				
2	设计联络会				
3	设备接口协调专题会				
4	技术培训				
	机组安装技术培训				
	运行维护技术培训				
5	工厂检验及见证				
	转轮完成后的检查				
	导水机构组装和试验的检查				

续表

1	2	3	4	5	6
序号	项目	每次天数	每次人数	次数	备注
	线棒检验见证				
	制造过程的见证和检查				
	辅助设备及自动化元件工厂见证				

备注：

1. 本表5-3、5-4、5-5列是指买方参加的天数、人数和次数。报价是指卖方的配合工作报价，包括水轮机、发电机两部分的卖方配合工作所需的费用；

2. 买方人员在卖方所在地参加设计联络会、技术培训和工厂检验及见证时所发生的买方人员住宿费和往返交通费用由买方承担，投标人应提供买方人员在卖方所在地工作、生活方便，技术培训费及随之发生的配合费用包含在设备价中，不单独列报和支付；

3. 投标人如计划在中国境外举行设计联络会、进行技术培训、工厂检验及见证，应在备注栏中明确具体的实施地点；

4. 最后一次设计联络会由买方负责组织；

5. 工厂检验及见证的时间、人数和次数，可根据合同执行情况相应调整；

6. 本表应由卖方承担的所有费用均含在投标总价中。

第六章　图纸

1　概述

（1）在招标附图中给出了水轮发电机组及其附属设备的布置，水轮发电机组的尺寸，土建的柱线布置等。图纸并非用来确定提供的设备的设计，仅用于示意合同设备的总体布置。

（2）招标图纸中有"＊"标记为土建不能修改的土建尺寸，卖方提供的设计应满足其要求。其余为参考尺寸，卖方可根据合同设备的结构特点，考虑安装维护的方便，进行优化。

2　招标人图纸目录

2.1　水轮机部分

2.2　发电机部分

图 6-5　厂房发电机层平面图

图 6-6　厂房母线层平面图

图 6-8　电气主接线图

图 6-9　发变组继电保护和测量配置图

第七章　技术标准和要求

一、水轮机及其辅助设备技术条款
（电站概述）

1　一般技术条款

1.1　合同设备与工作的范围

1.1.1　总则

卖方应提供合同规定的台套数及符合本合同文件规定运行功能和性能的水轮机及其辅助设备、备品备件和安装维修工具等，并保证其设备质量与使用寿命。

在投标前，按招标文件要求完成成套模型水轮机的设计、制造和初步试验；在评标阶段进行模型中立台复核试验；在合同执行阶段，按合同要求进行模型验收试验。

卖方应对水轮机及其辅助设备、备品备件和安装维修工具等合同设备的设计（含三维设计）、制造、工厂试验、装配、包装、保管、发运、运输及保险、交货等全面负责，参加现场开箱检验等；提供全套技术文件；培训买方技术人员；指导水轮机及其辅助设备的安装、调试、现场试验，参加72h试运行、考核运行和商业投运。

合同设备应采用成熟的、经过实践验证的可靠技术进行设计和制造。产品的设计应通过计算和/或试验验证，制造工艺应经实践证实先进合理。卖方应保证水轮发电机组及其辅助设备作为一个完整系统安全、可靠地运行。

1.1.2　供货范围

1) 水轮机及其辅助设备

(1) 提供_____台套，额定功率_____MW、额定转速_____r/min的混流式水轮机及其全部有关的辅助设备、备品备件、安装维修工具和附件等。

(2) 每台套水轮机及其辅助设备必须完整、成套配备，包括但不限于下列部件或附件：

A. 钢制尾水管里衬；

B. 基础环、座环；

C. 蜗壳及其进口延伸段；

D. 蜗壳、尾水管放空排水阀；

E. 蜗壳和尾水管进人门及附件；

F. 机坑里衬；

G. 底环；

H. 顶盖及附件；

I. 导叶及其操作机构；

J. 控制环和接力器；

K. 转轮；

L. 水轮机轴、与转轮和发电机轴的连接螺栓、螺母及其保护罩；

M. 主轴工作密封、检修密封；

N. 水导轴承；

O. 水轮机环行吊车、导轨、滑线及附件；

P. 测速齿盘及速度信号传感器；

Q. 纯机械液压过速保护装置；

R. 大轴中心自然补气装置及其辅助设备；

S. 强迫补气管路、接口、堵头；

T. 水轮机监测、测量系统仪表、自动化元件及其配套表用三通阀、管路、电缆、端子箱、仪表盘柜等；

U. 油、气、水测量辅助系统中的所有泵、阀门、管道及其支撑、管件、导线、电缆等；

V. 永久性通道和巡视设施，如进人门、平台、机坑内人行踏板、扶手、爬梯、照明设备等；

W. 各辅助设备系统动力控制柜、照明箱、仪表盘及配套的电缆、电缆附件、电缆桥架、电缆槽等。

2）其他

（1）提供合同设备内部连接的所有管路、阀门及连接附件、电线、电缆、电缆葛兰头和电缆管。提供合同设备与规定的合同外设备的接口位置之间相互连接的所有管路、阀门、电缆、电缆葛兰头、电缆管及连接附件。管道的接口在机坑外第一对法兰处（包括成对法兰及其连接件在内）。

（2）提供水轮机机坑内外所有电缆及管路的托架、支架、电缆桥架、电缆槽盒及安装附件。

（3）提供本合同规定的备品备件。

（4）提供随机材料及安装和试验过程中所需的易损件。

（5）提供合同设备安装维修工具，包括运输、安装、调试、测试、试验、维修、拆卸、组装、维护所必需的专用设备、材料、零配件和其他吊具，以及设备卸货时与港口起吊设备配套的工具。

（6）凡构成永久设备的相关辅助材料：如油漆、密封件、密封胶、螺栓锁定胶等均应由卖方提供，且应有10％的余量。工地所需的焊条，焊丝和焊剂等亦均应由卖方随合同设备交货时提供，且应有20％的余量。

（7）提供为保证合同设备安装、调试、试验、运行、维护和辅助设备控制系统所必需的正版应用软件及源程序和使用说明。

（8）在本条款中没有提及，但属一套完整的性能优良的水轮机及其辅助设备必不可少的或对改善水轮机及其辅助设备运行品质所必需的设备及元件，均属合同设备范围，卖方仍应提供，以保证设备的完整和运行安全。

1.1.3 供货界定

本合同设备水轮机部分供货界定为：

1）土建侧：

（1）设备基础埋件：供货至设备基础板（包括接力器基础板）、垫板、锚固螺栓、基础螺栓、锚筋和千斤顶等全部预埋件及安装间预埋件。

（2）压力钢管侧：蜗壳进口延伸段供货范围供货至水轮机X−X轴线上游_____m断面处，卖方负责与压力钢管连接处的焊缝坡口的设计和加工，并提供焊接材料和现场指导安装承包商焊接。若蜗壳和压力钢管材质不一致时，由卖方负责在制造厂内做出工艺评定后提供焊接工艺、试验的试板。

（3）尾水管侧：尾水管里衬供货至尾水管扩散段距机组中心线_____m断面处。但卖方的设计应包括至尾水管扩散段出口（距机组中心线_____m处）的整个尾水管。

2）发电机侧：供货至与发电机轴相连接的法兰，提供全套连接螺栓、螺母、保护罩、专用工具及联轴设施。主轴法兰分界面高程暂定为_____m，具体分界面高程由水轮机和发电机协商，并在投标文件中提供，于联络会上确定。机坑里衬供货至推力轴承机架（下机架）支撑面。主轴中心自然补气系统全部设备、阀门、管路及附件随水轮机供货。

3）调速系统侧：接力器供货至与其外部接口连接的第一对法兰处（包括成对不锈钢法兰及其连接件），接力器锁定控制电磁阀、液压阀供货至与其油路接口处（包括连接副）、齿盘测速及残压测频信号供货至端子箱端子。

4）监视、测量系统：测量的管路（含保护材料）、电缆及电缆管从测点供货至卖方供应的仪表、仪表板、仪表盘和端子箱或买方指定的端子箱及有关的盘柜。

　　5）自动化元件装置设备侧：提供水轮机自动化系统的设计，提供除买方另行采购的自动化元件装置以外所必需的其他自动化元件装置，提供连接在卖方设备上的所有自动化元件和装置（含买方另行采购的自动化元件、装置）的安装接口、转换接头、仪表三通阀、支架，提供所有机坑内自动化元件和装置（含买方另行采购的自动化元件、装置）至水轮机端子箱的电缆，提供水轮机端子箱及附件等。

　　6）机组状态在线检测系统侧：机组状态在线检测装置信号至现地端子箱、信号采集单元、现地仪表盘、全厂上位机、网络设备、全站上位机、网络设备等。

　　7）辅助电气设备和照明系统：供货包括水轮机机坑内水导轴承外循环油泵（如有）、顶盖排水泵、环行吊车等辅助电气设备的供电和控制系统及其水轮机辅助设备动力控制柜；水轮机机坑内全部照明系统以及为其供电的照明箱。

　　8）桥机侧：专用吊具供货至与桥机吊钩的连接件（不包含桥机吊钩）。

　　9）油、气、水系统管路除另有规定外供货至机坑外第一对法兰（包括成对法兰及其连接件），其接口及供货界面详见 2.22 款。

1.1.4　试验

　　卖方应完成合同规定的试验项目，包括但不限于以下内容。

　　1）水轮机模型试验。

　　2）材料试验和工厂试验。

　　3）规定部件的工厂组装试验。

　　4）自动化仪器仪表率定和动作试验。

　　5）提供现场试验必需的试验仪表和设备（除另有规定外，试验完成后的试验仪表和设备仍为卖方财产），并为合同设备的现场试验提供指导、监督和协助。

1.1.5　进度表及资料

　　卖方应提供合同设备的制造进度表及实时更新的生产计划和报告，并按 1.6 条提供所要求的技术文件。

1.1.6　协调

　　1）卖方应承担本合同设备内的所有协调工作，并在买方的组织下，积极主动地与其他相关设备的卖方进行协调，并为责任方，保证在最终的合同设备各部件和组装件之间，以及合同设备与其他卖方提供的设备的所有接口或连接处之间的配合正确、完善，且功能正常。

　　2）卖方应对其分包商的工作质量和供货进度负责，并应负责协调履行本合同工作的分包商与其他承包商的关系。

　　3）卖方应主动将重要问题及协调结果报买方批准，并服从和配合买方及工程设计者的相关工作协调。

4）协调工作具体内容见 1.4 条的规定。

1.1.7 服务

卖方应按照本合同相关条款规定，提供下列服务：

1）为买方监造、检查和见证、验收人员提供服务。

2）为买方参加水轮机模型验收试验及其他买方认为有利于合同执行的工作前往卖方所在地（或双方商定的其他地方）的人员提供服务。

3）为参加在卖方所在地召开的设计联络会的买方人员提供服务。

4）为买方人员的技术培训提供服务。

5）在工地为合同设备安装、调试、试验、试运行、考核运行和验收试验提供技术服务。

1.1.8 卖方对外购件供应商和分包商的选择

卖方选择的外购件供应商及分包商应是相应设备或部件的设计、制造专业厂家，具有良好的设计、制造能力及供货业绩和管理水平，能够按时提供成熟、可靠的优质产品。对主要设备的分包及重要的外购件，应报买方审查。

1.1.9 辅助设备的选择

1）卖方应充分重视对辅助设备的质量控制，辅助设备如泵、滤水器、电机、冷却器、阀门和各种自动化元件、控制装置、盘柜、电线电缆等应符合 GB 标准、行业标准及本技术条款，且为近年来_____MW 及以上大型机组上有成功运行经验的设备。卖方应提交辅助设备清单（制造厂、产地、型号、规格参数等）供买方批准，在合同执行过程中，买方有权拒收未经买方审查同意、不符合要求的辅助设备，并根据自身的使用经验修改辅助设备的选型，卖方应免费更换。

2）对主要辅助设备买方将进行试验验收见证。

3）在质保期内，由于设计、材料、制造方面造成的故障，卖方应免费更换，质保期顺延_____年，同时对由于设备故障导致买方的任何损失，应按买方要求给予补偿。

1.2 现场条件

1.2.1 对外交通

_____水电站地理位置，参见本招标文件"招标文件附图"。

以下为_____水电站现期对外交通概况，可能会根据地方交通发展的需求和现场施工的需要而发生变化，卖方应根据供货设备的特点进行详细调研后，确定运输方案。

1）公路

（1）对外公路

（2）进场专用公路

_____

2）铁路

_____

3）水路

_____

4）航空

_____

1.2.2　场内交通

_____

1.2.3　安装场地

_____

1.2.4　主厂房起重设备

厂房内配置了_____台额定起重量为_____t 的桥式起重机，轨顶高程为_____m，跨度为_____m。

1.2.5　压缩空气和技术供水

1）压缩空气

压缩空气系统提供了_____个压力等级的压缩空气，分别为_____MPa、_____MPa 等。其中，_____MPa 主要为_____提供气源；_____MPa 为_____提供气源等。

2）技术供水

厂房内的技术供水系统主水源采用_____。技术供水备用水源采用_____。

主轴密封主用水源取自_____。备用水源取自_____。

1.2.6　厂用电系统

1）交流

三相四线制，380/220V，50Hz（频率变化范围±0.5Hz、电压变化范围－20%—＋15%）。

2）直流

220V（电压变化范围－15%—＋10%）。

1.2.7　现场加工基地

1）转轮加工基地

买方：_____　卖方：_____

2）埋件加工场地

买方：_____　卖方：_____

3）施工用电

买方：_____　　　卖方：_____

4）施工供水

买方：_____　　　卖方：_____

5）污水处理

买方：_____　　　卖方：_____

6）施工通信

买方：_____　　　卖方：_____

7）安全文明施工和环境保护

卖方：_____

8）双方的责任划分

（1）买方责任：_____

（2）卖方责任：_____

9）其他

_____

1.3　标准和规程

1）卖方应按下列机构、协会和其他组织的标准、规程的相应条款进行合同设备的设计、制造和试验。

序号	机构或标准名称	代号缩写
1	中华人民共和国国家标准	GB
2	中华人民共和国电力行业标准	DL
3	中华人民共和国水电行业标准	SD
4	中华人民共和国水利行业标准	SL
5	中华人民共和国机械行业标准	JB
6	中华人民共和国石油行业标准	SY
7	中华人民共和国化工行业标准	HG
8	中华人民共和国冶金行业标准	YB
9	中华人民共和国能源行业标准	NB
10	国际标准化组织	ISO
11	国际电工委员会	IEC
12	国际电气和电子工程师协会	IEEE
13	国际工程技术学会	IET
14	水力机械铸钢件检验规程	CCH 70 - 3
15	美国防护涂料协会	SSPC

序号	机构或标准名称	代号缩写
16	美国机械工程师协会	ASME
17	美国材料和试验学会	ASTM
18	美国钢结构协会	AISC
19	美国钢铁协会	AISI
20	美国国家标准协会	ANSI
21	美国焊接学会	AWS
22	美国无损探伤学会	ASNT
23	美国国家电气规程	NEC
24	美国国家电气制造商协会	NEMA
25	美国仪表学会	ISA
26	美国标准局国家电气安全法规	NESC
27	欧盟标准	EN
28	法国标准协会	AFNOR
29	德国工程师协会	VDI
30	德国电气工程师协会标准	VDE
31	德国国家工业标准	DIN
32	英国电气工程师协会	IEE
33	加拿大标准协会	CSA
34	日本工业委员会	JIC
35	日本工业标准	JIS
36	日本电气学会标准	JEC

中国长江三峡集团有限公司已发布了以下水电站机电类企业标准，请在本项目的机电设备设计、制造、检验等各环节中优先选用。企业标准中"供货方"系指材料的供货单位，"订货方"指将来的设备中标厂家和买方。在合同执行过程中，这些标准若进行了更新，则卖方在此之后完成的设计、制造、检验等工作将按照最新版标准进行。

序号	标准代号	标准名称

序号	标准代号	标准名称

2）本合同设备应在上面所列出的适用标准和规程之下设计、制造和试验。上述标准或规程与合同文件有矛盾的地方，以合同文件为准。如果在上述标准或规程之间存在矛盾，而在本合同文件中又未明确规定，则应以对合同设备最严格的或经买方批准的标准和规程为准。本合同中所使用的标准和规程应是最新版。

3）如果卖方拟采用的设计、制造方法、材料、工艺以及试验等，不符合上述所列标准，可将替代标准提交买方审查，只有在卖方已论证了替代标准相当或优于上列标准，并提出专用替代申请，且得到买方的书面同意或认可后才能使用。在设备的说明书或图纸中应注明所采用的标准。

4）图纸和文件均应采用国际度量制 SI 单位和 GB 或 IEC 规定的符号表示。

5）所有螺钉、螺母、螺栓、螺杆和有关管件的螺纹应使用中国标准。

6）如需采用软件设计计算，则应说明软件的出处、安全可靠性及工程实际成功经验等有关内容。

7）卖方应提供设备材料、设计、制造、检验、安装和运行所涉及的标准、规范和规程目录给买方审查，并按买方的要求免费提供目录上买方需要的任何标准、规范和规程。提交的标准或规程有英文版本的用英文版本，其他版本（除中国标准和规程外）应译成中文，并随原文本一起提交。

1.4　协调

本条款适用于卖方内部及卖方与其他卖方、承包人之间的协调工作。卖方应对合同设备或部件进行协调和设计完善，并承担全部责任。

1.4.1　卖方内部水轮机与发电机以及与其分包人的协调

在水轮发电机组设计、制造过程中，以及现场安装、调试、试验、试运行、考核运行和验收的过程中，卖方应就水轮机与发电机以及与其分包人进行全面的协调。重要问题及协调结果应报买方批准。

卖方应对其分包人的工作质量和供货进度负责，并应对分包人与其他卖方、承包人进行合同协调的工作负责。

1.4.2　卖方与其他卖方、承包人的协调

1）概述

（1）卖方应与其他设备的卖方、承包人（包括安装承包人）对图纸、样板、尺寸

和所需的资料进行协调，以保证正确地完成所有与机组相连或有关的部件的设计、制造、吊运、安装、调试、试验、试运行、考核运行与验收工作。

（2）不同合同的设备之间的总体协调工作由买方牵头，卖方应服从和配合买方的相关协调工作。卖方应按买方要求派员参加相关的其他合同设备的设计联络会。卖方应负责水轮发电机组和其他合同的相关设备设计和制造接口的具体协调工作，且对其提供的图纸和数据等资料的准确性负责。

（3）若卖方对其他卖方和承包人的设计、技术规范或供货不满意或有疑问时，应及时向买方做书面通报。当卖方与其他卖方、承包人不能达成一致的协调意见时，买方有权以最有利于本工程的方式做出决定，卖方应无条件执行。卖方应向买方提供 12 份与其他卖方、承包人进行交换的所有正式图纸及 6 份其他正式资料。

（4）除非在合同中另有规定，为了适应其他卖方、承包人所提供的设备的要求，需对卖方提供的设备进行非实质性的较小修改，卖方不得要求额外的补偿。所有卖方、承包人之间的有关上述调整对买方均不增加任何附加费用。这些费用已包括在每个项目的报价中。

2）卖方与调速系统卖方的协调

卖方应负责与调速系统卖方的协调，其协调内容如下，但不限于此：

（1）与调速系统卖方协调水轮机相关自动化元件（水头、位移变送器、导叶位置开关、测速装置等）的技术细节；协调接力器行程反馈装置和分段关闭装置的布置、连接和安装细节。

（2）与调速系统卖方协调接力器、纯机械液压过速保护装置与调速器、油压装置和漏油箱之间的管路、阀门接口及安装细节。

（3）向调速系统卖方提供接力器总有效容量、接力器行程、事故低油压关机压力、关闭导叶最小操作压力以及接力器关闭和开启时间要求。

（4）向调速系统卖方提供最终调节保证计算成果。

（5）向调速系统卖方提供水轮机综合特性曲线、飞逸特性曲线、机组飞轮力矩 GD^2、导叶开度和接力器行程关系曲线。

（6）与调速系统卖方协调机械和电气转速信号器和其他水轮机控制设备的布置、连接、安装细节，提供过速保护整定值。

（7）向调速系统卖方提供开、停机及事故停机程序等。

3）卖方与计算机监控系统卖方的协调

卖方应负责与计算机监控系统卖方协调，其协调内容如下，但不限于此：

（1）向计算机监控系统卖方提供水轮发电机组及其辅助设备用于监控的 I/O 量详细资料。

（2）向计算机监控系统卖方提供招标文件中规定的输出点和输入点的详细资料。

（3）与计算机监控系统卖方协调水轮发电机组自动化元件（含买方另行采购的机组自动化元件和装置）布置、安装细节及机组启停程序。

（4）卖方从计算机监控系统获得效率测量仪表所需要的有功功率信号。

（5）与计算机监控系统卖方协调机组状态在线监测系统上位机与电站状态监测系统厂站层之间数据通信的接口和规约。

4）卖方与买方另行采购的自动化元件和装置卖方的协调

卖方应负责与买方另行采购的自动化元件和装置卖方进行协调。

5）卖方与桥机卖方的协调

卖方应与主厂房桥机卖方协调水轮发电机组部件的起吊方式及吊具的设计细节。

6）卖方与土建承包人的协调

卖方与土建承包人对预埋件及服务进行协调。

7）卖方与安装承包人的协调

卖方与安装承包人对机组安装、调试、试运行、考核运行和验收有关事宜进行协调。

8）卖方与机组状态监测系统电站层供货方的协调

卖方应负责与电站状态监测系统电站层供货方就系统接口方式、通信规约、通信内容等内容进行协调。

9）其他应协调的事宜

以上各条中未明确的与机组设备相关的协调工作，卖方仍应按买方要求进行协调。

1.5 进度计划和报告

1.5.1 概述

1）根据"交货批次和进度要求"，1.6条"提供的技术文件"中规定的日期（以下称为"关键交付日期"），1.7条"技术文件的提交"的要求，卖方必须确保合同设备的成套部件和技术文件在关键交付日期交付。

2）卖方履行招标文件规定的成套部件和技术文件的交付日期，是合同执行的最重要部分。在遵守上述规定的关键交付日期的条件下，经买方书面同意，卖方可以按最有利的情况来制订合同设备工作进度。

1.5.2 进度计划

1）合同生效后21天内，卖方应提交给买方6份工作进度计划。如果实施工作中进度计划发生调整，卖方应在7天内将调整的进度计划报送买方。

2）进度计划应有箭头指示图表，按"关键路径法"（CPM）编制，显示按合同要求合同设备的每个部件或组件的设计、制造、试验、验收和交货开始和完成的日期，时标网络图应使用 MS Project 或与此兼容的软件编制，并同时提供电子文档。

3）进度计划中的项目应按其实施的先后顺序安排。进度表应符合合同确定的工作时间和交付时间，并根据 1.6 条"提供的技术文件"和 1.7 条"技术文件的提交"提交买方审查。

4）进度计划应包含必要的文字说明，对重大事件做详细的描述，同时还应提供由分包人编制的主要分包部件的进度计划，并采用如上所述的格式。

1.5.3　月进度报告

每月的 7 日以前，卖方应提交上个月的月进度报告，应列出合同设备所有设计、制造和交付工作及计划完成的工作项目与日期。每次月进度报告应传真给买方 1 份。

月进度报告表格式（大纲）将由卖方提出并由买方批准。

月进度报告应至少包括以下方面的内容：

1）第一部分　概述

对本月所发生的主要事件进行集中的文字描述，特别是一些主要和关键部件及其附件的采购、加工生产及发运准备情况，同时要说明生产进度安排是否能满足交货进度的要求，如不能满足进度计划则应说明有多大的差距和补救的措施。对于有明显的加工工艺阶段的主要大型部件，还应指出该部件目前所处于的工艺阶段。对于已具备工厂检验条件或装运条件的部件，应给出计划的工厂检验、装运和工地交货日期。

2）第二部分　各台机组主要部件的工作进度

应列出各台机组主要部件完成工作的百分比和完成工作所要求的天数。对于交货发运时间，应给出计划的发运日期和工地交货日期。说明直到重大事件发生日以前的工作状况，如果在此期间没有发生什么重大事件，则应说明直到本月最后 1 个工作日以前的工作状况。月进度报告应附有表明设计和制造工作从开始时起连续进展情况的曲线图及附有 1.15 条规定的进度彩色照片。

3）第三部分　公用部分的工作进度

该部分主要是对备品备件和安装维修工具等的进度描述，填报的内容和格式可同上 2）款。

1.5.4　责任和费用

卖方提交的进度计划和报告，是为了买方或买方代表或监造人员了解卖方当前设计制造和试验、验收、交货等工作进展状态。买方及其代表或监造人员可提出要求满足交货的任何意见或指示。卖方对落后进度与交货应采取补救措施。卖方所有进度计划与报告及采取的补救措施或买方的意见和指示及要求等，不能减轻或免除卖方按合同规定提交合同设备和技术文件的责任，买方也不因此增加额外费用。

1.6 提供的技术文件

1.6.1 概述

1）卖方应提供用于合同设备及其零部件的制造、运输、安装、调试、运行、维护以及用于电站设计的图纸（标准件除外）、有关的计算书、分析报告和试验报告供买方审查。

2）提供用于设计的标准目录和必要的标准；提供工厂组装和试验程序；提供现场安装和检验的程序；提供包装、运输、保管、安装、调试、测试、试验、运行、维修、维护说明书或手册。

3）提供安装、调试、运行、维护和辅助设备控制系统所必需的正版应用软件、源程序和使用说明。

4）卖方应对设备进行三维设计，并向买方提供三维设计的数据模型。其中，向买方提供的三维设计模型应包括原格式和通用格式两种格式，原格式为三维建模软件默认的格式，通用格式使用 STEP（STP）格式。

5）按照本招标文件 1.6.10"全生命周期信息"的要求，提供合同设备信息。按照买方物流信息管理要求提供相应的物流信息。

6）提供经过合理分类的全部部件清单和按批次供货的设备和部件清单。

7）卖方在提交所提供设备的图纸的同时，应提出计算的设备重量、作用的外力、锚筋详图和尺寸以及设备所要求的油、气和水系统等资料，以便对布置这些设备及其辅助设备系统的基础结构进行设计。

8）对于本技术条款以及将来设计联络会纪要中所有有明确提交时间要求的技术资料（包括各种图纸、计算书、说明书、设备清单等），卖方应在规定的时间内提交，否则应处以合同条款"约定违约金"中规定的违约金。

9）对表 1-3、表 1-4 列出的项目可能需要 2 张或多张图纸，则所有张数的图纸也应在指定的天数之内成套提交。卖方应编制技术文件提交计划，并在第一次设计联络会期间提供详细的技术文件总清单（包括计划提交日期）供买方审查。

10）当买方认为卖方所提交的图纸或资料不能满足合同要求的深度时，买方有权要求卖方增加提供所需要的图纸和资料，且不发生合同外的任何费用。

1.6.2 格式和数量

1）幅面

卖方提供给买方审查的每一张图纸，应为原图幅大小和 A3 幅面，采用耐用纸张的白底、深色线条图纸。在保证附图及其标注文字清晰的情况下，技术文件的幅面可采用 A4 幅面。

2）数量

如非特别指明，卖方应提供给买方 4 份送审技术文件、12 份正式图纸及 6 份其他正式文件、4份完整归档技术文件。卖方在提供图纸、计算书、分析报告、试验报告、设备清单、说明书和手册、安装检验程序等资料的纸质文档的同时，还应提供与纸质文档完全一致的2份电子文档（包括送审的资料和最终的资料，正版应用软件、源程序以及说明书）。

3）电子文件格式

二维图纸要求采用 AUTO CAD 的 *.DWG 格式。除正版应用软件、源程序和另有说明外，其他文档采用 WORD 的 *.DOC 格式或 EXCEL 的 *.XLS 格式。

三维图纸包括原格式和通用格式两种格式，原格式为三维建模软件默认的格式，通用格式使用 STEP（STP）格式。

4）技术文件清单格式

卖方应随每批技术文件提供本批技术文件清单及近120天内计划提供的技术文件清单，该份清单应包括每张图纸的图名、图号和版本号，每份技术文件的名称和编号，以及它们的提交日期等，技术文件清单格式参见表7-1-1。

技术文件清单应包括第1.6.1"概述"要求的全部内容，并每季度提供更新版本。

5）辅助设备清单格式

辅助设备（如泵、电机、过滤器、冷却器、阀门和自动化元件等）清单格式参见表7-1-2。

表7-1-1　技术文件清单

时间：　　　　　　　　　　版本：

序号	名称/图号	张数	编号/图号	版本号	对应条款号	提交日期	备注

表7-1-2　辅助设备清单

时间：　　　　　　　　　　版本：

序号	名称	数量	价格表编号	表内项号	型号	主要参数		生产厂	产地	备注

备注：主要参数根据需要划分细项。"价格表编号"、"表内项号"是指出现或包含该辅助设备价格的合同某一价格表的编号及其表内序号。

6）提交日期说明

如非特别指明，表7-1-1中第7列"提交日期"指提交技术文件的日历日期；表7-1-3至表7-1-6中第4列所列日期，系指对各项技术文件提交的时间要求为合同生效后的日历天。

1.6.3 图纸

1）轮廓图和资料

应提交的轮廓图纸、资料内容及提交计划（但不限于此）见表7-1-3，其中对三维图仅为初步要求，将在合同执行过程中进一步完善。

表7-1-3 轮廓图和资料

序号	图纸和资料		合同生效后的日历天数
	二维图/资料	三维图	
1	尾水管单线图		30
2	蜗壳单线图		30
3	表明总体设计和布置、主要轮廓尺寸和关键高程（以绝对高程计）的水轮发电机组方案图	✓	90
4	表明总体设计和布置、主要轮廓尺寸和关键高程（以绝对高程计）的水轮机横剖面和平面方案图	✓	90
5	水轮机埋件的基础布置图以及需传递到基础混凝土中的受力图	✓	90
6	水轮机室总布置、导叶接力器，水轮机通道、蜗壳进人通道和尾水管进人通道布置图	✓	90
7	主要部件的控制尺寸及重量		90
8	转轮、主轴、顶盖、座环等重大件的临时摆放支撑布置和荷载图		90
9	主要部件安装场组装支撑荷载图		120
10	主要部件的装运、转运和起吊图		120
11	环形吊车机坑内起吊最大件示意图		120
12	尺寸铁路超限部件运输图		120
13	透平油、压缩空气、冷却水、辅助设备系统原理图和技术参数		120
14	水轮机压缩空气预留补气管道的布置图		120
15	水轮机设备的压力、压差、流量、振动、温度、液位测量和监控系统图		120
16	辅助设备（如泵、电机、过滤器、冷却器、阀门和元件等）清单及用电负荷统计表		120
17	技术文件提交计划和总清单		120
18	推荐的压缩空气强迫补气量、补气压力		120
19	买方参加工厂装配及目击见证计划		120

2）详图及资料

在设备制造之前，卖方应提交总装图、部件装配图和详图，以充分表明所有详细设计均符合合同文件的规定和意图，并符合合同文件对安装、运输和维护的要求。

所有图纸应表明所有需要的尺寸和装配细节，包括材料的型号和等级、焊接和螺栓连接的设计，配合的公差和间隙；设备在现场的连接和组装；油、油脂、水和气等管路的连接位置和尺寸，以及电气回路的端子箱和导线的规格与布置配线。

卖方应对所有主要部件的设计和对其他部件所要求的细节提供详细的技术说明，包括设计计算书，计算书按1.6.5"设计计算书、设计分析报告"的要求提供。

卖方提供的计算书格式应清楚地表明全部假定、方法和结果，便于进行审查。

除下述图纸和/或数据外，其他详图和/或数据应按照卖方和买方之间协商确认的时间表提交。

应提交的详图和资料主要内容（但不限于此）见表7-1-4。

表7-1-4　水轮机详细图纸和资料

序号	图纸和资料		合同生效后的日历天数
	二维图/资料	三维图	
1. 埋件加工厂和转轮加工厂			
（1）	水轮机埋件现场加工基地规划布置图及说明		30
（2）	转轮现场加工厂总体布置图及说明、转轮加工设备详细的布置图及载荷、辅助设施布置图		30
2. 模型资料			
（1）	详述模型试验台和测量精度的图纸和资料		60
（2）	详细的模型验收试验程序		60
（3）	标明设计细节的水轮机模型平、剖面图		60
（4）	模型蜗壳、尾水管、转轮、导叶等通流部件详图		60
（5）	包含了7.3提出的所有数据的最终试验报告初稿		模型验收后30天
（6）	导叶空载开度、流量与水头的关系数据与曲线（包括曲线及相应数组表）		同最终试验报告
3. 原型机械部分图纸资料			
（1）	尾水管里衬及附件的详图	√	60
（2）	尾水管里衬基础布置，包括基础螺栓、千斤顶和灌浆详图		60
（3）	尾水管排水阀、操作设备及附件（含拦污栅及排水盒）详图		60
（4）	尾水管进人门（含锥管、肘管）布置详图		60
（5）	尾水管测量管路及设备布置图	√	90
（6）	蜗壳测量管路及设备布置图	√	90
（7）	蜗壳弹性垫层及排水设施详图	√	90
（8）	顶盖平压管、导叶密封排水管布置详图	√	90
（9）	顶盖自流排水、水泵加压排水、紧急排水系统布置图，主轴密封排水布置图	√	120

续表

序号	图纸和资料		合同生效后的日历天数
	二维图/资料	三维图	
(10)	蜗壳排水管路布置图	√	120
(11)	油、气、水设备及管路布置图（包括机坑外埋管布置）	√	120
(12)	座环、基础环、蜗壳基础布置图	√	120
(13)	基础环详图	√	120
(14)	座环详图	√	120
(15)	蜗壳详图（含进人门、弹性垫层布置及排水管路布置）	√	120
(16)	蜗壳拼装、焊接图		120
(17)	蜗壳排水阀、操作设备及附件详图	√	120
(18)	主轴密封装置及其管路布置图	√	120
(19)	自然补气阀及其补气管、排水管路布置图	√	120
(20)	水轮机室里衬详图	√	120
(21)	水轮机室管道	√	210
(22)	转轮详图	√	210
(23)	水轮机轴详图	√	240
(24)	水轮机轴与转轮、发电机轴连接详图	√	240
(25)	测速齿盘、机械过速装置详图及布置图、速度传感器布置图		240
(26)	活动导叶详图	√	240
(27)	导水机构装配详图	√	240
(28)	导叶接力器基础图、接力器详图（含锁定装置）	√	240
(29)	控制环详图	√	240
(30)	活动导叶、固定导叶和转轮的关系	√	300
(31)	导叶开度与接力器行程关系图		300
(32)	连杆、拐臂和导叶保护装置图	√	300
(33)	顶盖（含止漏环、抗磨板）详图、导叶限位块详图	√	300
(34)	底环（含止漏环、抗磨板）详图	√	300
(35)	水轮机导轴承详图及冷却器布置图	√	360
(36)	水轮机室环形吊车详图	√	360
(37)	水轮机室走道、栏杆等详图	√	360
(38)	转轮检修平台详图	√	360
(39)	起吊工具、专用工具详图	√	360
(40)	表明总体设计和布置、主要轮廓尺寸和关键高程（以绝对高程计）的水轮发电机组总装配图（正式图）	√	400
(41)	表明总体设计和布置、主要轮廓尺寸和关键高程（以绝对高程计）的水轮机横剖面和平面图（正式图）	√	400

续表

序号	图纸和资料		合同生效后的日历天数
	二维图/资料	三维图	
(42)	其他		
4. 原型电气图			
(1)	辅助电气设备接线原理图、配线图、连接图、端子图		300
(2)	环形吊车电源及控制箱系统图、原理图、安装接线图和布置图		240
(3)	盘形阀的移动式电动油泵系统及控制箱系统图、原理图、安装接线图和布置图		240
(4)	顶盖排水泵控制系统图、安装接线图和布置图		240
(5)	水导外循环系统图、原理图、安装接线图和布置图		240
(6)	水轮机端子箱安装接线图和布置图		240
(7)	水轮机机坑照明布置及接线图		240
(8)	水轮机室内的表计盘布置图		300
(9)	主轴密封精过滤器及控制箱系统图、原理图、安装接线图和布置图		360
(10)	导叶位置开关、位移变送器详图及布置图		360
(11)	水轮机室电缆路由图及桥架布置图		360
(12)	水轮机辅助系统电缆清单		360
(13)	振动、摆度检测表计安装图		360

1.6.4　制图要求

1）机械图纸

（1）概述

机械图纸包括系统（原理）图、设备基础图、设备及管路布置图、设备详图等。系统（原理）图主要用来表示设备、装置、仪器、仪表及其连接管路等的基本组成和连接关系以及系统的作用和状态的一种简图。布置图主要表达各种设备、管道、土建结构等的相互位置关系和详细尺寸或与土建基础之间的连接关系和安装方式等。所有机械图纸应按 GB 标准或相关制图标准按比例绘制。

（2）系统图

系统图中管路宜用单线表示，其他设备及元件应用符号或简图绘制。符号、图例应符合相关标准、规范的要求，并附详细的图例说明。

（3）设备基础图、布置图及详图

设备基础图、布置图及详图应按以下要求：

机组及其辅助设备的主要尺寸以机组中心线和机组坐标 X、Y 轴为基准进行标注。通过水轮机中心线沿厂房长度方向的轴线为厂房的纵轴线，垂直于厂房纵轴线的轴线为横轴线。沿厂房纵轴线为 X′ 轴，沿厂房横轴线为 Y′ 轴，并规定厂房进水侧为 +Y′。

主副厂房内的辅助设备应以该设备所在的房间界线尺寸或相应桩号、高程为基准进行标注。

图纸中与_____水轮发电机组设备布置、吊装等相关的高程，应标注海拔高程，管路标高系指其中心线的高程。水轮机安装高程为_____m。

管路布置图上的管路应表明：管路名称，管介质—直径—管路去向，同一管路，需要在两幅以上图表达时，其管路去向应一致，并以管路流向终点的去向来表示。无缝钢管、焊接钢管，有色金属等管路，应采用"外径×壁厚"标注，如 $\Phi108\times4$。

图中各部件、元件等的名称、型号、规格、材料、数量及主要参数等应设备明细栏中详细表明。

2）电气图纸

（1）概述

所有图纸中的电气设备编号和代码应按买方的规定进行，具体规定在第一次设计联络会提交。图纸采用 A3 幅面。

（2）系统接线图

图纸应表明设备与电源的连接，仪表和控制设备、元件及变送器安装位置及代号，以及上述设备间的电气接线（系统图中应有包括设备、元器件名称、型号、规格、数量的明细表及系统主要参数）。

（3）原理接线图

图中应表明供给的控制设备的原理和电气连接，应包括：

A. 时间继电器和定时器的范围、动作和设定值；

B. 过程仪表的设定点和复归点；

C. 保护继电器的额定值；

D. 熔断器和断路器额定值；

E. 控制电压和为供电电路建议的过电流保护和导线截面（如果控制电压的电源不是制造厂提供）；

F. 设备部件及元器件的明细表（包括名称、型号、规格、主要参数、数量等）及使用维修说明。

（4）安装接线图

配线图要表明控制设备各元件的点对点的相互连接（包括部件或模块的内部安装图）。控制设备和端子排应表明它们之间正确的相对位置，并按照系统图/原理图来标识。端子排的一侧应清楚地标志外部配线连接，且应没有任何卖方的配线。外接电缆有特别要求时应在图中说明。

（5）盘面布置图

应按比例制图，标明安装在控制柜和配电盘前的设备和铭牌，并应注明设备名称、代号、规格、主要参数及数量。

（6）铭牌图、仪表刻度、刻模和开关把手

应提供所有盘柜装置和设备的清单。铭牌图应包括尺寸和文字大小。作为图纸审查过程的一部分，卖方应在适当的图纸上标明铭牌刻字。应为仪表和其他指示仪表表明刻度标记。应表明刻度盘上的饰框板和符号刻字以及开关把手的类型和颜色。

（7）电缆管路、电缆架及电缆敷设图

应提交所供的电缆管路、电缆架及电缆敷设的实际布置详图。图上应有电缆管路及电缆架的尺寸和型式。应规定在电缆管内敷设的导线的数量、型式和功能。

3）三维图纸

卖方提供的三维图纸应至少应该包含下列数据信息：

（1）外形尺寸：设备外部形状特征，设备三维控制尺寸数据；

（2）设备布置安装：设备自身定位原点的三维空间坐标，设备布置基础、安装、通道等布置尺寸及定位数据、基础受力数据信息。

（3）接口信息：接口数据须准确、完整，主要包括：接口定位数据、采用的标准、连接形式、公称直径、压力等级、介质温度以及相关功能说明等。

（4）档案数据：记录设备生产商名称、订货时间、设备型号、设备主要参数等。

4）逻辑图

卖方应提供1整套说明用于微处理机控制器、自动控制系统软件的逻辑图。该逻辑图应按下列要求提供：

模拟控制回路：提供的逻辑图应符合有关标准格式。

顺序控制：提供顺序逻辑控制应符合流程图或梯形图格式。

在最后一批合同设备发货后2年内，卖方应无偿向买方提供软件的更新或功能增强的软件。在此之后，买方应能以协商的费用得到更新的软件。

1.6.5 设计计算书、分析报告

卖方提供的计算书和分析报告应至少包括计算/分析部件的设计简图、相关尺寸；使用材料、机械性能、许用应力；计算方法、计算程序、计算假定（如有）、计算工况、受力分析、边界条件；计算结果及结论等内容，以便充分、详细地证明设备满足合同规定和设计的要求，并为分析和寻找设备的故障提供充分的资料。

1）卖方应向买方提供转轮动态应力计算以及轴系稳定、机组振动分析和结构动态响应分析报告，蜗壳外敷弹性垫层有关计算分析报告等。其中，动态分析报告包括导叶、叶片出口的卡门涡频率，固定导叶、活动导叶及转轮叶片、顶盖和座环等的固有频率，由水轮机的旋转造成的频率、尾水管内水流脉动频率以及从蜗壳进口到尾水管出口流道的固有频率，引水系统的固有频率。所有频率分为部件在空气中和水中，分别计算提供，并说明各频率间的差距是否可以防止共振。

2）卖方应向买方提供水力过渡过程的计算分析报告。此分析报告应说明正常（含小波动）和事故运行时蜗壳（进口和末端）压力和转速上升变化、导叶和导叶接力器位置及尾水管内压力变化和调压室涌浪变化，优化的关闭规律和建议（如有）等。在引水发电系统施工设计完成后，卖方应按最终的引水发电系统和机组特性对水力过渡过程进行复核，并向买方提供内容如上所述的计算分析报告。

3）卖方应提供给买方6份该主要部件的设计计算书供买方审查。座环、顶盖、导叶、水轮机轴、控制环和转轮还应包括刚度计算、动/静应力计算与分析；转轮应有疲劳分析计算和防止裂纹措施的分析报告。计算书及分析报告要求见表7-1-5。

表7-1-5 计算书及分析报告

序号	提供的主要计算书及分析报告	合同生效后日历天数
1	尾水管里衬（包括进人门）、基础环、座环、蜗壳、底环、顶盖、导叶、导叶操作机构、控制环、导叶接力器、导叶限位装置、导叶保护装置、转轮、水轮机轴、导轴承、主轴密封等部件设计计算书	随部件设计图提供
2	蜗壳外敷弹性垫层有关计算分析报告	120
3	轴系稳定分析计算书	210
4	机组振动分析报告	210
5	结构动态响应分析报告	210
6	转轮动态应力计算书	210
7	转轮疲劳分析计算及防止裂纹措施分析报告	210
8	主要连接螺栓应力计算报告（含水轮机轴与转轮、发电机轴连接螺栓、顶盖座环连接螺栓、导叶接力器地脚螺栓、蜗壳/尾水管进人门连接螺栓等）	210
9	接力器操作功选择计算书	210
10	水轮机导轴承轴向和径向振动分析报告	210
11	导轴承冷却器选择计算书	210
12	主轴密封润滑冷却系统计算书	210
13	水推力计算书	210
14	过渡过程计算报告	210

1.6.6 设备清单及二维信息码

1）对于设备清单的要求

（1）合同设备按单台机组的设备部件的数量和种类列出；备品备件、安装、维修工具按提供的所有种类和数量列出。零部件的细分程度以安装时不需拆分为止。

（2）设备清单应包括名称、型号、规格、单位、数量、重量、材料及原产地和生产厂家。

（3）卖方须对合同设备主部件和主部件所属零部件进行编号，其主部件和所属零部件编号组成的代码是唯一且固定不变的。

（4）卖方不能将合同设备交货部件总清单作为交货不全的理由。

2）随技术文件提交的部件清单

卖方应在提供合同设备的每一批技术文件时，同时提交设备清单供买方审查。卖方应在每次设计联络会期间提供最新设计完成的设备清单。

3）合同设备交货部件总清单

卖方应在合同签订后 120 天内向买方提供合同设备交货部件总清单。此清单应为水轮发电机组及其辅助设备成套的所有部件清单，以作为每批次交货基准，核对是否漏发或少发。

随设备图纸提交的部件清单、合同设备交货部件总清单的详细要求参见本招标文件"合同格式及合同条款"。

4）设备二维信息码

卖方应在供货设备的包装箱和箱内零部件上标记二维信息码。二维信息码应与设备交货总清单相关联，码内信息应包括交货批次、箱号、设备名称、规格型号、货物图号、单位、数量、重量、报价单项代码及细项代码等有用信息。

1.6.7　说明书

1）概述

卖方应对每项设备的工厂组装、试验、搬运、贮存、安装、调试、试验、投产试运行、现场验收试验运行和维护的步骤提供书面的详尽的说明书。说明书应尽早提交买方，以便在安装和运行之前，在现场能获得最终的经审查的文本，用来做好计划工作。经审查后，卖方应提交完整的经审查的最终说明书和图纸的装订本，以及相应可编辑的电子档文件。主要的说明书见表 7-1-6（但不限于此）。

表 7-1-6　设备说明书

序号	主要内容（但不限于此）	合同生效后日历天数
1	水轮机埋件的装卸、贮存及安装程序和说明书（包括 QCR 表）	120
2	推荐的水轮机埋件安装进度表	120
3	水轮机技术条件及设计说明书	200
4	工厂组装和试验程序	200
5	机组开停机规律和导叶关闭规律图	300
6	水轮机自动化元件配置明细表，含自动化元件名称、数量、型号规格、量程、整定值、输出规格、用途、安装地点等必要信息，以及相关技术资料	300

序号	主要内容（但不限于此）	合同生效后日历天数
7	工厂和现场焊接无损探伤检查的详细说明	300
8	水轮机可拆卸部件的装卸、贮存及安装程序和说明书（包括 QCR 表）	400
9	推荐的水轮机可拆卸部件安装进度表	400
10	调试、现场试验和投产试运行说明书	480
11	水轮机主要部件运行维护说明书	480
12	各辅助设备安装、运行、维护说明书	480

2）工厂组装和试验程序

在设备进行车间组装和试验之前，要提交概述所做检查细节的工厂组装和试验程序文件。工厂组装和试验步骤要以表格形式对每项试验分项列表提交，要注明根据设计预计结果，并留出空表格便于在车间组装和试验期间填写观测结果。试验步骤要包括使用的试验值、可接受的最高/最低试验结果和供参阅的通用的工业标准。工厂试验若受某种限制（如果有），要有充分的说明并经买方批准。

3）工厂制造记录、试验报告、组装记录、核查记录

在合同设备工厂最终检查完成后，应提交材料检验记录、试验报告、组装记录、核查记录等全套工厂制造资料。

4）包装、搬运、装卸、贮存说明书

卖方应提交在现场的包装、搬运、装卸、贮存和维护保管的详细说明书，并附有图解（三维）和重量。在完整说明书提交前交货的设备，应在设备交货前____天提供包装、搬运、装卸、贮存说明书。油漆等化工产品的交货应随每次交货提供包装、搬运、装卸、贮存说明书。该说明书应包括：

（1）户外/户内、温度/湿度控制、长期/短期贮存的专门标志；

（2）户外/户内、温度/湿度控制、长期/短期贮存的空间要求；

（3）设备卸货、放置、叠放和堆放所要遵守的程序；

（4）吊装和起重程序；

（5）长期和短期维护程序，包括户外贮存部件推荐的最长贮存期；

（6）部件的定期转动（当需要时）；

（7）保护覆盖层、涂层的使用；

（8）安装前保护覆盖层、涂层和/或锈蚀的清除。

5）安装程序和说明书

卖方应向买方提供详细的设备安装程序及说明书（含 QCR 表），以及表示安装顺

序的相应图纸的缩影复制件。该说明书和图纸应包括对于设备主要部件的搬运和起吊，包括重量、组装公差和安装期间应遵守的特殊注意事项等方面的资料。在完整的安装说明书提交前安装的部件，应在部件安装前 60 天提供安装部件的安装说明书。

6）安装进度表

卖方应提交合同设备安装进度表供买方参考，该进度表应表明安装项目（数量、重量、控制性尺寸）、工序流程和每道工序所需的估计时间与总时间、安装注意事项、安装人员工种及数量、安装工具的型号及数量。该进度表应包括现场安装、检查、调试、启动试验、试运行和验收试验所需的时间。

7）运行维护说明书

（1）卖方应提供详尽的运行和维护说明书，该说明书应包括相应图纸的缩影复制件、相应的部件一览表、所提供的全部设备的样本，包括自动化装置或元件的产品说明书，还应提交对于运行、维护、修理、拆卸或组装，以及为了订购更换部件时检修和识别部件等所必须或有用的资料。该运行说明应清楚地标明在整个运行水头范围内，水轮机运行限制区的完整的水轮机性能曲线。

（2）卖方提供的运行和维护说明书细则应是一份完整的和清晰的文本，在设备整个使用寿命期间内能一直使用而不需进行任何补充。在说明书中采用的术语和标记应与卖方图纸一致。

（3）运行和维护说明书应清楚地说明合同设备的工作原理、突出特点和电气控制操作，并包括主要参数和必要的液位、流量、压力设定值，以及全部附属保护装置的整定值。还应提供故障寻找图表、检修时间表、润滑系统图表以及拆卸、重新组装和调整的步骤。

（4）运行、维护说明书应按下列格式编制：

第Ⅰ册　水轮机运行、维护说明书

1　概述

1.1　主要特性

1.2　参考图纸、标准

2　部件的总体描述和安装、拆卸时的注意事项

3　运行和维护说明/规程

4　装卸所需的起吊设备和工具的使用说明

5　图纸、手册、产品样本和出版物

6　水轮机操作图

7　调试

7.1　现场调试说明书

7.2 调试报告

8 备品备件

第 II 册 水轮机仪器、仪表及自动化元件运行、维护说明书

1 概述

1.1 仪器、仪表及自动化元件清单

1.2 各种仪器、仪表及自动化元件的原理和结构

1.3 使用和调整方法的说明

1.4 元件和软件清单

1.5 自动化元件定值清单（包括由买方另行采购的水轮机自动化元件/装置）

2 维护说明

2.1 功能说明

2.2 运行维护细则

2.3 故障诊断及排除

2.4 修复后的量度值检查

3 图纸

3.1 原理图、模块电路图

3.2 模块安装图、元件参数表

4 备品备件

5 产品样本

8）现场检查、启动、试验、试运行和现场验收试验步骤

卖方应该提交叙述设备安装后的现场检查、启动、试运行、试验和考核运行的详细步骤的说明书，并应包括设相应说明和图纸，其内容应包括：

（1）需要清洗、检查和调整的部件，给出方法和措施；

（2）检查全部间隙的方法，给出各部件应控制的技术参数；

（3）设备的现场检查、启动、试验、试运行和考核运行，应预先做出详细的操作和试验的步骤，以表格形式提交分项列出的每次调试和试验的步骤，注明根据设计所预计的结果，并留出空白处以便填写在调试和试验过程中的实际观察结果。

1.6.8 技术文件审查

1）买方将在收到图纸后的____天内进行复核和审查，并提出审查意见或确认。买方可在设计联络会上当面提出审查意见或确认，也可以通过传真方式提出。

2）对于买方审查确认且没有提出修改意见的图纸，将作为正式图纸使用；对买方提出了修改意见的图纸，卖方应进行相应的修改，标明修改部位，并在收到买方修改意见之日起____天内再次成套提交图纸供买方审查。

3）如果经买方审查确认的图纸，卖方又进行了任何必要的修改，应在修改后的____天内再次提交审查，对修改部分应做出明显的标记。

4）此外，每张经修改的图纸应清楚标明修改版本号和修改日期。若提交的图纸没有这些标注，将被认为不符合要求。

5）买方的审查并不意味着免除卖方对于满足合同文件要求和安装时各部件正确配合的责任。

6）对于图纸审查的要求，应同样地适用于提交审查的计算书、设计数据、目录、清单、论证报告、技术规范、设计报告和其他技术文件。

7）卖方可以进行必要的设计变更，以使设备符合合同文件的规定。

8）如果在结构组装或设备安装期间发现卖方图纸中的错误，应在图纸上注明修改内容，包括任何认为必要的现场变更。该图纸应按上文所述重新提交供审查和记录。

1.6.9　应用软件和源程序

卖方应提供合同设备安装、检查、调试、运行、维护和辅助设备控制系统所必需的正版应用软件、源程序及使用说明，并在设备质量保证期内免费提供其配套软件和源程序的升级版。

1.6.10　全生命周期信息

1）为满足买方机电设备全生命周期信息系统对卖方供货设备数据和信息的需要，卖方应按照买方提供的格式和数据要求，及时向买方提供设备的设计及计算、模型试验、材料选取及检验、制造工艺及过程、工厂试验及检验等真实可靠的数据和信息。

2）对于外购件，应及时提供供货厂家、产品规格型号、出厂检验报告、产品合格证等真实可靠的数据和信息。

3）本节中所要求的文档必须以电子文档（光盘或者存储卡）的方式提供或直接录入买方的信息系统（若具备条件）。

1.6.11　归档文件

首台机组投产后，卖方按买方档案管理要求向买方提供4套完整归档技术文件，归档技术文件的内容包括1.6条涉及的全部内容和设计联络会纪要、现场试验报告和合同执行期间买卖双方的书面技术文件等。后续每台机组投产后，卖方应将现场试验报告和双方的书面技术文件补充归档。

归档文件为彩色原件。每套归档文件应包括1个表明图纸数量和图纸题目的索引，并应装订成册作为永久的资料。卖方应向买方提供2套上述文件的电子版及相应的正版支持软件。

1.7 技术文件的提交

1.7.1 概述

卖方应提交1.6条所要求的技术文件供买方审查。

经买方审查确认的技术文件，卖方应在接收到买方审查意见的30天内，按照1.6.2条对于格式和数量的要求正式提供买方使用。

卖方向买方提交的技术文件费用及寄送或传真这些技术文件的费用均应包括在合同总价内。

1.7.2 提前提交

卖方应合理安排其提供图纸的时间，并可以在1.6条"提供的技术文件"规定的时间前提交技术文件，但应包括全部有关内容和供买方审查所需的细节。

1.7.3 到期后的重新提交

卖方可以修改其已经提交的技术文件，在规定的提交时间到期以后，重新提交这些技术文件，但这些修改应不影响电站施工设计或其他设备合同的工作。包括大范围修改在内的重新提交，影响到电站施工设计或其他设备合同工作的重新提交，被认为是初始提交，应处以合同条款"约定违约金"中规定的违约金。

1.7.4 不合格的提交

卖方提交的技术文件应符合合同要求，不符合要求的提交为不合格提交。对不合格的提交，买方将不做正式审查和处理，也不退还给卖方。买方将把任何被认为是不合格的技术文件的初审结果通知卖方。

对到期日前没有提交或不合格提交，买方都将视为延迟提交，卖方需按照"约定违约金"的规定支付约定违约金。

1.8 材料

1.8.1 概述

制造设备所选用的材料应是新的、优质的、无损伤和无缺陷的合格产品。材料质地应均匀，无夹层、无空洞或无夹杂杂质等缺陷，其种类、成分、物理性能应符合合同的相应标准或规定。本合同文件中没有列举的材料，应得到买方的批准后方可使用。材料的详细标准，包括类别、牌号和等级，均应标示在卖方提供审查的详图上。材料的代用品及其选择应遵守合同条款的规定。若卖方采用代用材料，其性能应相当于或优于合同所列材料，并在制造前得到买方批准，且不因买方的审查认可而减轻卖方应承担的责任。

用于合同设备的材料应根据相关标准规定的试验方法做试验。

1.8.2 材料和标准

本合同设备选用的材料及其相应的标准见表7-1-7。

表 7-1-7　材料标准表

种类	标准
碳钢铸件	GB 7659，GB 11352，ASTM A27，ASTM A216 牌号 WCB、WCC
合金钢铸件	JB/T 6402，ASTM A148 80—50 级
不锈钢铸件	Q/CTG1，Q/CTG2，JB/T10264，JB/T 7349，JB/T 6405，ASTM A743 牌号 CA-15，CF-8，CA-6NM
不锈钢板，钢带	GB 4237，ASTM A167，ASTM A176，ASTM A240，ASTM A264
不锈钢圆钢	GB 1220，ASTM A582　钢号 303、416
电工钢	GB/T 2521，50W250，ASTM A345，Q/CTG5
镍铜合金钢板	ASTM B127
铸铁件	GB/T 9439，ASTM A48 级、A30 级或更好
锻钢件	Q/CTG3，JB/T 1269，JB/T 1270，JB/T 7023 ASTM A181 牌号 60、70，ASTM A668 CL D，ASTM A668 CL E
结构钢	GB 700，GB 1591，GB 3274，GB/T 3077 ASTM A36，ASTM A283，ASTM A285 CL B 和 C，ASTM A516 Gr485，ASTM A517 用于高应力部位，ASTM678，ASTM A 537
钢管	GB/T 8163，GB/T 8162，GB/T3091，GB/T12459，SY/T5037 ASTM A53
钢管法兰及法兰连接件	GB/T17185，GB/T9112，GB/T9113，GB/T13401，GB/T3287，HG20592—HG20635，ASNI B16.5
青铜铸件	GB/T1176 ASTM B143 合金号 C90300、C92300；
青铜（用于轴承，抗磨板）	GB/T1176 ASTM B584 合金号 C93200、C93700；
黄铜（螺丝用）	GB 13808，ASTM B21 合金号 464
青铜轴瓦	ASTM B22 合金号 C86300
巴氏合金	GB/T 1174，ASTM B23 N°3
紫铜管	GB/T1527，GB/T1528，GB/T5231，ASTM 1388 C.k，ASTM B42
黄铜管	GB/T1527，GB/T5231，ASTM B43
镍合金管	GB/T 2882
不锈钢螺栓	GB/T3098.6，ASTM A320 型号 304，138
不锈钢螺母	GB/T 3098.15，ASTM A194　型号 6
电工绝缘材料	IEEE-56，IEC-C4003
刚性电线管道	ANSI-C80.1
不锈钢管	GB/T 14975，GB/T14976，GB/T12459，GB/T12771 ASTM A312/A312M，ANSI B36.19 无缝，TP316N 级
不锈钢锻件	JB/T 6398，ASTM A 473
螺栓（合金，钢棒）	GB/T 3098.1，GB/T 3077，GB/T 6396 ASTM A 322

种类	标准
螺母（合金）	GB/T 3098.2，GB/T 3098.4，ASTM A563
铝青铜砂型铸件	GB1176，ASTM B148 C95500，ASTM B271 C95500
纯铜棒	GB/T 4423 或其他

1.9 材料试验

1.9.1 概述

设备采用的所有材料应根据中国标准或 ASTM 标准，或通过买方批准的其他权威机构（若有特别要求）规定的试验方法做试验。除非买方书面声明放弃，用于主要部件的材料试验应有买方代表在场见证。买方有权再次在现场进行材料试验或抽查，如符合合同要求，试验费用由买方承担；如发现材料不符合规定的标准，买方有权退货，由此发生的一切费用均由卖方负责，并按违约金的规定处理。

1.9.2 一般性化验与试验

卖方应对主要部件材料的化学成分进行化验，同时还应对主轴和主轴连接螺栓材料进行剪切试验。试验按中国标准或 ASTM 的有关规定进行，并将试验结果写入材料试验报告之中。

1.9.3 冲击和弯曲试验

主要部件的金属材料应做 V 型缺口试件的冲击韧性试验。试验应按中国标准或 ASTM 的有关规定进行。热轧钢板应根据中国标准或 ASTM 的有关规定，同时做纵向和横向冲击试验。所有主要的铸钢件和锻件，应做样品弯曲试验。

1.9.4 试验证明

在材料试验完成后，应尽快地提出合格的材料试验报告。试验报告应标明使用该材料的部件名称、材料的化学成分和机械性能，并包括所有必需的资料，以便核实材料试验是否符合合同的规定。经试验合格的全部材料试验报告的复印件将由卖方保存在档案中，直到全部合同设备特别质量保证期满。卖方应免费向买方提供大型铸钢件、铸件和板材的样品，供买方复核这些材料的化学成分及机械性能之用。买方或买方指定的代理人有权检查全部的材料试验报告。

1.10 工作应力和安全系数

1.10.1 概述

1）本条规定了设备各部件材料的最大许用应力。本节对于最大许用应力的规定，并不能免除卖方对于工作应力选用的责任。设计中应选择经实践证明的安全系数。在关键的部位，应采用较低的工作应力。

2）在设计中，所有部件应有足够的安全系数，对那些承受交变应力、振动或冲击应力的部件更应特别重视。在设备部件设计时，应考虑在所有预期的运行工况下，都有足够的刚度和强度及寿命期内的疲劳强度。设备各零件的倒角应采用适当的圆弧过渡，且与邻近的表面连接是平滑和连续的，以减少应力集中。

3）应对重要部件进行有限元分析和计算，确定其在各种工作情况下的工作应力及变形。应提交这些部件的计算成果，包括应力、变形分析图和分析说明。

4）所有部件材料的工作应力不得超过本条所规定的最大许用应力，同时要考虑材料的疲劳，特别是水下疲劳。

5）应进行水中部件在正常工况和异常工况下的过流部件动力特性分析计算，包括过流部件在水中的固有频率和各种水力激扰频率，并评估各阶水力激扰频率与固有频率发生共振的可能性。

1.10.2　最大许用应力

1）部件的工作应力应采用经典公式解析计算，对结构复杂的重要部件应采用有限元法分析计算。

2）水轮发电机组部件的工作应力应按运行工况分别考核，分为正常运行工况和异常工况，其中，正常运行工况系指机组正常工作状态下所发生的各种载荷工况，包括开机、停机、过速试验、增荷、减荷、稳态负荷（包括发电机功率因数为 1.0 满功率运行时水轮机发出最大功率）、短时超负荷、甩负荷等工况；异常工况系指打压试验、飞逸、导叶保护装置破坏以及短路等工况。

3）在水轮发电机组正常运行工况下，所有零部件材料的最大工作应力不得超过表 7-1-8 的规定。表中未列入的材料许用应力可由卖方选择，但最大拉应力和压应力不超过该材料屈服强度的 1/3，同时不超过极限抗拉强度的 1/5。

表 7-1-8　正常运行工况部件许用应力

材料名称	许用应力	
	拉应力	压应力
灰铸铁	$R_m/10$	70MPa
碳素铸钢和合金铸钢	min（$Rm/5$，$R_{p0.2}/3$）	min（$R_m/5$，$R_{p0.2}/3$）
碳钢锻件	$R_{p0.2}/3$	$R_{p0.2}/3$
合金锻件	min（$R_m/5$，$R_{p0.2}/3$）	min（$R_m/5$，$R_{p0.2}/3$）
主要受力部件的碳素钢板	$R_m/4$	$R_m/4$
高应力部件的高强度钢板	$R_{p0.2}/3$	$R_{p0.2}/3$
其他材料	min（$R_m/5$，$R_{p0.2}/3$）	min（$R_m/5$，$R_{p0.2}/3$）
注：R_m 为抗拉强度，$R_{p0.2}$ 为屈服强度。		

4）对于承受剪切和扭转力矩的零部件，铸铁部件的最大剪应力不得超过 21MPa，其他黑色金属材料的最大剪应力不得超过许用拉应力的 60%，但其中机组主轴和导叶

轴的最大扭曲剪应力不得超过许用拉应力的 50％。

5）在正常运行工况下，转轮最大应力不得超过材料屈服强度的 1/5（且不超过 110MPa）；在最大飞逸转速条件下，最大应力不得超过材料屈服强度的 2/5（且不超过 220MPa）。

6）主轴最大复合应力 S_{max} 的定义为：$S_{max}=(S^2+3T^2)^{1/2}$，式中，S 为由于水力动载荷和静载荷引起的轴向应力和弯曲应力的总和；T 值采用水轮机功率为＿＿＿＿＿MW（发电机功率因数为 1.0）时的水轮机轴扭转切应力。S_{max} 值不得超过材料屈服强度的 1/4。在应力集中处最大复合应力 S_{max} 不应超过材料屈服强度的 2/5。

7）水轮机在正常工况运行时，在预期的最大荷载条件下顶盖各部位最大应力不应超过材料极限抗拉强度的 1/6 且不超过材料屈服强度的 1/4。

8）当导叶保护装置被破坏时，导叶、导叶轴、拐臂、连杆和销的最大应力不得超过材料屈服强度的 2/3。

9）对于需要预加应力的部件（含螺栓、螺杆及连杆等），其预加应力值应满足相应规范要求（卖方应提供预加应力的大小及引用标准）。预加应力后，螺栓承受负荷不得小于设计连接负荷的 2 倍，且各螺栓之间的应力差不得超过设计值的±5％。

10）在最大飞逸转速或短路瞬间最大不平衡力作用下，除主轴、转轮以外的所有转动部件最大应力不得超过材料屈服强度的 2/3。

11）所有水轮发电机组零部件均应有足够的刚度，在任何工况下运行能够限制变形在安全范围之内。

1.10.3　抗震设计

机组设备应采用静力弹塑性分析法进行抗震设计。在临时过载同时伴随地震情况下，机组设备应能承受垂直方向＿＿＿＿ g 和水平方向＿＿＿＿ g 地震加速度载荷，非转动部件的应力不得超过正常工况下最大许用应力值的 133％，转动部件的剪应力不超过许用拉应力的 50％。

1.11　制造工艺

1.11.1　基本要求

1）合同设备应按良好的工艺方法和工艺条件进行制造加工，制造工艺应经实践证实是先进合理的。全部设计和制造工作应由专业技术人员和经训练的熟练技工担任。设备的生产过程进行严格的质量控制，确保提供设备的质量。

2）所有部件包括特殊设计或制造的部件按 ISO 工艺标准精确制造，零件可互换，且便于修理。螺栓、螺母等紧固件应符合 GB 标准的规定。

3）卖方应免费保存从合同期满起 10 年内的专用的测量量具、模具和有关记录，以便买方进行设备修理和/或更换零件。工地安装所需的特殊样板和专用测量仪器由卖方提供，除另有规定外，应归买方所有。

1.11.2　机械加工和表面抛光加工

1）需加工的部件和在焊接后受焊接影响的部件表面，应进行机械加工或表面处理，最终达到规定尺寸的要求。当部件需消除内应力时，应在部件消除应力之后，方可进行机械加工，以便最终达到规定尺寸的要求。

2）水轮机流道部分的所有表面，蜗壳至尾水管里衬，应保证是平滑的流线型表面；蜗壳和尾水管里衬钢板对接应无明显偏离流道轮廓线的现象，对接表面应平齐；它们的公差应在 GB150《压力容器》或 ASME《锅炉和压力容器规程》有关规定的范围内。任意断面测量的不圆度或最大与最小内径之差应不超过所在横断面名义直径的3‰。转轮流道、导叶、固定导叶、顶盖和底环应加工光滑、无空穴、无凹凸不平或无其他可能造成局部空蚀的表面缺陷。

3）精加工的零部件，须按其用途采用最合适的加工方法，并标示在卖方向买方提交的设计图纸上。除非合同另有规定，所有零部件表面粗糙度 Ra 应符合 GB3505、GB1031《产品几何技术规范（GPS）表面结构 轮廓法 表面粗糙度参数及其数值》的要求，且不应超过表 7-1-9 中所列的数值。水轮机所有零部件表面应符合 ANSI B46.1"表面组织"的有关规定。

表 7-1-9　表面粗糙度

部件	部位	Ra（μm）
滑动接触面一般要求		1.6
固定接触表面一般要求	要求紧配合的	3.2
	不要求紧配合的	6.3
其他机械加工表面		12.5
导叶	固定导叶	6.3
	活动导叶过流表面	6.3
	导叶杆轴颈和密封面	0.8
	导叶接触面	1.6
	导叶上、下端部表面	3.2
转轮	叶片外表面	1.6
	其他过水表面	3.2
	法兰面	1.6
主轴	主轴不接触表面	3.2
	轴承颈处	0.4
	主轴测量环带	0.8
	法兰面	1.6
	倒角	1.6

部件	部位	Ra（μm）
止漏环间隙表面		3.2
顶盖、底环抗磨板表面		1.6
接 力 器	接力器缸内孔及活塞	0.4
	接力器活塞杆	0.4
轴承接触表面		0.8

1.11.3 公差

对所有的配合件，应按其用途选择合适的机械制造公差。公差应符合中国标准 GB 或国际标准协会（ISO）的规定。

1.12 焊接

1.12.1 概述

所有的焊接应采用电弧焊，焊接过程中应排除熔化金属中的气体。合适的地方应尽可能采用自动焊机进行焊接。

1.12.2 设计和制造

1）除另有规定，所有主要部件，包括座环、蜗壳、尾水管里衬、顶盖、底环、控制环、转轮、接力器、主轴、轴承支架等重要受力支承件和所有需要焊接的承压部件、压力容器和压力管道的设计和制造，均应符合 GB150《压力容器》或 ASME《锅炉和压力容器规程》的有关规定。除蜗壳外的所有水轮发电机组主要部件应进行内应力消除处理。在工厂焊接的部件，不允许采用局部消除应力的方法。

2）其他部件，如机坑里衬、管道支架等，设计和制造符合 AWS 的结构焊接规程 D1.1 或 ASME《锅炉和压力容器规程》有关条款的规定。这些部件不需作应力消除处理。

3）钢板在冲压成型前，应在 600—650℃温度进行退火处理，高强度淬火或回火合金钢板不允许做退火处理。

1.12.3 焊接鉴定

1）对 1.12.2 中 1）条所述部件的焊接，其焊接工艺、自动焊焊工和手工焊焊工的鉴定至少应符合 GB150《压力容器》和 TSG R0004《固定式压力容器安全技术监察规程》或 ASME《锅炉和压力容器规程》的有关规定；对 1.12.2 中 2）条所述部件的焊接，其焊接工艺和焊工鉴定至少应符合相当于 AWS《标准鉴定程序》的规定。

2）参与合同设备焊接的焊工应具有国家权威机构颁发的焊接资格证书。买方有权对焊工的资格进行鉴定，对于不满意的焊工有权要求更换。在对现场焊工的资格进行鉴定时，卖方应提供现场焊接工艺试验和焊工鉴定试验所需的工具、设备、器材以及有关资料并运输到现场，卖方还应准备对现场焊接者进行鉴定的程序。焊工鉴定试验应由买方代表或其监造人员目击证实和认可。

1.12.4　焊接工艺大纲

卖方必须准备完整的焊接工艺过程大纲。大纲应包括每个焊接构件的详细工艺过程和表示每个接口的工艺过程图表。大纲应符合 GB150《压力容器》或 AWS D1.1 或 ASME《锅炉和压力容器规程》第 IX 章的规定。大纲还应说明包括充填金属、预热层间的温度、应力消除、热处理等要求。该大纲应提交买方审查批准。

1.12.5　焊接准备

焊接的工件，可采用剪切、刨削、磨削等机械加工方式或用气体、电弧切割、等离子切割加工成一定形状和尺寸的坡口以适应焊接的要求。焊接工件坡口加工的型式和尺寸应适应焊接的条件，且应符合施工图纸或规程规范的要求。焊接坡口表面应平整、光滑，无明显的缺陷，如夹层、锈蚀、油污或其他杂物和由切割引起的缺陷。

焊缝的设计、焊接方法和填充金属的选择应考虑焊透性，填充金属应与母材具有良好的匹配性和熔焊性。

重要焊缝应按 ASME 有关规定进行焊接工艺评定。

1.12.6　焊接作业

焊接作业应符合焊接工艺规程规定。制作过程应随时进行检测，严格控制焊接变形和焊接质量。焊缝形成后，应清除焊渣。焊缝结构应均匀一致、连续光滑，与母体金属融合良好，并且无空穴、裂纹和夹渣，符合规范规定的焊接构造与尺寸标准要求。焊缝应外观平整。结构焊缝应平整圆滑，避免应力集中。所有需超声波或其他无损探伤检验的焊缝应打磨平滑，以便更好地进行焊缝检查。过水表面的焊缝应磨削平缓且焊缝高度不应凸出表面 1.5mm。压力容器上的焊缝磨削不应削弱容器的结构强度。

1.12.7　焊接检查

1）应对焊缝进行检查，以确定其是否符合 GB150《压力容器》、AWS 或 ASME《锅炉和压力容器规程》以及合同技术规范的要求，如果焊缝出现上述标准和合同规定所禁止的缺陷，如任何程度的不完全熔合、没有焊透与咬边、焊缝夹渣、空穴或存有气泡、构造与尺寸达不到设计或规程规范规定标准、焊接变形等，都应被判为不合格。

2）按等强度设计受拉的对接焊缝和按等强度设计的丁字接头组合焊缝且接头受力垂直于焊缝轴线的为一类焊缝，应作 100％的超声波探伤，按 ASME 标准验收；一般对接焊缝（非等强度或受压的）和按等强度设计的丁字接头组合焊缝且接头受力平行于焊缝轴线的为二类焊缝，应作 50％的超声波检查，按 ASME 标准验收；其他焊缝为三类焊缝，一般只作外观检查，对于有淬硬倾向的应作磁粉或渗透探伤。

3）无论何时，当对焊接质量有怀疑，买方有对卖方工艺过程所述的范围，或超出该范围，而追加无损探伤检查的权利。

4）无损探伤检查的质量应符合 GB150《压力容器》或美国焊接学会（AWS）外部检查规范或美国机械工程师协会（ASME）《锅炉和压力容器规程》的要求，经无损探伤（NDT）后，若有任何部分需要修复，则检查费、修复费和再检查费均由卖方承担。

1.12.8 现场焊接及焊接填充金属材料

1）如合同规定有卖方供货设备之间和卖方供货设备与非合同提供的设备之间需在工地焊接时，卖方应在图纸上注明，并附焊接部件详图和焊接工艺要求。焊接工艺和焊丝、焊条材料应与工厂加工图纸的要求相一致，并能适应工地焊接条件。如果需要特殊的焊接设备和器具，则应由卖方负责提供。

2）卖方应提供在工地焊接所需的焊条、焊丝和焊剂，其数量按全部需要在工地焊接的焊缝结构计并加20％的附加量，此余量不包括交货设备焊接缺陷处理所需的焊材，对设备缺陷处理所需的焊材应由卖方另行提供。卖方应选用性能适合工地焊接的焊接材料，并注明在相应的图纸上。焊条、焊丝应用防潮塑料包装，并用密封的金属容器装运。

3）卖方还应提供工地焊接焊缝相应的焊接程序、工艺、焊后热处理（若需）的方法。现场焊接在卖方指导下由安装承包人完成，卖方应对所有的焊接质量负责。

1.13 无损检测

1.13.1 基本要求

卖方应在图纸上规定采用无损检测的部件、范围、检测方法及标准，提交买方审查。卖方应提供对焊缝和主要部件进行无损检测的详细步骤和说明供买方审查。参加无损检测人员的资格应当经过鉴定，符合国家质量技术监督检疫总局颁发的《特种设备无损检测人员考核与监督管理规则》及 GB9445《无损检测 人员资格鉴定与认证》中的规定，或具有 ASNT-TC-1A II 级及以上的资格证书，卖方应将无损检测人员资格证明文件提交买方备案。

1.13.2 检测范围

无损检测应运用于主要部件上，如蜗壳、导流环、座环、基础环、顶盖、底环、导叶、控制环、连杆、接力器、转轮、主轴、主轴连接螺栓、轴承、起吊装置等。在最后的精加工之后还应做全部表面的检查，在部件热处理后做焊缝检查。主轴在粗加工和精加工以后，用超声波检查。

1.13.3 无损检测的方法

1）焊缝检测

所有焊接部件的焊缝应全部做无损探伤检查，焊缝检查用外观检查（VT）、超声波（UT）、液体渗透法（PT）、磁粉法（MT）、衍射时差法（TOFD）。买方有权提出焊缝的随机抽样检查的要求。焊缝的超声波探伤应满足美国机械工程师协会（ASME）《锅炉和压力容器规程》所规定的技术要求。卖方对焊接无损探伤的详细程序，应提交买方审查。

若超声波探伤有可疑波形，不能准确判断，则用 TOFD 复验。TOFD 探伤应重点针对丁字形接头及超声波探伤发现可疑的部位进行检查。

2）铸件检测

水轮机转轮（上冠、下环、叶片）和导叶（若采用铸造）的铸件，应按照《水力机械铸件的检查规范》（CCH 70-3)、Q/CTG1《大型混流式转轮马氏体不锈钢铸件技术条件》、Q/CTG2《大型水轮机电渣熔铸马氏体不锈钢导叶铸件技术条件》的要求进行无损探伤检查。其他铸件应按卖方提出的、经实践证明效果良好的，且经买方认可的无损探伤方法及标准进行，以确保铸件质量，无损探伤方法应表明在卖方提供的图纸上。

3）锻件检测

水轮机主轴、主轴连接螺栓和接力器缸及活塞杆（若为锻造）等锻件，均应按 ASTM A388、Q/CTG3《大型水轮发电机组主轴锻件技术条件》进行超声波检查，以确保质量；其他锻件的无损探伤方法检查，可用通常可接受的方法进行。锻件的金相组织应均匀，不允许有裂纹出现，不允许存在白点、彩纹、缩孔和不能消除的非金属杂质。非金属杂质的尺寸和数量应符合有关技术条件和标准的规定。如杂质的过分集中或关键合金元素的离析，将予以拒收。

1.13.4 无损检测结果的处理

无损检测结果若不符合合同规定或者认可的有关规范、标准规定的要求，该部件将被拒收。买方对焊接质量有怀疑，有权要求对超出买方已批准的工艺过程所述范围进行补充无损探伤检查，若经检查后所有焊缝是合格的，其补充检查费用由买方承担；若不合格，其补充检查费用由卖方承担。经上述无损探伤检查后，任何部位需由卖方修复及修复后进行的复检，其费用由卖方承担。

1.14 铸钢件

1.14.1 概述

铸钢件应无气孔、砂眼、夹渣和裂纹等有害缺陷，表面应光滑干净。不进行机械加工及在安装时外露的表面应进行修饰并涂漆。应仔细检查各部位的缺陷，危害铸件强度和效用的所有缺陷应彻底铲除直至无缺陷的金属，然后补焊修复。铸件组织应均匀致密，不允许有裂纹出现，非金属杂质的尺寸和数量应符合有关技术条件和标准的规定。杂质过分集中或关键部位合金元素离析的铸件将拒收。所有主要铸件，如上冠、下环、叶片和导叶（若是）等的试样，均应按 1.9 "材料试验"中的规定进行一般性化验和试验，以及冲击和弯曲试验。

1.14.2 检查

铸钢件清扫干净后，在铸造车间进行目视检查、提取试样；检查缺陷，并进行修补、消除缺陷。在修复和热处理后，还将按照合同技术规范对铸件进行检查。买方有权要求卖方免费进行无损探伤检测，以确定：

1）缺陷的全部范围；

2）补焊的区域；

3）修补的质量。

1.14.3 缺陷修补

1）在缺陷修复之前，卖方应提交铸钢件缺陷的报告，报告应包括说明主要和次要缺陷的位置和尺寸及相应的图纸，并附加照片、金相试验报告、无损探伤检查结果、金属断面厚度、中心位移、收缩量、扭曲变形和钻孔等。该报告还应说明缺陷的性质和形式，可能的原因以及在零件设计中或在铸造工艺中推荐的改进措施，以防止随后铸件中发生类似的缺陷。该报告还应提出详细的缺陷修复工艺，包括在焊接过程中和最终修复后采用的无损检测方式、方法和结果等。

2）铸钢件主要受力区不允许有缺陷。铸钢件的缺陷级别、处理权限及焊补后的无损检测三峡集团企业标准 Q/CTG 1 和 2。对于铸钢件的缺陷，由卖方制定可靠的处理工艺细则，并将细则报买方。次要缺陷可在细则报买方后，由卖方按细则直接焊补；卖方只有得到买方同意后方可焊补铸钢件的主要缺陷和特殊缺陷。买方有权拒收有主要缺陷和特殊缺陷的铸钢件。

3）所有缺陷须经买方认可后，方能进行修补。修补后的铸钢件应与图纸尺寸相符。经热处理后的铸钢件，修补后应重新进行热处理和进行无损检测，补焊部位的检验标准按检验铸钢件的同一质量标准进行，并需经买方认可。

1.15 生产过程照片和移动存储设备

1.15.1 概述

本条款叙述卖方提供各生产阶段的照片（纸质照片）和移动存储设备（数字照片）。本条款所做的工作的费用已包括在合同价格中。

1.15.2 生产阶段

卖方应拍摄并提供设备主要部件制造的重要环节或加工的重要阶段的照片和光盘，应提供不少于 3 个有利位置的不同景象，以反映工作的重要阶段或重要环节。在此期间的光盘和每一张照片要进行复制，照片随月进度报告提交买方。

1.15.3 照片的质量

照片应是彩色的有光泽的，成像清晰，色彩还原准确、自然。

照片尺寸应为 200mm×250mm。如果需要，卖方应提交更大尺寸的照片。

除应根据上述要求提供印制的照片外，卖方还应提供电子格式的照片，其像素不小于 1000 万数码像素。如果需要，卖方应提交更大尺寸的照片。

1.15.4　照片和移动存储设备的标志

提供的每张照片背面和电子格式照片的画面上要打上以下的内容：

1）工程的名称和合同号；

2）表示主题景象及视图方位的标志；

3）制造厂的名称和地址；

4）拍摄日期；

5）买方、卖方的名称。

1.16　辅助电气设备

1.16.1　概述

1）卖方提供的辅助电气设备应满足本招标文件 1.2.6 "厂用电系统" 中厂用电电源的要求。如果卖方所提供的电气设备的电源为其他电压等级，卖方应提供相应的电源变换装置，并应采取措施提高电源变换装置的可靠性。对于直流电源应在端子箱内进行隔离之后再进入机坑。对于电气设备控制均采用双电源（交流/直流）供电，并应采用双电源切换装置（应选用独立的电源模块，避免电源切换引起瞬时失电现象），确保交流电源切换以及交流电源与直流电源非同时消失时控制、测量系统不会出现瞬时失电现象。

2）除非另有规定，辅助电气设备应符合 1.3 "标准和规程" 中所列的标准和规程，同时考虑 2.2 "运行条件" 中所列的工作条件，所有技术规范的要求和所有制造厂的保证值均应根据这些工作条件制定。

3）卖方应向买方提供为工程合同所推荐的各种采购的辅助电气设备的生产厂家、类型及有关技术资料。

4）电动机应选用符合国家相关标准要求的高能效电机。电机及拖动设备能效等级应达到 GB 标准能效一级（相对于国际标准 IE4 能效标准）及以上。

5）所有继电器、自动空气开关、按钮等应采用知名品牌产品，并提供相应的证明文件。

6）辅助设备控制系统及自动化元件应在电源消失并再恢复供电后能自动恢复正常工作。

7）电气盘柜内安装的传感器、指示仪表控制器、变送器（含电源变换装置、输出 4—20mA 及报警接点扩展装置等）等设备应在 0—60℃ 的环境温度下可靠工作。

1.16.2 电动机

1）标准

电动机应符合 IEC、ANSI、IEEE、NEMA 或 GB755 标准的要求。

2）额定值和特性

型式：鼠笼式感应电动机直流电动机

频率（AC）：50±0.5Hz

电压（AC）：三相 380V、单相 220V（DC）220V

绝缘：F级，防潮型 F级，防潮型

防护等级：IP54

交流电动机 750W 以下为单相，750W 以上为三相，一般应选用交流电动机。

3）附件

应提供下列附件：

（1）重量在 50kg 以上的电动机应配备起吊环。

（2）电动机应有带两个内螺孔的接地板，该板应靠近底座，并应在制造厂的电动机图纸或者安装外形图上标明。

（3）在需要的地方，应有底板和地脚螺栓。

（4）密封的电动机端子盒，应容纳得下外部电缆和接线片，并适合于电缆管的连接。端子盒应能转动，一次可转 90°角。

4）利用系数

所有电动机的容量应能拖动设备持续发出其规定出力，而不超过额定温度值，并且利用的容量不超过电动机额定容量（kW）的 85%。

5）轴承

（1）轴承应有足够大小的尺寸，适合于在规定条件下连续运行，轴承的密封应防止灰尘进入及润滑剂流失。

（2）在轴承座上应有适当的加油、排油孔。在需要的地方，应提供加油孔盖和排油延伸部分，并且易接近操作。

（3）凡是需要的地方，轴承应加以绝缘以防止轴电流通过轴承。

（4）立轴电动机的推力轴承应为耐磨型，能支撑电动机和被拖动设备转动部件的重量加上由于载荷引起的液压推力。轴承应采用油脂润滑，并有油润滑的设施。润滑油应符合 1.21 条"润滑油、润滑脂"的要求。在加油过多可能引起损坏的地方，应有防止油脂过量的措施。

（5）在额定转速和额定功率下，其寿命应大于 100000 小时。

6）启动

（1）除 75kW 及以上的电动机应采用软启动方式外，其他电动机应适合采用交流接触器直接全电压启动。

（2）对于全电压启动的电动机在机端供电电压是电动机铭牌电压的 70% 时，电动机应能加速至额定转速。在额定电压下应有正常的启动转矩和不超过 6 倍额定电流的启动电流。

（3）在母线失电而从一个电源转到另一个全电压电源时，电动机应能耐受而无有害影响。这种转换的最短失压时间应按 0.3—1 秒考虑。

（4）需要重复启动的地方，应在电动机铭牌上清楚地标明允许的启动次数。

7）保护涂层

除非另有规定，户内使用的电动机的保护涂层可使用制造厂的标准。

8）资料

提交批准的资料应包括：

（1）表明电动机具有规定性能的完整说明。

（2）图上注明电动机全部数据（包括尺寸、电气参数等）、工程名、序号和拖动设备名。

（3）75kW 及以上的电动机应提供下列特性曲线：

A. 定子温度与持续功率（kW）的关系曲线。

B. 根据正常负荷惯性矩和额定满负荷温度条件绘制下列曲线：表明连续安全运转的时间和电流关系曲线；在 70% 和 100% 额定电压下，加速时间与电流的关系曲线。

C. 在 70% 和 100% 额定电压下，转速与转矩和电流的关系曲线。

1.16.3　电动机启动器

1）磁力启动器

（1）磁力启动器应采用先进成熟的知名品牌产品。

（2）三相电动机启动器应带有断路器、交流接触器、380V 交流线圈、具有熔断器的控制回路、3 个过载脱扣机构，还带有至少两常开、两常闭的单刀单掷的辅助接点。按钮、选择开关和指示灯应按要求安装在启动器盖板上。

（3）单相电动机启动器应带有断路器、交流接触器、220V 交流线圈、具有熔断器的控制回路、在不接地线路里的热过载脱扣机构，还带有至少两常开、两常闭的单刀单掷的辅助接点。按钮、选择开关和指示灯应按要求安装在启动器盖板上。

（4）电动机主回路和控制回路应配置断路器或微型断路器，断路器应满足该回路的电压、电流及切断故障电流的要求，断路器的瞬时脱扣器的电流整定值应大于电动机起动电流的 2 倍。

（5）直流电动机的启动器应为直流接触器，带有过载保护机构、电阻和至少两常开、两常闭的单刀单掷辅助接点，操作电压为 220V 直流。按钮、控制开关和指示灯应安装在启动器盖板上。

（6）接触器为电动机回路的开、停控制电器，应能接通和断开电动机的堵转电流，其使用类别和操作频率应符合电动机的类型和机械的工作制。交流接触器的容量应与被控电机匹配，主要技术指标如下：

A. 工作电压：380V AC 或 220V AC；

B. 过载能力：600％，5s；

C. 环境温度：0—60℃ 相对湿度 95％（无凝结）；

D. 带有至少两常开、两常闭的单刀单掷的辅助接点。

（7）热过载保护器应采用断相保护热继电器，其过载脱扣器的整定电流应能接近但不小于电动机的额定电流。其动作时限应躲过电动机的正常起动或自起动时间。

2）软启动器

（1）软启动器应采用先进成熟的知名品牌产品；

（2）软启动器应满足下列技术要求：

A. 防护等级：IP10；

B. 耐振性：符合 IEC68-2-6：2 至 13Hz 为 1.5mm 峰值，13 至 200Hz 为 1gn；

C. 抗冲击性：符合 IEC68-2-27：15g，11ms；

D. 最大环境污染等级：3 级，符合 IEC947-4-2；

E. 最大相对湿度：95％无冷凝或滴水，符合 IEC68-2-3；

F. 环境温度：贮存：－25℃至＋70℃，运行：10℃至＋40℃不降容；

G. 软启动器的容量应考虑在 60℃环境下运行时降容的要求；

H. 软启动器应带旁路接触器。

1.16.4 可编程逻辑控制器（PLC）

1）PLC 应采用国际知名品牌产品，需满足买方统一品牌和型号的要求，卖方提供的 PLC 需经买方审批。

2）卖方应提供所有 PLC 的控制程序和源代码。

3）PLC 应采用全模块化结构，独立的 CPU 模块、电源模块、I/O 模块（I/O 模块与 CPU 需同一系列），保证系统安全可靠运行；PLC 应有良好的实时性和确定性。配置独立的开关量、模拟量输入输出模块，使每种模块完成各自的采集或控制输出功能，避免混合模块。

4）每个 PLC 均应配置 FlashRom 作为程序后备。不能因电源中断而丢失数据和应用程序，等电源恢复后 PLC 可自动启动投入实时监控运行。

5）每台 PLC 应具有与软启动器、触摸屏，以及计算机监控系统现地控制单元 LCU 通信的接口和功能。与电站计算机监控系统的通信，应满足计算机监控系统的要求，具体通信方式和通信协议在设计联络会上确定。另外还应提供一个编程接口，以满足与现场调试工具进行通信的需要。

6）各控制系统采用的 I/O 模块应能承受水电厂环境条件，并应满足 GB/T 14598.3 和 GB/T17626 要求。每个输入/输出点应带有发光二极管指示灯指示。

（1）开关量输入模块的每一输入应有光隔离和滤波以确保有 500V 的绝缘和减小接点颤动的影响。

（2）模拟输入模块应有一个 A/D 转换器，其分辨率为 12 位或更高。

（3）开关量输出模块应为电气隔离的继电器输出接点。

1.16.5　变送器和传感器

1）变送器和传感器应能适用于精确测量规定的物理量，其准确级不应低于 0.2 级。其输出应为 4—20mA（满刻度）直流电流，负载电阻不小于 750Ω。

2）除另有规定外，25℃时的最大允许误差应不超过满刻度的 ±0.25%，温度从 −20℃至 60℃的变化引起的误差不超过满刻度的 ±0.5%。交流输出脉动应不超过 1%。设备的校准调节量应为满刻度的 10%，从 0%—99% 的响应时间应小于 300ms。在输入、输出、外接电源（如果有的话）和外壳接地之间应有电气隔离。所有传感器、变送器的绝缘耐压值应符合 IEEE 472 SWC 或中国标准的试验要求。

3）元件应完全密封在钢外壳内，钢外壳应有适宜于盘面安装的整体支架，外部电气连接应采用有隔板的螺钉型端子板。应提供单独的端子用于输出电缆的屏蔽接地。

4）本节所述的所有变送器和传感器均应采用知名品牌产品，由卖方选择并报买方审查批准。

1.16.6　触点

除另有说明外，所有用于仪表、控制开关及器件的触点，用于直流 220V 时的最小额定电流不小于 1.5A，并要符合有关标准的规定。

1.16.7　按钮

1）所有按钮应为重载防油结构，并带有刻制触点组合方式的符号牌。符号牌的刻制应由卖方选择并经买方批准。

2）接点额定值

最高设计电压：交流 500V 和直流 250V

最大持续电流：10A（交流或直流）

最大开断电流：感性，交流 220V，3A 和直流 220V，1.1A

最大关合电流：感性，交流 220V，30A 和直流 220V，15A

1.16.8 继电器

1）中间继电器

顺序或监测回路中用于程控的中间继电器应为重载型，并具有线圈和可转换接点。接点数量应满足程控的要求和与计算机监控系统连接的要求。

2）延时继电器

延时继电器应为固态式，带有防尘盖和 2 个单极双掷接点回路并可调延时。如有规定，还应具有瞬时接点回路。

3）保护继电器

保护继电器应按照本技术规范详细要求的规定提供。

4）信号继电器

继电器接点应适于在信号回路里使用，并不得超过电路的额定电流和电压值。

1.16.9 电磁阀

电磁阀应采用双线圈结构，具有自保持功能。

1.16.10 指针式仪表及数字显示仪表

1）指针式仪表型式和结构

仪表应为开关板型，半嵌入式，盘后接线。仪表应经过校准并适合于所用的场合。另外，仪表应包括调零器（便于在盘前调零）、防尘、黑色外壳和盖板以及游丝悬挂装置。表的显示应为白色表盘、黑色刻度及指针。表计刻度盘盖板应防眩光。双指针表计指针为红、黑两色。

2）刻度和精度

（1）刻度弧度：90°（直角），＞300°（广角）

（2）精度：1%。

3）标准：指示仪表应符合 GB 标准或 ANSI C39.1 标准的要求。

4）刻度：刻度应由卖方选择并经买方批准，当仪表与仪用变压器或变送器的二次侧相连接时，选择的刻度应能读出变压器一次侧的电气量，一般额定值应为满刻度的 2/3。

5）数字显示仪表，该仪表应有下述特点：

（1）明亮的橘黄色发光电子二极管显示或液晶显示；

（2）读数至少为 4 位，12mm 高；

（3）黑色仪表板并带有适于盘前安装的装配件及附件；

（4）0.5% 精度；

（5）抗干扰及耐压性能应符合 GB 标准及试验的要求。

1. 16. 11　指示灯

1）型式

指示灯应为开关板型，指示灯的发光元件应优先采用 LED，具有合适的有色灯盖和配套安装的电阻。有色灯盖应是透明材料，且并不会因为灯发热而变软。从屏的前面应能进行灯泡的更换，所有更换所需的专用工具都应提供。所有有色灯盖应具有互换性，而且所有的灯应为同一类型和额定值。

2）额定值

指示灯和电阻的额定值为 220V（交流或直流）或与它所工作的电压系统相适应。灯泡发光元件的工作电压应为 24V（交流或直流）左右。

3）特殊要求

（1）电动机启动回路

在接触器辅助开关常开接点回路中应串接 1 只红色指示灯，以指示电动机处于"运行"状态。在接触器辅助开关常闭接点回路中应串接 1 只绿色指示灯，以指示电动机处于"停机"和控制电源"投入"状态。

（2）其他回路

用于其他各种场合的指示灯和光字信号应由卖方选择并提交买方批准。

1. 16. 12　控制、转换和选择开关

1）总则

开关板或控制柜盘前安装的手动开关应具有如下特性。

2）型式

开关为重载、旋转式。

3）额定值

最高设计电压：交流 500V 或直流 250V；

持续工作电流：10A（交流或直流）；

最大开断电流：感性，交流 220V、3A 或直流 220V、1.5A；

最大关合电流：感性，交流 220V、30A 或直流 220V、15A。

4）面板

每个开关应有能清楚地显示每一工作位置的面板。面板的标志应由卖方选择并经买方批准。

5）手柄

开关手柄的型式和颜色应符合 1.20 条"工厂涂漆和保护涂层"有关规定。

1. 16. 13　电气盘、箱、柜

1）设计

电气盘、箱、柜需满足买方统一品牌、型式、颜色和尺寸的要求。买方将对电气盘柜统一招标，以签订框架协议的方式确定电气盘柜厂家，由发电机卖方进行采购。

（1）结构

A. 电气盘面板由 2mm 厚以上的薄钢板制成，框架和外壳应有足够的强度和刚度。盘高一般为 2200mm＋60mm，其中 60mm 为盘顶挡板的高度，为放置盘铭牌而设置。若为其他尺寸，则需经买方的批准，但排在一起的盘柜高度应一致。

B. 盘面应平整。至少应涂有两层底漆，面漆用半光泽漆。壳体内应有内安装板以便安装电气设备。发电机的端子箱及电气盘的最终尺寸由卖方推荐并由买方选定。

C. 发电机电气盘、端子箱的颜色应符合 1.20 条"工厂涂漆和保护涂层"的规定。

D. 电气盘应设置必要的通风孔或通风窗。应考虑在装有软启动器、PLC 等设备的盘柜中加装风扇。

E. 电气盘的防护等级应为：IP43。

（2）电缆孔和电缆葛兰头

A. 对墙上安装的壳体，其顶部或底部应有可拆卸的带密封垫的板，以利现场为电缆管开孔。对楼板上安装的壳体，其顶部应有可拆卸的带密封垫的板，其底部应预留电缆敲落孔，以便电缆的引入，并有固定电缆的设施。

B. 除采用电缆管直接进入壳体外，电缆进入壳体应采用葛兰头。

（3）温湿度控制器

为控制温度和湿度，所有装有电气控制和开关设备的壳体内应装有温湿度控制器。壳体的结构和温湿度控制器的放置应确保空气循环流畅，并在过热状态时不会损坏设备。温湿度控制器额定电压应为单相交流 220V，并带有安装在壳体内的、具有温湿度控制的自动投入/切除开关。

（4）灯和插座

对柜正面垂直面积大于 $1.0m^2$ 的壳体，其壳体内应装有 1 盏灯和 1 个插座，以方便运行和维修。灯应是白炽灯，并带有护线板和电源开关。插座应为双联、10A、两极及三极、三线式。灯和插座的动力电源为单相交流 220V，电源回路由其他承包商提供。

（5）接地

A. 柜正面垂直面积大于 $1.0m^2$ 的壳体，应装有适当额定值的接地铜母线，该铜母线截面应不小于 40mm×5mm 并安装在柜的宽度方向上。柜的框架和所有设备的其他不载流金属部件都应和接地母线可靠连接。接地母线应设有与买方提供的 60mm×6mm 接地扁钢连接的固定连接端子。

B. 面积小于 1.0m² 的壳体应装有接地端子，该端子固定在壳体的构架上，并适合与买方提供的上述接地扁钢或接地铜母线棒相连。

C. 除上述要求外，所有二次控制、监测盘、柜、箱还应分别设置等电位专用接地（信号地）铜排/端子和安全地铜排/端子。等电位专用接地（信号地）铜排和安全地铜排均应设有与买方提供的电站等电位专用接地网和安全地接地网连接的固定连接端子。

2）组件布置

盘面组件的布置应均匀、整齐。尽可能对称，便于检修、操作和监视。发热元器件应考虑散热问题。不同电压等级的交流回路应分隔。面对电气盘正面，交流回路的组件相序排列从左到右或从上到下为 U－V－W－N。

3）盘内接线

（1）每块盘的左、右两侧应设置端子排，以连接盘内、外的导线。每个端子一般只连接 1 根导线。

（2）盘内组件应用绝缘铜导线直接连接，不允许在中间搭接或"T"接。盘内导线应整齐排列并适当固定。

（3）强电和弱电布线应分开，以免互相干扰，活动门上器具的连线应是耐伸曲的软线。

（4）组件和电缆应有防止电磁干扰和隔热的措施。所有其他组件与电子元件连接时，若组件的工作电压大于电子元件的开路电压时，应有相应的隔离措施。

（5）面对电气盘正面，交流回路的导体相序从左到右、从上到下、从后到前，应为 U－V－W－N；直流回路的导体极性从左到右、从上到下、从后到前为正－负。

（6）盘内连接导体的颜色，交流回路 U、V、W 分别为黄、绿、红色，中性线 N 为黑色，接地线为紫底黑条；直流正极回路赭色，直流负极回路蓝色。

1.16.14　电气接线、电缆管路和端子

1）总则

（1）卖方提供设备与买方提供设备之间应用电缆和电缆管进行电气连接，该电缆和电缆管由其他承包商提供和安装。所有控制和信号电缆应带外屏蔽。

（2）卖方提供设备的各单个元件之间应用电缆和电缆管进行电气连接，该电缆和电缆管应由卖方提供，并由其他承包商安装。

2）电缆管路

（1）卖方提供设备的电缆管，其支架和配件应符合有关规定要求。

（2）卖方应负责发电机坑内电气管路的布置和设计，并提供所有电缆管、紧固件、连接件和安装支架。

（3）机坑内的所有电缆、电线的敷设均应穿镀锌钢管或外护套为 PVC 的复合金属

软管，并应用电缆卡固定，电缆卡应在工厂加工并热镀锌。管径不小于电缆外径的1.5倍。导线、电缆中间不允许有接头，接头只允许在端子盒、接线盒、灯头盒、转接盒内。

3）电缆和电线

（1）动力电缆、电线应满足阻燃 A 级要求，导体材质为无氧铜材，电缆采用交联聚乙烯绝缘、聚氯乙烯护套，电线采用聚氯乙烯绝缘。

（2）动力电缆截面不小于 $6mm^2$；除报警线路和测温电阻引线可采用截面小于 $1.5mm^2$ 外，其他的二次控制、信号回路的导线截面应不小于 $1.5mm^2$，电流互感器二次侧的导线截面不应小于 $4mm^2$；照明电线的截面不应小于 $4mm^2$。

（3）动力电缆应为 0.6/1kV 级电缆，并符合 GB12706《额定电压 35kV 及以下铜芯、铝芯塑料绝缘电力电缆》或 NEMA 标准的规定，控制电缆应为 450/750V 级电缆，应是屏蔽型的，并符合 GB9330《塑料绝缘控制电缆 聚氯乙烯绝缘和护套控制电缆》或 NEMA 标准的规定。照明用电线应符合 GB5023《额定电压 450/750V 及以下聚氯乙烯绝缘电缆》或 NEMA 标准的规定。

（4）二次控制电缆需采用多股软芯电缆，外护套和绝缘层应满足阻燃 A 级和低烟无卤的要求。计算机电缆应采用总屏蔽和分屏蔽技术，用于模拟量信号回路的电缆和控制线应采用对绞屏蔽、多股软芯、外护套和绝缘层满足阻燃 A 级和低烟无卤要求的电缆，用于温度量测量回路的电缆和控制线应采用三绞屏蔽电缆，且外护层能耐油、防潮和抗热。

（5）4 芯以上控制电缆应留有 10％—20％的备用芯，芯数多的电缆取低值，但最少备用芯数不小于 2。

（6）卖方应对本合同供货范围内的全部设备及电缆，编制端子接线图和电缆清册，每根电缆两端应设置与电缆清册上一致的识别编号。电缆清册应按买方认可的格式对每根电缆标明电缆型号、长度、起止位置及安装编号。

（7）交流 U、V、W、N 电缆的颜色分别为黄、绿、红、黑。

4）导线端子和端子板

（1）总则

设备内的电气接线应布置整齐、正确固定并连接至端子，使所有控制、仪表和动力的外部连接只需接在设备内端子板的一侧。每组端子板应至少预留 20％的端子，任何一个端子板螺钉只能接入 1 根导线。

（2）端子板

端子板应为有隔板的凹式螺丝型端子，端子板的额定值如下：

最高电压（AC）：不低于 600V

最大电流（AC）：30A

最大导线尺寸：10mm^2

控制和动力回路的端子板应用分隔板完全隔开或位于分开的端子盒内。端子板应根据要求或接线图进行标记。电流互感器的二次侧引线应接于具有极性标志和铭牌的短路端子板上。

（3）导线端子

导线应用导线端子与端子板或设备连接。导线端子规定如下：

A. 16mm^{2}以下的导线应为圆形舌片或铲形舌片，压接式铜线端子。

B. 16mm^{2}及以上导线应为1孔或2孔压接式铜线端子。

C. 所有导线端子应有与要求或接线图一致的标志。

1.17　管道、阀门及附件

1.17.1　概述

水轮机机坑内全部管道及其连接件、紧固件、管架的设计与供货均由卖方负责。

管道、管道材料、管道支架和吊架应符合 GB 及 ANSI B31.1.0 "动力管道"的标准。管路系统设计、安装、试验应符合 GB/T8564《水轮发电机组安装技术规范》、GB50235《工业管道工程施工及验收规范》、GB50236《现场设备、工业管道焊接工程施工及验收规范》、GB50683《现场设备、工业管道焊接施工质量验收规范》中有关规定。

管道、阀门和接头的布置及管接头的位置应便于设备解体检查和移动部件，且检修时，对其他设备干扰最少。管道系统需拆卸的部位，应设置带有"O"型耐油橡胶密封圈法兰，并尽可能减少活接头连接方式。

直径50mm 以上的管道，在满足安装起吊、装卸和运输的要求下，应在卖方的工厂预加工并成形，并作清楚的标记。

设备和管路与合同范围外的设备和管路有接口时，卖方应提供便于在现场安装的连接件，法兰连接时应提供成对法兰和附件。

所有管道内壁应加以清理，装运时管道应配有管塞或管帽。

卖方应在工厂图纸上详细地表示出各管道的位置、管径及用途。

机墩内管路在适当的位置应配有伸缩装置。

所有管道的法兰连接处应设置可靠的接地跨接线。

管道内的液体流速应为1.5—5m/s。

除另有规定外，所有管道都应作1.5倍设计压力的试验，试验时间为30min。

所有管道均应按1.20"工厂涂漆和保护涂层"规定进行涂漆。

1.17.2　油管

油管及管件均采用不锈钢材料，并采用不锈钢法兰连接，对于公称直径小于或等于 20mm 的油管可采用不锈钢焊接式直通接头连接。油管连接不采用螺纹密封管接头。

1.17.3　气管

压缩空气管和附件均采用不锈钢材料，并采用不锈钢法兰连接。大轴中心补气系统中所有可能与水接触的管道和阀门应采用不锈钢。

1.17.4　水管

除另有规定外，所有供排水管均采用不锈钢管。预埋水管采用焊接连接，非预埋水管采用不锈钢法兰连接。

1.17.5　仪表连接管

仪表连接管应为紫铜管或不锈钢管，并配有稳压装置等管道附件。在仪表与管路之间应设置截止阀，以使仪表可以拆卸。在截止阀后和仪表前，应设置表用三通阀或排水接头。

指示式温度计的软管应有铠装防护。

1.17.6　测压管

水轮机的测压管应是不锈钢管和不锈钢管件，管道内径要大于或等于 25mm。测嘴应为不锈钢材料制造，测压管路和测嘴的形状、结构尺寸和布置要求符合 GB、IEC 相应的有关规定。蜗壳、顶盖、基础环和尾水管等埋件上的测压管及其接头的设计，应考虑埋件混凝土浇注前后的收缩。

1.17.7　管道附件和管材

卖方提供的全部管道，应配备足够的管道附件，包括支架、吊架、墙上托架、管夹、紧固装置和管道系统所需的全部双头螺栓、螺栓、螺帽、垫圈、耐油密封垫圈、密封件和填料等。这些产品应为知名品牌成品，不需要在现场进行任何加工，如焊接、切割和钻孔，即可安装到位。管道支架应采用知名品牌，并需得到买方的确认。

1.17.8　管道连接

所有合同设备的内部管道连接，其螺纹、法兰面加工及钻孔应符合 GB 标准的公制规定。所有合同设备的管道与其他承包人提供的管道相连处，其螺纹、法兰面加工及钻孔应与买方协调。连接件（螺栓、螺帽和垫圈）亦采用 GB 标准，并由卖方提供。法兰连接应优先采用"O"型密封圈。

1.17.9　阀门

卖方提供的阀门应采用知名品牌产品。除非在技术条款中另有说明，应符合以下要求：

1）口径等于或小于 25mm 的水阀或低压空气阀应采用黄铜或青铜制成；口径大于

25mm 小于 100mm 的阀门采用球阀，整体不锈钢制成；口径等于或大于 100mm 的阀门，密封部位及阀杆为不锈钢材料，压力在 2.5MPa 以下采用弹性座密封闸阀，压力为 2.5MPa 及以上采用球阀。

2）高压、中压油阀和高、中压空气阀门采用不锈钢球阀，润滑油阀采用不锈钢球阀。

3）所有口径大于 50mm 的阀门最好采用法兰连接，若不能做到，应提交买方审查。

4）所有闸阀应为实心楔式明杆闸阀。

5）所有阀门应配置锁定装置，以防止误操作。

6）具有方向性的阀门阀体上应标有箭头，指示介质的流向。

1.17.10　加工/组装

除必须在现场进行配制的管路外，整个管路系统应尽量在工厂预加工好。管路及附件应随主机分批交货，并留有适当的调节余量。管路应尽量减少采用焊接连接，焊缝应能从内部进行打磨和用钢刷清理；在靠近端部或 T 形接头处，应采用法兰连接。

1.18　埋入基础的构件

1.18.1　概述

所有埋入基础的永久性构件，包括锚定螺栓、千斤顶、拉杆、螺旋拉紧器、锚环、水准螺丝、管型或结构钢支柱、底板、埋入基础板、拉条等，并有不少于 10% 的余量。

尾水管里衬、座环、蜗壳安装基础均采用钢支撑结构，钢支撑由卖方提供，所需要的钢支撑预埋基础由其他承包商按照卖方的设计图纸实施。

1.18.2　设计

埋设部件的拉紧和支撑的设计，应便于部件埋入时进行调整，且能牢固地将部件予以固位。传递水轮发电机组部件的各种载荷到周围混凝土所必需的拉紧和支撑件，应由卖方设计和提供。所有千斤顶应有钢座和钢帽，以便能焊接在基础和支持的部件上。

1.18.3　地脚螺栓

为固定设备需要的所有地脚螺栓和紧固材料（包括管套、螺母和平垫圈）应由卖方提供。导叶接力器地脚螺栓的应力计算应提交买方审查。

1.19　吊具

1）卖方应提供的吊具包括转轮的吊具、水轮机轴（包括联轴后的转轮）的吊具，水轮机顶盖的吊具及专用连接螺栓，把水轮机轴/发电机轴从水平位置竖直到垂直位置所要求的保护装置。

2）卖方应与桥机卖方协调上述部件的吊装细节。

3）卖方应在所有设备和部件上设置起吊用的吊耳、吊眼，提供用于部件起吊的吊环或其他起吊工具。在不锈钢设备或部件表面焊接临时吊耳前，需要采取有效措施，防止碳沾污。

4）卖方应提供在目的地和中转站装卸时有特殊要求的部件的吊具。

1.20 工厂涂漆和保护涂层

1.20.1 概述

1）保护涂层应按中国标准或 SSPC-PA1《工厂、现场和维修涂层》、ASTM B456、ASTM B633、ASTM A164 进行操作。含有铅和/或其他重金属或被认为是危险的化学物质不得用于保护涂层。

2）全部设备表面应清理干净，并应涂以保护层或采取防护措施。表面颜色见表 7-1-10"设备表面油漆颜色"。

表 7-1-10 设备表面油漆颜色

序号	系统	部件	色标	备注
1	水轮机	接力器、控制环、连杆、拐臂、顶盖上表面、水导轴承外壳等	RAL7038	
		水轮机室盖板	RAL9021	
		机坑里衬内表面	RAL7040	
		埋件	RAL2000	
2	控制、仪表盘柜	水轮机仪表盘柜	RAL7032	
3	各类阀门	本体	RAL9006	含阀门电机
		操作手柄	RAL2002	
4	水系统	供水管道、滤水器	RAL5015	
		排水管道	RAL6024	
		排污管道	RAL9021	
		水泵及电机	RAL7038	
5	油系统	油罐	RAL7044	
		滤油机	RAL7040	
		所有油泵及电动机、回油箱	RAL7040	
		供油管道	RAL2002	
		排油管道	RAL1018	
6	气系统	气罐	RAL9006	
		空压机	RAL1013	
		气管	RAL9003	

续表

序号	系统	部件	色标	备注
7	消防系统	消防水泵和电机	RAL7038	
		消防水管道	RAL2010	
		机组消防控制柜	RAL2010	
		消防栓	RAL2010	
		消防器材柜	RAL2010	

3）除另有规定外，锌金属和有色金属部件不需要涂层。不锈钢、奥氏体灰口铸铁和高镍铸铁应视为有色金属。为防止运输过程中锈蚀，表面应涂防护漆。

4）在进行清理和上涂漆期间，对不需要涂保护层的相邻表面应保护不受污染和损坏。

5）清理和涂保护层应在合适的气候条件和充分干燥的表面上进行。当环境温度在7℃以下或当金属表面的温度小于外界空气露点时以上3℃时，不允许进行保护层涂抹。

1.20.2　表面处理

在设备部件表面涂层之前，应采用合适的设备进行清扫，除去所有的油迹、油脂、污垢、锈斑、热轧氧化皮、焊渣、熔渣、溶剂积垢和其他异物。清扫前，对不需要涂层的表面和已有涂层的表面应予以保护，以免受损坏和污染。对已清扫过的表面，在涂层间隙期受到污染，均应重新清扫。对表面的清扫工作，应按下列方法进行：

1）溶剂清洗：先用干净抹布或刷子浸湿溶剂，将表面擦洗，清除所有的油质和污物，最后用干净溶剂和干净抹布或刷子清除残留已清洗表面的残余物薄膜。清洗剂在正常气候条件下，用闪点不小于38℃的矿物酒精溶液或无毒溶剂；在热天，应采用2级浓度矿物酒精溶液，其闪点不小于50℃。涂覆沥青油环氧树脂的表面应采用有效溶剂清洗。

2）喷丸处理：表面先按上述"溶剂清洗"的要求清除掉所有的油迹、油脂和污垢，再对需要涂层的表面，用尖硬的干砂或钢磨粒进行喷丸处理，使金属表面发亮呈均匀的灰白色。喷丸处理表面的清洁度应不低于ISO 8501—1 1/2级的要求。用于喷砂的压缩空气应不含油和凝结水分。

1.20.3　涂层工艺

1）在运输过程中暴露在大气中的机械加工表面或精加工的黑色金属表面，发运前应用无水溶剂清洗干净，进行干燥处理，涂保护层，并采用防潮材料进行包装。

2）所有会暴露在大气中的非机械加工的黑色金属表面，需喷丸处理，再涂两层防锈漆。底层防锈漆干膜的厚度应不小于 $50\mu m$。防锈漆在干燥后的总厚度应不小于 $75\mu m$。受冷凝作用的表面，应涂覆经买方批准的防结露油漆。

3）卖方及其分包商的标准油漆系列也适用于各种小的辅助设备，例如小功率电动机、接触器、表计、压力开关和类似的设备。

4）所有与混凝土接触的预埋件的非配合的黑色金属表面，应按要求进行机械清扫，并涂保护涂层，便于运输和存放。保护涂层应便于安装时清除或者不影响预埋件与混凝土有效结合。

5）所有与水接触的非配合黑色金属表面，需用喷砂发亮处理（流道内的焊缝需用砂轮打磨光滑），并在工厂涂两层环氧树脂富锌漆。安装完成后的涂漆工作由他人进行，但涂层材料由卖方提供。

6）准备现场焊接的不防锈的钢板或铸件的焊缝坡口，需喷砂发亮处理，并涂两层防锈铝底漆。这种油漆应为焊接前不需清除的底漆。

7）盘柜、压力罐、泵组和管道的外表面，应在机械清扫后涂四层指定的装饰颜色涂料。盘柜的非工作内表面，须在进行机械清扫后，按卖方的标准涂两层防护漆。

8）油罐、油箱铁质金属的全部内表面需喷砂处理，直到露出金属光泽为止，再按卖方的涂层标准涂保护层，卖方应提交证明书，证明所使用的涂料在类似的工作条件下至少已满意地使用了 5 年。该标准涂料需经买方的认可。

9）所有轴承油箱的内表面等，均应由卖方涂上四层环氧树脂或其他经买方批准的涂层。

10）对重要部件的涂层，卖方应提交涂层附着力及老化试验报告。

1.20.4 涂料应用

1）所有涂料在应用时，应按涂料生产厂家的说明充分搅拌均匀。

2）应采取有效措施，以消除喷涂设备的压缩空气系统中的游离油和水分。喷涂时，应选用与涂层相符的喷嘴压力。喷涂两层以上涂层时，每层涂层不得有淌滴、气孔和凹陷。应在底层涂料干燥、硬化后再涂上层涂料。

3）卖方应提供足够数量的罐装备用涂料，以供现场修整（包括修补和装饰）所有设备部件表面涂层之用。

1.20.5 工厂喷涂

设备表面应在工厂进行喷涂，一般按环氧涂层和 SSPC-PS-1.07 "煤焦油聚酰胺树脂黑色涂层"进行喷涂。表 7-1-11 "喷涂清单"要求的设备表面除外。

表 7-1-11　喷涂清单

序号	表面	表面准备	上漆
一、水轮发电机组			
1	与混凝土接触的表面	按 SSPC-SP2 或 3 的要求作机械清扫	环氧砂浆
2	配合的机加工表面	溶剂清理（SSPC-SP1）	防锈涂层化合物，它可用溶剂除去
3	暴露于空气中的非配合表面（水轮机轴除外）	接近白色喷砂处理（SSPC-SP10）	两层环氧涂层加上所要求的面层颜色
4	轴承油槽内部	接近白色喷砂处理（SSPC-SP10）	四层抗油环氧树脂涂层
二、其他表面			
5	电气柜、控制柜、仪表柜等的外表面	按 SSPC-SP2 或 3 的要求作机械清扫	按卖方标准和买方要求的面层颜色
6	箱柜的内表面	工业喷砂处理	卖方的标准面层
7	辅助设备	标准的商品面层	按买方的要求的面层颜色
8	管路及管件的外表面	按 SSPC-SP2 或 3 的要求作机械清扫	按卖方标准和买方要求的面层颜色

1.21　润滑油、润滑脂

水轮机导轴承的润滑油由买方提供，符合 GB11120《涡轮机油》。设备所使用的润滑脂由卖方提供，应符合中国标准 SH/T 0368《钙钠基润滑脂》。

1.22　铭牌、标牌和安装标记

1.22.1　概述

每一项主要和辅助设备应有一个永久固定的铭牌，其位置应清楚易见并符合环境和气候的要求。在铭牌上以清楚和耐用的方式标出序号、制造厂家的名称和地址、规格、特性、重量、出厂日期以及其他有用的数据，仅有销售代理商的铭牌不予接受。刻度表、表计和铭牌上的度量单位应以国际公制单位（SI）表示，并标有名称，并提交买方审批。

为了保证工作人员和操作的安全，卖方应提供专门的标牌，以表明主要的操作程序、注意事项或警告。另外，盘上装的每一个仪表、位置指示器、按钮、开关、灯或其他类似设备应有永久性的标牌以表明控制功能。电气接线和仪表（包括继电器）也应标有与电气控制图上相对应的编号。

1.22.2　文字

所有设备均应装设中文铭牌，水轮发电机组的铭牌采用中英文。铭牌和标牌中刻制的字体应为印刷体，并清晰可见。

1.22.3　标牌与标志

设备应使用指示标牌和标志，包括运行操作与监视、维护与检修标志；安全标牌等。

1.22.4 审批

主要设备上的铭牌清单及图样应提交买方审批。

1.22.5 安装标记

1）概述

为了便于在安装和检修中迅速辨认零部件的装配关系和位置，在设备的零部件上应该有不易磨失的标记。

2）标记规定

水轮机的平面中心线以"+X，−X，+Y，−Y"来表示。

凡图纸上规定有"+X，−X，+Y，−Y"中心线的零部件均应打上相应的标记，并与图纸相一致。

所有呈圆周分布的相同部件均按顺时针方向排列，自"+X"开始为第"1"号，没有标记的环形部件上的孔或零件，可从任何位置开始为第"1"号，其余序号顺时针方向排列。

标记应打在明显易见的非工作表面上，对全部加工的零部件，除本规范有特殊规定外，均应打在不与其他零部件接触而易见的表面上。做标记时应用白漆作边框，在不加工的粗糙表面做标记的部位应先铲平或磨光。

在满足本标记规定的前提下，卖方可以根据工厂标准提供相应的标记规范，但必须加以说明并经买方的批准。

1.23 密封件

所有设备及部件的密封材料应是新的、符合前列标准的优质产品，使用寿命长，易于更换和检修，且密封材料应有长的使用寿命。当卖方采用特殊的密封材料时（如主轴密封等），应将其详细试验资料与实际运行情况证明提交买方审查。

除特殊结构的密封外，均应采用可靠的知名品牌的"O"型密封圈。当卖方采用特殊的密封材料时，应将其详细试验资料与实际运行情况证明提交买方审查。

1.24 备品备件、易损件和安装维修工具

1.24.1 备品备件

1）概述

备品备件应能与原设备相应部件互换，并应具有与原设备相应部件相同的材料和质量。备品备件必须与原设备的部件分开装箱，箱上应有明显的标记，以便识别箱内所装的部件。卖方应对备品备件进行处理，以防止在贮藏时变质，电气线圈和其他精密的电气元件，必须先装在带干燥剂的塑料袋中，或用其他有效的方法防潮然后装箱。

2）规定的备品备件

卖方应按合同的规定提供水轮发电机组及其辅助设备的备品备件。备品备件应按要求涂保护层和装箱以适应长期保存，包装箱应标记清晰。

3）卖方推荐的备品备件

除本合同文件规定的备品备件外，卖方应推荐一份其认为需要增加的备品备件清单，以及商业运行后 5 年所需的备品备件清单，并分项列出单价，不计入设备总价内。买方将根据需要另行订购全部或部分这些备品备件。

1.24.2 易损件

卖方应提供在安装和现场试验过程中可能损坏的易损件，这些易损件包括在合同价中，并应列出易损件的数量有和名称。安装和现场试验过程中可能损坏的易损件不计算在备品备件的范围以内。卖方提供的易损件和安装耗材的数量和品种应满足水轮发电机组安装和试验的要求。

1.24.3 安装维修工具

1）规定的安装维修工具

卖方应根据合同规定提供保证水轮发电机组及其辅助设备安装、运行、维修所需的安装维修工具。

若工器具因质量问题发生损坏，卖方应无偿补齐。

2）卖方推荐的安装维修工具

卖方在投标时应向买方推荐认为需要增加的和今后商业运行所需的安装维修工具清单，并分项列出单价，不计入设备总价内。买方将根据需要另行订购全部或部分安装维修工具。

3）卖方应提供经买方确认的必要的安装、维修工具，与其他设备的部件分开装箱，与第一台机相关设备一起发货。所有安装维修工具应按长期存放、防止变质的要求做装箱处理，包装箱上应有明显的标记，以便识别箱内所装的部件。

1.25 互换性

卖方为合同提供的设备的相同部件，其尺寸和公差应完全相同，以保证各设备部件之间的互换性。

1.26 设计联络会

1.26.1 概述

1）本电站水轮机和发电机设计联络会同时进行。合同双方应根据本条款的规定，召开四次设计联络会议及一次设备接口专题协调会，协调合同设备的设计与试验及与土建安装工程和其他方面的工作与衔接、技术条件、技术问题、设计方案、与其他系统设备的接口、交换资料、工作进度等。

2）每次设计联络会议时间与参加人员数量，除按合同规定外，由双方协商确定，由卖方编制每次会议的详细计划和日程，并按计划份数准备会议文件资料（包括图纸和电子文件等）和工作设施，报买方同意后执行。

3）在设计联络会议期间，买方或买方代表人员有权就合同设备的技术方案、性能、参数、试验、工作与工程及其他系统设备的接口等方面的问题，进一步提出改进意见或对合同设备设计试验和结构布置等补充技术条件和要求，卖方应认真考虑研究改进、予以满足。

4）每次设计联络会将以会议纪要的形式确认双方协定的内容，卖方应接受设计联络会的意见、建议或要求，并在合同执行中遵守。在设计联络会期间如对合同条款、技术条款有重大修改时，或涉及合同额外费用时，须经过双方委托代理人签字同意。设计联络会均不免除或减轻卖方对合同应承担的责任与义务。

5）除本条款规定设计联络会会议以外，如果有重要问题需要双方研究和讨论，经协商可另外召开设计联络会议，卖方的费用已包括在合同设备的价格中。

1.26.2 设计联络会地点和主要内容

1）第一次设计联络会

在卖方完成了水轮发电机组的初步设计后，合同生效后120天，在卖方所在地举行设计联络会。包括但不限于以下内容：

（1）讨论水轮发电机组的总体设计方案，以便完成电站厂房土建设计。

（2）讨论卖方提交的合同设备技术文件提交计划及合同设备交货部件总清单，货物的交货、运输，以确保设备物流顺畅。

（3）审查买方目击见证安排计划。

（4）审查卖方对分包商监督的监造计划。

（5）审查确定埋件图纸，讨论埋件和埋管安装的有关问题。

（6）审查转轮现场加工厂详细布置方案。

（7）讨论水轮机油、气、水和量测系统，补气系统设计。

（8）讨论三维设计有关问题。

（9）讨论全生命周期信息管理有关问题。

（10）讨论双方关心的其他重要问题。

2）第二次设计联络会

会议时间在第一次设计联络会上确定，在卖方所在地举行设计联络会。包括但不限于以下内容：

（1）确定水轮发电机组及其辅助设备的详细布置、管路（包括灭火系统管路）、电缆的走向。

（2）审查蜗壳弹性垫层详细埋设方案。

（3）审查水轮发电机组的结构，主要部件的设计、材料、刚强度计算，及水轮机轴与转轮及与发电机大轴的连接方式、轴系动态响应计算、过渡过程计算、补气系统设计，水轮机与发电机之间的设计协调等。

（4）审查自动化元件配置。

（5）审查并协调配套设备的选型问题。

（6）审查质量保证体系。

（7）讨论合同设备安装问题。

（8）讨论存在的有关技术问题和第一次设计联络会遗留问题。

（9）讨论双方关心的其他重要问题。

3）第三次设计联络会

会议时间在第二次设计联络会上确定，在卖方所在地举行设计联络会。包括但不限于以下内容：

（1）检查合同设备的设计、制造情况。

（2）检查和协调工厂已做的工作和交货进度。

（3）协调土建、安装及其他设备、系统的接口问题。

（4）讨论合同设备的安装问题。

（5）讨论技术培训计划。

（6）解决第二次设计联络会遗留问题。

（7）讨论双方关心的其他重要问题。

4）第四次设计联络会

卖方提交了全部令买方满意的设计图纸后，在买方所在地举行，确切时间和会期由双方协商确定。包括但不限于以下内容：

（1）卖方将向买方代表解释水轮发电机组及其辅助设备最终设计。

（2）讨论设备的组装、安装、试运行和验收试验。

（3）检查设备制造情况。

（4）解决遗留问题。

（5）双方关心的其他重要问题。

5）设备接口协调专题会议

买方将组织一次卖方和各系统厂家接口协调的专题会议，时间和地点由双方协商确定。包括但不限于以下内容：

（1）讨论水轮发电机组与桥式起重机、调速系统、励磁系统、主回路离相封闭母线、厂用电系统、全厂公用自动化元件、全厂火灾自动报警系统、机组状态在线检测系统、计算机监控系统等之间的设计和详细接口。

（2）双方关心的其他重要问题。

1.26.3 其他

除设计联络会以外，由任意一方提出的所有有关合同设备设计的修正或变更都应经双方讨论并同意。一方接到任何需批复的文件或图纸后，应在规定时间内将书面的批复或意见书面返回提出问题的一方。

在合同有效期内，卖方应及时回答买方提出的技术文件范围内的有关设计和技术问题。同样，买方也应配合卖方工作。

1.27 制造监造

1.27.1 买方对卖方的监造

1）买方将派监造人员到卖方的工厂和各制造地点对合同设备制造全过程进行监造。买方的监造人员在设备制造期间，应能进入卖方（包括分包商）的材料和设备准备或制造的地方。重要部件的生产需在监造人员核实材料后才能进行。监造人有权查看生产过程中所采用的工艺、材料、试验和质量检查记录等各种资料。卖方应向监造人员提供详细的生产计划表和主要部件的技术标准、设计图纸及监造所必需的其他资料。

2）卖方应免费向买方的监造人员提供工作所需的便利和帮助。

3）买方的监造人员应按下列的项目进行制造检查：

（1）审查制造检查和试验计划，以及质量控制系统的初步评价。

（2）定期或不定期检查制造和试验工序，以保证有效地实施。

（3）提供检查和/或检查记录分析报告，包括下列内容：

A. 加工件与技术规范、图纸、标准的相符性；

B. 材料与本技术规范规定的标准的相符性；

C. 定期或不定期地对设计和生产情况进行检查；

D. 各种试验的见证。

（4）交货进度、工作计划的监督。

（5）对装箱、包装及发运进行跟踪检查。

（6）签署合同设备出厂证明文件。

4）设备加工制造过程中，如发生重要质量问题时，卖方应及时向买方监造人员反映。买方监造人员发现零件、产品不符合合同的技术规范要求时，可以中止生产，直到材料、工艺、性能符合技术规范要求为止。

5）买方监造人员的签字均不减轻卖方的责任。在设备制造全过程中，卖方应认真执行合同技术规范的要求。卖方必须全面保证产品质量。

6) 买方监造人员所做出的决定不构成卖方不按期交货的理由。

7) 买方提出的材料、工艺、性能、质量、进度等不一致报告及相关文件将可能成为买方向卖方索赔的依据。

1.27.2 卖方对分包人的监督

卖方对其分包人的制造过程必须进行监督,卖方应对分包的主要部件进行监造,在第一次设计联络会期间提交监造计划,经买方认可后并按此执行。

1.27.3 质量保证体系

为了对合同设备所有设计制造全过程进行质量控制,并使所有合同设备设计制造工艺均达到最高的质量标准要求,卖方应有完善有效的质量管理和质量控制体系。卖方的质量保证体系应符合 ISO9000 系列标准。

1.28 工厂制造、组装、试验的见证

1.28.1 概述

卖方应按合同规定对设备在工厂进行组装和试验。

买方代表将参加主要试验的目击见证和产品的工厂检查、见证。当买方有疑问要求进行验证设备性能的另外试验时,卖方应免费执行。在水轮发电机组设计、制造过程中,买方对认为重要的技术方案进行专题审查。

1.28.2 基本要求

卖方应在合同生效后 90 天内提供工厂装配和试验项目安排计划。卖方应在第一次设计联络会上向买方提交 6 份买方要参加的工厂装配和试验项目清单,以及买方参加工厂装配和试验目睹见证安排计划。卖方在进行各项试验或检验前 40 天,应向买方提供 6 份试验或检验大纲,并说明技术要求、工艺、试验或检验方法、标准及时间安排,以便买方派人参加。

在工厂进行的各项设备试验(包括型式试验)或检验后,应向买方提供 6 套试验和检验报告,报告应包括试验方法、使用仪器的精度、计算公式、试验结果和照片等。报告经买方审查批准后,设备才能发运。

所有试验项目应尽量模拟正常使用条件。对所有拆卸的部件,应做出适当的配合标记和装设定位销,以保证在工地组装无误。对工厂组装、试验的设备,若非安装需要,在工地也可不进行解体,其装配质量和性能由卖方予以保证。

1.28.3 见证与检查

买方代表参加卖方工厂内制造、组装、试验的见证和检查内容如下:

1) 水轮机模型验收试验见证;

2) 转轮制造的检查见证;

3) 导水机构组装、试验检查见证;

4）辅助设备及自动化元件出厂试验见证；

5）制造过程检查和见证，见表7-2-25。

1.29　买方技术人员在卖方的技术培训

1）为保证合同设备的顺利安装调试和正常运行，达到预期性能，由卖方负责组织对买方技术人员进行两次技术培训。

2）技术培训的地点和主要内容

（1）第一次技术培训：在卖方工厂所在地进行包括合同设备的性能、结构、装配、安装、检验、调试、试验、试运行等内容的安装技术培训。

（2）第二次技术培训：在卖方工厂所在地及类似项目进行包括合同设备的性能、运行、操作、维修、维护等内容的运行技术培训。

3）卖方应提出对买方技术人员培训的大纲，包括时间、计划、地点、要求等。

4）卖方应指派熟练、称职的技术人员对买方技术人员进行指导、示范和培训，并解释合同范围内的相关技术问题。

5）卖方应保证买方技术人员在不同岗位工作和受训，使他们能够了解和掌握合同设备的生产技术、操作、安装、调试、运行、维修、检验和维护等作业。

6）在培训期间，卖方应向买方技术人员免费提供有关的试验仪表、工具、技术文件、参考资料、工作服、安全用品和其他必需品，以及适当的办公室。

7）卖方应在培训开始之前1个月，将初步培训计划提交给买方审阅。在培训开始之前1周，买方应通知卖方其培训人员的姓名、性别、出生日期、职务和专业，并对卖方的初步计划提出意见。双方应根据合同及设计联络会的规定，以及买方技术人员到达卖方所在地后的实际需要，通过协商确定详细的培训计划。

8）培训开始前，卖方应向买方技术人员详细阐明与工作有关的规则和其他注意事项。

9）培训结束时，卖方应向买方签署具有培训主要内容的证明书，以确认培训结束。

1.30　故障的调查研究及处理

从每台水轮发电机组初步验收之日起2年的时间内，如果设备在运行中有过大的振动摆度、功率和轴系摆动、磨损、温升，或者买方认为会对设备带来永久损害的其他故障，卖方应进行调查研究，找出故障形成的原因，并记录形成调查报告，并提交6份已签署好的正式调查报告给买方。

如果故障是由于卖方的责任引起的，卖方应进行必要的维修和修补，上述调查研究、维修和修补所需的费用，由卖方承担。上述规定绝不意味着减轻卖方履行合同规范要求的责任。

2　专用技术条款

本专用技术条款按照 1 台水轮机及其辅助设备编写，除非特别说明，适用于卖方供货的全部水轮机及其辅助设备。

2.1　型式和说明

2.1.1　型式

水轮机为立轴混流式。水轮发电机组的主轴采用两段轴结构，水轮机轴与发电机轴法兰联接、发电机推力轴承置于下机架上。水轮机旋转方向为＿＿＿＿＿＿。

2.1.2　外形尺寸及控制条件

根据电站前期工程进展情况和施工进度安排，厂房总体布置已基本确定。因此，水轮机外形轮廓尺寸应满足以下要求。

1）水轮机安装高程

水轮机安装高程（导叶中心线高程）为＿＿＿＿＿＿m。

2）蜗壳控制尺寸

（1）从蜗壳 X－X 轴线断面往上游至水轮机与压力钢管供货分界面的蜗壳进口延伸段长度为＿＿＿＿＿＿m，进口内径＿＿＿＿＿＿m。蜗壳进口延伸段中心线与机组 Y－Y 轴线的偏心距建议为＿＿＿＿＿＿m。蜗壳平面 X－X 轴线外壁总宽度不超过＿＿＿＿＿＿m，Y－Y 轴外壁总宽度不超过＿＿＿＿＿＿m。

（2）蜗壳进口延伸段中心线与机组 X－X 轴线成＿＿＿＿＿＿°夹角布置。

（3）除接力器坑衬处外，蜗壳外壁混凝土保护层厚度应不小于＿＿＿＿＿＿m。

3）尾水管控制尺寸

（1）尾水管中心线与厂房 Y－Y 轴线＿＿＿＿＿＿。

（2）尾水管扩散段为＿＿＿＿＿＿型。尾水管底板高程＿＿＿＿＿＿m；肘管最大宽度不大于＿＿＿＿＿＿m；扩散段出口与形状为＿＿＿＿＿＿形的尾水隧洞相接，宽度为＿＿＿＿＿＿m，高度为＿＿＿＿＿＿m；应控制尾水管扩散段顶板出口翘角，不致产生脱流。与尾水管扩散段出口相连的尾水连接管段进口断面尺寸见招标文件"招标文件附图"。

（3）从机组中心线至尾水管扩散段出口的尾水管水平长度应为＿＿＿＿＿＿m。

4）厂房尺寸

厂房具体尺寸及高程见本招标文件"招标文件附图"。

2.1.3　其他条件和要求

1）水轮机直接与 50Hz 的交流发电机相连接。水轮机轴与发电机轴连接法兰分界面高程暂定为＿＿＿＿＿＿m。

2）原型水轮机的水力设计应与经过验收的模型水轮机相似，蜗壳、尾水管的控制尺寸及与厂房土建相关联的尺寸应满足2.1.2"外形尺寸及控制条件"和本招标文件"招标文件附图"的要求。

3）水轮机应设计和制造成具有适当的轴向间隙，以满足转动部分的轴向移动，方便拆卸、检查和调整推力轴承、清扫主轴连接处上下法兰面。

4）水轮机各部件应能承受在本招标文件规定的正常运行工况和异常工况条件下的静、动荷载，并保证所产生应力在允许的范围内。水轮机在短暂超负荷和过速条件下所产生的动应力不应使各部件有过量振动，也不应产生塑性变形和疲劳破坏。

5）水轮机应能在任一转速直至最大飞逸转速下运行而不被损害，在最大飞逸转速下连续运行时间至少允许5min，应安全并不致产生有害的变形。

6）卖方应对各种水力脉动现象进行频谱分析，在部件的机械设计时，应参考水力脉动主频率及主要谐波频率不得与机械部件的固有频率相重合。卖方应采取有效的措施防止共振。

7）水轮机的结构和部件应设计成能方便地维修、安装和拆卸。所有需要吊运的部件，均需设置专用的吊环螺栓、吊耳或便于装卸的起吊装置。

8）卖方应协调发电机下机架和下风洞挡风板、水轮机机坑内设备，以及环形吊车的布置，满足机组安装和检修工作的需要，并留有足够的操作空间。所有可拆卸的部件，包括转轮、水轮机轴、顶盖、水轮机导轴承、导叶操作机构、底环、接力器等，应能利用厂房桥式起重机从水轮机机坑拆卸和吊出，所使用的专用吊具应随提供的第1台水轮机相应部件一起供货。

9）水轮机及其辅助设备均应适应其所采用的运输方式。

2.2 运行条件

2.2.1 水能参数

校核洪水位（P=0.01%）_____m

设计洪水位（P=0.1%）_____m

正常蓄水位_____m

防洪限制水位_____m

死水位_____m

总库容_____亿 m³

正常蓄水位库容_____亿 m³

死库容_____亿 m³

调节库容_____亿 m³

防洪库容_____亿 m³

库容系数_____％

汛期加权平均水头_____m

全年加权平均水头_____m

非汛期加权平均水头_____m

最大水头_____m

最小水头_____m

装机利用小时_____h

多年平均年发电量_____亿 kW·h

保证出力_____MW

2.2.2　下游水位

1）下游河道水位与流量的关系

校核洪水位（0.1％）_____m

设计洪水位（0.5％）_____m

_____台机额定工况运行尾水位_____m

下游河道尾水位与流量关系见表 7-2-1。

表 7-2-1　下游河道水位和流量关系

流量（m³/s）	水位（m）

注：_____

或给出下游尾水位和流量的关系曲线。

2）尾水管出口处水位

_____水电站各运行水头下水轮机尾水管出口处电站空化系数对应的水位按表 7-2-2 考虑。

表 7-2-2　水轮机运行水头和尾水管出口处水位

水头（m）	尾水管出口水位（m）

注：水头为水轮机净水头，尾水管出口水位为该处测压管的静压值。

2.2.3　电站输水系统水头损失

在各水力单元引水和尾水系统的水头损失 H_f 计算公式见表 7-2-3。

表 7 - 2 - 3 各水力单元水头损失计算系数

水力单元	机组编号	水头损失	水头损失计算系数		
		$H_f=$			
		$H_f=$			

注：_____。

2.2.4 电站运行方式

1）水库运行方式

电站库水位全年变化过程线见图 7 - 2 - 1。

图 7 - 2 - 1 电站库水位全年变化过程线

2）电站水头特性

_____水电站逐旬平均水头变化过程线见图 7 - 2 - 2。

图 7 - 2 - 2 电站逐旬平均水头变化过程线

3）电站出力特性

_____水电站逐月逐旬平均年内出力变化过程线见图7-2-3。电站保证出力为_____MW。

图7-2-3　电站逐旬平均年内出力变化过程线

4）机组运行方式

机组在系统中的运行方式。

2.2.5　电站自然条件

1）泥沙特性

介绍坝址及过机泥沙特性。

2）气象条件

多年平均气温_____℃；

历年最高气温_____℃；

历年最低气温_____℃；

年平均湿度_____%；

最大月平均相对湿度_____%；

多年平均风速_____m/s（相应风向为_____）；

历年最大风速_____m/s（相应风向为_____）。

3）水温和水质

（1）水温

多年平均水温_____℃

最高月平均水温_____℃

最低月平均水温_____℃

（2）水质

_____水电站坝址河水的水质化学成分见表 7-2-4。

表 7-2-4 _____水电站坝址河水的水质特性表

样品名称	主要离子（mg/l）						总硬度（mmol/l）	总碱度（mmol/l）	侵蚀性 CO_2（mg/l）	pH 值
	$K^+ + Na^+$	Ca^{2+}	Mg^{2+}	Cl^-	SO_4^{2-}	HCO_3^-				
河水										

4）密度

多年平均水温_____℃时，电站所在地水的密度为_____kg/m^3。

5）重力加速度

电站所在地重力加速度为_____m/s^2。

6）地震烈度

地震基本烈度_____度

地震设防烈度_____度

地震加速度_____g（水平）

_____g（垂直）

2.2.6 引水发电系统

引水发电系统由_____等组成。

2.2.7 主厂房布置

主厂房中装设了_____台单机功率_____MW 的水轮发电机组，主副厂房布置情况等。

2.2.8 发电初期极限最小运行水头

_____水电站机组投产时的发电初期极限最小运行水头范围为_____m—___m，尾水管出口处最低水位为_____m，运行时间不超过_____天。卖方应保证在此水头范围内，机组能够安全运行。

2.3 额定参数

额定水头_____m

额定转速_____r/min

水轮机额定功率_____MW

2.4 性能保证

2.4.1 概述

卖方应保证本合同设备运行安全、可靠和稳定，所提供的设备满足合同中所保证的性能要求。如果卖方提供的设备不能满足所保证的要求，买方将按"索赔"规定向卖方索赔，或根据"约定违约金"中的有关规定进行违约处理。

2.4.2　水轮机运行工况

在2.2"运行条件"所规定的所有水头范围内，水轮机运行工况从空载至满负荷范围以及甩负荷等各种运行工况。

2.4.3　水轮机稳定运行范围

1) 水轮机安全运行范围

在2.2"运行条件"中规定的运行条件下，水轮机能在开机、空载、停机、增（减）负荷、带稳定负荷，以及甩负荷等所有工况下安全地运行，而没有共振或有害的振动，并满足相应的稳定性指标要求。水轮机还应能在最大飞逸转速下连续安全运行至少5min，所有部件均不产生过大的振动和有害的变形。

2) 水轮机长期连续安全稳定运行范围

至少在以下规定的范围内，水轮机应能长期连续安全稳定运行，满足各项水力稳定性指标、机组振动和主轴摆度的要求，且功率摆动不大于5‰额定功率。

（1）水轮机从最小水头至额定水头运行时，水轮机输出功率从_____％至100％相应水头下的预想功率。

（2）水轮机从额定水头至最大水头运行时，水轮机输出功率从_____％至100％的额定功率。

2.4.4　功率

水轮机在额定水头、额定转速下运转时，其额定功率应为_____MW，且应有足够的功率裕度。

在以下运行水头条件下，水轮机预想功率不低于下表中数值。

表7-2-5　_____水轮机功率要求值

净水头（m）					
功率（MW）					

2.4.5　效率

（1）概述

1) 水轮机的效率应以在相似条件下运行的模型水轮机在实验室试验时所测定的特性为基础，水轮机效率保证将通过模型中立台试验进行复核，通过模型验收试验和现场性能试验来验证。原型效率由其模型效率按3"水轮机模型试验"中所规定的公式换算而得。

（2）要求水轮机在规定的水头范围内有较高的效率，且效率曲线变化平缓，合理选择最优效率点，兼顾水轮机的稳定性。

（3）水轮机效率保证应在电站空化系数条件下做出。

（4）卖方随投标文件所提供给买方的原/模型尾水管及蜗壳详细尺寸不得更改。

2）效率保证值

（1）模型的最高效率应不低于_____％，模型的加权平均效率应不低于_____％。卖方应照本招标文件第_____部分文件_____"设备特性及性能保证"的规定，填写水轮机原/模型最高效率和加权平均效率保证值。

（2）加权平均效率计算

参照水轮机模型试验数据，按照下表给定水头和功率确定的运行工况，以及对应的加权因子，按下述公式计算模型的加权平均效率；按照3"水轮机模型试验"中所规定的公式换算出原型效率，以同样的方法计算原型的加权平均效率。

计算公式：
$$\eta_{cp} = \frac{W_1 \times \eta_1 + W_2 \times \eta_2 + \cdots}{100} = \frac{\sum W_i \times \eta_i}{100}$$

式中：W_i 和 η_i 分别为相应运行工况的加权因子和效率值，效率以％计。其中运行工况的加权因子 W_i 见下表。

表 7-2-6　计算水轮机加权平均效率的加权因子（Wi）

2.4.6　性能曲线

应提交模型和预期的原型水轮机的性能曲线和数据。

1）模型性能曲线及数据

（1）模型综合特性曲线以 D_2（转轮叶片出水边与下环相交处的直径，下同）计算的单位转速为纵坐标、单位流量为横坐标表示。曲线应包括等效率线、等导叶开度线、等空化系数线（包括临界空化系数、初生空化系数）、尾水锥管压力脉动等值线、尾水肘管压力脉动等值线、蜗壳压力脉动线等值线、导叶后转轮前压力脉动等值线、无涡区范围、高部分负荷压力脉动带（如有）、输出功率限制线、叶道涡初生线、叶道涡发展线、叶片进水边正压面和负压面空化起始线及出水边可见卡门涡线（如有）等。

（2）特性曲线的范围从零开度到最大导叶开度（不小于110%额定开度），每个开度值相差_____％，水头范围从规定的水头范围向上延伸10m和向下延伸10m。并标明最高效率点及最高效率值。如果无法在同一张综合特性曲线图上表达上述全部内容，则应分为几张曲线图上表示，每张曲线图应包括等效率线、等开度线和原型水轮机稳定运行范围，每张曲线图的图幅相同。

（3）模型性能曲线还应包括各试验水头下的空载开度曲线和空载流量曲线、飞逸特性曲线、轴向水推力、全特性曲线及数据（水轮机工况区、水轮机制动区以及反水泵区域）、蜗壳差压曲线及导叶水力矩曲线。

2）原型性能曲线及数据

（1）原型水轮机性能曲线应以净水头为纵坐标，以功率为横坐标及以净水头为纵坐标，以流量为横坐标两种格式。原型特性曲线应包括各种导叶开度的功率、流量和效率曲线，以及按临界空化系数和初生空化系数计算的等吸出高度线、无涡区范围、高部分负荷压力脉动带（如有）、输出功率限制线、尾水锥管进口压力脉动等值线、尾水肘管压力脉动等值线、蜗壳压力脉动线等值线、导叶后转轮前压力脉动等值线、叶道涡初生线、叶道涡发展线、叶片进水边正压面和负压面空化起始线及出水边可见卡门涡线（如有），以及卖方保证的水轮机稳定运行范围等，并给出最高效率、额定工况点效率和加权平均效率。同时还应给出空载开度曲线和空载流量曲线、飞逸特性曲线、轴向水推力及导叶水力矩曲线、蜗壳差压及补气试验结果。

（2）原型水轮机性能数据文件为excel文件或txt文件，包括各种导叶开度的水头、功率、流量和效率数据，其中水头步长0.5m，功率步长5MW。

3）在模型验收试验合格后，应再次提供按最后的试验结果绘制的上述水轮机原/模型性能曲线。

2.4.7 水力稳定性指标

卖方应特别重视水轮机的运行稳定性，除保证满足本款所列运行稳定性的各项要求外，还应提出提高水轮机运行稳定性的措施。

水轮机稳定性指标定义及条件如下：

A. 水轮机运行稳定性各项指标均为在电站空化系数及不补气条件下的参数值。

B. $\triangle H$ 为相应水头下实测压力脉动按97%置信度计算的混频峰峰值。

C. 压力脉动测量的空化参考面高程为导叶中心线高程，即_____m。

1）尾水管压力脉动

在水轮机整个运行范围内，距转轮出口处 $0.3D_2$ 的尾水管上、下游侧的尾水管测压孔测得的原、模型压力脉动混频峰峰值应不超过表 $7-2-7$ 中的限制值。

表 7-2-7　水轮机尾水管压力脉动限制值

水头	水轮机功率范围	模型/原型压力脉动 混频峰峰值 ΔH/H（%）
	空载至各水头下 50％额定功率	
	各水头下 50％—70％额定功率	
	各水头下 70％—100％额定功率	
	空载至各水头下 50％预想功率	
	各水头下 50％—70％预想功率	
	各水头下 70％—100％预想功率	
	空载至各水头下 50％预想功率	
	各水头下 50％—70％预想功率	
	各水头下 70％—100％预想功率	

2）导叶后、转轮前区域（无叶区）压力脉动

在水轮机整个运行范围内，导叶后、转轮前压力脉动测量，共设置 4 个测点；＋X、－X、＋Y、－Y 方向各 1 个测点，布置在额定导叶开度时，导叶出水边内切圆直径与转轮上冠外径之间的 1/2 处（以转轮上冠外圆为起始点）。每一处测压孔的测点信号均应单独引出，取相应部位所有测点的最大值作为被考核值。原、模型水轮机导叶后转轮前压力脉动混频峰峰值△H/H 应不超过表 7-2-8 中的限制值。

表 7-2-8　水轮机导叶后、转轮前压力脉动限制值

水头	水轮机功率范围	模型/原型压力脉动 混频峰峰值 ΔH/H（%）
	空载至各水头下 50％额定功率	
	各水头下 50％—70％额定功率	
	各水头下 70％—100％额定功率	
	空载至各水头下 50％预想功率	
	各水头下 50％—70％预想功率	
	各水头下 70％—100％预想功率	
	空载至各水头下 50％预想功率	
	各水头下 50％—70％预想功率	
	各水头下 70％—100％预想功率	

3）蜗壳进口压力脉动

在水轮机整个运行范围内，在不补气的条件下进行蜗壳进口压力脉动测量，设置 2 个测点，布置在蜗壳进口段距离 X—X 断面上游侧 $1.0D_2$ 处，同时须避开舌板连接断面。蜗壳进口压力脉动混频峰峰值△H/H 应不超过表 7-2-9 中的限制值。

表 7-2-9　水轮机蜗壳进口压力脉动限制值

测点位置	水头	水轮机功率范围	模型/原型压力脉动 混频峰峰值 ΔH/H（％）
蜗壳进口	全水头	＿＿＿％—100％预想功率或额定功率	
		其余功率范围	

4）高部分负荷压力脉动带

在规定的水轮机长期连续稳定运行范围内，不应出现高部分负荷压力脉动带。高部分负荷压力脉动定义为频率大于或接近机组转频，压力脉动混频峰峰值 ΔH/H 大于或等于 4％。

5）叶道涡、可见卡门涡

（1）在 2.4.8 "水轮机稳定运行范围"（1）、（2）款规定的稳定运行范围内不允许存在初生叶道涡流、叶片及固定导叶出水边有害卡门涡。

（2）初生叶道涡流的定义为在电站空化系数下，随着工况的变化，在模型转轮上 3 个转轮出口叶道间同时观测到可见的涡流。

6）叶片进口边正、负压面空化

叶片进口边正压面初生空化线和负压面初生空化线应控制在 2.2 "运行条件"中规定的水轮机运行范围之外。

2.4.8　空化性能与空蚀磨损破坏保证

1）概述

水轮机各过流部件应具有良好的抗空化磨损性能。

在水轮机设计时，应结合本电站的泥沙资料，充分考虑过机泥沙存在一定的磨蚀危害，通过对水轮机过流部件流速分析，重点对水轮机导水机构、转轮及止漏环等过流部件进行优化，使其具有良好的水力型线和抗空蚀磨损能力。合理选择抗磨板材料，以及导叶立面和端面密封、转轮止漏环等的结构型式和抗磨蚀措施。

2）空化保证

电站空化系数 σ_p 与初生空化系数 σ_i 及临界空化系数 $\sigma_{0.5}$ 之比应满足：

$$\sigma_p/\sigma_i \geqslant 1.1 \qquad \sigma_p/\sigma_{0.5} \geqslant 1.5$$

电站空化系数 σ_p 定义为：$\sigma_p = (\underline{\quad\quad} + (EL尾 - \underline{\quad\quad}))/H$

式中：EL尾——相应运行水头下的尾水管出口处水位，详见表 7-2-2 "水轮机运行水头和尾水管出口处水位"的规定；

H——指水轮机的相应运行水头。

3）空蚀磨损保证期

水轮机的空蚀磨损保证期以本招标文件规定的水头范围和相应的允许尾水位条件下，水轮机投入商业运行后 2 年。在上述保证期内，卖方应保证不会因空蚀、磨损而导致转轮、座环、导叶、底环、基础环和尾水管等过流部件上过量的金属失重。保证的先决条件是：运行投入商业运行后 2 年中，水轮机功率从空载至相应水头下卖方保证的稳定运行的最小功率之间的运行时间不超过 500h，超过相应水头预想功率或额定功率运行的时间不超过 100h。

4）过量金属失重

过量金属失重的定义如下：

（1）因空蚀和磨损作用，机组过流部件，如转轮、导叶和尾水管等的金属剥落重量超过 _____kg。

（2）金属剥蚀最大深度超过 _____mm。

（3）某一连续的剥蚀面积大于 _____m²。

水轮机投入商业运行后 2 年，符合以上三条标准中任何一条均为过量金属失重，并将构成不满足空蚀、磨损保证。金属剥落的数值由磨光补焊以后表面复原到它的原始状态所需的体积来决定。

5）空蚀、磨损的检查

空蚀磨损破坏将按 4.5.6 条规定的时间进行检查。在保证期内，每台水轮机的运行范围和持续时间将单独记录。水轮机空蚀、磨损破坏损失重量按 GB/T15469.1《水轮机、蓄能泵和水泵水轮机空蚀损坏评定》来测量。

6）空蚀、磨损的修补

若发生了过量的空蚀和/或磨损，卖方应负责免费修复。损伤区域要用与本体相同的焊接材料修复到与原来的形状一样。对于型线误差或波浪度而引起的局部空蚀、磨损破坏，卖方要对水轮机部件作必要的修正，以防空蚀和/或磨损破坏重新发生。所有的空蚀磨损部位修补和修整后，保证期必须重新计算，即自重新投入商业运行之日计起，水轮机重新投入商业运行后 2 年，直至重新计算的保证期内达到本合同文件规定的水轮机金属失重保证值为止。

2.4.9 飞逸转速

在最大净水头发电机既无负荷又无励磁的情况下，水轮机的最大飞逸转速建议不超过 _____r/min。应提出优化后的水轮机在电站运行范围内的水轮机飞逸转速曲线，卖方保证的飞逸转速应填列于本招标文件"设备特性和性能保证"之中。

水轮机的最大飞逸转速应结合发电机设计统一考虑。水轮机所有部件均应设计和制造成能安全地承受在最大飞逸转速下连续运行至少 5min 所产生的应力、温度、变形、振动和磨损，并不能产生有害变形。

2.4.10 水推力

应随投标文件提出运行范围内的水轮机轴向水推力曲线，并提出在最不利的运行工况下转轮密封为 1 倍和 2 倍设计间隙时的水轮机最大轴向水推力保证值。除此以外，设计中要考虑以下因素：

1) 在最不利运行工况下的水轮机最大轴向水推力应尽可能小。

2) 在最不利的运行工况下（包括 2.4.16 "水力过渡过程"），最大反向水推力不得超过机组转动部分重量，不允许产生抬机现象。

3) 在原型轴向水推力负荷分析中，应考虑转轮密封设计间隙变化、转轮轴向窜动、机组甩负荷等动态工况的水推力负荷的变化，合理确定轴向水推力保证值。

4) 在原型水推力负荷分析中，研究不同尾水位、不同负荷下顶盖泄压效果及对推力负荷的影响。

5) 卖方提供径向水推力分析成果。

2.4.11　振动和主轴摆度

1) 水轮机在各种运行工况下各部件不应产生共振和有害变形。在机组所有运行水头范围内，水轮机顶盖的垂直方向和水平方向的振动值，应不大于表 7-2-10 的规定要求。测量方法按 GB/T17189 执行。

表 7-2-10　水轮机顶盖振动限制值

水轮机功率范围	顶盖振动值	
	水平振动（mm）	垂直振动（mm）
各水头下＿＿＿％—100％预想功率或额定功率		
各水头下空载及＿＿＿＿％预想功率或额定功率以下		

2) 在 2.4.3 所规定的稳定运行范围内，在水轮机导轴承处测得的水轮机轴振动（摆度）相对位移峰峰值应不大于 GB/T 11348.5 图 A2 中所规定的 B 区上限线，即小于 0.25mm，且不大于轴承设计间隙值的 75％。

2.4.12　噪音

1) 水轮机室靠机坑里衬的脚踏板上方约 1m 处的噪声不得大于＿＿＿＿dB（A）。

2) 距尾水管和蜗壳进人门约 1m 处的噪声分别不得大于＿＿＿＿dB（A）。

2.4.13　导叶漏水量

1) 在额定水头运行条件下，不得超过如下限制：在额定水头和水轮机导叶全关时，投入商业运行初期的导叶漏水量不超过＿＿＿＿＿＿m^3/s，导叶运行 2 年后不超过＿＿＿＿＿＿m^3/s。卖方应提出不同导叶漏水量条件下漏水力矩对机组制动特性及惰转停机特性曲线。

2) 导叶漏水量的测定方法，按 4.3 "试运行" 的规定进行。

3) 如果导叶漏水量超过卖方的保证值时，将根据 "约定违约金" 中的规定处理。

2.4.14　转轮无裂纹保证

1) 在空蚀磨损保证期内，卖方应保证转轮不产生裂纹。

2) 如转轮出现裂纹则按"约定违约金"中的有关规定处理。

3) 卖方应调查水轮机转轮产生裂纹的原因，提出修改的意见，并进行修复，其费用完全由卖方负责。

2.4.15 相似性保证

按照 3 "水轮机模型试验"中规定的模型与原型之间的相似性的检查应通过模型和原型对应尺寸的比较来验证，应符合 GB、IEC 的规定。卖方可提供保证相似性的技术措施的文件和所能保证的值。

2.4.16 水力过渡过程

卖方应按 2.2.7 "引水发电系统"及本招标文件"招标文件附图"中所给定的从进水口到尾水洞出口的流道尺寸对_____水电站引水系统进行水力过渡过程计算，提供详细的计算报告供买方审查。

在投标阶段，卖方应至少对_____水力单元的引水发电系统进行水力过渡过程计算，并随投标文件提交计算分析报告。计算报告至少包括计算方法，计算边界条件和计算结果修正方法，导叶关闭规律，大波动结果，水力干扰计算结果以及小波动稳定性分析结果和推荐的调速器整定参数，并根据水力干扰工况的受扰机组负荷波动幅值，按照 1.10 "工作应力和安全系数"的规定，对机组刚强度进行复核。卖方应对机组的大小波动进行分析，防止机组产生异常振动，应对水力过渡过程中的反向水推力进行分析计算，在投标文件中提出防抬机措施。

在各种上/下游水位的组合下，要保证在机组独立的或任何组合的启动、运行、停机或甩负荷等可能运行的各种工况下，当发电机 GD^2 为____$t-m^2$（对应____r/min）时，调节保证计算值及调节保证设计值如下：

1) 调节保证计算值：

（1）机组最大转速上升率不大于_____%；

（2）蜗壳末端最大水压（包括压力上升值在内）不超过_____m；

（3）尾水锥管内的最大真空度不大于_____m；

（4）调压室最高涌浪不超过_____m（_____水力单元）高程，最低涌浪不低于_____m 高程；

（5）机组的大、小波动过渡过程呈收敛稳定状态、品质良好；

（6）调压室水位大、小波动过渡过程呈收敛稳定状态、品质良好；

（7）明满流尾水洞明流洞段水深大、小波动过渡过程呈收敛稳定状态，品质良好。

2) 调节保证设计值：

（1）机组最大转速上升率不小于_____%；

（2）蜗壳末端最大水压（包括压力上升值在内）不小于_____m；

（3）尾水锥管内的最大真空度不小于_____m；

（4）调压室最高涌浪不低于_____m（_____水力单元）高程，最低涌浪不高于_____m高程；

（5）机组的大、小波动过渡过程呈收敛稳定状态、品质良好；

（6）调压室水位大、小波动过渡过程呈收敛稳定状态、品质良好；

（7）明满流尾水洞明流洞段水深大、小波动过渡过程呈收敛稳定状态，品质良好。

3）水力过渡过程计算工况

计算工况应包括但不限于下表所列工况。

表 7-2-11　水力过渡过程计算参考工况（大波动）

计算工况	上游水位 （m）	下游水位 （m）	负荷变化	水位组合及负荷变化说明	计算目的

表 7-2-12　水力过渡过程计算参考工况（水力干扰）

计算工况	上游水位 （m）	下游水位 （m）	负荷变化	水位组合及工况变化说明	计算目的

表 7-2-13　水力过渡过程计算参考工况（小波动）

计算工况	上游水位（m）	下游水位（m）	初始工况	叠加工况	计算目的

2.4.17　可靠性保证

卖方提供的合同设备，应具有良好的可靠性。在规定的运行工况下，每台水轮机及其辅助设备的可靠性指标规定如下：

1）可用率：不小于_____%

2）无故障连续运行时间：不小于_____h

3）大修间隔时间：不小于_____年

4）退役前的使用期限：不小于_____年

5）允许操作次数：机组年开停机次数不小于_____次

注：可用率 $=100\%-\dfrac{\text{强迫停机时间}}{\text{运行时间}+\text{强迫停机时间}}\times100\%$，计算可用率的开始时间

为从设备投入商业运行开始。

2.5 转轮

水轮机整体转轮的交货地点为主厂房主安装场，采用转轮叶片、上冠和下环散件运输、现场转轮加工厂组焊成整体转轮后运至主安装场交货的方案。买方不接受分半转轮现场拼装方案。转轮过流部分的型线与尺寸必须与经过模型复核或验收试验的模型转轮相似。

2.5.1 设计和制造

1）转轮过流表面应光滑，呈流线型，无裂纹、凹凸不平等缺陷。表面加工粗糙度和制造公差应符合本招标文件1.11"制造工艺"、GB和IEC有关条款的规定。

2）转轮应为组焊结构。叶片必须采用五轴数控机床加工，上冠和下环采用数控机床加工，上冠应设有与水轮机轴连接的法兰。转轮叶片、上冠和下环采用不锈钢铸钢件，其技术要求应满足买方企业标准Q/CTG 1《大型混流式水轮机转轮马氏体不锈钢铸件技术条件》的规定。转轮铸钢件应按"水力机械铸钢件检查规范"第三版（CCH-70-3）规定作无损探伤检测（NDT）。

3）转轮应按DL/T5071《混流式水轮机转轮现场制造工艺导则》在现场加工厂进行组装加工。

4）转轮部件的焊接应采用与母材相同材质的马氏体不锈钢焊条焊接。转轮的所有焊缝应按买方批准的方法进行无损探伤检测。整体转轮应在现场加工厂内进行消除应力处理。

5）在转轮制造过程中的各个环节必须严格防止碳沾污，并提出具体详细的防止碳沾污措施。

6）若转轮无法整体运输至现场，则采用转轮散件运输、现场组焊加工方案，应在投标文件中详细论述现场组焊厂房的规模、工位布置、设备配置，以及转轮上冠和下环的运输方式、组装、焊接、加工的工艺、流程、质量保证措施和不同投标方案的工期安排等内容。

7）为保证水轮机安全稳定运行，确保转轮叶片不出现裂纹，转轮应具有足够的刚度和强度，使其能够长期承受任何可能产生的作用在转轮上的最大水压力、动应力、离心力和压力脉动，在退役前的周期性变负荷作用下不发生任何裂纹、断裂或有害变形。卖方还应对防止叶片裂纹做专项设计和采取可靠的保证措施，并提出专项设计和措施说明。当水轮机主轴和发电机主轴与发电机拆开后，转轮置于基础环上，此时转轮应有足够的刚度来承受转轮自身和机组主轴的重量。转轮最大应力应符合1.10"工作应力和安全系数"的规定。卖方应对转轮进行静、动应力分析，并将计算和分析报告提供给买方审查。

8）卖方应提出降低转轮焊接残余应力的可靠措施，首台转轮组焊后应进行残余应力测试，测试方法按 DL/T 5071《混流式水轮机转轮现场制造工艺导则》进行。采取消减残余应力措施后，再次测试残余应力，核实消减残余应力措施的效果。

9）转轮泄水锥为连接在转轮的上冠底部作为引导水流的延伸部分，应采用不锈钢材料制造，可和上冠做成一体，也可通过焊接连到转轮上冠的下端。泄水锥在结构设计上要有利于大轴中心孔补气和减少尾水压力脉动。

10）转轮上冠应设有平压管路等泄压措施，以减少顶盖的水压力和向下的水推力，卖方应提供成熟的转轮上冠泄压措施，并在投标文件中加以说明。

11）卖方供货的转轮应能互换。

2.5.2　材料

转轮采用性能不低于 ZG04Cr13Ni4Mo 或 ZG04Cr13Ni5Mo 抗空化、抗磨蚀和具有良好焊接性能的不锈钢材料制造，铸件订货、制造要求及应力设计标准应满足 Q/CTG 1《大型混流式水轮机转轮马氏体不锈钢铸件技术条件》的规定，其主要化学成分和力学性能如下：

表 7-2-14　转轮材料主要化学成分（质量百分比）

材料牌号	C	Si	Mn	P	S	Cr	Ni	Mo
ZG04Cr13Ni4Mo	≤0.04	≤0.6	≤1.0	≤0.028	≤0.008	12.5—13.5	3.8—5.0	0.4—1.0
ZG04Cr13Ni5Mo	≤0.04	≤0.6	≤1.0	≤0.028	≤0.008	12.5—13.5	4.5—5.5	0.4—1.0

表 7-2-15　转轮材料主要力学性能

屈服强度 $R_{p0.2}$（MPa）	抗拉强度 R_m（MPa）	断后伸长率 A5（%）	断面收缩率 Z（%）	冲击吸收能量 KV2（0℃）（J）
≥580	≥780	≥20	≥55	≥100（1）

注：结构设计时屈服强度 $R_{p0.2}$ 取 550MPa、抗拉强度 R_m 取 750MPa。

2.5.3　止漏环

转轮上冠和下环的外缘周围应设有止漏环。转轮上下止漏环在转轮上冠和下环上直接加工，应预留足够的厚度尺寸，以使得当止漏环过度磨损或严重损坏后，便于修复。为保证间隙漏水量尽可能小，原型转轮应不超过模型间隙按比例换算的尺寸，且间隙必须均匀。止漏环应具有良好的抗腐蚀、抗磨损和抗空蚀性能。止漏环的设计应允许转轮向上或向下的移动量不小于_____mm。止漏环的结构型式和位置应避免产生水压脉动和振动，减少漏水量和降低轴向水推力。

2.5.4　静平衡

转轮加工完成后出厂前，应采用高精度的静平衡装置对原型转轮进行静平衡试验，并满足 GB/T 9239.1《机械振动 恒态（刚性）转子平衡品质要求 第1部分：规范与平衡允差的检验》、DL/T5071《混流式水轮机转轮现场制造工艺导则》和 ISO1940/1 的要求。除非买方书面放弃，其静平衡试验必须有买方代表目击证实。卖方应提交试验报告给买方认可。

2.5.5 样板和相似检查

转轮过水流道应与经买方验收的模型转轮的流道相似。转轮流道与模型的相似借助样板或其他的车间检验装置检查核实。卖方应提交检查转轮的详细程序，并规定样板和装置、测量方法及采用的公差，以供买方审查。为了指导修复叶型及叶片进出水边达到原来的型线，在合同范围内卖方应提供1套完整的不锈钢转轮叶片型线样板，至少包括4个进口边样板，6个出口边样板（靠下环处样板加密）。这些样板应随水轮机转轮一起供货。转轮叶片线型，进出水边之间的开口，进出水边的形状、角度及叶片间距应采用精确的方法测量。

除非书面声明放弃，转轮在制造完成后的相似性检查必须经买方代表目击证实。在转轮装运前，卖方必须将验收检查图表的副本交给买方验收。

2.5.6 卡门涡和共振

卖方应进行转轮叶片自振频率和叶片出水边卡门涡激振频率的计算和测试，并采取措施，严格避免二者之间产生共振。同时避免机组与厂房结构产生共振。

2.5.7 外购（外协）

外购（外协）需得到买方批准，卖方应提供转轮铸件供货厂家的资质文件，且生产受本合同监督。

转轮叶片、上冠、下环铸件必须采用先进成熟的优质产品，铸件的技术性能、制造、检验和试验、验收及发货及其他供货相关要求，均应满足 Q/CTG 1《大型混流式水轮机转轮马氏体不锈钢铸件技术条件》。

2.6 水轮机轴

2.6.1 概述

1）水轮机轴上端和发电机轴相连接，另一端和转轮相连。水轮机轴应是中空结构，优先采用带轴领结构。

2）水轮机轴应采用适于热处理、可焊性好的合金钢材料，轴身用锻制或钢板卷焊制成，钢板卷焊每节不应超过2条纵向焊缝，不允许出现十字焊缝。法兰应采用锻造制成。锻件的材料牌号为20MnSX、25MnSX，其化学成分、力学性能见下表。订货及制造要求应满足 Q/CTG 3《大型水轮发电机组主轴锻件技术条件》的规定。

表 7-2-16 水轮机轴锻件材料主要化学成分（质量百分比）

牌号	C	Si	Mn	P	S	Cr	Ni	Mo	V	Cu	C_{eq}
20MnSX	≤0.22	≤0.35	1.00—1.35	≤0.025	≤0.010	≤0.25	≤0.90	≤0.08	—	≤0.05	≤0.52

续表

牌号	C	Si	Mn	P	S	Cr	Ni	Mo	V	Cu	C_eq
25MnSX	≤0.25	≤0.25	≤1.25	≤0.025	≤0.010	≤0.40	≤1.00	≤0.20	≤0.10	≤0.05	≤0.52

表 7-2-17 20MnSX 级锻件材料主要力学性能

锻件厚度 （mm）	屈服强度 $R_{p0.2}$（MPa）	抗拉强度 R_m（MPa）	断后伸长率 A5（%）	断面收缩率 Z （%）	冲击吸收能量 KV_2（0℃）（J）
厚度≤200	≥265	≥515	≥24	≥40	≥30
200＜厚度≤300	≥265	≥515	≥22	≥37	≥30
300＜厚度≤500	≥265	≥515	≥21	≥35	≥30

表 7-2-18 25MnSX 级锻件材料主要力学性能

锻件厚度 （mm）	屈服强度 $R_{p0.2}$（MPa）	抗拉强度 R_m（MPa）	断后伸长率 A5（%）	断面收缩率 Z（%）	冲击吸收能量 KV_2（0℃）（J）
厚度≤200	≥330	≥565	≥23	≥40	≥30
厚度＞200	≥310	≥565	≥20	≥35	≥30

3）水轮机轴应有足够的结构尺寸和强度，以保证在任何转速直至最大飞逸转速范围内均能安全可靠运转而没有有害的振动和变形。

4）卖方应计算水轮机和发电机组合后的主轴临界转速。计算应考虑水轮机的刚度、水轮机和发电机的轴承支座及其位置、发电机的尺寸和发电机转动惯量等。所计算的临界转速应至少比最大飞逸转速高 25%。

5）应提供全套通过主轴中心孔的补气设备及相应的水密封装置和不锈钢管路，并设置消音装置。并将补气管接引至厂房上游侧墙内，排水管引至厂房适当位置（具体位置在设计联络会上确定）。

2.6.2 机组转动系统的分析

卖方应分析包括全部轴承和所有重叠荷载在内的机组轴系的动态稳定、刚度和临界转速，特别是应进行水力激振可能引起的结构动态响应分析。该分析应论证在各种运行工况，包括水力过渡过程工况下，所有轴承、轴承的支承件和建立的油膜是完好的。卖方应验算动载荷频率、水轮机流道压力脉动和卡门涡频率、输水钢管流道中的压力脉动频率、电网频率，这些频率应远离机组部件的固有频率，以避免产生共振。有关计算和数据的详细报告应提交给买方审查。

2.6.3 加工和无损探伤

1）主轴在消除应力后应进行全部精加工，内外表面在最后一道机械加工后必须同心。在主轴上部合适的便于观察的位置应设置用于监测主轴摆度的环带。测量环带及导轴承轴领/轴颈表面必须进行抛光。在靠近导轴承盖上方的轴上，应划出一条圆周线标记，以便检查主轴的垂直位置。

2）主轴的径向跳动量应在工厂利用车床旋转加工完成的主轴来检查或用找正装置检查，容差应不超过 ANSI/IEEE 标准 810《水轮机和发电机整体锻造法兰和轴径向跳动容差》第 4 节"轴径向容差工厂检验"所推荐的允许数值。除非书面声明放弃，轴的尺寸和跳动容差检查必须由买方代表目击证实。在轴装运之前，卖方应提交尺寸检查和跳动容差检查的图表给买方验收。

3）水轮机轴应按照 Q/CTG 3《大型水轮发电机组主轴锻件技术条件》相应条款规定进行无损检测。连接螺栓应进行超声波检验或其他合适的无损检测。

2.6.4 与转轮的连接

水轮机轴与转轮连接的法兰螺栓孔应满足转轮互换性的要求，并在工厂内进行精加工，做上标记。水轮机轴和转轮应便于连接和拆卸，以便在安装和检修期间分别起吊主轴和转轮。

2.6.5 与发电机轴的连接

水轮机轴与发电机轴采用法兰连接。

2.6.6 组合轴连接与对中

1）水轮机轴和发电机轴可在工厂或现场进行整体连接和同铰。若在现场连接和同铰，轴的连接、装配、中心找正和同铰加工等工作由卖方完成，并按本招标文件 4 "现场试验"的规定进行盘车检查。若出现由于卖方的原因而需要对轴进行校正，卖方应完成该项工作以尽量减少任何延误，满足工地的安装进度，并承担所引起的费用。

2）卖方应提交水轮机轴与转轮和发电机轴现场安装、中心找正的详细计划或程序供买方审批。

2.7 导轴承和油润滑系统

2.7.1 概述

1）水轮机导轴承应为稀油润滑、具有巴氏合金表面的分块瓦轴承。导轴承应由分块的轴瓦、轴瓦支承、带油槽的轴承箱、箱盖和附件组成。导轴承应能支承包括飞逸转速工况在内的任何工况的径向负荷。应允许必要时从最大飞逸转速惯性以怠速直至停机（不加制动）的全部过程，导轴承应能承受。

2）导轴承应设计成便于安装、调整、检查和拆卸；应留有足够的工作密封检修的位置，能在不拆卸导轴承的情况下检修工作密封；并允许转轮和主轴的轴向移动，以满足拆卸和调整发电机推力轴承或清扫主轴连接法兰止口的需要。

3）导轴承应设计为能承受在最大飞逸转速的极端工况下运行 5min 所产生的应力、温度、变形、振动和磨损，不能产生有害变形。

2.7.2　轴承箱

轴承箱应设计成具有足够的刚度的支承元件，能承受机组运行的最大侧向力并将负荷传至水轮机顶盖上。轴承支座可以采用铸钢制造或者是钢板焊接的重型结构，箱体应在竖向分成两半，用螺栓组合和用螺栓连接到顶盖上。应采用加强或其他合适的措施防止侧向推力使其移动或变形。轴承箱应配有箱盖以防止尘埃或杂物进入轴承，轴承箱盖上应配有透明盖的检查孔。应采取措施以防止油从轴承箱泄漏或向轴上爬油。为了安装和拆卸轴承部件，应提供合适的吊耳和反向拧松螺栓。

2.7.3　轴瓦

轴瓦表面应浇铸有高性能的轴承用巴氏合金，并牢固地附在瓦基上。轴瓦必须进行全面的（100%）超声波检查以确信巴氏合金与瓦基牢固而且全面地结合，并用染色法检查其表面应无缺陷。

导轴承瓦应在工厂研刮、装配，不容许在安装现场进行研刮。本合同内的导轴承的轴瓦应具有互换性。

2.7.4　振动分析

卖方应提交对下列工况下导轴承外壳轴向和径向振动的分析报告供买方审查：

1）额定转速运行；

2）启动和甩负荷；

3）飞逸转速工况。

卖方应在理论和实践的基础上完成整个振动分析，以预测水轮机振动幅值和频率。卖方的振动分析中还应包括对可能的局部振动的分析。

2.7.5　轴承的润滑

1）轴承应设置一个完整的独立的润滑系统。润滑油应能在主轴旋转的作用下通过轴瓦做自循环或通过油泵做强迫外循环，轴承油箱应有足够大的容量以满足轴承润滑系统需要。润滑油系统应具有消除从轴承逸出油气和甩油的措施。轴承油箱上应有合适的供、排油接口，以便在检修时排出和装入润滑油。

2）油箱应在合适的部位上设置取油样的放油接口和手阀。卖方应提供油箱允许的最高和最低油位值，必要时在油箱上设有呼吸器。

3）导轴承应使用与发电机推力轴承及导轴承和调速器相同的润滑油，润滑油由买方提供，具体要求参见 1.21 条。

2.7.6　轴承冷却系统

1）水轮机在各种工况连续运行时，其稀油润滑的导轴承的轴瓦最高温度不应超过 70℃；油的最高温度不超过 65℃。

2）冷却器可采用布置在油槽中或布置在水轮机机坑里衬凹槽内。冷却器要有足够的备用冷却容量，以允许对其中的一个冷却器进行保养或检修时，不致使温度超过报警限制温度。采用水冷却方式的冷却器或热交换器，电站提供的冷却用水参见1.2.4"压缩空气和技术供水"，卖方应据此确定冷却器设计的工作压力，通过冷却器的压力降低应不超过0.05MPa。冷却器管路应采用紫铜管，管路内径不小于20mm。冷却器应设计成能防止泥沙的积聚并应容易清理、更换和保证水不能漏入轴承油箱的措施，冷却系统应可满足冷却水正、反向运行要求且不降低冷却器的冷却效果。冷却器的管路和阀门应能允许冷却器实现串联和并联运行。

3）导轴承应能在冷却水中断的情况下，运行30min而不损坏轴瓦。

2.7.7 仪表和管路

1）导轴承油箱上应装有油位信装置和一个油位开关、油混水报警装置，当油位过高或过低和在润滑油中的含水量超过规定时，发出报警信号。轴瓦内和油槽中还应设置测温装置，油槽盖板上应设摆度探测器，油水循环管路上应设有流量信号、温度信号等测量装置。上述自动化元件应满足2.21"水轮机自动化元件及控制设备、仪表柜和端子箱"的规定。

2）卖方应提供导轴承润滑油系统和冷却水系统所需的管路、阀门及必要的附件。各管路应提供到水轮机机坑以外第一对法兰处。

2.7.8 检修集油装置

1）在顶盖内设置集油装置，包括油箱、油泵及相应的管路和阀门、油泵控制装置，用于接力器和水导轴承检修排油。集油装置分别与接力器前、后腔和水导轴承箱相连，油泵出口接至机坑墙套管内的不锈钢排油管，供排油管及阀门均采用不锈钢材料。

2）集油箱容量应足够大，满足检修排油的要求。集油箱采用固定结构方案，应有足够的刚度，满足集油箱上油泵的正常工作。集油箱应设置Φ_____mm检修孔。

3）集油箱应密封，油箱呼吸器应高于集油箱上平面_____mm。

4）油泵的启停应能根据液位进行自动控制。

2.8 主轴密封

2.8.1 主轴工作密封

1）在导轴承下方，主轴通过顶盖的部位应设置主轴工作密封。主轴工作密封副应采用优质产品，其结构型式必须在已运行的同类型水轮机中证明是可靠的，并应取得买方的同意。主轴工作密封应能在水轮机流道不排水和不拆卸主轴、水轮机导轴承、导水机构和管路系统的情况下进行检查、调整和更换密封元件。卖方应为方便密封件的安装和拆除，留出顶起螺栓、吊环等工具所需要的操作空间。

2）工作密封元件必须是耐磨性好、摩擦系数低及耐腐蚀、抗风化、老化材料。密封应采用水润滑和水冷却。卖方应提供相应的管道、阀门及其附件，主轴密封主水源取自清洁水源，参见1.2.5"压缩空气和技术供水"，若水压不满足密封要求时，卖方应提供加压或减压设备（1台工作，1台备用）及其控制装置，以保证足够的压力。卖方应提供主轴密封用水的全自动精过滤器，采用双级分级过滤，并至少保证有1台备用，以保证设备所需的水质。

3）工作密封元件应保证至少能运行40000小时而不用更换。工作密封应是自补偿型，在运行中密封元件的磨损可进行自动调整。卖方应提供1个指示密封磨损量的带刻度的信号杆。

4）所有仪表按2.21"水轮机自动化元件及控制设备、仪表柜和端子箱"的规定配置。工作密封用的压板、螺栓、螺母等均应采用不锈钢材料。主轴密封的供水管在机坑内均采用法兰连接的金属软管。

2.8.2　主轴检修密封

1）在机组停机时，为防止水进入顶盖，应在工作密封下方设置采用压缩空气充气的橡胶密封或其他经过实践考验的相似的结构密封装置，主轴检修密封结构设计应便于更换。

2）检修密封由电站低压压缩空气系统提供气源，见1.2.5"压缩空气和技术供水"。检修密封装置上应设置防止机组在密封充气的情况下启动的压力开关。

3）检修密封充气控制应采用手动和自动控制两种方式，自动控制阀采用双线圈自保持电磁阀。控制设备按2.21"水轮机自动化元件及控制设备、仪表柜和端子箱"的规定配置。卖方应供给所有管路、阀门和其他附件等。检修密封的供气管在机坑内均采用法兰连接的金属软管。

4）检修密封应进行材质检查和耐压试验，检修密封用的螺栓、螺母等均采用不锈钢材料。

5）检修密封元件应至少能运行10年而不用更换。

2.9　座环

2.9.1　概述

座环应由上、下环板与固定导叶刚性地连接到一起组成。上、下环板应用性能不低于SXQ345D-Z35的优质抗撕裂钢板焊接制成，并随投标文件提供上、下环板材料的分析报告。固定导叶可以用锻件或钢板加工而成。在满足运输和装卸条件下，应对座环作尽量少的分瓣，分瓣座环应在工厂内进行整体预装配。

2.9.2　设计和制造

1）座环应具有足够的强度和刚度，以保证当蜗壳充水或放空时支承传递到其上的重叠垂直荷载，包括传递到座环上的发电机的重量和水轮机的上部及蜗壳的重量在内的机械荷载、水力荷载、蜗壳最大内水压力和土建结构荷载。座环的外径应适应在座环下面用于支持垂直荷载的钢支撑及混凝土基础和在座环上表面接触的混凝土结构设计要求。

2）固定导叶的设计应考虑弯矩的影响和轴向负荷与固定导叶横断面重心之间偏心的影响。固定导叶必须是流线型，并和模型相似，尾端流线的设计要保证卡门涡的频率与浸入在水中的固定导叶的固有频率不重合，且有一个不小的裕量，以避免产生共振。如果试验和分析表明固定导叶与水流诱发的强迫频率间发生共振时，卖方应进行修型以消除这一危险，卖方应提交这些频率的计算过程和分析结果。此外，卖方还应对以下方面进行计算和分析：

（1）各种载荷状态下的应力与变形。固定导叶中间横断面上的静应力不超过所用材料极限强度的 1/5。

（2）稳态和暂态流动条件下的动态特性。

（3）固定导叶上、下环板间任何部位的应力集中系数均应不超过中间断面平均应力的 1.3 倍。

3）座环应采用固定导叶不穿过上、下环板的结构，必须注意焊接处的应力状况及金相特性。所有的焊缝必须经超声波探伤检查。如果用轧制钢板制作固定导叶，钢板的轧制方向应与固定导叶的最大应力方向一致。

4）座环各分瓣件应在消除内应力后，方能进行最后的机械加工。两部件的组合面应进行精加工，并配有定位销，以便现场焊接。各分瓣件在工地用预应力螺栓把合后，在严格控制条件下进行环板焊接，以避免在现场用预应力螺栓把合后出现裂缝，座环现场焊接工艺由卖方提供。

5）座环与蜗壳之间应设置过渡连接板，过渡连接板在运输可行范围内尽可能长且不小于 300mm，过渡连接板与座环应在厂内焊接，座环过渡连接板和蜗壳可以采用不同强度级别的钢板。卖方应保证座环过渡连接板在工厂内焊接热处理后的性能，以及蜗壳钢板之间、蜗壳与过渡连接板之间现场焊接后的性能均满足合同规范及设计的要求，且应随投标文件提供不同强度级别和厚度钢板焊接工艺及消除应力措施的说明。

6）座环应设计成用地脚螺栓固定在混凝土内，机坑里衬用螺栓固定或焊接到座环上，机坑里衬与座环的连接段不宜采用锥形，机坑里衬与蜗壳过渡连接板间、座环与混凝土的接触面宽度宜不小于 150mm，以满足混凝土安全厚度要求。顶盖用螺栓固定到座环的内侧。

7）应提供座环在安装场或本机坑以外的机坑组焊成整体吊装方案，并提供座环整体起吊的吊耳，具体设计方案在设计联络会上确定。

8）座环埋件支持应采用钢支撑结构，钢支撑由卖方提供。

2.9.3 固定导叶排水

座环的设计应设有足够数量空心固定导叶，以便通过自流方式排出水轮机机坑内的渗漏水。排水管的管径应尽量大，以防止堵塞，其进口应设置可拆卸的不锈钢滤网。

2.9.4 灌浆孔和排气孔

为了便于浇筑和填实座环下的混凝土，在座环下环板处应设置有足够数量并布置合适的灌浆孔和排气孔。应提供螺纹连接的钢管塞用来堵塞灌浆孔和排气孔，该管堵将在完成灌浆操作后封焊并磨平。

2.9.5 附件

在现场安装时为了使用千斤顶和拉紧杆，座环应设置适当数量的垫片和连接件。卖方必须提供浇筑混凝土期间，为座环定位和固定所需要的全部拉紧杆、松紧螺栓、支撑和找平用的千斤顶等（包括有 10% 的余量）。

2.9.6 现场加工

为了校正由于座环在现场组装、焊接和浇筑混凝土后产生的变形，座环（基础环）与顶盖、底环连接法兰在现场进行全接触面加工，加工工艺、加工设备和加工工作由其他承包人负责，但卖方应在现场负责指导安装承包商进行现场加工。

2.10 蜗壳

2.10.1 概述

1) 蜗壳应采用钢板焊接结构。蜗壳的材料应选用可焊性好的低碳调质高强钢板制作，便于现场实施焊前预热、焊后保温消氢处理。

2) 在满足运输尺寸及工地的安装起吊容量限制的条件下，蜗壳在工地以管节的形式交货。卖方提供的蜗壳均应在工厂做小尾部的组装和焊接。

3) 蜗壳应包括进口延伸段，它与上游距离机组 X—X 轴线_____m 处的压力钢管在现场进行焊接。压力钢管内径为_____m。

4) 蜗壳与压力钢管连接处的焊缝、焊接材料由卖方负责，并在现场指导安装承包商焊接。

2.10.2 设计和制造

1) 蜗壳的设计应在不考虑与混凝土联合受力的条件下，单独承受最大工作水压（含升压水头在内），蜗壳设计压力不小于_____mWC。蜗壳应按 GB150《压力容器》和 ASME《锅炉和压力容器规程》相关规定进行设计和制造。钢板厚度应计入不小于3mm 的腐蚀余量。蜗壳的流道形线和尺寸应和验收的模型水轮机相似。

2) 除另有规定外，蜗壳的制造、安装、焊接及焊缝检测应按 DL/T 5070《水轮机金属蜗壳现场制造安装及焊接工艺导则》执行，蜗壳下料应采用数控切割方式，瓦块的焊缝坡口采用自动、半自动切割机切割或机加工。若采用氧气切割，则切割完成后，应进行坡口的打磨工作。

3）蜗壳与混凝土接触外表面必须喷涂环氧砂浆，内表面涂有防锈漆。应由卖方完成设置足够数量的内外支撑，以防止在运输、搬运、安装和混凝土浇筑时产生变形。

4）对蜗壳所有焊缝进行100％UT，并进行100％MT或PT，所有纵缝（含工厂和现场焊缝）、T型焊缝、蜗壳与钢管连接环缝等进行100％TOFD检查。对于因缺陷超标需返修的部位返修后用原检测方法进行复检，原检测方法没有采用TOFD的，增加TOFD检查。无损探伤检查应符合1.13"无损检测"的规定。

5）为方便工地安装，管节上应设置便于现场安装起吊用的吊耳。蜗壳应设置足够数量凑合节以保证蜗壳能同时进行4个工作面的作业，其中一个凑合节应在蜗壳进口。凑合节应具有不小于100mm的工地切割余量。

6）蜗壳采用弹性垫层方式浇筑混凝土。卖方应对弹性层设置、支撑结构、对土建的要求等进行研究，在投标文件中提出满足垫层埋设方式和范围要求的措施和推荐意见，最终埋设方案在合同谈判或设计联络会上确定。蜗壳埋设的附件和弹性层、排水设施、排水管路均由卖方提供，排水管路引至尾水管廊道层可观察的地方。推荐的蜗壳埋设方式参见本招标文件"招标文件附图"。

7）蜗壳基础支撑采用钢结构，钢支撑由卖方提供。

2.10.3 与压力钢管的连接

蜗壳与压力钢管的连接焊缝应由卖方负责进行设计，其焊接坡口型式应保证焊缝收缩量最小，设计方案应提交给买方审查。具体方案将在设计联络会议上商定。

2.10.4 附件

蜗壳应配套提供以下的附件。

1）进人门

蜗壳应设置1个直径不小于＿＿＿＿mm的内开式进人门。进人门必须安全可靠，能承受蜗壳的最大内水压力，密封性能良好。铰链应牢固可靠，铰链销的材料为不锈钢，在进人门上设置"O"形橡皮密封环，用不锈钢螺栓封闭进人门，进人门的内表面与蜗壳内表面平齐。进人门法兰上应钻有用于顶开进人门的顶起螺栓孔。在进人门下方还应设置一个检查蜗壳内有无压力、积水及小型可更换的不锈钢截止阀。

进人门处蜗壳应按GB150《压力容器》和ASME《锅炉和压力容器规程》的要进行补强。

2）蜗壳排水阀

为便于排出压力钢管和蜗壳内的积水，在蜗壳最低高程处应设1个直径Φ＿＿＿mm的排水阀（针阀或盘型阀），排水阀内表面应与蜗壳内表面齐平。积水经排水阀、管道排至尾水管。在排水阀开口处蜗壳应按GB150《压力容器》和ASME《锅炉和压力容器规程》的要求进行补强。排水阀应是油压操作的，阀盘上升开启、向下关闭，阀座、阀盘、阀杆采用不锈钢材料。排水阀必须有可靠的锁定装置，排水阀锁定螺栓、螺母及锁定板应采用不锈钢材料，以限制开启、关闭位置，锁定关闭位置应该醒目。排水阀阀口与阀盘应采用锥形密封，不得漏水，并且密封接触面应该是不锈钢材料。排水阀应带有行程指示盘。卖方应提供从蜗壳至尾水管之间的排水管，排水管应采用不锈钢管。

排水阀及操作机构的布置见本招标文件"招标文件附图"。

3）测压计接头

（1）按照 IEC 试验规程，在蜗壳上游部分圆周段另设置 4 个不锈钢测压计接头，以测量水轮机的净水头。

（2）在蜗壳末端应设置 2 个不锈钢测压计接头，以测量各种工况（包括甩负荷工况）下的水压力。

（3）在蜗壳进口与模型相似的位置设置 2 个不锈钢测压计测头，用于测量蜗壳进口压力脉动。

（4）蜗壳应设置 4 个不锈钢测压计测头，用于水轮机的流量测量。

（5）上述管路均应单根分别引至水轮机仪表盘。各测压头的位置应与模型上的测头位置相一致。

（6）卖方应提供所有的测压头及连接测压头到指定位置的测压管道。测压管道应是不锈钢材料，其规格为 $\Phi 32 \times 3$，其外侧应有保护板，埋管应采取防护措施以免施工堵塞或压断。卖方还应按 2.21 "水轮机自动化元件及控制设备、仪表盘和端子箱"的要求提供相应的仪表。

（7）测压计接头与蜗壳的连接应考虑蜗壳在浇混凝土以及将来运行过程中蜗壳的收缩和膨胀的影响。

4）定位件和支撑件

卖方应提供安装蜗壳和浇筑混凝土时调整和固定蜗壳位置所需的外部拉紧杆、松紧螺栓、支座，还有调整水平用的千斤顶、垫板和连接件（包括 10% 的余量）和浇筑蜗壳混凝土时防止蜗壳变形的内支撑件等。这些附件的设计应满足在任何安装条件下能支承和固定蜗壳及其延伸段，包括蜗壳浇筑混凝土的情况，且最大局部应力不超过屈服强度的 60%。固定蜗壳的设计图纸应经买方审查。

5）弹性垫层

卖方应根据最终确定的技术方案及要求提供弹性垫层，并配备排水管路等附件，弹性垫层应采用近年来_____MW 及以上大型机组上有成功应用经验的品牌，卖方应提交外购弹性垫层的生产制造厂、产地及规格参数等供买方审查。弹性垫层供货应有足够的余量。

6）技术供水取水口

应在蜗壳进口延伸段合适的位置设置 1 个 DN ＿＿＿ mm 的取水口并带长度不小于 1.5m 的短管，作为技术供水水源。取水口应设置拦污栅。取水管、阀门及附件采用不锈钢材质。主轴密封供水的备用也取自上述水源。

7）蜗壳排水盒

在蜗壳尾部的合适位置应设置一个排水盒及相应的排水管路，排水盒上部通过 1 根口径不小于 DN ＿＿＿ mm 的不锈钢管与座环上部的排水口相连，排水盒下部通过 1 根口径不小于 DN ＿＿＿ mm 的不锈钢管与机组渗漏排水总管相连。

2.10.5 现场安装

1）蜗壳的焊接应在工厂内进行焊接工艺试验和工艺评定，卖方应将试验报告提交给买方批准。在工地开始安装蜗壳前，卖方应提供详细的现场安装规程和要求，以及现场焊接工艺，并在安装期间派出代表到工地指导安装承包商的安装工作。

2）在蜗壳安装完成后，卖方应派出合格的代表到现场检验由安装承包商完成的焊接焊缝质量，并在验收报告上签字。

2.11 顶盖

2.11.1 概述

顶盖应设计成能方便地装入和拆卸水轮机转动部件，并且能利用厂房起重机将顶盖整件吊入或吊出水轮机机坑。

2.11.2 设计和制造

1）顶盖采用钢板焊接结构，其设计和制造应保证整体顶盖具有足够的强度和刚度，能安全可靠地承受包括升压水头在内的最大工作水压、真空压力、最大水压脉动、径向推力和所有其他作用在它上面的力，还应能支承导水机构、导轴承、主轴密封和其他部件，并且在整个运行范围内包括最大飞逸转速下连续运转 5min 而不产生过大的振动和有害的变形。

2）顶盖应设有法兰，用螺栓和定位销连接到座环的法兰上，并有用于顶起螺栓的螺孔。顶盖与座环间应有径向间隙或其他的措施以便在安装时能精确地找正中心。

3）顶盖各组焊件应在消除内应力后，方能进行最后的机械加工，并对焊缝进行 100％无损探伤检查。分瓣的组合面应进行精加工，配有定位销，并设置有密封槽和橡皮密封件或其他的更好的密封型式。各分瓣在工地用预应力螺栓把合，但不允许现场做结构焊接。卖方应提供在现场安装时测量预应力的方法和说明书。

4）顶盖通道和踏面涂乐泰防滑涂层，顶盖应设置进人孔。顶盖内平压管与埋管的连接采用柔性连接，平压管采用不锈钢材料，并应在工厂内进行打压试验。

　　5）顶盖应根据运输条件分最少瓣数，并应在工厂内进行预装。

2.11.3　止漏环、抗磨板、导叶密封和检查孔

　　顶盖应有可更换的止漏环、抗磨板、导叶密封，并设有止漏环间隙检查孔。应符合 2.14 "固定止漏环、抗磨板和导叶密封" 中的规定。

2.11.4　导叶轴承孔

　　顶盖上应装有用于导叶轴的自润滑轴承和密封，设有导叶轴承孔。顶盖上的导叶轴承孔应与底环上的轴承孔一起同轴镗孔。卖方可以推荐其他可以保证同样精确的镗孔方法，但需要经买方同意。

　　顶盖内应设有恰当的排水道，将导叶密封的渗漏水通过 2.9 "座环" 中规定的空心固定导叶排到全厂渗漏排水总管中，以防止渗漏水在顶盖筋板间的空间积聚。

2.11.5　导叶限位块

　　顶盖应按 2.15 "导叶和导叶操作机构" 的规定设有导叶限位块。

2.11.6　控制环导向瓦

　　控制环的导向瓦应设置在顶盖上，应是可更换的自润滑瓦块，并设有青铜抗磨衬板。

2.11.7　排水泵

　　顶盖应设置 2 台电动潜水排水泵及其控制箱，以便在空心固定导叶排水受阻时排除顶盖内的积水，其中 1 台工作，另 1 台备用。排水泵的排水量应能确保排除顶盖内的积水。排水泵、机坑内的管道、自动控制装置、水位报警信号器、止回阀和截止阀和附件等均由卖方配套供应。所有的管道、阀门、水泵及配件必须是耐腐蚀材料。排水明管与埋管采用柔性连接。

2.11.8　补气管及表计接口

　　顶盖应按 2.13 "补气系统" 的规定为补气系统提供管道接口、通道。顶盖内应至少设置 4 个测量顶盖下方转轮与导叶间压力的测孔和测头，止漏环后顶盖水压腔入口处及主轴法兰密封前也各至少设置 2 个测压孔和测头，以便安装压力表或传感器。测量仪表或传感器及不锈钢管路应由卖方提供。

2.11.9　控制和保护装置

　　顶盖应按 2.21 "水轮机自动化元件及控制设备、仪表柜和端子箱" 的规定提供控制和保护装置。

2.11.10　补气装置

　　按 2.13 "补气系统" 中有关条款规定，在顶盖预留压缩空气的补气接口，并将补气管引出，管道在顶盖内表面和供货管路的出口应采用可拆卸的方法进行封堵，以便必要时能拆除，详细布置在设计联络会上确定。

2.12 底环和基础环

2.12.1 概述

1）基础环和底环均应作为单独件，基础环与座环将永久地埋入二期混凝土中。底环置于基础环上，用螺栓与基础环连接，并应能从基础环上拆下。

2）底环和基础环可以是钢板焊接或铸焊结构，应具有足够的强度和刚度。在满足运输要求的条件下，应尽量少分瓣。基础环和座环应在工厂内进行预装。

3）底环和基础环应预留补压缩空气的管口，并将补气管引出，管道在底环和基础环的过流面和供货管路的出口应采用可拆卸的方法进行封堵，以便必要时能拆除，详细布置在设计联络会上确定。

2.12.2 底环

1）底环应设计成能安全可靠地支承最大水压力和所有作用在其上的其他负荷而不产生有害的变形。

2）底环各组焊件应在消除内应力后，方能进行最后的机械加工。分瓣的组合面应进行精加工，配有定位销。各分瓣在工地用螺栓把合，不允许现场做结构焊接。

3）底环装有用于导叶轴的无油自润滑轴承，应在底环上设置导叶轴孔。如果底环为铸造或铸焊制造，导叶轴承孔应在轴承压入前做水压试验以证明它们无渗漏现象。底环上的导叶轴承孔按 2.11.4 "导叶轴承孔" 加工。

4）在底环导叶轴孔对应位置设置有排水盒及相应的排水管路，该排水管引至尾水管或渗漏集水井，以减少对导叶的浮力。排水管具体布置在设计联络会上确定。

2.12.3 基础环

1）基础环用钢板焊接制成，作为底环的支承平面与底环用螺栓连接。

2）基础环应设有转轮支承平面，应能够支承水轮机轴、发电机轴和转轮的重量。该支承平面与转轮之间应有足够的空隙，允许转轮的轴向移动，并能清扫主轴连接法兰止口。基础环下端应提供合适的接口，以便与尾水管里衬的顶端焊接。

3）基础环应按永久埋入混凝土中设计，采用外加肋板来增加刚度，防止变形，并锚定在混凝土中，保证基础环上的荷载可靠地传至混凝土基础。卖方应提供为基础环定位和固定所需要的全部的拉紧拉杆、松紧螺栓、支撑和调水平用的千斤顶等，并有10%的余量，基础环埋设支撑采用钢支撑结构。

2.12.4 混凝土振捣孔、灌浆孔和排气孔

1）基础环应设有一些直径约为 125mm 的孔，以便混凝土的浇筑和插入混凝土振捣器。这些孔应设置合适的圆形钢盖板，以便在完成混凝土浇筑后封堵孔洞。具体数量和布置位置在设计联络会上确定。

2）基础环上应设置足够数量的灌浆孔和排气孔，孔的位置应满足功能要求，并应

提供螺纹管堵以封闭孔口，灌浆完成后管堵应封焊和磨光。具体数量和布置位置在设计联络会上确定。

2.12.5　抗磨板和导叶密封

底环上应按 2.14"固定止漏环、抗磨板和导叶密封"中的规定设置有可更换的抗磨板和导叶密封。

2.12.6　表计接口

基础环应设有 1 个适当尺寸的测头。管的一端应接到 2.21"水轮机自动化元件及控制设备、仪表柜和端子箱"中规定的压力表或传感器上，用来测量转轮下环和基础环之间空腔的压力，该管端应装有阀门并用管堵封堵。

2.13　补气系统

2.13.1　概述

1）为了满足水轮机在部分负荷工况下稳定运行的要求，应设置通过发电机轴顶部向转轮下方补入自然空气的补气系统；并在顶盖、底环和基础环上预留补压缩空气的管道，但仅供将来必要时采用。无论采用何种补气方式，均应尽量减小由于补气而导致水轮机的效率降低。补气阀的过流面积应与补气管相匹配。

2）除通过主轴向转轮补自然空气方式外，卖方推荐采用的其他补气方式或采取其他措施均应取得买方的同意。

2.13.2　自然补气装置

1）卖方应在模型试验的基础上，对水轮机的补气方式、补气部位、补气量、补气管径、补气管路布置、补气效果及对水轮机运行特性的影响做出说明，并提交分析及试验报告供买方审查。自然补气装置的设计应保证在尾水管中产生回旋涡带和真空时能补入必要的自由空气量，降低压力脉动。

2）_____电站正常运行时，尾水位将高于大轴中心补气阀安装高程，大轴中心补气阀应设计成具有防尾水倒灌功能的补气阀组，应另设置 1 个蜗轮蜗杆手动检修蝶阀，以便不需排除流道内的积水就可更换补气阀组（补气阀采用气动操作）。

3）卖方应提供全套通过主轴中心的补气设备及相应的管路、阀门和控制元件以及补气管进口的消音装置，且消音装置应是专业生产厂家的合格产品。通过主轴中心的补气管径应不小于 DN_____mm，补气管与排水管的接口见 2.22"油、气、水管路接口"，具体布置在设计联络会上商定。补气装置中所有管道和阀门（含补气阀组）与水接触的部件均应采用不锈钢材料制造。大轴中心内和机坑内穿过上机架的管路均应有可靠的防结露和防渗漏措施。

4）大轴中心补气及压缩空气补气系统的管道和阀门应符合 1.17"管道、阀门及附件"的要求。

2.13.3 预留压缩空气补气

除自然补气装置外，应在顶盖和底环上每两个导叶之间、顶盖止漏环后、基础环与转轮下环之间均应预留压缩空气的补气接口，卖方应提供补压缩空气的管路、阀门、控制元件等，补气管引至机坑混凝土外第一对法兰处，并用法兰盖封堵。卖方也应提供安装在开孔设备上的内、外表面的封堵堵头，供将来必要时使用。

2.14 固定止漏环、抗磨板和导叶密封

2.14.1 概述

固定止漏环及用于顶盖和底环过流表面与导叶端部对应的抗磨板应采用抗空蚀和抗磨损的材料制造。止漏环和抗磨板的硬度由卖方确定，但固定止漏环的硬度应比转动止漏环低，其差值不小于布氏硬度40点。

2.14.2 固定止漏环

在顶盖和底环上（或基础环上）转轮密封处应设置可拆卸、更换的不锈钢固定止漏环。止漏环应固定牢固，在投标文件中应详细说明止漏环的固定方式。止漏环安装后应保证同心要求，上部止漏环的位置应便于通过止漏环间隙检查孔测量间隙。

2.14.3 止漏环间隙检查孔

在顶盖上应设置不少于4个止漏环间隙检查孔，孔应带有密封盖板。通过止漏环间隙检查孔，应能在周围大致相等的4个分点检查转轮上部转动部分和固定止漏环之间的间隙。

2.14.4 抗磨板

在顶盖和底环对应于导叶的两端整个过流表面应设置可拆卸和更换的抗磨板。抗磨板应分块以利于装拆和更换。抗磨板应带有耐腐蚀金属螺钉，并应与抗磨板间打磨齐平且充分紧固以防止运行时松动。

2.14.5 导叶密封

顶盖和底环处应提供可拆卸和更换的导叶密封，以减小通过导叶顶端和底部间隙的渗漏。导叶密封应配置有弹性的预压紧材料以保证与导叶端部的接触。密封应延伸至导叶轴，完全地密封住与导叶端部之间的间隙。导叶立面不单独设密封，但导叶立面的接触处应精确加工，同时采用接力器压紧的方式，使相邻导叶头部和尾部立面的整个接触线紧密啮合。导叶渗漏水量应满足本招标文件"设备特性及性能保证"填报的保证值。

2.15 导叶和导叶操作机构

2.15.1 概述

应设置适当的导叶用于控制和引导水流到水轮机转轮。导叶、固定导叶和转轮叶片数量应予协调，以保证水轮机工作时不致产生有害的振动和旋流。

水轮机可能在导叶全关闭承受全静水压状况下停运一段时间，因此应有措施保证导叶漏水减至最小。

2.15.2　设计

1) 导叶采用材料为性能不低于 ZG04Cr13Ni4Mo 或 ZG04Cr13Ni5Mo 抗空蚀、抗磨损和具有良好焊接性能的低碳优质不锈钢，导叶可采用整体不锈钢电渣熔铸，也可以由钢板卷焊制成。铸件订货、制造、应力设计标准及性能应满足 Q/CTG 2《大型水轮机电渣熔铸马氏体不锈钢导叶铸件技术条件》的规定。ZG04Cr13Ni4Mo 和 ZG04Cr13Ni5Mo 的主要化学成分和力学性能应符合以下规定。

表 7-2-19　导叶材料主要化学成分（质量百分比）

牌号	C	Si	Mn	P	S	Cr	Ni	Mo
ZG04Cr13Ni4Mo	≤0.04	≤0.6	≤1.0	≤0.028	≤0.008	12.5—13.5	3.8—5.0	0.4—1.0
ZG04Cr13Ni5Mo	≤0.04	≤0.6	≤1.0	≤0.028	≤0.008	12.5—13.5	4.5—5.5	0.4—1.0

表 7-2-20　导叶材料主要力学性能

屈服强度 $R_{p0.2}$ （MPa）	抗拉强度 R_m （MPa）	断后伸长率 A_5 （%）	断面收缩率 Z （%）	冲击吸收能量 KV_2（0℃）（J）
≥600	≥800	≥18	≥55	≥100

2) 导叶轴和导叶体连接过渡区的设计应减小应力集中。导叶应进行应力消除处理，并应在投标文件中说明导叶的制造工艺。

3) 每个导叶应设 3 个自润滑导轴承支承，1 个在底环，另 2 个在顶盖中，该自润滑导轴承支承结构应已经过类似工程的考验。导叶轴上部应设置 1 个可调整的自润滑推力轴承以承受导叶的重量和阻止任何作用在导叶上向上或向下的水推力。应提供适当的设施以便调整和保持每个导叶在顶盖和底环间正确的位置。

4) 导叶的线形尺寸、数量和位置应和验收的模型水轮机相似，并应保证水轮机工作时不致发生水流诱发共振。导叶尾部形状应避免出现卡门涡引起的振动。

5) 导叶应有足够的强度和刚度，应保证在工作水头下全关时相邻导叶立面接触线无间隙。

6) 导叶最大开口应留有足够的裕量，所留裕量值应在卖方的投标文件中明确标明。

7) 导叶下轴颈的漏水应直接排至机组尾水管。

8) 导叶轴上端部设有起吊螺孔，并提供导叶起吊工具。

9) 本合同范围内的所有活动导叶均应可互换。

2.15.3　水力自关闭

导叶应设计成从全开到接近空载位置范围内其水力矩具有自关闭能力。

2.15.4　加工

应精确加工导叶轴、导叶瓣体、导叶上下端面以及当导叶关闭时相邻导叶间的接触面。应采用完善的加工方法以确保所有导叶等高且上下端面互相平行并与导叶轴垂直正交。导叶表面应达到 1.11"制造工艺"中规定的表面粗糙度要求。导叶关闭并施以压紧力时，沿导叶整个高度接触面间的压力应保持相同。

2.15.5　自润滑轴承

1）导叶轴和导叶操作机构其他部件应该用由自润滑材料制成的滑动轴承导向和支承。轴承材料由卖方推荐，但必须在已运行同类型水轮机上证明是可靠的，并且应在其投标文件中提出有关自润滑材料的详细技术规范。

2）每个导叶应设置一个可调整的自润滑推力轴承，以承受导叶的重量和作用在导叶上的水推力。

3）导叶上下两端轴颈处应设有可靠的导叶轴密封，以阻止水流进入导叶轴承而引起轴颈偏磨。

2.15.6　导叶操作机构

导叶操作机构（包括自润滑轴承、销、拐臂、连杆、控制环和推拉杆等）应有足够的强度及刚度，以承受加于其上的最大荷载。有相对运动和相互接触的部件应为自润滑型。应提供不受其他导叶制约而单独调整任一导叶位置的措施，以确保导叶在关闭位置时相邻导叶接触，在导叶开启开度时，所有导叶的开度应完全相等。应该有充分的调节量，以补偿将来的磨损和变形。每个导叶应单独通过拐臂和连杆连接到控制环，拐臂用键与导叶轴相连，每个导叶的传动机构中应设有机组运行中可更换保护元件的措施。整个操作机构的结构应便于检查、调整和修理。

2.15.7　控制环

1）控制环应设计成能把接力器的操作力和力矩同时均匀地分配给所有导叶，并与接力器推拉杆以及所有的导叶连杆和销相连接。控制环应布置在导叶圆之内，运行人员应可以方便地进到水轮机导轴承和主轴密封处。应能克服接力器推拉杆不平衡力所产生倾覆力矩引起的跳动，控制环底面、侧面和顶面应装有环向导轨或自润滑抗磨导板，其刚度良好，支承在覆以自润滑材料的可更换的部件上。支承控制环的部件应有足够的强度和刚度，设置 2 个接力器时，当 1 个接力器闭锁而控制环受到另 1 个接力器的不平衡推力时，控制环应能承受该不平衡力矩。

2）控制环采用钢板焊接结构，若因运输限制需分瓣制造时，分瓣面应设计在应力最低的部位。控制环焊缝应采用 100％超声波探伤检查。

2.15.8　推拉杆

导叶接力器活塞杆和控制环之间的推拉杆应为锻钢制造，具有足够刚度，与控制环连接处带有自润滑瓦衬。

2.15.9　导叶保护装置

1）当两个或多个导叶在关闭过程中被异物卡住时，导叶保护装置应能保护其他导叶完全关闭。保护装置的型式由卖方在投标时提出，并对其作用原理、使用的实践做出说明。

2）导叶保护装置应配有动作信号监测系统，当保护装置动作时发出指示和报警的电气信号，卖方应提供水轮机坑内所有需要的触头和导线。信号导线应接到水轮机端子箱。

3）导叶保护装置应能在机组减负荷和紧急停机情况下，当限位装置失灵时发出指示和报警的电气信号。

2.15.10　导叶限位装置和限位块

1）每个导叶应设置用摩擦或其他方式的导叶限位装置，以防止导叶一旦发生卡涩，保护装置动作，导叶失控后反复摆动。在任何导叶之间发生卡涩的情况下，该装置不应妨碍控制环向开或关方向运动。

2）每个导叶均应设置足够强度的导叶限位块。导叶限位块应按在最不利的工作条件下，根据可能施加到导叶上的水力矩所产生的对导叶限位块的最大冲击力设计。限位块应设在顶盖上，通过限制拐臂的转动角以限制导叶运动角度，在保护装置动作、限位装置失灵的情况下，防止失控的导叶与转轮及相邻的导叶相碰。限位块应用减震垫保护。

2.15.11　导叶铸件外购（如有）

1）导叶铸件外购（外协）需得到买方批准，卖方应提供供货厂家的资质文件，生产受本合同监督。

2）导叶毛坯铸件必须采用先进成熟的优质产品，铸件的技术性能、制造、检验、试验、验收及发货及其他供货相关要求，均应满足买方企业标准 Q/CTG 2《大型水轮机电渣熔铸马氏体不锈钢导叶铸件技术条件》要求。

2.16　导叶接力器

2.16.1　概述

水轮机应设置 2 个油压操作、双向直缸接力器，用于通过导叶操作机构来操作导叶。接力器应设置于水轮机坑内的凹坑内，支承在经加工的支座板上，支座法兰与机坑里衬及外围混凝土形成整体，并应能承受双向的最大反作用力。操作接力器的压力油将由调速系统的油压装置供给。额定工作油压为 6.3MPa，接力器零部件应按调速器最大操作油压设计。接力器应设计成在关闭方向有少量的压紧行程，用以对关闭的导叶施加一个压紧力。

2.16.2 接力器容量

接力器的容量应留有足够的裕量，调速系统油压装置在正常工作油压下限至事故低油压范围内，减去管路损失所形成的接力器缸内有效油压情况下，接力器操作功应能充裕地在任何水头、功率和暂态条件下，操作和控制导叶接力器以设定的时间完成全开或全关行程。在油压装置事故低油压下，能以设定的时间，从导叶全开位置关闭导叶至全关位置，并有足够的油压压紧导叶，投入锁定装置。接力器最小操作压力不高于 4.5MPa。接力器的操作容量最终在设计联络会上确定。

2.16.3 接力器支座

每个接力器应布置在机坑里衬内大约 _____ 方向专设的接力器支座上，支座必须是机坑里衬的一个组成部分，接力器的反作用推力通过机坑里衬传到周围混凝土上。卖方应提供适当的锚筋和锚固螺栓，以防止在接力器操作时发生滑动和摆动。卖方应提供支座受力的设计计算数据供买方审查。

2.16.4 接力器缸

1) 接力器缸和盖应采用锻钢制造，并应设有油管法兰连接件、填料箱或密封以防止活塞在任何位置时油的渗漏和活塞杆拉伤。应提供设施以确保对密封盘根充分地润滑。活塞应采用铸钢，活塞杆采用不锈钢锻钢并进行高精度抛光。应采用组合式密封防止油通过活塞而渗漏。

2) 每个接力器缸应设置操作油管接口和排油接口，并配备开、关腔压力表、测压头、全套管道、配件、阀门以及从接力器缸排气的 2 个液压针型阀。接力器靠活塞杆端要有可拆卸的盖。活塞杆设有双重青铜导轴承，以使活塞不承受侧向力。外侧轴承应是自润滑型。接力器试验压力为 150% 的设计压力，并保持 30min。

2.16.5 刻度尺、行程变送器及行程开关

1) 为指示导叶的实际开度和接力器的行程，应设置带指针的合适的刻度尺。刻度尺应以安装后的接力器活塞行程和导叶开度的百分数来分度。

2) 设有接力器行程变送器 4 套，变送器的输出信号为 ____A。接力器应配有反映其主要位置状态的主令开关，主令开关具有不少于 10 对独立的全行程可调的信号接点。

2.16.6 缓冲装置

接力器应设置可调的缓冲装置，用以减慢从空载位置至全关闭速度，以减小导叶体互相接触时导叶操作机构中的冲击负荷。

2.16.7 锁锭装置

接力器上设置锁锭装置，一只在导叶全关闭位置设有液压操作自动锁定，锁定装

置上设有行程开关，行程开关在锁定装置完全投入和拔出时动作（每个位置的限位开关带 2 对独立的接点），并能远方操作；另一只在导叶全开位置设有手动操作机械锁定，在手动锁定装置上设有挂锁。

2.17　机坑里衬、过道和楼梯

2.17.1　机坑里衬

1）水轮机应设置钢板焊接的机坑里衬，该里衬应从座环延伸到发电机下风洞盖板之间全部衬满，机坑里衬的最终高度在第一次设计联络会上确定。里衬钢板的最小厚度应不小于 20mm，在靠近座环的部位厚度应不小于 30mm，加厚段高度不小于 1m。机坑里衬允许工地现场制作。机坑里衬的内径应能允许整体顶盖吊入和吊出。在满足运输尺寸及工地的安装起吊容量限制的条件下，分节和分块数应尽量少，并设置足够的内支撑以防止运输过程中机坑里衬的变形。

2）机坑里衬上应设置用于放置导叶接力器、端子箱、阀门、水导外循环冷却器或其他附件的凹坑并应设置足够数量的用于安装在机坑内照明灯具的凹坑，照明灯具应由卖方提供。还应设置所有必需的管道、导管和入口通道的孔口。

3）机坑里衬外侧应用环形型钢或筋板加强，在埋入处每平方米应设置约_____根锚杆。在筋板中应设置足够的孔洞，避免在里衬和混凝土之间不产生气腔；机坑里衬内侧应设置适当的撑杆或辐射钢支撑，防止混凝土浇筑过程中机坑里衬的变形。机坑里衬内侧须打磨光滑平整，并油漆防腐。

4）水轮机机应设进人通道，布置位置见本招标文件"招标文件附图"。

2.17.2　过道、楼梯和栏杆

1）应在水轮机室内需要的和恰当的位置设置用于工作和检查用的防滑花纹钢地板、过道、平台以及楼梯、爬梯和扶手，栏杆和扶手应采用镀铬钢管或不锈钢管，以便对所有的装置和机坑内所有的设备部件提供方便的通道（应能翻越接力器）。所有的机坑过道、平台、楼梯和机坑内的设施应设计成易于拆卸和便于移动，以满足水轮机拆卸的需要；楼梯、钢梯、过道及平台均应采取防滑措施。机坑进人廊道处的机坑内踏板（范围不小于进人廊道宽度）承载能力按 1000 kg/m^2 设计，其他部位的踏板承载能力按 300kg/m^2 设计。

2.17.3　照明

卖方应在水轮机机坑内（包括接力器坑）设计并提供一套完整的照明系统。照明系统应有足够数量的具有保护罩的照明灯具，为水导轴承油槽及认为必要的地方提供充足的照明。买方提供一回厂用电 220/380V 交流三相四线电源和一个由 EPS（Emergency Power Supply）供电的 220V 交流电源至水轮机照明箱，照明系统正常时使用厂用电 220V 交流电，事故时能自动切换至 EPS 供电，事故照明的总功率不超过 2kW。

在机坑内水平和垂直工作面上的最小照度为 150 lx。应在适当的位置布置双插座和灯开关。导线应穿管敷设，并接到水轮机照明箱上。卖方应提供从水轮机照明箱到灯具的电线和电线管。照明灯具、护罩、插座和开关应为耐热防振型，照明系统应采用LED 光源，并应选用优质名牌产品。

2.18 水轮机室内环形吊车

2.18.1 概述

在水轮机机坑内应设置 1 套电动双轨环形吊车，为安装、检修期间吊运、拆卸水轮机部件提供方便。水车室的高度应考虑环形吊车工作的需要。环形吊车的动力线应采用环形滑线结构，布置在发电机下机架下部，供电取自水轮机检修动力箱。

2.18.2 设计和制造

1）卖方应提供全套的环形吊车，包括所需的电动葫芦、双环形轨道、转动桥、至水轮机坑进人通道的直行轨道，以及行走驱动机构、滑线、行程开关、动力箱（布置在机坑外）及操作控制装置和其他零件、支承件，电动葫芦结构应紧凑，以使吊钩有尽可能高的起吊空间，其结构形式应征得买方同意。

2）吊车的起吊容量不小于 5t，且应能满足更换导轴承零件、接力器零件、导叶操作机构零件和水轮机室内的其他设备安装、检修时的起吊要求。

3）环形轨道的固定位置、尺寸设计和布置方式，需由买方批准。

4）卖方提供的滑线应附有可靠的收放装置，滑线及电气部分应绝缘可靠，防漏电、防触电、防潮、耐油性能良好。

2.19 尾水管和里衬

2.19.1 概述

尾水管型式为_____型，并应与验收后的模型水轮机尾水管相似。应装设金属尾水管里衬，金属尾水管里衬自基础环开始至少延伸至肘管出口外，距离（X－X 断面）_____m 处，其余尾水管扩散段由其他承包商根据卖方设计的流道形状施工。

2.19.2 设计及制造

1）尾水管里衬应按疲劳强度设计，确保里衬钢板、加强筋及进人门和锚固件能承受 2.2 "运行条件" 中最高尾水位时的内外水压力以及承受任何可能的正压和负压，尤其应考虑里衬明露部分的刚强度和疲劳影响。锥管厚度至少不小于_____mm，其余里衬厚度至少不小于_____mm。

2）尾水管里衬采用管节交货，应按运输和装卸限制以最少数目分段。尾水管应设置足够数量的内外支撑，以防止在运输、搬运、安装和混凝土浇筑时产生变形。若存在管节尺寸或重量超限，则可分瓣交货，但分瓣件的内部支撑应由卖方完成。

3）尾水管所有工地焊接部位应由卖方完成坡口加工。里衬内表面应光滑无波浪状不平，无凸、凹或其他表面缺陷，板块应配合良好，使相邻板块内表面边缘的配合在 1.11"制造工艺"所的规定的公差范围内。里衬外侧要用筋板（包括立筋和环筋）或和型钢加强，其间距不大于＿＿＿＿mm，应提供数量不少于＿＿＿＿根／m² 足够长度的锚固件，并应有足够的措施来保证浇混凝土期间保持在正确位置和保证在水轮机寿命期内把里衬牢靠地锚固在混凝土中，应特别注意加强筋的位置，在加强筋中应设置足够的排气孔，以便里衬和混凝土之间不产生空腔。里衬末端要用槽钢或筋板加固并与水流成垂直。

4）在尾水管里衬上部应有不小于＿＿＿＿mm 的不锈钢段，下部材料不低于 Q235B。里衬与基础环的连接采用现场焊接。

5）尾水肘管基础采用钢支撑结构，钢支撑由卖方提供。

2.19.3　千斤顶、基础螺栓、锚固件和内支撑

尾水管里衬应有一定数量的垫板和连接板，以便在现场安装期间使用千斤顶或拉杆。地锚应附设到外部筋板上以减少里衬中的应力集中。卖方应提供在浇混凝土时，为安装和固定尾水管里衬、尾水管进人门所需的全部拉紧杆、基础螺栓、支架、调水平用千斤顶、松紧螺栓、垫板、锚固件和内撑杆或辐射钢支撑等（包括10％余量），防止混凝土浇筑过程中里衬的变形，其布置设计应提交买方审查批准。

2.19.4　进人门

在尾水管锥管段应设置＿＿＿＿个净尺寸为宽不小于＿＿＿＿mm，高不小于＿＿＿＿mm 的密封进人门；若必需，则在尾水管肘管末段顶部应设置1个直径不小于＿＿＿＿mm 的铰接式密封进人门。进人门应采用"O"型密封。在设进人门处，应按 GB150《压力容器》及 ASME《锅炉压力容器规程》的要求作适当补强。进人门应有1个门框、1个铰接带有手柄的门、不锈钢铰链销和不锈钢螺栓、开门顶丝、垫圈、密封垫片和试水阀。应有足够的间隙以保证门能启闭自如，同时门应不漏水。门的内表面应与里衬的表面齐平，并与尾水管内表面形状相一致。在进人门下面应设置1个不锈钢的小型旋塞，以检查进人门处是否有积水。暴露在进人通道中的里衬应该用加强筋加强，以减小附加应力和振动的影响，并应设有集水器以收集里衬与混凝土间的渗漏水。渗漏水应通过管道排至楼层排水沟。

尾水管进人门的布置位置在设计联络会商定。

2.19.5　排水管、排水盒及盘形阀

1）在每台尾水管最低点，设置2套直径为＿＿＿＿mm 的盘形阀，该阀应包括油压操作机构、锁锭、轴、轴套、轴封、轴座、阀门、阀座、里衬、基础螺栓及其他附件。盘型阀操作杆套管由买方提供，该阀的安装位置参见本招标文件"招标文件附图"。排水盒与尾水管肘管采用钢衬连接，具体细节在设计联络会上确定。

2）盘形阀的阀盘、阀座和阀杆均应为不锈钢，阀座密封采用金属密封，阀杆用套筒封闭，并设有径向支承。为便于安装和拆卸，每段长度不超过_____m，最终长度在设计联络会上确定。阀杆穿出廊道处应有可靠的防止水渗漏密封装置。机械锁锭螺杆应采用不锈钢材料。阀座以下至检修排水汇集廊道之间的不锈钢管由卖方提供。排水阀阀口与阀盘采用锥形密封，排水阀应不漏水。

3）阀门上应设有开度指示，能适应各种开度下正常工作，而不产生有害的振动、空蚀。阀盘采用金属密封，水力自闭结构。

4）排水阀采用油压操作，排水阀操作机构布置在_____m高程尾水管层操作廊道内。阀门油缸应有足够能力以便在最大尾水压力下操作盘形阀，油缸上应设有机械闭锁装置用以把阀盘闭锁在关闭位置。锁定的关闭位置应该直观醒目。投标人按供应2套操作盘型阀的移动式电动油泵系统考虑，并应能够适应单岸地下厂房内各台机组，油泵及电机应采用可靠性高的知名品牌产品，供蜗壳和尾水管排水阀操作用。该系统的阀门、压力表、高压软管、接头及所有设备及附件由卖方提供。

2.19.6 测压表和测嘴

1）在尾水管进人门附近应设置1个螺纹连接旋塞，用来连接尾水管压力真空表。

2）在尾水管中应设置不少于18个耐腐蚀材料制造的压力测嘴：

2个位于尾水管锥管距转轮出口 $0.3D_2$ 上、下游处，用于测量压力脉动；

2个位于距尾水管锥管距转轮出口 $1.0D_2$ 处上、下游侧各一点，用于测量压力脉动；

4个位于尾水管锥管，距转轮出口 $0.15D_2$ 处，用于测量转轮出口压力/真空；

2个位于肘管，其中1个在肘管凸圆侧，另1个在凹圆侧，用于测量压力脉动；

其余8个测嘴嵌入钢板上，埋入靠近尾水管出口的混凝土边墙中与模型的测嘴相对应的位置上，与蜗壳进口测点配合测量机组净水头。

尾水管压力脉动测点位置应与模型上的测点位置相对应。

测压管材质应为不锈钢，规格不低于Φ32×3。测压表和测嘴的设计，具体在设计联络会上确定。

2.19.7 检修平台

为便于从尾水管检查和维修转轮而不必拆卸水轮机，卖方应提供1套转轮检修平台用于所有水轮机。具体布置在第一次设计联络会上商定。

检修平台应伸展覆盖它安装所在的整个横断面，它应该用铝合金横梁和铝合金板制成，应分段，以便很容易地通过人行通道和尾水管进人门搬运、组装和分解检修平台，铝合金板应防滑并能重复使用不易变形。为支承检修平台的主要构件，应在尾水管里衬四周上设置一些凹坑或可拆卸的托架，或两者均设。尾水管里衬上所设的支承用凹坑、支架螺栓孔应该用耐腐蚀材料镀覆，打磨与里衬齐平，并应用可拆卸的盖或塞盖住。检修平台应配套提供其安装所需的所有附件，并应按不小于＿＿＿＿kg/m²的有效均布载荷和不小于＿＿＿＿kg的最大集中荷载设计。为便于组装，所有零件应作正确的装配标记。检修平台的设计，应提交买方审查和认可。

2.19.8　振捣孔、灌浆孔和排气孔

尾水管里衬肘管底部的部位应有适当数量直径为＿＿＿＿mm的混凝土振捣孔以及灌浆孔和排气孔，以便混凝土浇筑时插入混凝土振捣器和养护好混凝土之后进行压力灌浆和排气，卖方应提供钢盖板和钢制螺纹管堵用于封闭这些孔口，灌浆完成后将盖板和管堵封焊并打磨光滑。并提供尾水管里衬下部振捣孔、灌浆孔和排气孔的布置图，在设计联络会上确定。

2.20　机坑排水

应提供一个完整的排水系统用来收集来自导叶密封漏水和其他漏水源的漏水，并将它从水轮机坑中排走。机坑排水采用自流方式和水泵加压排水方式，且应设置机坑紧急排水管，用于排除异常漏水或排水泵故障退出运行时的积水。应按需要提供机坑内的管道，穿过固定导叶与电站的排水管道连接。采用排水泵的排水系统设备应按2.11"顶盖"的规定提供。紧急排水管为＿＿＿＿根，管径为DN＿＿＿＿，跨过蜗壳末端接至电厂的排水总管，排水管采用不锈钢材料。

2.21　水轮机自动化元件及控制设备、仪表柜和端子箱

2.21.1　概述

1）为使机组高度安全、可靠、连续地运行，卖方应为水轮机提供必需的自动化元件（装置）、控制和保护装置及盘柜；还应提供水轮机机坑内以及测量元件与显示仪表之间的所有必需的电缆、导线、管路、开关和附件。此外，为满足GB/T11805《水轮发电机组自动化元件（装置）及其系统基本技术条件》的要求，即使本节没有列出但只要是卖方设计中所需要的、任何需安装或显示在卖方供货设备上的其他自动化元件（装置）、仪表和控制设备，卖方均应提供，且在投标文件中列出。

2）各种自动化元件的动作整定值应便于调整，且不受发电机振动的影响。各种自动化元件的接线端子应便于拆装。

3）卖方采购的全部自动化元件应为知名厂家生产的技术先进、可靠性高的产品，并有2年以上单机容量＿＿＿＿MW机组的水电站运行经验的证明材料。投标文件中应列出全部自动化元件的详细清单（包括型号、规格参数、过程连接方式等），并注明其供货厂家和产地，连同在水电站运行经验的证明材料一起提交买方审查，经买方同意后方可使用。

4）自动化元件应满足买方统一供电电源、功能和逻辑的要求。如卖方所供自动化

元件不满足买方的需要，买方有权要求卖方更换，且不改变合同价格

5）卖方提供的每个自动化元件应提供国内专业检测机构的检测报告。

6）各种自动化元件（装置）按 IEC 标准进行动作试验，应灵活、准确、可靠，完全适应本电站强磁、强电、潮湿环境工作，并能够在环境温度为 0—60℃时可靠工作；元件、仪表的结构易于安装，易损零件便于更换。

7）所有自动化元件的电源均应为 DC24V，卖方应为其供货范围内的自动化元件提供交直流双供电装置，并安装在卖方提供的屏柜内。

8）买方提供 AC220V/DC220V 双电源。

9）PLC、继电器、电磁阀、变送器及传感器等一般性技术要求详见 1.16 "辅助电气设备"。

2.21.2 仪表清单

除非注明，表 7-2-21 为卖方应为每台水轮机至少提供用于监测和控制的仪表和装置。表中的显示器位置、与电站计算机监控系统的接口数量均为初步设计，并最终在合同谈判和技术联络会上确定。此外，未在表 7-2-21 列出但为满足子系统本身控制、监测功能的自动化元件由卖方在投标文件中列出，买方确认。

表 7-2-21　水轮机自动化仪表清单

序号	功能	仪器	数量	仪器装设或测点位置	显示位置	接口数量	接口功能
1	蜗壳进口压力	带显示的压力变送器	4 只	蜗壳进口延伸段	仪表盘	4	监控、调速、状态在线监测
2	尾水管出口压力	带显示的压力变送器	4 只	尾水管出口处	仪表盘	4	监控、调速、状态在线监测
3	水轮机水头	差压变送器	1 只	蜗壳进口和尾水管出口	仪表盘	1	指示水轮机水头，模拟量
4	水轮机流量	差压变送器	1 只	水轮机坑外壁	仪表盘	1	指示水轮机流量，模拟量
5	水轮机效率	效率仪表变送器	1 只	仪表盘	仪表盘	1	指示水轮机效率，模拟量
6	机组功率	功率变送器	1 只	仪表盘	仪表盘	1	
7	蜗壳末端压力	带显示的压力变送器	2 只	蜗壳末端	仪表盘	1	状态在线监测
8	顶盖压力（测点 1）	带显示的压力真空变送器	2 只	顶盖止漏环后	仪表盘	1	状态在线监测
9	顶盖压力（测点 2）	带显示的压力真空变送器	2 只	主轴密封前	仪表盘	1	状态在线监测
10	基础环压力	带显示的压力变送器	1 只	基础环	仪表盘	1	状态在线监测

序号	功能	仪器	数量	仪器装设或测点位置	显示位置	接口数量	接口功能
11	尾水管进口压力真空	带显示的压力真空变送器	1只	转轮下方 0.15D₂	仪表盘		
12	尾水锥管进人门水压力	压力真空表	1只	尾水管进口处	锥管进人门	1	
13	蜗壳进口压力脉动	压力脉动传感器	2只	蜗壳进口延伸段距 X－X 断面 1.0D₂ 附近	没有显示	4	状态在线监测
14	转轮后导叶前压力脉动	压力脉动传感器	4只	顶盖止漏环前	没有显示	2	状态在线监测
15	尾水管进口压力脉动（测点1）	压力脉动传感器	2只	转轮下方 0.3D₂	没有显示	2	状态在线监测
16	尾水管进口压力脉动（测点2）	压力脉动传感器	2只	转轮下方 1.0D₂	没有显示	2	状态在线监测
17	尾水管肘管压力脉动	压力脉动传感器	2只	肘管 45 度上下游凹凸侧	没有显示	2	状态在线监测
18	主轴密封水进口压力	带显示的压力变送器	1只	主轴密封水供水管	仪表盘	1	
19	主轴密封水示流指示	可视流体的机械式流量测控装置	1只	主轴密封水供水管	仪表盘	1	低流量报警及防止开机
20	主轴密封水过滤器压降	差压开关	1只	过滤器上	没有显示	1	过滤器堵塞报警
21	主轴密封磨损量	传感器	1只	主轴密封部件			
22	主轴检修密封供气压力	带显示的压力变送器	1只	检修密封供气管	仪表盘		
23	空气围带的投入或切除	压力开关	1只	空气围带压缩空气供气管	没有显示	1	当压缩空气进入时防止机组开机
24	水导轴承冷却水进、出水压力	压力变送器	2只	冷却水外循环总管	仪表盘	1	
25	水导轴承冷却水进水温度	温度显控器、RTD	各1只	冷却器进水总管			
26	水导轴承冷却水出水温度	温度显控器	2只	冷却器出水支管上	仪表盘		高水温报警
		RTD	1只/支路		无显示		
27	水导轴承冷却系统水流量	热导式流量开关	1套	冷却水供水总管			低流量报警
28	水导轴承冷却器的水流量	带显示的插入式电磁流量计	1只	冷却器出水总管上	仪表盘	1	低流量报警

续表

序号	功能	仪器	数量	仪器装设或测点位置	显示位置	接口数量	接口功能
29	水导轴瓦温度	温度显控器	4 个	导轴瓦	测温控制柜上	4	轴瓦温度高温报警及停机
		RTD	每瓦 1 只		无显示	若干	
30	水导轴承油温	温度显控器	2 个	轴承箱内	仪表盘	2	轴承高油温报警及停机
		RTD	2 只		无显示	1	
31	水导轴承冷却系统油温	温度显控器	2 只	外循环管路	仪表盘	1	高油温报警
		RTD	1 只/支路				
32	水导轴承冷却系统油流量	可视流体的机械挡板式流量测控装置	1 只	外循环管路		1	低流量报警
33	水导轴承油位指示	磁翻柱油位指示器（耐油、耐高温）	1 只	水导轴承油箱	水导轴承油箱	1	
		液位变送器（耐油、耐高温）	1 只		无显示	1	
34	水导轴承油位报警	油位开关	1 套	水导轴承油箱	水导轴承油箱	4	过高、高、低、过低油 28 位报警
35	检测水导轴承中的油混水	油混水检测器（模拟量、开关量）	1 只	水导轴承油箱	现地	2	油箱内有水时报警
36	顶盖内水位报警	液位开关	1 套	顶盖	没有显示	5	高水位报警及控制主备用排水泵启停
37	顶盖水位监测	液位变送器	1 只	顶盖	现地	2	
38	接力器开、关腔油压	压力表及压力变送器	各 2 只/接力器	接力器	接力器/仪表盘		
39	接力器锁锭投入信号指示	行程开关	2 只	水轮机机坑	调速器控制柜	2	指示并锁锭
40	接力器锁锭拔出信号指示	行程开关	2 只	水轮机机坑	调速器控制柜	2	指示并锁锭及控制导叶开启
41	导叶保护装置信号及继电器	行程开关（带信号指示）	各 1/导叶	导叶保护装置	仪表盘	1	保护装置报警
42	导叶位置行程开关	行程开关	1 套	接力器	没有显示	8	指示导叶位置
43	导叶位置变送器	位移传感器	4 只	接力器		2/2	调速系统及监控系统
44	齿盘测速装置	齿盘＋4 个脉冲转速探测器	1＋4 只	水轮机轴		2/2	调速系统及监控系统
45	拦污栅	差压传感器	1 只	尾水管廊道	现地、仪表盘	2	监控
		压力开关	1 只	尾水管廊道	没有显示	1	监控
46	主轴蠕动探测器	蠕动探测器	1 套	水轮机轴			

续表

序号	功能	仪器	数量	仪器装设或测点位置	显示位置	接口数量	接口功能
47	纯机械液压过速保护	脱扣器、离心飞摆、液压阀等	1套	主轴			调速系统及监控系统
48	漏油箱自动化元件	油位指示、油位报警、油混水变送器、油温检测等	1套				
49	主轴密封增压控制装置（若有）						
50	其他（必须列明细项）						

2.21.3　仪表和控制设备

本技术条款未明确的自动化元件（装置）性能应不低于 GB/T11805《水轮发电机组自动化元件（装置）及其系统基本技术条件》、DL/T619《水电厂机组自动化元件及其系统运行维护与检修试验规程》，及其引用标准的有关规定。

1）一般规定

（1）可靠性

在合同规定的保证期内连续正常运行，可用率100％。

（2）装置的工作电源在下列变化范围内，能正常工作

DC220V（电压变化范围＋10％——15％）。

AC220V，50Hz（电压变化范围－20％——＋15％，频率变化范围±0.5Hz）。

（3）输出量：

A. 模拟量输出为 DC4—20mA（三线制），负载电阻最大值不小于750Ω。

B. 开关量应以空接点的形式输出，开关量接点容量：

DC220V，不低于1.5A，速动型；

AC220V，不低于3A，速动型。

（4）抗干扰能力

电磁兼容性（EMC）：IEC 61000-4-2-5，3级；

抗射频干扰：IEC 1000-4-3，80—1000MHz，10V/m；

抗静电干扰：IEC 1000-4-2，8kV。

（5）电绝缘性能

工作电压为220V的元件、仪表，交流耐压为2400V，且在1min内不得击穿、闪络；用500V兆欧表现场测电源端子与外壳、信号端子（引出线、插座）与外壳、电源端子与信号端子等之间的绝缘电阻应不小于10MΩ。

工作电压为60V以下的元件、仪表，交流耐压为1000V电压1min内不得击穿、

闪络；用 250V 兆欧表现场测电源端子与外壳、信号端子（引出线、插座）与外壳、电源端子与信号端子等之间的绝缘电阻应不小于 10MΩ。

（6）变送器和信号器的导线应缠绕在一起，使电磁干扰最小，并有屏蔽，使静电干扰最小。在需要防止杂散轴电流影响处，仪器的外壳应予以绝缘。

（7）现地传感器、仪表外壳的保护等级不低于 IP54 级，防水型不低于 IP65 级。

（8）指示仪表的精度不低于 0.5 级，传感器（变送器）精度不低于 0.2 级。

（9）各种液（气）压自动化元件（装置）按 GB、IEC 标准进行压力试验，耐压试验压力不低于 1.5 倍公称压力，试验时间不低于 10min，试验后不得出现裂纹和渗漏等异常现象；密封性试验压力不得低于公称压力，试验时间 30min，无渗漏现象。

（10）各种自动化元件（装置）按 GB、IEC 标准进行动作试验，应灵活、准确、可靠，完全适应本电站强磁、强电、潮湿环境工作；元件、仪表的结构易于安装，易损零件便于更换。

（11）机坑内自动化元件（装置）的产品金属电镀层、化学覆盖层和油漆层，不得低于 JB4159《热带电工产品通用技术标准》的一级规定，机坑外的自动化元件（装置）的产品金属电镀层、化学覆盖层和油漆层，不得低于 JB4159《热带电工产品通用技术标准》的二级规定。塑料零件和外观要求应符合 JB4159 一级的要求。

（12）仪表和控制设备应安装在易于接近的地方，其刻度、指示和铭牌要清晰、易读。显示单位采用公制，温度以℃刻度，压力以 MPa 刻度，流量以 l/min 刻度，效率以％刻度，振动以 0.01mm 刻度，液位用 m 或 mm 刻度。某些仪表刻度如果没有规定，则由卖方根据工作条件选择，由买方审查确定。

（13）卖方应提供随水轮机一起提供的所有仪器的参数（包括用途、装设位置、型式、尺寸、元件性能、刻度范围、测量范围、二次接线图、触点接通条件、电气整定值参数和制造商名）。元件和仪表均应设有铜或不锈钢中文铭牌。

（14）卖方应把布置在发电机层、水轮机机坑内以及为操作廊道层的显示仪表分别集中安装在一处，并固定在适当的地方。所有安装在仪表柜上的仪表应经买方批准，并与其他相关仪表匹配。卖方应配套提供各种自动化元件（装置）和仪表安装、运行维护和检修所需的所有接线、接头、仪表三通阀、截止阀、放气阀、排水阀和管道。接线应配有柔性导管，管道应为不锈钢或铜管，所有测量表计前应设置仪表阀，导线与金属的接触处要用不导电的绝缘材料。所有安装在测量点上的指示器、仪表应稳固地支承在托架上，并易于检修。

2）仪表和控制设备细则

（1）压力测量元件

压力元件适用的工作介质应与实际使用的流体介质相符；根据 GB、IEC 标准，压力元件应能适应规则或不规则的压力变量，并具有良好的阻尼；压力监测装置精度不低于 0.5 级，测量元件精度不低于 0.2 级，压力开关的重复动作误差不大于 1.5%。

（2）压力表

压力表应为青铜布尔登管、波纹管或其他经买方审查的型号，可调节型，并具有抗震性能，带有直径约为 150mm 的白色刻度盘、黑色刻度线及指针。压力表应符合 ANSI 标准 B40.1"指示式压力和真空表"，应为 A 级精度或更高，水压力表前应提供无塞式脉动阻尼器。各测压测嘴应由卖方提供。

（3）压力开关

压力开关应有独立、可调、不接地报警触点电路。压力开关上应有 1 个经校准了的刻度盘和 1 个外部调节装置，用来设定工作压力。引线应接到水轮机端子箱。压力开关结构形式在设计联络会上确定。

（4）压力（压力脉动）传感器

压力传感器要求动态响应时间至少小于 1ms，能够分析 200Hz 以上的脉动频率。应有较高的测量精度，精度至少为 0.2 级。

供电电源：满足招标人提供的外接电源条件

线性度：±1%

等级：0.2 级及以上

输出：4—20mA

频响范围：0—1kHz

（5）差压变送器

差压变送器应感受和发出 1 个正比于差压的线性输出。差压变送器应是 2 线型并应有设施以便调零和调刻度。差压变送器应具有如下特性（激磁电压、电源电压在设计联络会上确定）：

调节范围：电压变化范围±0.4%

精度：±0.25%

漂移：±0.25%

（6）流量和效率仪

应提供 1 个流量和效率仪，该仪器应能单独地接受水头、机组有功功率和水轮机流量输入信号，且应有计算功能。水轮机流量输入信号既可来自文特-肯尼迪（Winter-Kennedy）差压变送器又可来自超声波流量计，超声波流量计由另外的承包人供货。应附有必要的按钮及净水头（m）、流量（m^3/s）、有功功率（kW）、耗水率（$m^3/s \cdot kW$）和机组效率（%）的数字显示仪，并应能显示相应的瞬时参数值的读数。显示仪应有最大 6 个数字显示位及工程单位显示位。净水头测量显示范围应为_____m 到

_____m，流量测量的范围应从 0％到 100％最大流量。流量和效率仪应分别输出代表净水头、流量、耗水率和机组效率的 4—20mA DC 输出信号至电站计算机监控系统。

（7）功率变送器

功率变送器应把测得的发电机有功功率转换成 4—20mA DC 输出信号，该直流信号应输送到仪表柜上。

（8）测温电阻

测温电阻（RTD）应选用进口芯片式双元件铂电阻，一体式结构整体设计。铂电阻元件、传感器内部引线、外部电缆的三者间连接必须采用激光焊接工艺，铠装封装。

测温电阻引线采用耐油耐温屏蔽电缆，且屏蔽层外有耐油耐温护套层。传感器电缆芯线材质为镀银铜线。电缆在 80℃的透平油中最少工作 5 年。电缆采用大于 95％的网状镀锡铜屏蔽编制。电缆芯线每线间的阻值差小于 0.2 欧姆/100 米。

油槽中的测温电阻采用密闭式油槽出线装置，引线从油槽集中引出，直接接到现地端子箱上，中间无接头，引出部位加装盖板，以保护电缆。卖方应提供测温电阻在油槽内的安装和布线方案及相关配件。

每个测温电阻应采用三根引线接到水轮机端子箱内的端子排上，RTD 双元件的备用元件亦应引线到水轮机端子箱内。备用元件的引线应在端子板上接地。

（9）温度表（带接点温度计）

温度表采用独立的 RTD 测温元件，温度表的检温计应装在表征最热部件温度的地方。温度表的显示器应装在水轮机仪表盘上。探测元件与导线应按要求屏蔽，以防止外部电磁场的影响。温度显示器应以摄氏温度显示，其显示范围至少应在预计的最高允许运行温度的 120％的范围。检温计应有 2 个可调的、电气上独立的、不接地的报警信号接点和跳闸接点。

（10）带现地显示的流量计/变送器

流量变送器应是成熟的产品，能满足流量测量的要求，其指示范围应为冷却水最大流量的 0％—125％，流量计上应装备 2 套可调节、不接地、电气独立的下限流量报警触点电路。孔板（若采用）应采用不锈钢材料并提供孔板法兰（或其他适用于流量测量的装置），4—20mA 直流信号的导线应接到水轮机端子箱。应将带闸阀的旁通管跨接在仪表的两端，以便拆卸仪表时不需停机。

（11）流量开关

卖方应为冷却水回路提供热导式流量开关，装于冷却器排水管道侧。该开关应设有流速和报警两个独立的调节旋钮，流速旋钮由指针来指示管道内流体流速，报警旋钮由灯的闪烁来显示报警点。探头应具有良好的防结垢性能，引线应接到水轮机端子箱。

为便于监视轴承外循环冷却油系统管路油流状态，卖方应为油循环回路（如推力轴承油外循环回路、高压油顶起回路）提供可视流体的机械式流量测控装置，该装置应能在低压、小流量工况下可靠工作，应有 1 路 4—20mA 模拟量输出和 1—3 路开关量输出，具有压损小，可视管道内流体状态，能指示管道内流体流量。

（12）油位计及油位传感器

每个轴承油槽应设置 1 个油位计。油位计应有 1 个足够长的标尺用来指示发电机停机或运行时导轴承内的油位，油位计应装在油槽附近容易接近的位置，以方便读数。

油位计应选择耐油型、抗冲击、密封良好的产品。在各种运行工况下，应正确显示油位数据。

每个轴承油槽应配备一个油位传感器，传感器的量程应足以测量在发电机停机和所有运行工况下的油位。传感器应能输出 4—20mA 直流信号，引线连接到水轮机端子箱上。

（13）油位开关

每个轴承油槽应配备一个油位开关，每个油位开关应具有四对电气独立的接点。

每个接点的动作油位应是独立可调的，接点不应接地。油位计的量程应足以指示在停运和所有运行状态下的油位。上述接点应连接到水轮机端子箱。

（14）油混水检测器

在每个轴承油槽内，卖方应提供一只检测器，以检测漏进油里的水。每一个检测器应带 2 对电气独立的接点电路供买方使用。

（15）电磁阀

电磁阀应采用双线圈结构，具有自保持功能，电源按 2.2.6 的规定配置。

（16）齿盘测速装置及残压测速装置

每台机组提供 1 套齿盘 PLC 测速装置，包括齿盘（或齿带）、双探头（接近开关）和测速装置。齿盘（或齿带）采用线切割，接近开关的频率响应 0—700Hz，测速装置采用双路输入，带触摸式操作面板与 PLC 进行数据交换，输出 4—20mA 和不少于 6 对接点，能与计算机监控系统和机组 PLC 进行数据交换，并接受监控系统的操作和运行管理，同时能监测机组惰转。

电气测速装置为冗余配置，转速信号取自机组 PT。输出 4—20mA 和不少于 6 对接点，能与计算机监控系统和机组 PLC 进行数据交换，并接受监控系统的操作和运行管理。

（17）导叶保护信号装置及继电器

水轮机应提供 1 套导叶保护信号装置。当导叶保护装置动作时应发出指示和报警信号。保护信号装置应起动装在仪表柜上的继电器，继电器的电源为 220VDC。继电器应有 4 个独立接点供买方使用。

（18）纯机械液压过速保护装置

每台机组提供 1 套成熟可靠的纯机械液压过速保护装置，含精密的离心飞摆（离心探测器）、液压换向阀（液压脱扣器）和安装支架，该装置在整定转速动作后，可控制过速保护装置（发包人另行采购）动作关闭水轮机导叶，同时输出 2 对空接点。

（19）蠕动探测器

卖方为每台机组提供一个蠕动探测器。如果机组在停机状态下开始蠕动，蠕动探测器将动作，并启动高压油顶起系统和机组制动装置。

蠕动探测器有两对电气上独立的接点至发电机表计盘并与电站计算机监控系统通信。蠕动探测器的最终型式，在设计联络会上确定。

蠕动探测器电源及现地控制和指示应满足以下要求：

A. 装设电源监视继电器，对输入电源、输出电源进行监视，盘面装设相应的电源投入信号指示灯。

B. 盘面装设蠕动功能投入、退出信号指示灯。

C. 装设盘面信号灯试灯按钮。

D. 设置"现地/远方"控制模式切换开关，及蠕动功能投退开关。现地方式下，可通过投退开关进行功能投退。在远方方式下，接受计算机监控系统的蠕动功能投退命令。

（20）密封水过滤器

对密封水，应提供过滤器、监测装置和自动控制装置。过滤器应为双回路滤网，且网眼尺寸合适，以满足对工作寿命的要求。当其中 1 个滤网工作时，应能方便地更换另 1 个滤网。为便于整定，应提供 1 个可调整的差压开关和 1 个差压表以及所需要的截止阀、管路和附件。仪表应接到水轮机端子箱。监测装置应能测量过滤器堵塞情况，并发出堵塞报警信号。

2.21.4 水轮机仪表柜细则

1）卖方应根据需要为每台水轮机配备 3 组仪表柜，分别布置在发电机层、水轮机层和操作廊道层。

2）仪表柜应为刚性支撑结构，应符合 NEMA 标准，用不小于 2.0mm 厚钢板、角钢和槽钢制成。仪表柜高 2200mm＋60mm，其中 60mm 为盘顶挡板的高度，深 600mm。宽度可由卖方确定，但应满足现场的布置要求，最终的尺寸及布置将在设计联络会上确定。外表颜色由买方确定。表盘后部应有为调整和维修用的门，顶部和底部有电缆开孔。所有仪器仪表均嵌装在仪表柜前门上或者是固定在仪表柜内，显示仪表应安装与仪表屏面齐平。盘门应为铰接，且装有玻璃窗，以便于仪表读数。

3）仪表柜应有下述的水轮机保护和运行参数监测、显示仪设备。在仪表柜面板上应至少装设下列显示仪表，显示仪表具体数量和仪表柜面板上的盘位划分在设计联络会上确定。

（1）布置在发电机层的仪表柜

A. 导轴瓦温度表；

B. 导轴承油温度表；

C. 导轴承冷却器进、出水温度表；

D. 导轴承冷却器流量表；

E. 水轮机参数数字显示表（带选择按钮显示水头、流量、有功功率、耗水率和机组效率）。

（2）布置在水轮机层的仪表柜

A. 蜗壳进口压力表；

B. 蜗壳末端压力表；

C. 顶盖压力真空表（转轮上止漏环后）；

D. 顶盖压力真空表（主轴法兰密封前）；

E. 顶盖压力表（转轮外侧）。

（3）布置在操作廊道层的仪表柜

A. 蜗壳进口压力表；

B. 基础环压力表；

C. 尾水管进口压力真空表；

D. 尾水管出口压力表；

E. 转轮腔压力真空表。

（4）其他卖方建议的控制仪表和设备

4）在仪表柜内应装有在本节中规定的，或者是本合同范围机组的测量、控制要求的继电器、传感器、变送器、信号器等控制仪表和设备。

5）卖方应提供仪表柜的基础及仪表柜与探测元件、测量控制仪器、仪表、设备、和表计之间所有必需的连接电缆和管道及其辅助设备，并应满足长度的要求。基础为带孔的槽钢结构，用螺栓安装固定仪表柜。

2.21.5　水轮机端子箱和导管

1）水轮机机坑内的导线应尽可能设在金属管内。金属管的排列应不妨碍水轮机的拆卸。金属管应穿过机坑混凝土引至机坑外的水轮机端子箱近旁。

2）水轮机机坑外部仪表的信号导线应在电缆桥架上或穿过金属管敷设并连接到端子箱内。

3）水轮机端子箱的详细布置将在设计联络会上确定。

2.21.6 管道、导管和支座

1）表计、仪表和设备所需要的全部管道、导管和支架均由卖方提供，柔性导管应该用紫铜管制作，在所有表计和主要连接点要设置阻流旋塞。

2）测压管道应是不锈钢材料，且管路外径≥Φ32mm，壁厚≥3mm，其外侧应有保护板，埋管应采取防护措施以免施工堵塞或压断。

3）测压计接头与相关部件的连接应考虑部件在浇混凝土以及将来运行过程中部件的收缩和膨胀的影响。

4）所有安装在测量点的指示器应稳固地支承在托架上，并易于检修，安装高度适当，从地面便于观察。

2.22 油、气、水管路接口

2.22.1 概述

本节描述了与电站总体布置相关的卖方设备的油、气、水管路的路径规划，以及与其他卖方设备或管路之间的接口位置和连接方式。在卖方的详细设计图纸中应表示该部分内容，并提交给买方审查。买方将在图纸审查过程中，或在设计联络会上确定详细的接口位置。

2.22.2 水轮机导轴承供、排水管

水轮机导轴承供、排水管应从水轮机机坑接引至电站_____m高程的水轮机层机墩外壁，管路中心高程为_____m，分别与技术供水系统的供、排水管相接。

2.22.3 主轴密封供水管

主轴密封供水管应从水轮机机坑接引至_____m高程的水轮机层机墩外壁，管路中心高程为_____m，与主轴密封供水加压/减压装置连接。主轴密封供水加压装置的进水管口将与电站技术供水系统的供水管连接，减压装置的进水管口与蜗壳取水管路连接。

2.22.4 尾水管排水管

尾水管排水管从尾水管盘形阀接引至_____m高程的检修排水汇集廊道，其埋设的长度约_____m。

2.22.5 机坑排水管（主轴密封排水管）

机坑排水管用于水轮机坑自流排水，该排水管应从机坑接引至主厂房上游侧_____m高程的DN_____mm全厂渗漏排水总管内。

2.22.6　顶盖自流排水管

顶盖排水采用自流排水方式，从顶盖经开孔的固定导叶，通过固定导叶排水管排至主厂房上游侧＿＿＿＿＿m 高程的 DN ＿＿＿＿＿mm 渗漏排水总管内。

2.22.7　顶盖水泵出口排水管

顶盖内设有 2 台排水泵，顶盖水泵出口排水管应引至主厂房上游侧＿＿＿＿＿m 高程的 DN ＿＿＿＿＿mm 全厂渗漏排水总管内。

2.22.8　底环导叶轴孔排水管

底环导叶轴孔对应位置设置有排水盒及相应的排水管路，排水至渗漏集水井或尾水管，具体接口在设计联络会上确定。

2.22.9　水轮机转轮上腔平压管

水轮机转轮上腔平压管应引至尾水管，顶盖与机坑间的连接宜采用柔性连接结构。

2.22.10　机组主轴自然补气装置排水管

主轴自然补气装置排水管暂考虑经下游墙接引至电站上游侧＿＿＿＿＿m 高程的 DN ＿＿＿＿＿mm 自然补气排水总管。

2.22.11　水轮机导轴承进油、排油硬连接及套管

水轮机设有导轴承进油、排油软管各 1 根，软管通过套管从＿＿＿＿＿m 高程的水轮机层接引至水轮机机坑内。机坑壁应埋设套管，并应使得水轮机导轴承进油、排油软管方便地穿过套管。在水轮机导轴承充油或排油时，软管的一端与水轮机导轴承进、排油口相接，另一端与机坑外、水轮机层的电站透平油系统管路活接头连接。

2.22.12　机组检修密封供气管

机组检修密封供气管应接引至电站＿＿＿＿＿m 高程的水轮机机墩外侧，管口中心高程为＿＿＿＿＿m。

2.22.13　机组主轴自然补气管

主轴自然补气管的进气口应接引至上游隔墙内发电机层以上高程。

2.22.14　顶盖压缩空气补气管

在顶盖上设有预留的压缩空气补气管路。至＿＿＿＿＿m 高程水轮机层机墩外壁，管口中心高程＿＿＿＿＿m，与电站供气系统连接。

2.22.15　底环压缩空气补气管

在底环上设有预留的压缩空气补气管路。至＿＿＿＿＿m 高程水轮机层机墩外壁，管口中心高程＿＿＿＿＿m，与电站供气系统连接。

2.22.16　水轮机基础环压缩空气补气管

在基础环上设有预留的压缩空气补气管路。至＿＿＿＿＿m 高程水轮机层机墩外壁，管口中心高程＿＿＿＿＿m，与电站供气系统连接。

2.22.17 其他

其他本节未及的管路布置和接口，买方将在卖方图纸审查过程中，或在设计联络会上确定。

表 7-2-22 水轮机油、气、水管路接口汇总表

序号	管路名称	接口

2.23 水轮机辅助电气设备、照明系统与厂用电系统的接口

卖方供货的水轮机辅助电气设备、照明系统与电站厂用电系统的接口在卖方供货的动力柜、配电箱、端子箱及有关的盘柜内的进线断路器或端子排上。

卖方供货的水轮机动力柜、照明箱将布置于主厂房_____m 高程的水轮机层。水轮机动力柜负责水轮机机坑内水轮机导轴承外循环油泵（如有）、顶盖排水泵、环行吊车等辅助电气设备的供电和控制。水轮机照明箱负责水轮机机坑内工作照明和事故照明系统的供电。

电站厂用电系统提供 2 回独立的 380/220V AC 三相四线制电源至水轮机动力柜，提供 1 回 380/220V AC 三相四线制电源至水轮机照明箱，见 1.2.6 "厂用电系统"。

2.24 水轮机及其辅助设备控制系统与电站计算机监控系统的接口

2.24.1 概述

本节描述了卖方供货的水轮机及其辅助设备与电站计算机监控系统的接口的一般要求。卖方应提供水轮机及其辅助设备控制系统与电站计算机监控系统接口的 I/O 点表，具体在设计联络会上确定。参见 1.1.3 "供货界面"和相关专用技术条款。

2.24.2 主轴工作密封控制系统

1）主轴工作密封控制系统

主轴工作密封控制系统应以 I/O 点的方式从水轮机仪表柜和/或水轮机端子箱接入电站计算机监控系统。电站计算机监控系统从主轴工作密封控制系统采集主轴密封水示流信号、主轴密封水进口压力信号、调节密封水过滤器压降信号、工作密封加压泵运行/故障信号；根据开/停机流程要求开启/关闭主轴密封水电磁阀；可根据密封水压是否满足密封要求，对加压泵进行远方启/停控制。

2）主轴检修密封控制系统

主轴检修密封控制系统应以 I/O 点的方式从水轮机仪表柜和/或水轮机端子箱接入电站计算机监控系统。电站计算机监控系统从主轴检修密封控制系统采集空气围带压

缩空气的进入或停止信号，根据开/停机流程要求进行围带排/充气。

2.24.3　水轮机冷却水控制系统

1）水轮机水导轴承冷却水控制系统

水轮机冷却水控制系统应以 I/O 点的方式从水轮机仪表柜和/或水轮机端子箱接入电站计算机监控系统。电站计算机监控系统从水轮机水导轴承冷却水控制系统采集水导轴承冷却器的流量信号。

2）水导轴承外循环油控制系统

水导轴承外循环油控制系统应以 I/O 点的方式从水轮机仪表柜和/或水轮机端子箱接入电站计算机监控系统。电站计算机监控系统从水导轴承外循环油控制系统采集油泵运行、冷却器堵塞和电动机（如果有）故障、冷却器进出水温信号，根据开停机流程要求启/停油泵，监视水冷器的工作状态。

2.24.4　顶盖排水控制系统

顶盖排水控制系统应以 I/O 点的方式从水轮机仪表柜和/或水轮机端子箱接入电站计算机监控系统。电站计算机监控系统从顶盖排水控制系统采集顶盖内水位报警信号、排水泵运行及故障信号，根据开停机流程要求启/停排水泵。

2.24.5　主轴补气控制系统

主轴补气控制系统应以 I/O 点的方式接入电站计算机监控系统。

2.24.6　其他

蜗壳压力、顶盖压力、尾水管压力、尾水管出口压力、转轮腔压力、水导轴瓦温度、水导轴承油温、水导轴承油位、锁锭投入/拔出、导叶保护信号装置及继电器、轴承中的油混水、水轮机水头、水轮机流量及水轮机效率的有关参数均以 I/O 点的方式从水轮机仪表柜和水轮机端子箱接入电站计算机监控系统。

2.25　工厂内组装及试验

2.25.1　概述

1）除非买方书面放弃，水轮机及其辅助设备重要部件的质量检查、重要的工厂装配和试验必须由买方代表见证。无论是买方放弃或由其代表见证了某项质量检查、工厂装配和试验，都不构成减免卖方对所提供的设备满足技术规范要求责任的条件。

2）水轮机及其辅助设备主要部件在工厂进行的检查、装配和试验至少应包括下表中的内容。表中，"√"表示检查和试验项目；"＊"表示买方应参加见证的项目。试验所需的所有设备和仪器由卖方准备，检查和见证所需的全部费用应包括在总价中。

3）关于工厂内组装及试验的其他要求，见 1.28 "工厂制造、组装、试验的见证"。

表 7－2－23　水轮机工厂质量检查、装配及试验项目表

序号	名称	材料试验				制造过程与最终检验				取样试验	其他检验项目及备注
		机械性能	化学成分	无损检测	硬度试验	无损检测	外观检查	尺寸检查	操作试验		
1	转轮	√	√	√	√	√	√*	√*			静平衡*
2	主轴	√	√	√		√	√*	√*			法兰面平行度*、同心度*、主轴法兰垂直度*
3	转轮、发电机转子与主轴连接螺栓	√	√				√				拉伸试验
4	导轴承	√					√				局部装配、冷却器耐压试验
5	主轴密封						√	√			局部装配
6	座环	√	√	√	√	√*	√*	√*			组装检查
7	顶盖	√				√*	√*	√*			组装检查*
8	底环	√				√	√	√			组装检查
9	蜗壳	√	√	√		√*	√*	√			焊接工艺试验*
10	基础环	√				√	√	√			
11	尾水管里衬	√					√*	√			
12	机坑里衬	√					√	√			
13	活动导叶	√	√	√	√	√	√	√	√*		
14	活动导叶操作机构	√	√			√	√		√*		导叶操作机构预装及动作实验*
15	导叶保护装置	√					√			剪断销破断试验	导叶摩擦装置动作试验
16	接力器	√	√	√		√*	√*		√*		耐压试验
17	止漏环	√	√	√	√	√	√	√			
18	辅助设备及自动化元件										出厂试验及验收

注：无损检测包括超声波、渗透、磁粉、TOFD 等多种手段，卖方应提出主要部件的检测方案。

2.25.2　材料试验

应按 1.9 "材料试验" 的规定进行材料试验以及按 1.13 "无损检测" 中的规定对工厂内的焊缝作探伤检查。卖方还应在工厂内对蜗壳和座环的工地焊缝，以及蜗壳进口段与压力钢管的焊缝作焊接工艺试验，压力钢管的试验材料由买方提供。

2.25.3　工厂内装配

水轮机部件应在工厂内尽可能最大限度地进行装配或预装，以检验其设计、制造和加工情况，确认轴线、配合和间隙的正确。各部件均应在工厂内打上装配记号，做好标记和设定位销钉以保证在现场准确地组装。如需要在现场组装和配钻，应提供配

钻后插入的定位销。

座环只同蜗壳小尾端进行预装。转轮应在整体加工好后按 2.5 "转轮"中的规定作静平衡和流道相似性检查。卖方供货的第一台投产的水轮机的活动导叶、导叶操作机构、顶盖、底环应在工厂内进行整体组装，并应进行流道相似性检查。装配好的导水机构应做全开闭试验，以证明导叶及其操作机构动作正常，没有干扰。

2.25.4　导叶保护装置试验

每台水轮机应做 2 个导叶摩擦装置的动作试验，明确干燥和润滑条件下的摩擦系数，以及发生滑动部位螺栓的伸长。试验记录的过程和结果应提交给买方审查。如果使用其他类型的装置，必须进行等效试验。

2.25.5　导轴承

装配后的导轴承内腔应在上下边各精确测量 4 点，主轴轴颈的直径也以同样的方式测量，并记录。应对测量结果做出分析以确定设计间隙的正确性。

2.25.6　工厂内测量

装配的控制尺寸的各处间隙应测量并记录在工厂检查表中，同时标明设计和实际测得的尺寸，卖方应为此做好准备。应将工厂检查表的复印件在工厂检查组装前提交给买方，供买方审查。应测量和记录导叶端部与顶盖之间、导叶底部与底环之间的间隙，以及沿导叶关闭接触线的间隙（导叶无压紧力）。还应测量导叶开度为 50％ 及 100％ 时导叶上、中、下三处的实际开度。应测量装配体的垂直和水平度；应检查底环与顶盖同心度、顶盖和底环导叶轴孔同心度以及导轴承与轴封配合面的同心度。

2.25.7　压力试验

所有承受油压（包括润滑系统油压和润滑干油油压）、气压以及水压的部件和装置均应进行 1.5 倍设计最大压力的压力试验，耐压时间为 30min，而无渗漏。卖方应准备 1 份这种压力试验的总表，该表内容包括设计压力、试验压力和试验日期。当总表完成后，将作为 1 份检查记录。

2.26　水轮机安装调试

水轮发电机组及其辅助设备的安装，将根据"安装、调试、试运行和验收试验"规定，在卖方人员的指导下由安装承包商完成。

卖方应在合同生效后 90 天内提供详细的安装程序给买方审查，并且在安装期间派代表到现场指导安装承包商进行安装。

3　水轮机模型试验

3.1　概述

卖方应在投标前完成模型水轮机的设计、制造和初步试验，在投标时提交完整的初步模型试验报告，招标文件性能保证表中的水轮机部分作为试验报告附件；在评标阶段，买方将对其初步模型试验报告进行评审，并组织进行水轮机模型复核试验。复核试验将在第三方试验台上进行。合同签订后，再进行由卖方见证的模型验收试验。

3.1.1 技术标准

除另有规定外，水轮机模型试验、复核试验、模型验收试验均应依据下列标准进行：

1）GB/T15613 水轮机、蓄能泵和水泵水轮机模型验收试验。

2）GB/T10969 水轮机、蓄能泵和水泵水轮机通流部件技术条件。

3）IEC60193 水轮机、蓄能泵和水泵水轮机模型验收试验。

3.1.2 计算及流态模拟流动分析和优化

应在研发阶段进行一系列流态数值模拟流动分析，对水轮机流道及相关部件进行优化设计，应特别注意分析高水头各种负荷和低水头大开度工况下，转轮叶片进口边脱流空化和叶道涡以及尾水管涡带的产生和发展程度，以及上述各种工况下预期的压力脉动频率和幅值。还应随投标文件提交详细的流态数值模拟流动分析成果。

3.1.3 工作计划、试验程序

1）卖方投标前就应开始进行流态数值模拟流动分析和水轮机模型优化设计，并应随投标文件提交详细的流态数值模拟流动分析成果和设计、优化比较结果，叙述分析方法、比较结果和设计改进的评价，以及最后建议的设计。买方应进行和完成模型初步试验，初步试验报告应随投标文件提交卖方，模型初步试验报告内容及格式见 3.4.4"模型初步试验报告"。

2）买方在招标阶段将组织对模型初步试验结果进行复核试验，经过评标，在合同签订后，再进行由买方目击的模型验收试验。

3）模型验收试验在卖方试验台上进行，模型验收试验结果要取得买方的完全同意后，再提交最终的模型试验报告。在买方批准模型验收试验结果之后，这个结果将是原型水轮机性能及通流部件验收的基础。如果水轮机原型与模型的几何相似性偏差在验收试验规程容许的范围内，则模型试验结果可以转换为原型，作为评价性能保证的依据。

4）只有在模型验收试验成果获得买方批准之后，原型水轮机转轮及其他关键部件才可以投入制造。

5）从合同生效之日起，包括买方目击证实的模型验收试验在内的全部模型试验和最终试验报告应在_____个日历日内完成。

6）卖方应在模型验收试验 30 天前通知买方，以便能目击模型验收试验以核实模型特性。

3.1.4　重复试验责任及费用

根据 GB、IEC 标准进行的重复试验和重复率定是卖方应负的责任，其费用应由卖方承担。

3.2　模型试验台

3.2.1　概述

卖方的模型试验台应具有各参数的（水头、流量、力矩等）原位率定系统，模型试验台的原级测试设备，必须有国家或权威检测部门有效期内检测的精度证书，次级仪器设备应有率定文件。应满足验收试验项目需要、各种试验参数的测量精度和运行稳定性的要求，试验台模型效率综合测试误差应小于±0.25%，模型效率重复测试误差应小于±0.10%。模型的效率、空化、压力脉动、流态观测、飞逸、力特性及补气试验等应在同一试验台同一模型上进行。

3.2.2　详细技术要求

1）模型试验台水循环系统必须稳定，试验中试验水头波动的最大与最小值之差与平均值之比，不得大于±0.5%，转速波动的最大与最小值之差与平均值之比，不得大于±0.2%。

2）模型试验台试验水头应不小于 30m。

3）压力脉动试验数据采集系统的采样频率应达到每通道 2kHz 以上的采样频率，其 A/D 转换器分辨率至少不小于 16 位。

4）压力脉动传感器的频率响应范围应能覆盖被测信号的全部有用频率，试验中最好选用动态压力传感器；如选用静态压力传感器测量压力脉动，传感器的频率响应应至少为被测脉动频率的 5 倍，即传感器的频率响应应大于 5kHz。压力传感器应根据待测脉动压力的大小选择相应的量程，压力传感器的分辨率应小于 0.1kPa（0.01mH₂O），试验前后应对压力脉动传感器进行率定。

5）压力传感器的安装应满足 GB、IEC 的基本要求，压力传感器表面应与流道内表面齐平，不允许通过连接管与压力传感器相连，避免连接管的共振及阻尼。

6）模型试验台应具备模型转轮叶片进口正背面脱流、叶片正背面空化、卡门涡、叶道涡及尾水管涡带等观测手段及相应的观测设备和装置。试验台应有空气含量测定装置。

7）所有仪表、传感器和其他设备都应以可能的最高速度，以一定时间间隔采样，并打印水头、流量、水温、水轮机模型轴的转速、转动力矩、轴向负荷、导叶水力矩；尾水管进口、肘管、导叶和转轮之间以及蜗壳的压力脉动；蜗壳压差法测流量的压差和补气试验的空气补入量。

3.3 模型

3.3.1 模型设计及制造

应设计和制造 1 套为本项目专门研制的、完整的、全新的模型水轮机装置，并应满足水轮机模型的水力试验要求，除尾水管直锥段和其他供观测的孔口采用非金属透明材料外，其余材料为金属材料。模型水轮机包括蜗壳、座环、顶盖、导叶、转轮、基础环、底环和尾水管在内的整个流道，并应在蜗壳进口上游侧和尾水管出口以外的部分留有足够的长度。

如原型水轮机采用减压孔方式或者上冠设置有排沙孔，其原型尺寸和位置亦应与模型相似，这些减压孔或排沙孔在模型效率试验时不允许封堵，以确保水流分布与原型相似，同时模型装置应保留有顶盖平衡管试验设备。凡影响水推力的部件，如转轮上止漏环及平衡管应完全模拟真机，以便能准确地预测原型的轴向水推力。

模型水轮机应满足与复核试验台的安装和连接。

3.3.2 详细技术要求

1）模型水轮机的水力设计包括全部通流部件（包括蜗壳进口延伸段），模型水轮机转轮的直径 D_2 应为_____mm 左右，但应不低于 300mm。

2）对模型通流部件的全部重要尺寸均应进行精确的测量，并记录下来，以便验证与原型的几何相似性。

3）模型应设有通过光纤窥镜直接观察转轮叶片进口边空化、气泡、脱流和叶道涡情况的装置，装置安装尺寸应同时满足复核试验台光纤窥镜的安装要求。尾水管直锥段、尾水管肘管的某些部分为透明材料，以便能在闪频灯光下肉眼观察，并便于摄像机和照相机拍摄这一区域的流动特性，包括空化的发展、尾水管的涡带和卡门涡等现象。

4）模型水轮机应设置主轴、顶盖和基础环补气装置。

5）水轮机模型转轮上止漏环及平衡管应完全模拟真机，以便在模型上测量轴向水推力。

6）在水轮机模型流道上按要求设置压力脉动测压孔。压力脉动测点应至少包括：

（1）4 个测量尾水管压力脉动的测点，分别设置在尾水管锥管，距转轮出口 $0.3D_2$ 处上下游侧各一个；距转轮出口 $1.0D_2$ 处上下游侧各一点。

（2）2 个测量尾水肘管压力脉动的测点，分别设置在肘管上下游侧 45°各一个。

（3）4 个测量转轮前、导叶后区域压力脉动的测点，＋X、－X、＋Y、－Y 方向各 1 个测点，布置在额定导叶开度时，导叶出水边内切圆直径与转轮上冠外径之间的 1/2 处（以转轮上冠外圆为起始点）。

（4）2 个测量蜗壳进口压力脉动测点，布置在蜗壳进口段距离 X－X 断面上游侧

1.0D$_2$ 处，同时须避开舌板连接断面。

7）压力传感器的安装应符合规程要求，测压面应与流道表面齐平。模型的效率、空化、水力稳定性和飞逸等试验全部在同一试验台上进行。模型试验台的原级测试设备应具有效期内的检测证书，且试验台的效率综合误差不大于±0.25%。

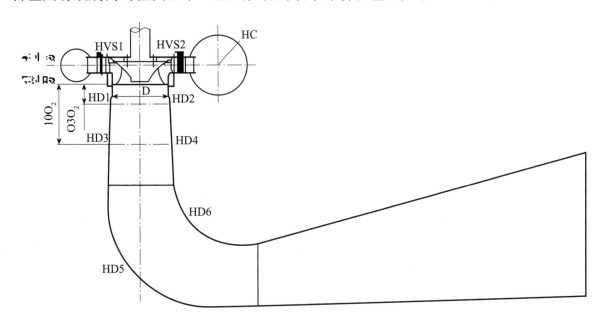

8）用于水轮机水头测量的蜗壳压力断面为距离蜗壳 X－X 断面上游侧_____m 处（原型水轮机），尾水管压力测量断面为距离蜗壳 X－X 断面下游侧_____m 处（原型水轮机）。

3.3.3 模型的保存和所有权

试验用的水轮机模型应由卖方保留，但不得改变，直到卖方供货的全部原型水轮机验收或双方共同商定的时间为止。在双方共同商定的时间内，水轮机模型应可以提供给买方进行必要的复核试验。

模型归卖方所有。

3.4 模型初步试验

3.4.1 模型初步试验

模型初步试验应为针对_____水电站的最新成果的水轮机模型试验。

3.4.2 模型试验内容和要求

试验方法可采用定水头变转速或定转速变水头进行试验。

电站空化系数计算的参考面高程为导叶中心线。

1）概述

（1）试验水头范围应在 2.2 规定的运行水头范围外至少向上和向下延伸 10m。

（2）水轮机模型初步试验的内容包括：效率试验、空化试验、水推力试验、飞逸转速试验、导叶水力矩试验、蜗壳测流压差试验、压力脉动试验、流态观测试验（叶道涡、卡门涡、叶片进口正背面空化及尾水管涡带）和补气试验及其他试验。

（3）上述试验项目（除飞逸转速和水推力试验外）均应在电站空化系数条件下进行，电站空化系数条件的参考面高程为导叶中心线高程，且应在符合规定的同一模型试验台及同一套模型水轮机上进行。

（4）除飞逸转速试验外，试验水头应不低于30m。飞逸转速试验可适当降低试验水头，但不应低于10m。

（5）试验过程中最高水温不得超过35℃，试验用水中不得添加任何减阻剂。

（6）除专门进行的补气试验测试外，在其他试验项目中的任何工况下不允许有任何方式的补气措施。

2）效率试验

所有效率试验应在电站空化系数条件下进行，试验工况点应包括规定的运行范围及考核点，原则以能画出完整的模型综合特性曲线为准。

3）空化试验

（1）空化试验过程中，应测量水中空气含量。水中空气含量应满足如下要求：在标准大气压力下，水温为20℃时水中空气总含量不低于0.2%的水容积。

（2）临界空化系数 σ_c 值采用 $\sigma_{0.5}$，$\sigma_{0.5}$ 指与无空蚀工况效率相比，效率降低0.5%时的空化系数。

（3）初生空化系数 σ_i 定义为随着吸出水头的减少，即尾水管内真空度的增加，在3个转轮叶片表面开始出现可见气泡时所对应的空化系数。

（4）空化试验时，应根据测量结果绘制具有临界空化系数 $\sigma_{0.5}$ 和初生空化系数 σ_i 值的曲线，在曲线上还应显示相应工况下的电站空化系数 σ_p。

（5）试验工况点应包括规定的运行范围及考核点，大流量低水头区域应适当加密，原则以能在以单位转速、单位流量为坐标的综合特性曲线上，画出等临界空化系数 $\sigma_{0.5}$ 曲线和等初生空化系数 σ_i 曲线为准。空化系数均以导叶中心线为基准计算。

4）压力脉动和流态观测试验

（1）压力脉动试验应采用计算机同步采集，采样速率至少为2kHz，采样时间至少10秒。所有试验用压力传感器应在试验前后进行标定。

（2）压力脉动幅值为混频双振幅峰—峰值（97%置信度），并应在水轮机模型综合特性曲线上标明压力脉动线等幅值线（混频双振幅峰—峰值）。用FFT分析得出分频幅值为峰—峰值，并至少给出3个最大的分频幅值及其对应的频率。

（3）试验工况以在模型综合特性曲线上绘出详尽等压力脉动曲线为原则。主要运行区以每隔 2—3m 原型运行水头换算到模型从按导叶转角每隔 2°间隔进行试验，在高部分负荷区及需要特别关注的关键区以每隔 0.1°—0.2°导叶转角进行试验。在试验过程中，如出现压力脉动陡升，应加密测试，以找出压力脉动的最大值，并对其特点进行分析。

（4）应观测整个运行范围内模型转轮叶片进口边脱流空化及叶道涡、出口卡门涡和尾水管涡带等的产生及其发展程度并作相应拍照记录。

（5）在整个运行范围内对上述压力脉动测量结果，叶道涡、卡门涡的观测结果进行定量分析，应特别分析和确定相应原型高水头部分负荷区的压力脉动和各种负荷下转轮叶片进口边脱流、出口边卡门涡、导叶出水边卡门涡和尾水管压力脉动的振幅和频率。

（6）进行电站不同的电站空化系数对压力脉动的影响试验，做出一系列 $\Delta H/H = f(\sigma)$ 的曲线（至少包括额定运行工况、压力脉动最大工况、最大水头时 45%—80% 额定出力工况）。

5）水推力试验

水推力测定应在各种运行工况范围内的最不利工况条件下进行，对模型水轮机轴向水推力进行测定，以确定原型水轮机的最大水推力保证值。

6）飞逸转速试验

应在模型水轮机上确定飞逸转速特性，以验证原型水轮机的最大飞逸转速保证值，并确定原型水轮机在飞逸时的流量和水推力。

飞逸试验应在水轮机可能的全部运行水头范围和在导叶可能最大开度的范围内，在能量工况下进行，且试验水头不小于 10m。

7）导叶水力矩试验

（1）为了确定最大导叶水力矩，在导叶开度从零开度到 110%导叶额定开度范围内（包括水轮机工况区、水轮机制动区以及反水泵区域），在模型水轮机上测定导叶转动力矩。至少要在位于蜗壳不同象限内的四个导叶上测定导叶同步状态水力矩。

（2）为观察和测量与其他导叶失去同步的导叶引起水力不平衡而造成的水力影响的结果。还应在一个导叶脱离操作机构的情况下，测定该导叶及相邻导叶的水力矩。

（3）在小开度区域（10%以下）导叶水力矩测点应以 0.5°间隔加密测量。

8）蜗壳差压测流试验

在模型上测取蜗壳测流断面上两侧压孔之间的压差，选择的测流断面应最适合于确定相对流量的蜗壳差压测流法，并建立蜗壳压差与流量之间的相对关系，以便为校对用于现场试验相应的相对流量计算公式获取数据。

9）补气试验

通过模型试验确定自然补气的必要性和（或）寻求降低尾水管压力脉动或使水轮

机在部分负荷区平稳运行的其他方法和措施。

补气试验应在高压力脉动幅值运行区域以及相应尾水位下进行，试验应对补气量、补气导致压力脉动频率和振幅的改变以及补气对水轮机效率的影响进行测量并记录。需通过补气试验确定最佳的补气方法、补气位置和补气量。补气试验之后，应提出最佳的补气方法、补气位置和补气量的试验报告。

为避免补气试验期间，空气进入试验台的水力循环管路，补气试验应单独进行。

3.4.3 特征参数的换算

1）效率换算

原型水轮机的效率应根据模型试验对应的效率换算确定。效率（含保证值）的换算采用 GB/T15613 和 IEC60193 中规定的两步法计算。

$$(\Delta\eta_h)_{Mi \to M^*} = \delta_{ref}\left[\left(\frac{Re_{ref}}{Re_{Mi}}\right)^{0.16} - \left(\frac{Re_{ref}}{Re_{M^*}}\right)^{0.16}\right]$$

$$\delta_{ref} = (1-\eta_{hoptM}) / \left[\left(\frac{Re_{ref}}{Re_{optM}}\right)^{0.16} + (1-v_{ref}) / v_{ref}\right]$$

$$\eta_{hMt} = \eta_{hMi} + (\Delta\eta_h)_{Mi \to M^*}$$

（1）将测出的模型效率转换到雷诺数 Re_{M^*} _____ 下的效率；

（2）将模型效率换算到原型工况。参照固定的雷诺数 Re_{M^*}，将模型效率 η_{hMi} 用下式换算到原型雷诺数 Re_P 下效率。

$$(\Delta\eta_h)_{M^* \to P} = \delta_{ref}\left[\left(\frac{Re_{ref}}{Re_{M^*}}\right)^{0.16} - \left(\frac{Re_{ref}}{Re_p}\right)^{0.16}\right]$$

$$\eta_{hP} = \eta_{hMt} + \Delta\eta_{hM^* \to P}$$

在这种情况下，按模型最优效率点计算并在保证效率范围内是不变值，式中：

$\Delta\eta_{hMi \to M^*}$：试验值到模型值效率修正值

δref：可换算损失率

$\Delta\eta$：效率的增量值

Re：雷诺数 $Re = (\pi/60) \times n \times D2/\nu$

$Reref$：7×10^6

Re_{Mi}：试验点雷诺数

Re_{M^*}：模型雷诺数

Re_P：原型雷诺数

ηh_{optM}：模型最优效率

$vref$：0.7，相应于 $Reref = 7\times10^6$ 的损失分布系数

ν：运动黏滞性系数

D：转轮名义直径（叶片出水边与下环相交处的直径）

下标 P 表示原型（下同）

下标 M 表示模型（下同）

n：轴转速 r/min

2）功率和流量换算

原型水轮机的功率和流量用下列公式计算。

$$P_P = P_M \frac{\rho_P}{\rho_M} \left(\frac{H_P g_P}{H_M g_M}\right)^{\frac{3}{2}} \left(\frac{D_P}{D_M}\right)^2 \left(\frac{\eta_P}{\eta_M}\right)$$

$$Q_P = Q_M \left(\frac{H_P g_P}{H_M g_M}\right)^{\frac{1}{2}} \left(\frac{D_P}{D_M}\right)^2$$

式中：

P_P：原型水轮机功率

P_M：模型水轮机功率

H_P：原型水轮机净水头

H_M：模型水轮机净水头

Q_P：原型水轮机流量

Q_M：模型水轮机流量

g_P：电站所在地重力加速度

g_M：试验所在地重力加速度

ρ_P：电站水的密度

ρ_M：试验用水的密度

D_M：模型水轮机转轮名义直径（叶片出水边与下环相交处的直径）

D_P：原型水轮机转轮名义直径（叶片出水边与下环相交处的直径）

η_M：模型水轮机效率

η_P：原型水轮机效率

3.4.4 模型初步试验报告

投标时，买方应将模型初步试验报告在招标文件规定的日期前送达指定地点，供卖方审查。报告要有全部的试验结果，包括 GB/T15613 规定的"最终试验报告"里列入的全部内容。在绘制和复制报告里附的图纸和曲线时，应着色以便于试验结果的分析。在模型初步试验报告中要包括下列内容：

1）说明

包括模型总图和详图及说明，试验过程的说明（并用有关文件的附件说明检测仪表和率定），包括算例在内的性能保证值的计算说明。

2）模型试验结果

（1）性能试验结果以模型综合特性曲线表示。模型综合特性曲线以 D_2（转轮叶片出水边与下环相交处的直径，下同）计算的单位转速为纵坐标、单位流量为横坐标表示。曲线应包括等效率线、等导叶开度线、等空化系数（包括临界空化系数、初生空化系数）、尾水锥管压力脉动等值线、尾水肘管压力脉动等值线、蜗壳压力脉动线等值线、导叶后转轮前压力脉动等值线、无涡区范围、高部分负荷压力脉动带（如有）、输出功率限制线、叶道涡初生线、叶道涡发展线、叶片进水边正压面和负压面空化起始线及出水边可见卡门涡线（如有）等。特性曲线的范围从导叶 0 开度到最大导叶开度（不小于 110％额定开度），每个开度值相差 10％，水头范围从规定的水头范围向上和向下延伸 10m，并标明最高效率点及最高效率值。如果无法在同一张综合特性曲线图上表达上述全部内容，则应分为几张曲线图上表示，每张曲线图应包括等效率线、等开度线和原型水轮机稳定运行范围，每张曲线图的图幅相同。

（2）根据模型验收试验的结果换算出原型水轮机的预期运转特性曲线。原型水轮机性能曲线应以净水头为纵坐标，以功率为横坐标。原型特性曲线应包括各种导叶开度的功率、流量和效率曲线、按临界空化系数和初生空化系数计算的等吸出高度线、无涡区范围、出力限制线、尾水锥管进口压力脉动等值线、尾水肘管压力脉动等值线、蜗壳压力脉动线等值线、导叶后转轮前压力脉动等值线、叶道涡初生线、叶道涡发展线、叶片进水边正压面和负压面空化起始线及出水边可见卡门涡线（如有），以及卖方保证的水轮机稳定运行范围等，并给出最高效率、额定工况点效率和加权平均效率。同时还应给出各特征水头下的空载开度曲线和空载流量曲线、飞逸特性曲线、轴向水推力及导叶水力矩曲线。

（3）应提交压力脉动的全部试验工况点时域峰—峰值（$\Delta H/H$，97％置信度）、经 FFT 分析的分频幅值和频率，还应至少给出时域波形图、频谱图、山坡图、瀑布图。压力脉动曲线以相对振幅 $\triangle H/H$ 表示，$\triangle H$ 为单个测点上的混频峰—峰值（置信度 97％）之间的实测全振幅，H 为相应的运行水头值。

（4）应绘制各个具有代表性的导叶开度和水头下的表明效率、出力（单位出力）、流量（单位流量）和其他特性对应于空化系数的模型试验曲线，并明确确定临界空化系数 $\sigma_{0.5}$、初生空化系数 σ_i、电站空化系数 σ_p。还应包括一张标明原型水轮机运行在各个有代表性的特征水头和对应流量的电站空化系数值、临界空化系数值以及初生空化系数值的曲线图。

（5）各试验水头下，模型飞逸转速、飞逸流量对导叶开度的曲线，正常工况和设计尾水位对应的电站空化系数下，在最大净水头下的原型飞逸转速、飞逸流量对导叶开度的曲线。

（6）应包括原型水轮机止漏环间隙在正常设计值和两倍设计值时的最大水推力在

内的水推力特性。应做出以单位水推力系数为纵坐标，导叶开度为横坐标的轴向水推力曲线。

（7）有位于蜗壳 4 个不同象限内的有代表性的，标明与导叶开度有关的每个导叶水力矩特性。

（8）包括原型水轮机止漏环间隙在正常设计值、两倍设计值和正常转速、飞逸转速下在不同半径处的顶盖压力及相应的主轴密封漏水量。

（9）应包括蜗壳差压和流量的关系曲线。

（10）补气试验结果要包括补气试验的补气方法、位置和补气量及其对稳定和效率的影响，并附有比较图、照片和相应录像带及关于振动特性和可能发生不利于水轮机稳定运行条件的说明。

（11）应提供 $\Delta H/H = f(\sigma)$ 曲线。

（12）应包括对特性曲线上的重要工况点，与空化试验有关的照片、录像带和涡带的描述等。在整个导叶开度范围内，表明压力脉动的振幅和频率的图形，包括振动特性以及水轮机压力脉动和振动可能发生不利于水轮机稳定运行条件的说明。

（13）应包括转轮强度计算报告。

（14）应包括 CFD 详细资料。

3.5　模型同台复核试验

3.5.1　概述

1）水轮机模型同台复核试验在水轮发电机组招标开标前，由卖方组织在第三方试验台上完成，目的是通过模型复核试验验证模型初步试验报告成果。复核试验内容包括模型各项投标特性的抽查复核，重点是复核水力稳定性，并作为评标的依据。

2）买方应根据招标的要求，按时提供模型复核试验所需的图纸和资料，并在投标截止时间前将水轮机模型运抵第三方试验室。

3）第三方试验台的说明见招标文件附件。卖方的模型试验装置与复核试验台的接口协调工作，由卖方自行负责。复核试验开始前，将对与相似换算有关的模型尺寸进行测量。

4）在复核试验台上的复核试验工作由复核试验台的试验人员完成。

5）复核试验时间由买方确定，将在复核试验台试验前 1 个月通知卖方。

6）复核试验前由试验方、买方、卖方三方签订相关保密协议，格式见招标文件。

3.5.2　模型复核试验台概况

1）试验台具有各参数的（水头、流量、力矩等）原位率定系统，满足复核试验项目需要、各种试验参数的测量精度和运行稳定性的要求。试验台模型效率综合测试误差小于 $\pm 0.25\%$，模型效率重复性测试误差小于 $\pm 0.10\%$。

2）模型试验台水循环系统稳定，试验中试验水头波动的最大与最小值之差，不大于±0.5%，转速波动的最大与最小值之差，不大于±0.2%。

3）压力脉动试验数据采集系统采样频率达到每通道2kHz以上，其A/D转换器分辨率不小于16位。

4）关于压力脉动传感器：频率响应范围能覆盖被测信号的全部有用频率，分辨率小于0.1kPa（0.01m水柱）。

5）模型试验台具备模型转轮叶片进口正背面脱流、叶片正背面空化、卡门涡、叶道涡及尾水管涡带等观测手段及相应的观测设备和装置。

6）试验方法：采用定水头变转速进行试验。

3.5.3 对水轮机模型的基本要求

1）水轮机模型流道，包括转轮上冠和下环等结构尺寸应与真机相似。

2）水轮机模型过流部件由金属材料制造。

3）模型转轮直径 D_2 为350mm左右，但应不低于300mm。

4）水轮机模型顶盖上应设计有光导纤维内窥镜插入孔，光导纤维内窥镜尺寸见附件一，以便对转轮叶片进口流态、叶道涡等的观测和录像。

5）模型机组转轮出口设置透明段（直锥管），以便对转轮叶片脱流、空化、卡门涡、叶道涡及尾水管涡带等的观测和录像。

6）在水轮机模型上设置模拟主轴中心补气装置。

7）与复核试验台的连接段由卖方设计加工。

8）复核试验模型机组自带水轮机模型轴系及轴承。

3.5.4 模型复核试验内容和要求

1）试验按标书中有关技术保密协议的要求，根据GB/T15613"水轮机、蓄能泵和水泵水轮机模型验收试验"及有关规程的规定，对投标方模型试验台上已完成的试验内容进行复核试验，以验证和评价其模型的性能。

2）在模型复核试验中，电站空化系数参考面高程为导叶中心线。

3）模型复核试验内容及要求参照第3.4.2条款"模型试验内容和要求"，试验内容应包括如下几个方面：

（1）检查仪器仪表的原级计量证书是否在有效期内，检查传感器的安装，水头测点位置、吸出高度测点位置、水压脉动测点位置等。核查使用软件的准确性。复核试验前后应对流量进行原位率定，在试验前后对所有传感器进行率定，每天试验前后应对水头、测功力矩传感器进行原位率定或抽查，对转速测量进行校核。

（2）效率试验复核（含出力限制线的复核），试验在电站空化系数下进行。

（3）空化试验复核，进行初生空化系数及临界空化系数试验。在电站空化系数下进行转轮叶片空化观测、录像或描绘。

（4）飞逸试验复核，试验在能量工况下进行。

（5）压力脉动试验复核，试验在电站空化系数下进行。

（6）在电站空化系数下进行叶道涡初生及发展线，叶片进口正、背面空化初生线，卡门涡及尾水管涡带的观测、录像或描绘。

（7）其他需要复核的项目及检查。

3.5.5　模型复核试验报告

试验方根据复核试验结果出具试验报告，根据标书保密协议要求及程序提交卖方。报告格式及内容要求参照第 3.4.4"模型初步试验报告"。

3.6　模型验收试验

3.6.1　概述

1）卖方的模型水轮机将在卖方的试验台上进行有买方代表目击的模型验收试验。模型验收试验的目的，一是检查是否已全面完成了合同文件中规定的试验项目；二是根据合同要求检验必须达到的优化结果；三是验证合同保证值是否已得到满足。

2）合同生效后 60 天内开始进行由买方目击的模型验收试验。

3）模型验收试验的内容及要求按 3.4.2"模型试验内容及要求"中的规定进行。在模型验收试验前后，测量水头、流量、模型转速、力矩和压力脉动的仪表应进行率定，并应由买方目击和批准。如有必要，买方可要求查验计算机程序。模型的效率、空化、压力脉动、流动观测、飞逸、力特性及补气试验等应在同一试验台同一模型上进行。

4）在模型验收试验开始前 30 天内，卖方应向买方提交验收试验大纲及相关资料，包括：

（1）列于 3.1.3"工作计划、试验程序"里的全部资料；

（2）模型试验台的总体布置图和说明，试验台效率综合误差；

（3）模型试验使用的全部公式和单位，并至少有一个测程从原始数据至最终结果的详细计算的例子；

（4）测量设备和仪表的一览表，包括设备和仪表的名称、型号、测量范围和精度；

（5）率定测量水头、流量、转速、力矩和压力脉动的仪表的设备和仪表以及率定方法的说明和文件，以及原级测试设备仪器有效期内的精度证书；

（6）测量水轮机模型尺寸的程序和方法的描述，其中包括测量工具和公差一览表；

（7）试验台的自动数据采集和处理系统的描述；

（8）模型验收试验使用的表格和观察记录表。

3.6.2　模型验收试验内容

模型验收试验的测量值如与模型初步试验的测量值不一致，应以模型验收试验的测量值为准。在将实测值与保证值相比较时，不考虑可能有的测量误差的裕度。模型验收试验的各项内容除飞逸转速试验外，均应在电站空化系数下进行，电站空化系数的参考面高程为导叶中心线。

1）效率试验

验收工况点应包括足以覆盖整个运行范围。运行工况及测点数量应由买方选定，以验证与模型初步试验结果的重复性，并画出两次试验结果的比较曲线。

2）空化性能试验

空化试验的工况点选择应足以覆盖整个运行范围，运行工况及测点数量应由买方选定。要绘出完整的空化特性曲线，并根据观察来确定初生空化系数。应观察、绘图并用拍照和录像记录电站空化系数下的空化特性。

3）压力脉动和流态观测试验

测量压力脉动的测压孔或传感器的位置应与模型初步试验的相同。压力脉动应在电站空化系数和在买方选择不少于5个单位转速下测量（每个单位转速下应不少于6个测点），以验证本招标文件第三部分文件二"设备特性及性能保证"中的保证值。

流动观测试验应观测相应原型各水头各种负荷下的叶道涡、转轮进口正背面脱流、卡门涡和尾水管中涡带情况。具体测试工况由买方确定。

4）其他试验

为了验证在招标文件第三部分文件二"设备特性及性能保证"里有关的保证值，应在模型上进行水推力、飞逸转速、导叶力矩、补气试验和蜗壳压差法测流量试验。这些试验的要求与3.4.2"模型试验内容及要求"中相同。

3.6.3 模型几何尺寸的测量

模型验收试验已得到满意的结果之后，水轮机模型所有水力上重要的尺寸（包括间隙尺寸）应在买方目击下精确地量测和记录。作为原型水轮机相似性检查的依据。模型尺寸的检查应按照GB和IEC的适用条款进行。

3.6.4 验收结论

1）模型验收试验完成后，应编写验收试验报告，其中包括模型验收试验的结论性意见。

2）如果试验结果未满足保证值，卖方应修改模型并重新进行模型验收试验。由于重新试验以及买方代表再次目击试验而引起的一切费用由卖方承担。卖方不得因重新试验推迟交货期和增加费用。若重新试验仍不满足保证值，则按"约定违约金"中的规定计算违约赔偿。

3.7 最终模型试验报告

模型验收试验报告由卖方负责编制，按照 3.4.4 "模型初步试验报告"的格式和内容要求编制。

4 现场试验

4.1 概述

4.1.1 试验要求

在卖方的试验工程师的指导下，买方将在对每一台卖方供货的水轮机及其辅助设备最后验收前，做各项现场试验，以验证卖方提供的保证值和合同文件规定的技术要求是否得到满足。现场试验的内容包括安装试验、试运行和性能试验。在 4 "现场试验"中对技术条款中一些相类似的要求进行了补充，如果有差异，则以具体设备章节的详细要求为准。

4.1.2 责任

所有的试验均在卖方的合作下由买方完成。卖方应选派有资格的试验工程师来指导试验，并对所有现场试验的指导和试验程序负责。卖方提供必需的、经过标定的试验仪器和设备，并提供试验设备、仪器的价格表，同时注明试验完成后每套试验设备的折旧后的价格，这部分报价不包括在总价中。试验完成后，买方有权决定是否（按折旧价）购买这些试验设备的一部分或全部。卖方对现场试验的技术指导服务费用（包括仪器、仪表的运输费）包括在卖方技术服务报价中，并计入总报价内。

买方有权决定取消某些试验项目，但任何试验的取消，并不免除卖方完全满足技术条款要求的责任。

4.1.3 试验大纲及进度

每项试验的日期由买方确定。卖方至少在开始试验前 270 天提交 6 份完整的试验大纲和进度表供买方审查。试验大纲和进度表包括试验项目、试验准备、试验方法（含成果计算方法）、试验程序、每项试验需要的设备清单、使用的图纸、使用的试验表格和观察记录表格、检查校核和试验时间、试验进度等。

4.2 安装试验

4.2.1 管道压力试验

由卖方提供的全部水轮机的油、气、水系统管路以及冷却器和各种承压元件，在安装完毕后做静压试验，试验压力为设计压力的 1.5 倍，保持 30min，无渗漏及裂纹等异常现象。卖方为进行这些试验提供方便，并尽可能减少对安装的干扰。

4.2.2 轴系转动检查

水轮机与发电机主轴安装连接并进行垂直度检查后，在卖方代表的指导下，按

GB/T8564《水轮发电机组安装技术规范》的要求进行检查。盘车检查由买方在场目击证实，且由卖方和安装承包人书面予以认可。

4.2.3 导水机构及调速系统试验

调速系统安装完毕后，在无水状态下与接力器、导水机构一起按照本技术条款、GB、IEC、IEEE 等有关标准的规定进行现场试验，并录制接力器行程与导叶开度关系曲线、检查导叶的压紧行程，以及进行调速系统的试验，以确信调速系统及导叶操作机构满足技术条款的性能要求。

4.3 试运行

4.3.1 检查、调试和起动

1）在合同设备安装完成后，卖方要在安装承包人的帮助下检查设备，并进行试运行。水轮机要做充水试验、起动试验、手动或自动的空载稳定性试验、空载扰动试验、过速、低油压关机、带负荷和甩负荷试验，以便调整水轮机、调速系统和有关保护装置。所有这些调整和有关的参数记录下来并包括在现场试验报告中。水轮机试验根据本技术条款、GB、IEC、IEEE 等有关标准的规定进行。在试验期间，卖方要提供 1 套多通道高速记录仪、仪表和传感器，以便测取、记录在甩负荷和负荷试验中各种过渡过程参数。除必须测取和记录的调速系统功能的参数外，还必须测定和记录的其他参数包括：机组转速、接力器行程、导叶开度、机组负荷、蜗壳压力脉动、尾水管压力（真空）脉动、顶盖压力、轴的径向摆度、顶盖的水平和垂直振动、导轴承瓦的温度或温升和油温、轴向水推力和转轮腔压力。在运行期间，为了测取在水轮机挑选点处的噪音声平，卖方还提供 1 台声平仪。上述提供的仪器仍是卖方的财产。在设备上需要连接测取和记录所需数据的传感器或压力变送器的所有装置，都要由卖方选择并提供。

2）进行机组带各种负荷（包括机组起、停过程）的试验，测定和记录上述的各种参数，以核实水轮机的稳定运行范围及稳定性能是否符合技术条款的要求。

3）测定通过导叶的漏水量，其值不大于保证值。导叶的漏水量，通过测定电站压力钢管进口处的空气通气管（井）内水位的下降速度（压力读数）加以确定，并通过水头比率的平方根修正到保证水头值。在一台水轮机上和试验水头下获得的漏水量最大值，将作为该台水轮机是否满足保证的根据。

4）进行冷却水试验，以确定发电机在 100% 额定功率时，水导轴承冷却器的流量和进、出水的温度。还进行温度计、电阻式温度探测器、流量信号元件、流量计及其他监测装置的运行试验。

4.3.2 72h 试运行

在设备安装好后准备投入考核运行前，安装承包人在卖方指导下对每台机组进行试运行试验，以确认机组已正确的安装、调试，并在连续运行条件下能够安全、正常地运行。试运行要在买方规定的额定出力下，在无须人为调节和校正的自动控制状态下进行。试运行持续时间为 72h。

4.4　考核运行

在 72h 试运行后再进行持续 30 天的考核运行。如果由于卖方提供的设备故障使考核运行中断，考核运行要重新进行。如果由于另外卖方的设备故障使考核运行中断，考核运行时间则按考核运行期内的累加运行时间计算。

4.5　性能试验

4.5.1　概述

在水轮机和有关的设备在考核运行后，并确认所有设备处于良好的运行状态之后，在卖方的指导下进行性能试验，性能试验验收采用现场试验验收方式。卖方准备 1 份书面的试验程序并交给买方审查，审查之后提交 20 份副本。

4.5.2　水轮机功率和性能参数试验

每台水轮机将做出力和性能参数试验，以验证出力保证值已满足合同要求，以及确定效率曲线的形状。除非卖方与买方另行商定，一般情况下试验按 IEC 出版物 41 "水轮机现场验收试验国际规程（1991）"有关的规定进行。所有水轮机水头及相应流量测定所需的设备、仪表及装置由卖方提供。

水轮机出力和指数试验尽可能在接近额定净水头或在正常运行范围内的其他净水头下进行（当进行试验方便时）。在确定有效净水头时，对净水头测量断面上的速度头，利用卖方提供的预期性能曲线上的流量来进行修正。水轮机出力根据发电机功率的电气测量值和已知的发电机功率损失来确定。发电机功率由在进行这些测量方面有经验的电气工程师，利用由卖方提供的、经校正过的电气试验仪器来测定。

4.5.3　飞逸转速试验

在保证期内，买方可以选择一台或多台卖方供货的水轮发电机组做飞逸转速试验，以验证是否满足飞逸转速的保证条件。该试验应在最大水头或可能获得最大的试验水头，相应于最大可能出力的导叶开度，以及除空气阻力和摩擦损失外发电机不带负荷情况下进行。飞逸试验在测得实际达到最大转速后的持续时间不超过 5min。

4.5.4　水轮机效率试验

在卖方的指导下，在水轮机保证期内，买方可选择一台或多台卖方供货的水轮机做效率试验，以验证水轮机效率是否满足保证值，费用由买方自己承担。在效率试验时，按照 GB/T20043 有关规定执行，或由卖方和买方双方同意的类似的其他规程的有关规定。试验由双方同意的合格的专家指导下进行。流量测量方法按 IEC 规程规定的方法或双方协商认可的其他方法。

4.5.5　压力脉动试验

买方将对卖方供货的每台水轮机做蜗壳进口、尾水管和导叶后、转轮前的压力脉动试验，以验证这些区域的压力脉动是否满足保证值。蜗壳进口、尾水管和导叶后、转轮前压力脉动试验，将在机组试运行阶段和在保证期内买方选定的水头下进行。

4.5.6 空蚀、磨损破坏及转轮裂纹试验

在水轮机保证期内，买方可选择一台或多台卖方供货的水轮机在运行一定时间后进行一次空蚀、磨损破坏及转轮裂纹检查。检查期间买方将排干水轮机内的积水，并在转轮下面安装由卖方提供的检查平台。卖方必须派合格的工程师到现场参加检查，并且将检查结果写成报告交买方复核。

4.5.7 导叶漏水试验

在试运行期间或在保证期内的适当时候，买方有权任选一台或几台卖方供货的水轮机进行导叶漏水试验，试验方法应经买卖双方协商确定。

4.6 试验数据和报告

每项试验完成后，卖方提交 6 份试验结果给买方。

试验报告由卖方编写，交买方审查。

试验报告的内容包括但不限于试验项目、试验目的、试验人员名单、测量仪表的说明、测量设备的率定、试验程序、试验方法、测量结果表、计算实例、计算过程使用的各种曲线、全部测量结果汇总、最终成果的修正和确定、测量率定误差说明、试验结果的讨论和结论。

在试验结束后的 30 天内，卖方向买方提供 6 份完整的试验报告。

5 附件

中国长江三峡集团有限公司已发布了以下水电站机电类企业标准，请在本项目的机电设备设计、制造、检验等各环节中优先选用。企业标准中"供货方"系指材料的供货单位，"订货方"指将来的设备中标厂家和买方。在合同执行过程中，这些标准若进行了更新，则卖方在此之后完成的设计、制造、检验等工作将按照最新版标准进行。

序号	标准代号	标准名称
1	Q/CTG 1	大型混流式水轮机转轮马氏体不锈钢铸件技术条件
2	Q/CTG 2	大型水轮机电渣熔铸马氏体不锈钢导叶铸件技术条件
3	Q/CTG 3	大型水轮发电机组主轴锻件技术条件
4	Q/CTG 4	大型水轮发电机镜板锻件技术条件
5	Q/CTG 5	大型水轮发电机无取向电工钢带技术条件
6	Q/CTG 24	大型水电工程高强度低焊接裂纹敏感性钢板技术条件
7	Q/CTG 25	大型水轮发电机组特厚钢板技术条件
8	Q/CTG 26	大型水轮发电机高强度热轧磁轭钢板技术条件
9	Q/CTG 37	水电站机电设备颜色
10	Q/CTG 41	水电站二次系统电缆与光缆选型及路由规划技术要求

二、水轮发电机及其辅助设备技术条款
（电站概述）

1 一般技术条款

1.1 合同设备与工作的范围

1.1.1 总则

卖方应提供合同规定的台套数，以及符合本合同文件规定运行功能和性能的水轮机及其辅助设备、备品备件和安装维修工具等，并保证其设备质量与使用寿命。

卖方应对发电机及其辅助设备、备品备件和安装维修工具等合同设备的设计（含基于____平台的三维设计成果）、制造、工厂试验、装配、包装、保管、发运、运输及保险、交货等全面负责，参加现场开箱检验等；提供全套技术文件；培训买方技术人员；指导发电机及其辅助设备的安装、调试、现场试验，参加72h试运行、考核运行和商业投运。

合同设备应采用成熟的、经过实践验证的可靠技术进行设计和制造。产品的设计应通过计算和/或试验验证，制造工艺应经实践证实先进合理。卖方应保证水轮发电机组及其辅助设备作为一个完整系统安全、可靠地运行。

1.1.2 供货范围

1）水轮发电机及其辅助设备

（1）卖方应提供____台套额定容量为____MVA、额定转速____r/min、采用静止励磁系统的三相同步交流发电机及其辅助设备、备品备件、安装维修工具和附件等。

（2）每台套发电机及其辅助设备必须完整、成套配备，至少应包括下列零部件：

—— 定子、基础板和基础螺栓等；

—— 转子；

—— 发电机上端轴；

—— 发电机主轴；

—— 上机架、下机架及基础板、基础螺栓等；

—— 集电环、电刷、刷握及其支架、软连接线、接线端子、直流励磁电缆、励磁电缆接线箱及机坑内的支撑件和固定件；

—— 空气冷却器；

—— 对于定子绕组如果采用蒸发冷却方式的发电机，蒸发冷却系统应包括：冷凝器及其冷却水供排水管等部件，回液管、集液管、集气管、均压管、绝缘引流管、密封卡套、供排液装置、移动式储液装置、介质回收装置、足量的冷却介质以及配套的蒸发冷却系统监测、控制、保护系统；

—— 上盖板和下盖板；

—— 机械制动和顶起系统及其管道、管件、制动闸（含制动闸基础板和基础螺栓）和制动柜；

—— 推力轴承、上导轴承和下导轴承；

—— 轴承油槽、油冷却器及辅助设备；

—— 高压油顶起系统及相应的管道、管件和附件（如果有），及辅助设备

—— 高压油顶起系统的电气控制装置及元器件（如果有）；

—— 移动式顶转子装置，含油泵、油箱及配套的管道系统；

—— 冷却系统有关的冷却器、管道、阀门、管件；

—— 监测系统所有的表计、元件、盘柜、电缆、导管；

—— 中性点引出线、接地装置（包括隔离开关、接地变压器及其副边电阻）、定子绕组各分支中性点侧及中性点连线上的电流互感器、电磁屏蔽体及护栏等附件和固定件；

—— 定子绕组主引出线、电流互感器、软连接件、电磁屏蔽体（包括定子机座及机坑墙上的电磁屏蔽体）、护栏、固定件及其他附件，定子绕组主引出线以离相封闭母线形式引至机坑外约1000mm处与其他承包商提供的主回路离相封闭母线相连；

—— 碳粉和制动粉尘收集系统；

—— 推力轴承及导轴承防甩油和油雾吸收装置；

—— 发电机集电环室通风装置（如果有）；

—— 发电机水喷雾自动灭火系统设备，包括管道、水雾喷头、火灾探测器、控制器、消防电气柜、消防机械柜和其他元器件等；

—— 发电机自动化元件，如液位开关、流量开关、流量计、温度传感器及温度开关、压力变送器及压力开关、限位开关等所有用于机组测量、控制、操作、显示等的自动化元件及控制柜；

—— 轴绝缘在线监测装置；

—— 机组状态在线监测系统（含上位机系统、现地数据采集站、现地传感器和变送器等）；

—— 发电机上部护罩、栏杆、梯子及其零部件；

—— 必要的永久性通道和巡视设施，诸如门、平台、楼梯和栅栏；

—— 发电机机坑内加热器及其控制装置；

———— 发电机机坑、集电环室全套照明系统；

———— 发电机机坑全套接地装置；

———— 发电机端子箱、动力柜、照明箱、仪表柜及配套的电缆、电缆附件、电缆桥架、电缆槽。

2）其他

（1）提供合同设备内连接的所有管路、阀门及连接附件、电线、电缆、电缆葛兰头和电缆管。提供合同设备与规定的合同外设备的接口位置之间相互连接的所有管路、阀门、电缆、电缆葛兰头、电缆管及连接附件。管道的接口在机坑外第一对法兰处（包括法兰及其连接件在内）。

（2）提供在发电机机坑内外所有电缆及管路的托架、支架、电缆桥架、电缆槽盒及安装附件。

（3）提供本合同规定的备品备件。由卖方推荐的备品备件应按买方的选择供货。

（4）提供运输及安装和现场试验过程中可能损坏的易损件。

（5）提供为保证合同设备安装、检查、调试、运行、维护和辅助设备控制系统所需的正版应用软件、源程序和使用说明。

（6）提供合同设备安装、维修工具，包括运输（含转运）、安装、调试、测试、试验、拆卸和组装、维修、维护所必需的专用设备、材料、配件和吊具。

（7）凡构成永久设备或安装所需要的相关辅助材料，如油漆、密封件、密封胶、螺栓锁定胶等均应由卖方随合同设备交货时提供，且应有 10% 的余量。卖方提供的设备在工地焊接所需的，以及合同规定由卖方提供的焊条、焊丝和焊剂等亦均应由卖方随合同设备交货时提供，且应有 20% 的余量。

（8）合同规定的各种零部件，包括发电机轴、上端轴与发电机转子中心体法兰连接所需的螺栓、螺母等。

（9）在合同供货范围的说明中没有专门提及的设备及元件，但属一套完整的性能优良的水轮发电机及其辅助设备必不可少的或对改善水轮发电机及其辅助设备运行品质所必需的设备及元件，均属合同设备范围，卖方仍应提供，以保证设备的完整和运行安全。

1.1.3　供货界面

本合同设备水轮发电机部分供货界面为：

1）土建侧：供货至设备基础板、垫板、锚固螺栓、基础螺栓和锚筋等全部预埋件及安装场预埋件。

2）水轮机侧：保证与水轮机配套供货，供货至与水轮机轴连轴法兰的连接处，法兰分界面高程暂定为____m，具体分界面高程由发电机和水轮机协商确定，并在投标文件中提供。

3）主引出线侧：定子绕组主引出线端的离相封闭母线供货应供至机坑墙外约1000mm处与其他承包商供应的全连式主回路离相封闭母线相连，包括主引出线离相封闭母线导体的密封件、绝缘子、电流互感器、外壳短路板和外壳穿机坑墙的密封件、支撑件以及对设备钢构件和机坑墙内钢筋因电磁感应发热的保护设施及安装设施。

4）中性点：供货应包括中性点引线、电流互感器和全部中性点接地设备，包括对设备钢构件和机坑墙内钢筋因电磁感应发热的保护设施及安装设施。

5）励磁系统侧：直流励磁电缆供货至与机坑内励磁电缆接线箱（含接线端子），包括接线箱、机坑范围内的直流励磁电缆及其支撑件和固定件。

6）监视、测量和控制系统：测量的管路（含保护材料）、电缆及电缆管从测点供货至卖方供应的仪表、仪表板、仪表柜和端子箱或买方指定的端子箱及有关的盘柜。

7）卖方供货的部件或设备之间管道及其附件、电线、电缆均应由卖方提供。

8）自动化元件装置设备侧：提供发电机自动化系统的设计，提供买方另行采购的发电机自动化元件装置以外所必需的其他发电机自动化元件装置，提供连接在卖方设备上的所有自动化元件和装置（含买方另行采购的发电机自动化元件、装置）的安装接口、转换接头、仪表三通阀、支架，提供所有机坑内自动化元件和装置（含买方另行采购的发电机自动化元件、装置）至发电机端子箱的电缆，提供发电机端子箱及附件等。

9）机组状态在线检测系统侧：机组状态在线检测装置信号至现地端子箱、信号采集单元、现地仪表盘、全厂上位机、网络设备、全站上位机、网络设备等。

10）辅助电气设备和照明系统：供货包括电加热系统、高压油顶起系统（如果有）、粉尘收集系统、油雾吸收装置、推力轴承外循环油泵（如果有）、移动式顶转子油泵装置、集电环室通风装置（如果有）等辅助电气设备以及为这些设备供电的发电机动力柜；机坑内全部照明系统以及为其供电的照明箱；灭火系统及消防电气柜；蒸发冷却系统及其动力控制柜（如果有）。上述设备之间的电缆、电线、电缆管、电缆附件（包括葛兰头）、电缆桥架、电缆槽盒等由卖方提供。

11）油、气、水等辅助系统管路除另有规定外供货至机坑外第一对法兰（包括一对法兰）；机械制动系统管道供货至机械制动柜（布置在机坑墙外）外进气口的第一对法兰。发电机定子绕组若采用蒸发冷却方式，应包括蒸发冷却系统所有设备及管路，冷凝器冷却水管路供应至设备外的第一对法兰。如果本合同文件的图纸和技术条款另有规定的供货范围和数量，应以合同文件的图纸和技术条款为准。

12）灭火系统及火灾自动报警系统：灭火管路供货至消防机械柜（含雨淋阀）外进水口的第一对法兰（包括消防供水环管）。卖方提供的机组火灾自动报警系统包括：

机组火灾探测器、火灾控制器、消防电气柜以及上述设备间的电缆及全部附件，机组消防电气柜布置在机坑外。卖方应负责配合电站火灾报警系统承包人完成水轮发电机组火灾自动报警系统与全厂火灾自动报警系统的成功连接。

13）桥机侧：转子起吊工具供货至与平衡梁的连接件（不包含平衡梁），定子（不含铁芯）起吊工具供货至与吊钩的连接件（不包含吊钩）。

14）卖方提供的设备与其他承包商提供的所有设备的接口详见 2.29 条。

1.1.4　试验

卖方应完成合同规定的试验项目，包括但不限于以下内容。

1）材料试验和工厂试验。

2）规定部件的工厂组装试验。

3）自动化仪器仪表率定及动作试验。

4）提供现场性能试验必需的试验仪表和设备（除另有规定外，试验完成后的试验仪表和设备仍为卖方财产），并为合同设备的现场试验提供指导、监督和协助。

1.1.5　进度表及资料

卖方应提供本合同设备的制造进度表及其实时更新的生产计划和报告，并按 1.6条提供所要求的技术文件。

1.1.6　协调

1）卖方应承担本合同设备内的所有协调工作，并在买方的组织下，积极主动地与其他相关设备的卖方进行协调，并为责任方，保证在最终的合同设备各部件和组装件之间，以及合同设备与其他卖方提供设备的所有接口或连接处之间的配合正确、完善，且功能正常。

2）卖方应对其分包商的工作质量和供货进度负责，并负责协调履行本合同工作的分包商与其他承包商的关系。

3）卖方应主动将重要问题及协调结果报买方批准，并服从和配合买方及工程设计者的相关工作协调。

4）协调工作具体内容见 1.4 条的规定。

1.1.7　服务

卖方应提供下列服务：

1）按 1.27 条和 1.28 条的规定，为买方监造、检查和见证、验收人员提供服务。

2）按 1.26 条的规定，为参加在卖方召开的设计联络会的买方人员提供服务。

3）按 1.29 条的规定，为买方人员的技术培训提供服务。

4）按 3 条的规定，在工地为合同设备安装、调试、试验、试运行、考核运行和验收试验提供技术服务。

1.1.8　卖方对外购件供应商和分包商的选择

卖方选择的外购件供应商及分包商应是相应设备或部件的设计、制造专业厂家，具有良好的设计、制造能力、供货业绩和管理水平，能够按时提供成熟、可靠的优质产品。对主要设备的分包及重要的外购件，应报买方审查。

1.1.9　辅助设备的选择

1）卖方应充分重视对辅助设备的质量控制，辅助设备如泵、滤水器、电机、冷却器、阀门、控制装置和各种元器件等应符合 GB 标准、行业标准及本技术条款，且为近年来_____MW 及以上大型机组上有成功运行经验的设备。卖方应提交辅助设备清单（制造厂、产地、型号、规格参数等）供买方审查，在合同执行过程中，买方有权拒收未经买方审查同意、不符合要求的辅助设备，并根据自身的使用经验修改辅助设备的选型，卖方应免费更换。

2）对主要辅助设备买方将进行试验验收见证。

3）在质保期内，由于设计、材料、制造方面造成的故障，卖方应免费更换，质保期顺延 1 年，同时对由于设备故障导致买方的任何损失，应按买方要求给予补偿。

1.2　现场条件

1.2.1　对外交通

电站对外交通运输示意图见招标附图。交通条件的变化或其他可行运输方案，由卖方在投标阶段核实、提出。

1.2.2　场内交通

1.2.3　安装场地

1.2.4　主厂房起重设备

厂房内配置_____台起重量暂定为_____t 桥式起重机，轨顶高程为_____m，跨度为_____m。

1.2.5　压缩空气和技术供水

1）压缩空气

厂房内的压缩空气系统提供了_____个压力等级的压缩空气，分别为_____MPa和_____MPa。

2）技术供水

电站技术供水系统_____供水，过滤精度为_____mm，水压为_____MPa，水温不超过_____℃。

1.2.6　厂用电系统

1）交流：三相四线制，380/220V，50Hz（频率变化范围±0.5Hz，电压变化范围－20％—＋15％）。

2）直流：220V（电压变化范围－15％—＋10％）。

1.2.7　现场加工基地

1.3　标准和规程

1）卖方应按下列机构、协会和其他组织的标准、规程的相应条款进行合同设备的设计、制造和试验。

序号	机构或标准名称	代号缩写
1	中华人民共和国国家标准	GB
2	中华人民共和国电力行业标准	DL
3	中华人民共和国水电行业标准	SD
4	中华人民共和国水利行业标准	SL
5	中华人民共和国机械行业标准	JB
6	中华人民共和国石油行业标准	SY
7	中华人民共和国化工行业标准	HG
8	中华人民共和国冶金行业标准	YB
9	中华人民共和国能源行业标准	NB
10	国际标准化组织	ISO
11	国际电工委员会	IEC
12	国际电气和电子工程师协会	IEEE
13	国际工程技术学会	IET
14	水力机械铸钢件检验规程	CCH-70-3
15	美国防护涂料协会	SSPC
16	美国机械工程师协会	ASME
17	美国材料和试验学会	ASTM
18	美国钢结构协会	AISC
19	美国钢铁协会	AISI
20	美国国家标准协会	ANSI
21	美国焊接学会	AWS
22	美国无损探伤学会	ASNT
23	美国国家电气规程	NEC
24	美国国家电气制造商协会	NEMA
25	美国仪表学会	ISA
26	美国标准局国家电气安全法规	NESC
27	欧盟标准	EN
28	法国标准协会	AFNOR
29	德国工程师协会	VDI

序号	机构或标准名称	代号缩写
30	德国电气工程师协会标准	VDE
31	德国国家工业标准	DIN
32	英国电气工程师协会	IEE
33	加拿大标准协会	CSA
34	日本工业委员会	JIC
35	日本工业标准	JIS
36	日本电气学会标准	JEC

2）本合同设备应在以上所列出的适用的标准及规程之下设计、制造和试验，对指定的部件，还应符合4"附件"中的中国长江三峡集团有限公司企业标准（Q/CTG），上述标准或规程与合同文件有矛盾的地方，以合同文件为准，如果在上述标准或规程之间存在矛盾，而在合同文件中并未明确规定，则应以对合同设备最严格的或经买方批准的标准或规程为准。本合同中所使用的标准和规程应是最新版或是设计阶段的最新修改版。

3）如果卖方拟采用的设计、制造方法、材料、工艺以及试验等，不符合上述所列标准，可将替代标准提交买方审查，只有在卖方已论证了替代标准相当或优于上述标准，并且提出专门替代申请，并在得到买方的书面同意或认可后才能使用。在设备的说明书或图纸中应注明所采用的标准。

4）图纸和文件均应采用国际度量制 SI 单位和 GB 或 IEC 规定的符号表示。

5）所有螺钉、螺母、螺栓、螺杆和有关管件的螺纹应使用 GB 标准。

6）如需采用软件设计计算，则应说明软件的出处、安全可靠性及工程实际成功经验等有关内容。

7）卖方应提供设备材料、设计、制造、检验、安装和运行所涉及的标准、规范和规程目录给买方审查，并按买方的要求免费提供目录上买方需要的任何标准、规范和规程。提交的标准或规程有英文版本的应用英文版本，其他版本（除中国标准和规程外）应译成中文，并随原文本一起提交。

1.4 协调

本条款适用于卖方内部及卖方与其他卖方、承包人之间的协调工作。卖方应对合同设备或部件进行协调和设计完善，并承担全部责任。

1.4.1 卖方内部发电机与水轮机及与其分包人的协调

在水轮发电机组设计、制造过程中，以及现场安装、调试、试验、验收的过程中，卖方应就发电机与水轮机及其分包人进行全面的协调。重要问题及协调结果应报买方批准。

卖方应对其分包人的工作质量和供货进度负责；并应对分包人与其他卖方、承包人进行合同协调的工作负责。

1.4.2　卖方与其他卖方、承包人的协调

1）概述

（1）卖方应在买方的组织下与其他设备的卖方、承包人（包括安装承包人）就图纸、样板、尺寸以及必需的资料进行协调，以保证正确地完成所有与发电机相连接或有关的部件的设计、制造、吊运、安装、调试、试验、试运行、考核运行与验收工作。

（2）不同合同的设备之间的总体协调工作由买方牵头，卖方应服从和配合买方的相关协调工作。卖方应按买方要求派员参加相关的其他合同设备的设计联络会。卖方应负责机组和其他合同的相关设备设计和制造接口的具体协调工作，且对其提供的图纸和数据等资料的准确性负责。

（3）若卖方对其他卖方和承包人的设计、技术规范或供货不满意或有疑问时，应立即向买方做书面通报。当卖方与其他卖方、承包人不能达成一致的协调意见时，买方有权以最有利于本工程的方式做出决定，卖方应无条件执行。卖方应向买方提供6份与其他卖方、承包人进行交换的所有图纸、规范和资料的副本。

（4）除非在合同文件中另有规定，为了适应其他卖方、承包人提供设备的要求，需对卖方提供的设备进行非实质性的修改，卖方不得要求额外的补偿。所有卖方、承包人之间的有关上述调整对买方均不增加任何附加费用，这些费用已包括在单项报价中。

2）卖方与调速器系统卖方的协调

卖方应负责与调速器系统卖方的协调，卖方为责任方，其协调内容如下，但不限于此：

与调速器卖方协调测速齿盘及速度传感器、残压测速信号与调速器的技术接口细节。

3）卖方与继电保护系统卖方的协调

卖方应负责与继电保护系统卖方的协调，卖方为责任方，其协调内容如下，但不限于此：

向继电保护系统承包商提供发电机电气参数；定子绕组支路数；定子绕组型式、连接及布置；定、转子结构数据及图纸等资料。

协调CT配置、参数及布置。

4）卖方与计算机监控系统卖方的协调

卖方应负责与计算机监控系统卖方的协调，卖方为责任方，其协调内容如下，但

不限于此：

向计算机监控系统卖方提供发电机及其辅助设备用于监控系统 I/O 量的详细资料；

向计算机监控系统卖方提供输出点和输入点的详细资料；

与计算机监控系统卖方协调发电机监控程序、自动化元件及装置的特性、配置、布置、安装细节及机组启停程序；

其他需要协调的项目。

5）卖方与主回路离相封闭母线卖方的协调

卖方应负责与主回路离相封闭母线卖方的协调，卖方为责任方，其协调内容如下，但不限于此：

卖方与主回路离相封闭母线承包商就母线设计参数及布置进行协调；

卖方与主回路离相封闭母线承包商就发电机主引出线离相封闭母线（卖方提供）与主回路离相封闭母线（其他承包商提供）的接口进行协调。

6）卖方与励磁系统卖方的协调

卖方应负责与励磁系统卖方的协调，卖方为责任方，其协调内容如下，但不限于此：

向励磁系统卖方提供要求的励磁参数；

卖方与励磁系统卖方协调直流励磁电缆的技术要求、励磁电缆接线箱在机坑内的方位及连接要求。

7）卖方与桥机卖方的协调

卖方与桥机卖方对起吊设备的吊具进行协调。

8）卖方与土建承包人的协调

卖方与土建承包人对预埋件及服务进行协调。

9）卖方与安装承包人的协调

卖方与安装承包人对机组安装、调试、现场试验、试运行和验收等有关事宜进行协调。

10）卖方与电站状态监测系统卖方的协调

卖方应负责与电站状态监测系统卖方就系统接口方式、通信规约、通信内容等内容进行协调。

11）卖方应与电站消防系统及火灾自动报警系统卖方就系统接口等事宜进行协调。

12）其他应协调的相关事宜

以上各条中未明确的与机组设备相关的协调工作，卖方仍应按买方要求进行协调。

1.5　进度计划和报告

1.5.1　概述

1）根据"交货批次和进度要求"，1.6"提供的技术文件"中规定的日期（以下称为"关键交付日期"），1.7"技术文件的提交"的要求，卖方必须确保合同设备的成套部件和技术文件在关键交付日期交付。

2）卖方履行招标文件规定的成套部件和技术文件的交付日期，是合同执行的最重要部分。在遵守上述规定的关键交付日期的条件下，经买方书面同意，卖方可以按最有利的情况来制订合同设备工作进度。

1.5.2　进度计划

1）在合同生效后 21 天内，卖方应提交给买方 6 份工作进度计划。如果实施工作中进度计划发生调整，卖方应在 7 天内将调整的进度计划报送买方。

2）进度计划应有箭头指示图表，按"关键路径法"（CPM）编制，显示按合同要求合同设备的每个部件或组件的设计、制造、试验、验收和交货开始和完成的日期，时标网络图应使用 MS Project 或与此兼容的软件编制，并提供电子文档。

3）进度计划中的项目应按其实施的先后顺序安排。进度表应符合合同规定的工作时间和交付时间，并根据 1.6"提供的技术文件"和 1.7"技术文件的提交"提交买方审查。

4）进度计划应包含必要的文字说明，对重大事件作详细的描述，同时还应提供由分包人编制的主要分包部件的进度计划，格式采用如上所述的格式。

1.5.3　月进度报告

每月的 7 日以前，卖方应提交上个月的月进度报告，应列出合同设备所有设计、制造和交付工作及其计划完成的工作项目与日期。每次月进度报告应传真给买方 1 份。

月进度报告表格式（大纲）应由卖方提出并由买方批准。

月进度报告应至少包括以下方面的内容：

1）第一部分　概述

对本月所发生的主要事件进行集中的文字描述，特别是一些主要和关键部件及其附件的采购、加工生产及发运准备情况，同时应说明生产进度安排是否能满足交货进度的要求，如不能满足进度计划，则应说明差距和补救的措施。对有明显的加工工艺阶段的主要大型部件，还应指出该部件目前所处的工艺阶段。对于已具备工厂检验条件或装运条件的部件，应给出计划的工厂检验、装运和工地交货日期。

2）第二部分　各台发电机主要部件的工作进度

应列出各台发电机主要部件完成工作的百分比和完成工作所要求的天数。对于交货发运时间，应给出计划的发运日期和工地交货日期。说明直到重大事件发生日以前的工作状况，如果在此期间没有发生重大事件，则应说明直到本月最后1个工作日以前的工作状况。月进度报告应附有表明设计和制造工作从开始时起连续进展情况的曲线图及附有1.15条规定的进度彩色照片。

3）第三部分　公用部分的工作进度

该部分主要是对备品备件和安装维修工具等的进度进行描述，填报的内容和格式同2）款。

1.5.4　责任和费用

卖方提交的进度计划和报告，是为了买方或买方代表或监造人员了解卖方当前设计制造和试验、验收、交货等工作进展状态。买方及其代表或监造人员可提出要求满足交货的任何意见或指示。卖方对落后进度与交货应采取补救措施。卖方所有进度计划与报告及采取的补救措施或买方的意见和指示及要求等，不能减轻或免除卖方按合同规定提交合同设备和技术文件的责任，买方也不因此增加额外费用。

1.6　提供的技术文件

1.6.1　概述

1）卖方应提供用于合同设备及其零部件的制造、运输、安装、调试、运行、维护以及用于电站设计的图纸（标准件除外）、有关的计算书、分析报告和试验报告供买方审查。

2）提供用于设计的标准目录和必要的标准；提供工厂组装和试验程序；提供现场安装和检验的程序；提供包装、运输、保管、安装、调试、测试、试验、运行、维修、维护说明书或手册。

3）提供安装、调试、运行、维护和辅助设备控制系统所必需的正版应用软件、源程序和使用说明。

4）卖方应对设备的整体及主要部件进行三维设计，并向买方提供三维设计的数据模型。其中，向买方提供的三维设计模型应包括原格式和通用格式两种格式，原格式为三维建模软件默认的格式，通用格式使用 Parasolid（＊.x＿t）格式。

5）按照本招标文件1.6.10"全生命周期信息"的要求，提供合同设备信息。按照买方物流信息管理要求提供相应的物流信息。

6）提供经过合理分类的全部部件清单和按批次供货的设备和部件清单。

7）卖方在提交所提供设备的图纸的同时，应提出计算的设备重量、作用的外力、锚筋详图和尺寸以及设备所要求的油、气和水系统等资料，以便对布置这些设备及其辅助设备系统的基础结构进行设计。

8）对于本技术条款以及将来设计联络会纪要中所有有明确提交时间要求的技术资

料（包括各种图纸、计算书、说明书、设备清单等），卖方应在规定的时间内提交，否则应处以合同条款 5.20 "违约赔偿"中规定的违约金。

9）对表 1.3、表 1.4 列出的项目可能需要 2 张或多张图纸，则所有张数的图纸也应在指定的天数之内成套提交。卖方应编制技术文件提交计划，并在第一次设计联络会期间提供详细的技术文件总清单（包括计划提交日期）供买方审查。

10）当买方认为卖方所提交的图纸或资料不能满足合同要求的深度时，买方有权要求卖方增加提供所需要的图纸和资料，且不发生合同外的任何费用。

1.6.2　格式和数量

1）幅面

卖方提供给买方审查的每一张图纸，应采用耐用纸的白底、深色线条绘制。幅面为原设计图幅和 A3 幅面。在保证附图及其标注文字清晰的情况下，除图纸外的其他技术文件的幅面可采用 A4 幅面。

2）数量

如非特别指明，提供给买方的技术文件，数量均为 6 份。卖方在提供图纸、计算书、分析报告、试验报告、设备清单、说明书和手册、安装检验程序等资料的纸质文档的同时，还应提供与纸质文档完全一致的 2 份可编辑的电子文档（包括送审的资料和最终的资料，正版应用软件、源程序以及说明书），另还应提供 2 份 A3 幅面纸质图纸。

3）电子文件格式

图纸要求采用 AUTO CAD 的 *.DWG 格式。除正版应用软件、源程序和另有说明外，其他文档采用 WORD 的 *.DOC 格式或 EXCEL 的 *.XLS 格式。

三维图纸应包括原格式和通用格式两种格式，原格式为三维建模软件默认的格式，通用格式使用 Parasolid（*.x_t）格式。

4）技术文件清单格式

卖方应随每批技术文件提供本批技术文件清单及近 120 天内计划提供的技术文件清单，该份清单应包括每张图纸的图名、图号和版本号，每份技术文件的名称和编号，以及它们的提交日期等，技术文件清单格式参见表 7-1-1。

技术文件清单应包括第 1.6.1 条要求的全部内容，并每季度提供更新版本。

5）辅助设备清单格式

辅助设备（如电机、阀门和自动化元件等）清单格式参见表 7-1-2。

6）提交日期说明

如非特别指明，表 7-1-1 中第 7 列"提交日期"指提交技术文件的日历日期；1.6.3 和 1.6.4 节各表中所列日期，系指对各项技术文件提交的时间要求，为合同生效后的日历天。

表 7-1-1　技术文件清单

时间： 版本：							
序号	名称/图号	张数	编号/图号	版本号	对应条款号	提交日期	备注
1							
2							
3							

表 7-1-2　辅助设备清单

时间： 版本：									
序号	名称	数量	价格表编号	表内项号	型号	主要参数		生产厂	产地	备注
1										
2										
3										

备注：主要参数根据需要划分细项。

1.6.3　图纸

1）轮廓图和资料

应提交的轮廓图纸、资料内容及提交计划（但不限于此）见表 7-1-3。其中对三维模型图纸仅为初步要求，将在合同执行过程中进一步完善。

2）详图和资料

在设备制造之前，卖方应提交总装图、部件装配图和详图（二维及三维图纸），以充分表明所有部分均符合合同文件的规定，并符合合同文件对安装、运输和维护的要求。

所有图纸应表明所有设计及现场安装需要的尺寸和装配细节，包括材料的型号和等级、焊接和螺栓连接的设计，配合的公差和间隙；设备在现场的连接和组装；油、油脂、水和气等管路的连接位置和尺寸，以及电气回路的端子箱和导线的规格与布置配线。

卖方应对所有主要部件的设计和对其他部件所要求的细节提供详细的技术说明，包括设计计算书，计算书按 1.6.5 的要求提供。

除下述图纸和/或数据外，其他详图和/或数据应按照卖方和买方之间协商确认的时间表提交。

表 7 - 1 - 3 轮廓图和资料

	发电机图纸和资料名称（但不限于此）		合同生效后的日历天数
	二维	三维	
1	表明总体设计布置、轮廓尺寸和关键高程的发电机横剖面图、平面图	发电机总装图	
2	发电机主要部件尺寸、重量	主要部件图	
3	发电机定子、上机架、下机架基础图	发电机埋件布置图	
4	发电机定子、上机架、下机架基础荷载数据		
5	制动气缸布置图	制动气缸布置图	
6	发电机主引出线和中性点引出线布置图	主、中性点引出线布置图	
7	转子外形尺寸图	转子总图	
8	定子外形尺寸图	定子总图	
9	发电机机坑内管路布置图	机坑内管路布置图	
10	定子组装场地布置及基础图		
11	转子在安装场组装布置及基础图		
12	发电机机坑预留孔洞位置图		
13	发电机机坑进、出管路位置图	机坑进、出管路位置图	
14	尺寸大于买方提出的铁路运输界限、铁路隧洞规定的部件运输图		
15	透平油、压缩空气、冷却水、消防、辅助设备系统、状态监测系统原理图和数据		
16	转子安装场装配基础及测圆架布置图		
17	定子机坑装配基础及测圆架布置图		
18	电缆管路和发电机动力柜、照明箱、表计盘、端子箱布置图	盘、箱、柜布置图	
19	蒸发冷却系统布置图（如果有）	蒸发冷却系统布置图（如果有）	
20	辅助设备（如泵、电机、过滤器、冷却器、阀门和元件等）清单		
21	机组辅助设备用电负荷（交、直流）		
22	发电机及辅助设备自动化元件配置图		
23	机组保护计算配合资料		

应提交的详图和资料主要内容（但不限于此）见表 7 - 1 - 4。

表 7-1-4　发电机详细图纸和资料

序号	发电机图纸和数据名称（但不限于此）		合同生效后的日历天数
	二维	三维	
1	水轮发电机组总装图	水轮发电机组总装图	
2	发电机总装图	发电机总装图	
3	定子详图	定子详图	
4	定子机座详图		
5	定子吊装图		
6	定子绕组电气线路图和冷却水路图，包括 RTD 位置及与 PDD 系统有关的电容耦合设备的位置（如果有）		
7	定子及其绕组现场装配的说明书（包括工艺要求和图纸），在不同组装阶段需进行的试验说明，定子线棒结构详图		
8	转子详图	转子详图	
9	转子支架详图		
10	转子吊装图		
11	转子中心体、转子支架和转子磁轭装配图及说明（包括工艺要求）		
12	磁极详图		
13	上机架详图	上机架详图	
14	下机架详图	下机架详图	
15	推力轴承详图	推力轴承详图	
16	推力轴承油冷却器及控制设备详图		
17	推力轴承外循环系统原理及布置图（如果有）		
18	高压油顶起系统的原理图和布置图（如果有）		
19	发电机轴及上端轴详图，主轴组装图，发电机轴与水轮机轴的连接详图	发电机轴详图	
20	上导轴承详图	上导轴承详图	
21	上导轴承油冷却器详图		
22	下导轴承详图	下导轴承详图	
23	下导轴承油冷却器详图		
24	集电环、电刷及其刷握详图	集电环、电刷及其刷握详图	
25	发电机机械制动的原理图和布置图	制动系统详图	
26	机械制动系统管路及控制柜布置图		
27	碳粉、制动粉尘收集系统的原理和布置图	碳粉、制动粉尘收集系统详图	
28	机组状态监测系统的设备安装和接线详图		
29	发电机空气冷却器冷却水系统管路布置图	空气冷却系统详图	

序号	发电机图纸和数据名称（但不限于此）		合同生效后的日历天数
	二维	三维	
30	空气冷却器详图		
31	蒸发冷却系统原理及布置图（如果有）	蒸发冷却系统详图（如果有）	
32	轴承冷却水系统管路布置图	轴承冷却水系统详图	
33	灭火系统管路布置图	灭火系统详图	
34	灭火系统机械操作柜布置图		
35	消防控制柜（箱）原理接线及布置图		
36	发电机机坑内火灾探测器分布图		
37	辅助设备用电负荷及接线图： ① 电气原理接线图 ② 配线图 ③ 连接图		
38	运输部件图		
39	发电机机械制动及高压油顶起系统（如果有）详图及设备组装图		
40	发电机主引出线和中性点引出线详图，包括磁屏蔽体、护栏、固定件及其他附件的布置，主引出离相封闭母线与主回路离相封闭母线外壳及导体的连接，所有的电流互感器、中性点接地装置的接地变压器和附属设备以及其他必要的资料	发电机主引出线和中性点引出线详图	
41	组装、拆卸、运行和维修所需的其他补充图纸		
42	端子箱详图和位置图		
43	在1.16.2中规定的电动机的完整说明、尺寸、图纸和性能曲线		
44	机坑内全套照明系统的说明和设计图	照明系统详图	
45	机坑内加热器的说明和设计图	加热器详图	
46	现场焊接和焊接设备以及焊接资格考试的说明		
47	提供的安装维修工具以及备品备件的图纸、数量和说明		
48	工厂和现场焊接无损探伤检查的详细说明		
49	转子绕组引线、直流励磁电缆布置及安装详图		
50	发电机监视、测量系统仪表、变送器、自动化元件、动力柜、照明箱、端子箱、盘柜以及所有控制设备布置详图、电气原理接线图、配线图和连接图		
51	发电机自动化元件配置明细表，含自动化元件名称、数量、型号规格、量程、整定值、输出规格、用途、安装地点等必要信息，以及相关技术资料		
52	发电机各辅助设备控制系统与电站计算机监控系统接口的I/O点表		

续表

序号	发电机图纸和数据名称（但不限于此）		合同生效后的日历天数
	二维	三维	
53	建议的发电机正常开/停机逻辑流程图、蠕动检测流程图		
54	机组辅助设备控制流程图		
55	发电机机坑内外所有电缆桥架布置图	电缆桥架布置图	
56	气隙测量系统的设备安装和接线详图		
57	机坑展开图		

1.6.4 制图的要求

1）机械图纸

（1）概述

机械设计图主要有：系统图（原理图）、布置图（管路布置图，设备布置图）、设备基础图、设备装配图及非标准零部件加工图等。系统图主要用来表示设备、装置、仪器、仪表及其连接管路等的基本组成和连接关系以及系统的作用和状态的一种简图。布置图主要表达各种设备、管道、土建结构等的相互位置关系和详细尺寸或与土建基础之间的连接关系和安装方式等。所有图纸应按 GB 国标或相关制图标准绘制。

（2）系统图

系统图中管路宜用单线表示，其他设备及元件应用符号或简图绘制。符号、图例应符合相关标准、规范的要求，并附详细的图例说明。

（3）设备基础图、布置图及详图

A. 机组及其辅助设备的主要尺寸以机组中心线和机组坐标 X、Y 轴为基准进行标注。通过水轮机中心线沿厂房长度方向的轴线为厂房的纵轴线，垂直于厂房纵轴线的轴线为横轴线。沿厂房纵轴线为 X 轴，沿厂房横轴线为 Y 轴，并规定厂房进水侧为＋Y。

B. 主副厂房内的辅助设备应以该设备所在的房间界线尺寸或相应桩号、高程为基准进行标注。

C. 图纸中与水轮发电机组设备布置、吊装等相关的高程，应标注海拔高程，管路标高系指其中心线的高程。水轮机安装高程为_____m。

D. 管路布置图上的管路应表明：管路名称，管介质—直径—管路去向，同一管路，需要在两幅以上图表达时，其管路去向应一致，并以管路流向终点的去向来表示。无缝钢管、焊接钢管，有色金属等管路，应采用"外径×壁厚"标注，如Φ108×4。

E. 图中各部件、元件等的名称、型号、规格、材料、数量及主要参数等应设备明细栏中详细表明。

2）电气图纸

（1）概述

所有图纸中的电气设备编号和代码应按买方的规定进行，具体规定在第一次设计联络会提交。图纸采用 A3 幅面。

（2）系统接线图

图纸应表明设备与电源的连接，仪表和控制设备、元件及变送器安装位置及代号，以及上述设备间的电气接线（系统图中应有包括设备、元器件名称、型号、规格、数量的明细表及系统主要参数）。

（3）原理接线图

图中应表明供给的控制设备的原理和电气连接，应包括：

A. 时间继电器和定时器的范围、动作和设定值；

B. 过程仪表的设定点和复归点；

C. 保护继电器的额定值；

D. 熔断器和断路器额定值；

E. 控制电压和为供电电路建议的过电流保护和导线截面（如果控制电压的电源不是制造厂提供）；

F. 设备部件及元器件的明细表（包括名称、型号、规格、主要参数、数量等）及使用维修说明。

（4）安装接线图

图中应显示控制设备各元件点与点间的连接（包括部件或模块的内部安装图）。控制装置和端子排应正确地表示在其相应位置上。端子排的一侧应清楚地标明外部接线的连接，并无任何制造厂的线接在该侧。控制装置和端子排的标记应与原理接线图相对应。外接电缆有特别要求时应在图中说明。

（5）盘面布置图

应标明安装在控制柜、配电盘和开关板前的设备和铭牌，并在图上按比例画出。同时，对应注明说明设备名称、代号、规格、主要参数及数量等。

（6）铭牌图、仪表刻度、刻模和开关把手

应提供所有盘柜装置和设备的清单。铭牌图应包括尺寸和文字大小。作为图纸审查过程的一部分，卖方应在适当的图纸上标明铭牌刻字。应为仪表和其他指示仪表表明刻度标记。应表明刻度盘上的饰框板和符号刻字以及开关把手的类型和颜色。

（7）电缆管路、电缆架、电缆桥架图

应提交所供的电缆管路、电缆架及电缆敷设的实际布置详图。图上应有电缆管路及电缆架的尺寸和型式。应规定在电缆管内敷设的导线的数量、型式和功能。

3）三维图纸

卖方提供的三维图纸应至少应该包含下列数据信息：

（1）外形尺寸：设备外部形状特征，设备三维控制尺寸数据。

（2）设备布置安装：设备自身定位原点的三维空间坐标，设备布置基础、安装、通道等布置尺寸及定位数据、基础受力数据信息。

（3）接口信息：接口数据须准确、完整，主要包括：接口定位数据、采用的标准、连接形式、公称直径、压力等级、介质温度以及相关功能说明等。

（4）档案数据：记录设备生产商名称、订货时间、设备型号、设备主要参数等。

4）逻辑图

卖方应提供 1 整套说明用于微处理机控制器、自动控制系统的软件的逻辑图。该逻辑图应按下列要求提供：

（1）模拟控制回路：提供的逻辑图应符合有关标准格式。

（2）顺序控制：提供顺序逻辑控制应符合流程图或梯形图格式。

在最后一批合同货物发货后 2 年内，卖方应无偿地向买方提供软件的更新或功能增强的软件。在此之后，买方应能以协商的费用得到更新的软件。

1.6.5　设计计算书、设计分析报告

卖方应在提供合同设备主要部件（定子、转子、上机架、下机架、上导轴承、下导轴承、推力轴承、主轴、上端轴等）的设计图时，应同时提供给买方 6 份该主要部件的设计计算书。设计计算书应详细说明基本设计方法、计算条件、使用准则和计算载荷、应力的水平，以便充分、详细地证明设备满足合同规定的要求，并为分析和寻找设备的故障提供充分的资料。计算书及分析报告要求见表 7-1-5。

表 7-1-5　计算书及分析报告

序号	主要内容	合同生效后的日历天数
1	功率因数为 0.85、0.90、0.95 和 1 时，表示发电机典型负荷特性的 V 形曲线	
2	发电机分别在额定容量＿＿＿MVA 及 95％、100％、105％额定电压时的发电机功率曲线	
3	发电机饱和曲线	
4	发电机电磁设计计算，包括所有电磁参数的计算	
5	发电机机械应力计算	
6	发电机主要部件振动固有频率计算	
7	发电机动稳定及热稳定计算分析报告（包括对定子绕组、汇流铜排结构的受力、绝缘强度分析和复核）	
8	蒸发冷却系统设计计算专题报告（对于蒸发冷却）	

序号	主要内容	合同生效后的日历天数
9	空载励磁特性曲线、短路特性曲线	
10	中性点接地装置设计计算报告	
11	上下机架刚度和强度计算书	
12	发电机转动系统分析	
13	临界转速分析及计算成果	
14	推力轴承设计计算，包括损耗计算	
15	转子磁轭叠片压紧力、定子铁心叠片压紧力专题计算报告	
16	通风系统计算书	
17	发电机内部短路电流计算报告	
18	电流互感器参数选择计算报告	
19	制动曲线及制动系统设计计算书	
20	电流互感器电气特性	

1.6.6　设备清单及二维信息码

1）对于设备清单的要求

（1）合同设备按单台机组的设备部件的数量和种类列出；备品备件、安装、维修工具按提供的所有种类和数量列出。零部件的细分程度以安装时不需拆分为止。

（2）设备清单应包括名称、型号、规格、单位、数量、重量、材料及原产地和生产厂家。

（3）卖方须对合同设备主部件和主部件所属零部件进行编号，其主部件和所属零部件编号组成的代码是唯一且固定不变的。

（4）卖方不能将合同设备交货部件总清单作为交货不全的理由。

2）随技术文件提交的部件清单

卖方应在提供合同设备的每一批技术文件时，同时提交设备清单供买方批准。并且，卖方应在每次设计联络会期间提供最新设计完成的设备清单。

3）合同设备交货部件总清单

卖方应在合同签订后＿＿＿大内向买方提供合同设备交货部件总清单。此清单应为水轮发电机组及其辅助设备成套的所有部件清单，以作为每批次交货基准，核对是否漏发或少发。

随设备图纸提交的部件清单、合同设备交货部件总清单的详细要求参见本招标文件"合同格式及合同条款"。

4）设备二维信息码

卖方应在供货设备的包装箱和箱内零部件上标记二维信息码。二维信息码应与设备交货总清单相关联，码内信息应包括交货批次、箱号、设备名称、规格型号、货物图号、单位、数量、重量、报价单项代码及细项代码等有用信息。

1.6.7 说明书

1）概述

卖方应对每项设备的工厂组装、试验、搬运、贮存、安装、调试、试验、投产试运行、现场验收试验运行和维护的步骤提供书面的详尽的说明书。说明书应尽早提交买方，以便在安装和运行之前，在现场能获得最终的经审查的文本，用来做好计划工作。经审查后，卖方应提交完整的经审查的最终说明书和图纸的装订本，以及相应可编辑的电子档文件。主要的说明书见表 7-1-6（但不限于此）。

表 7-1-6　设备说明书

序号	主要内容	合同生效后的日历天数
1	工厂组装步骤、试验项目清单及试验步骤	
2	机组状态监测系统的设计方案	
3	装卸和贮存说明书	
4	现场试验说明书	
5	安装程序和说明书（包括 QCR 表）	
6	安装、试验、调试、运行所需的正版软件	
7	各种自动化元件和检测元件的整定值表	
8	发电机技术条件及设计说明书	
9	操作和维修说明书	
10	调试、投产试运行的说明书	
11	电站并网所需发电机资料	
12	各辅助设备安装、运行、维护说明书	

2）工厂组装和试验程序

在设备进行车间组装和试验之前，要提交概述所做检查细节的工厂组装和试验程序文件。工厂组装和试验步骤要以表格形式对每项试验分项列表提交，要注明根据设计预计结果，并留出空表格便于在车间组装和试验期间填写观测结果。试验步骤要包括使用的试验值、可接受的最高/最低试验结果和供参阅的通用的工业标准。工厂试验若受某种限制（如果有），要有充分的说明并经买方批准。

3）工厂制造记录、试验报告、组装记录、核查记录

在合同设备工厂最终检查完成后，应提交材料检验记录、试验报告、组装记录、

核查记录等全套工厂制造资料。

4）包装、搬运、装卸和贮存说明书

卖方应提交在现场的包装、搬运、装卸、贮存和维护保管的详细说明书，并附有图解（三维）和重量。在完整说明书提交前交货的设备，应在设备交货前＿＿天提供交货设备的包装、搬运、装卸、贮存说明书。油漆等化工产品的交货应随每次交货提供包装、搬运、装卸、贮存说明书。说明书应包括：

（1）户外/户内、温度/湿度控制、长期/短期贮存的专门标志；

（2）户外/户内、温度/湿度控制、长期/短期贮存的空间要求；

（3）设备卸货、放置、叠放和堆放所要遵守的程序；

（4）吊装和起重程序；

（5）长期和短期维护程序，包括户外贮存部件推荐的最长贮存期；

（6）部件的定期转动（当需要时）；

（7）保护覆盖层、涂层的使用；

（8）安装前保护覆盖层、涂层和/或锈蚀的清除。

5）安装程序及说明书

卖方应向买方提供详细的设备安装程序及说明书（含 QCR 表），以及表示安装顺序的相应图纸的缩影复印件。该说明书和图纸应包括对于设备主要部件的搬运和起吊，包括重量、组装公差和安装期间应遵守的特殊注意事项等方面的资料。在完整的安装说明书提交前安装的部件，应在部件安装前＿＿天提供安装部件的安装说明书。

6）安装进度表

卖方应提交合同设备安装进度表供买方参考，该进度表应表明安装项目（数量、重量、控制性尺寸）、工序流程和每道工序所需的估计时间与总时间、安装注意事项、安装人员工种及数量、安装工具的型号及数量。该进度表应包括现场安装、检查、调试、启动试验、试运行和验收试验所需的时间。

7）运行维修说明书

（1）卖方应提供详尽的运行和维护说明书，该说明书应包括相应图纸的缩影复制件、相应的部件一览表、所提供的全部设备的样本，包括自动化装置或元件的产品说明书，还应提交对于运行、维护、修理、拆卸或组装，以及为了订购更换部件时检修和识别部件等所必须或有用的资料。

（2）卖方提供的运行和维护说明书细则应是一份完整的和清晰的文本，在设备整个使用寿命期间内能一直使用而不需进行任何补充。在说明书中采用的术语和标记应与卖方图纸一致。

（3）运行和维护说明书应清楚地说明合同设备的工作原理、突出特点和电气控制操作，并包括主要参数和必要的液位、流量、压力设定值，以及全部附属保护装置的整定值。还应提供故障寻找图表、检修时间表、润滑系统图表以及拆卸、重新组装和调整的程序。

（4）运行、维护说明书应按下列格式编制：

第Ⅰ册　发电机运行、维护说明书

1　概述

1.1　主要特性

1.2　参考图纸、标准

2　部件的总体描述和拆卸时的注意事项

3　运行和维护说明/规程

3.1　发电机正常运行和维护说明/规程

3.2　发电机异常运行的监视和限制

3.3　发电机故障判断

3.4　发电机大修/小修项目及规程

4　组装和拆卸所需的起吊设备和工具的使用说明

5　图纸、手册、产品样本和出版物

6　发电机操作图

7　调试

7.1　现场调试说明

7.2　调试报告

备品备件

第Ⅱ册　发电机仪器、仪表及自动化元件运行、维护说明书

1　概述

1.1　仪器、仪表及自动化元件清单

1.2　各种仪器、仪表及自动化元件的原理和结构

1.3　使用和调整方法的说明

1.4　元件和软件清单

1.5　自动化元件定值清单

2　维护说明

2.1　功能说明

2.2　运行维护细则

2.3　故障诊断及排除

2.4　修复后的量度值检查

3　图纸

3.1　原理图、模块电路图、逻辑框图

3.2　模块安装图、元件参数表

4　备品备件

5　产品样本

8）现场检查、启动、试验、试运行和考核运行程序

卖方应该提交叙述设备安装后的现场检查、启动、试运行、试验和考核运行的详细步骤的说明书，并应包括相应说明和图示。其内容应包括：

（1）要清洗、检查和调整的部件，给出方法和措施；

（2）检查所有间隙的方法，给出各部件应控制的技术参数；

（3）设备现场检查、启动、试验、试运行和考核运行，应预先做出详细的操作和试验的步骤，以表格形式提交分项列出的每次调试和试验的步骤，注明根据设计进行预计的结果，并留出空白以便填写在调试和试验过程中的实际观察结果。

1.6.8　技术文件审查

1）买方将在收到图纸后的＿＿＿天内进行复核和审查，并提出审查意见或确认。买方可在设计联络会上当面提出审查意见或确认，也可以通过传真方式提出。

2）对于买方审查确认且没有提出修改意见的图纸，将作为正式图纸使用；对买方提出了修改意见的图纸，卖方应进行相应的修改，标明修改部位，并在收到买方修改意见之日起＿＿＿天内再次成套提交图纸供买方审查。

3）如果经买方审查确认的图纸，卖方又进行了任何必要的修改，应在修改后的＿＿＿天内再次提交审查，对修改部分应做出明显的标记。

4）此外，每张经修改的图纸应清楚标明修改版本号和修改日期。若提交的图纸没有这些标注，将被认为不符合要求。

5）买方的审查并不意味着免除卖方对于满足合同文件要求和安装时各部件正确地配合的责任。

6）对于图纸审查的要求，应同样地适用于提交审查的计算书、设计数据、目录、清单、论证报告、技术规范、设计报告和其他技术文件。

7）卖方可以进行必要的设计变更，以使设备符合合同文件的规定。

8）如果在结构组装或设备安装期间发现卖方图纸中的错误，应在图纸上注明修改内容，包括任何认为必要的现场变更。该图纸应按上文所述重新提交供审查和记录。

1.6.9　应用软件和源程序

卖方应提供合同设备安装、调试、运行、维护和辅助设备控制系统所必需的正版应用软件、源程序及使用说明，并在设备质量保证期内免费提供其配套软件和源程序

的升级版。

1.6.10　全生命周期信息

1）为满足买方机电设备全生命周期信息系统对卖方供货设备数据和信息的需要，卖方应按照买方提供的格式和数据要求，及时向买方提供设备的设计及计算、模型试验、材料选取及检验、制造工艺及过程、工厂试验及检验等真实可靠的数据和信息。

2）对于外购件，应及时提供供货厂家、产品规格型号、出厂检验报告、产品合格证等真实可靠的数据和信息。

3）本节中所要求的文档必须以电子文档（光盘或者存储卡）的方式提供或直接录入买方的信息系统（若具备条件）。

1.6.11　归档文件

首台机组投产后，卖方按买方档案管理要求向买方提供 6 套完整归档技术文件，归档技术文件的内容包括 1.6 涉及的全部内容和设计联络会纪要、现场试验报告和合同执行期间买卖双方的书面技术文件等。后续每台机组投产后，卖方应将现场试验报告和双方的书面技术文件补充归档。

报告和计算书 2 套为彩色原件，4 套为复制件。每套归档文件应包括 1 个表明图纸数量和图纸题目的索引，并应装订成册作为永久的资料。卖方应向买方提供 2 套上述文件的电子版及相应的正版支持软件。

1.7　技术文件的提交

1.7.1　概述

卖方应提交第 1.6 条所要求的技术文件供买方审查。

经买方审查确认的技术文件，卖方应在接收到买方审查意见的____天内，按照第 1.6.2 对于格式和数量的要求正式提供买方使用。

卖方向买方提交的技术文件费用及寄送或传真这些技术文件的费用均应包括在合同总价内。

1.7.2　提前提交

卖方应合理安排其提供图纸的时间，并可以在第 1.6 节"提供的技术文件"规定的时间前提交技术文件，但应包括全部有关内容和供买方审查所需的细节。

1.7.3　到期后的重新提交

卖方可以修改其已经提交的技术文件，在规定的提交时间到期以后，重新提交这些技术文件，但这些修改应不影响电站施工设计或其他设备合同的工作。包括大范围修改在内的重新提交，影响到电站施工设计或其他设备合同工作的重新提交，被认为是初始提交，应处以合同条款"约定违约金"中规定的违约金。

1.7.4 不合格的提交

卖方提交的技术文件应符合本合同要求，不符合要求的提交为不合格提交。对不合格的提交，买方将不做正式审查和处理，也不退还给卖方。买方将把任何被认为是不合格的技术文件的初审结果通知卖方。

对到期日前没有提交或不合格提交，买方都将视为延迟提交，卖方需按照"约定违约金"的规定支付约定违约金。

1.8 材料

1.8.1 概述

设备制造选用的材料应是新的、适用的优质产品，并且无缺陷。材料质地应均匀，无夹层、空洞或夹杂杂质等缺陷。材料的规格，包括牌号和等级应符合相应的标准，并表示在适当的详图上，提交买方审批。本合同文件没有列举的材料，应得到买方的批准后方可使用。材料的代用品及其选择应遵守合同条款的规定。若卖方采用代用材料，其性能应相当于或优于本合同所列材料，并在制造前得到买方批准，且不因买方的审查认可而减轻卖方应承担的责任。

用于本合同设备的材料应根据相关标准规定的试验方法做试验。

1.8.2 材料和标准

本合同设备选用的材料及其相应的标准见表7－1－7材料标准表。

表7－1－7　材料标准

种类	标准
碳钢铸件	GB 7659，GB 11352，ASTM A27，ASTM A216 牌号 WCB、WCC;
合金钢铸件	JB/T 6402，ASTM A148 80—50 级;
不锈钢铸件	Q/CTG 01，Q/CTG 02，JB/T10264，JB/T 7349，JB/T 6405 ASTM A743 牌号 CA-15，CF-8，CA-6NM;
不锈钢板，钢带	GB 4237，ASTM A167，ASTM A176，ASTM A264，ASTM A240;
不锈钢圆钢	GB 1220，ASTM A582 钢号 303、416;
电工钢	Q/CTG 05，GB/T 2521 50W250，ASTM A345;
镍铜合金钢板	ASTM B127;
铸铁件	GB/T 9439，ASTM A48级、A30级或更好;
锻钢件	Q/CTG 03，JB/T 1270，JB/T 1269，JB/T 7023 ASTM A181 牌号 60，70，ASTM A668 cl D，ASTM A668 cl E;
结构钢	GB 700，GB 1591，GB 3274，GB/T 3077，ASTM A36，ASTM A283，ASTM A285 等级 B 和 C，ASTM A516 Gr485，ASTM A517 用于高应力部位，ASTM678，ASTM A 537;
钢管	GB/T 8163，GB/T 8162，GB/T 3091；SY/T5037，ASTM A53;
钢管法兰及法兰连接件	GB/T 17185，GB/T 9112，GB/T 9113，GB/T 12459，GB/T 13401；ASNI B16.5;

续表

种类	标准
青铜铸件	GB/T1176，ASTM B143 合金号 C90300、C92300；
青铜（用于轴承，抗磨板）	GB/T1176，ASTM B584 合金号 C93200、C93700；
黄铜（螺丝用）	GB 13808，ASTM B21 合金号 464；
青铜轴瓦	ASTM B22 合金号 C86300；
巴氏合金	GB/T 1174，ASTM B23 N°3，
紫铜管	GB 1527，GB 1528，GB 5231，ASTM B42，ASTM 1388 C. k；
黄铜管	GB 5232，GB 1527，ASTM B43；
镍合金管	GB/T 2882
不锈钢螺栓	GB/T 3098.6，ASTM A320 型号 304、138；
不锈钢螺母	GB/T 3098.15，ASTM A194 型号 6；
电工绝缘材料	IEEE-56，IEC-C4003；
刚性电线管道	ANSI-C80.1；
不锈钢管	GB/T 14975，GB/T 12771，ASTM A312/A312M，ANSI B36.19 无缝，TP316N 级；
不锈钢锻件	JB/T 6398，ASTM A473；
螺栓（合金，钢棒）	GB/T 3098.1，GB/T 3077，GB/T 6396，ASTM A 322；
铝青铜砂型铸件	GB1176，ASTM B148 C95500；ASTM B271 C95500；
纯铜棒	GB/T 4423 或其他
镍合金管	GB/T 2882
不锈钢螺栓	GB/T 3098.6，ASTM A320 型号 304、138；
不锈钢螺母	GB/T 3098.15，ASTM A194 型号 6；
电工绝缘材料	IEEE-56，IEC-C4003；
刚性电线管道	ANSI-C80.1；
不锈钢管	GB/T 14975，GB/T 12771，ASTM A312/A312M，ANSI B36.19 无缝，TP316N 级；
不锈钢锻件	JB/T 6398，ASTM A473；
螺栓（合金，钢棒）	GB/T 3098.1，GB/T 3077，GB/T 6396，ASTM A 322；
铝青铜砂型铸件	GB1176，ASTM B148 C95500；ASTM B271 C95500；
纯铜棒	GB/T 4423 或其他

1.9 材料试验

1.9.1 概述

设备采用的所有材料应根据 GB 或 ASTM 标准，或通过买方批准的其他权威机构（若有特别要求）规定的试验方法做试验。除非买方书面声明放弃，主要部件的材料试验应有买方代表在场见证。买方有权再次在现场进行材料试验或抽查，如符合合同要求，试验费用由买方承担；如发现材料不符合规定的标准，买方有权退货，由此发生的一切费用均由卖方负责，并按违约金的规定处理。

1.9.2　一般性化验和试验

卖方应对主要部件的材料的化学成分进行化验，同时还应对主轴及轴连接螺栓材料进行剪切试验。试验应按 GB 或 ASTM 标准的有关规定进行，并将试验结果写入材料试验报告中。

1.9.3　冲击和弯曲试验

所有主要部件的金属材料应做 V 型缺口试件的冲击韧性试验。试验应按 GB 或 ASTM 的有关规定进行。热轧钢板应根据 GB 和 ASTM 的有关规定，同时做纵向和横向冲击试验。所有主要的铸钢件和锻件，应做样品弯曲试验。

1.9.4　试验证明

在材料试验完成后，应尽快地提出合格的材料试验报告。试验报告应标明使用该材料部件的名称、材料的化学成分和机械性能，以及相关资料，以便买方核实材料试验是否符合本合同文件的规定。全部材料试验合格的复印件由卖方保存在档案中，直到全部合同设备特别质量保证期满。卖方应免费向买方提供大型铸钢件、锻钢件和板材的样品，供买方复核这些材料的化学成分及机械性能。全部的材料试验报告，买方或买方指定的代理人有检查全部的材料试验报告。

1.10　工作应力和安全系数

1.10.1　概述

1）本条规定了设备各部件材料的最大许用应力。本节对于最大许用应力的规定，并不能免除卖方对于工作应力选用的责任。设计中应选择经实践证明的安全系数。在关键的部位，应采用较低的工作应力。

2）在设计中，所有部件应有足够的安全系数，对那些承受交变应力、振动或冲击应力的部件更应特别重视。在设备部件设计时，应考虑在所有预期的运行工况下，都有足够的刚度和强度及寿命期内的疲劳强度。设备各零件的倒角应采用适当的圆弧过渡，且与邻近的表面连接是平滑和连续的，以减少应力集中。

3）应对重要部件进行有限元分析和计算，确定其在各种工作情况下的工作应力及变形。应提交这些部件的计算成果，包括应力、变形分析图和分析说明。

4）所有部件材料的工作应力不得超过本条所规定的最大许用应力，同时要考虑材料的疲劳。

5）应对螺栓等受力连接件进行有限元分析和计算，应提交主要部件的计算成果、应力、变形分析图和分析说明。

1.10.2　最大许用应力

1）部件的工作应力应采用经典公式解析计算，对结构复杂的重要部件应采用有限元法分析计算进行复核。

2）发电机部件的工作应力应按工况分别考核，分为正常运行工况和异常工况，其中，正常运行工况系指机组正常工作状态下所发生的各种载荷工况，包括开机、停机、增荷、减荷、稳态负荷（包括发电机功率因数为 1 满功率运行时水轮机发出最大功率）、短时超负荷、甩负荷等工况；异常工况系指飞逸、短路等工况。

3）在发电机正常运行工况内，所有零部件材料的最大工作应力不得超过表 7-1-8 的规定。表中未列入的材料许用应力可由设计方选择，但最大拉应力和压应力不超过该材料屈服强度的 1/3 同时不超过极限强度的 1/5。在额定容量、额定电压、功率因数为 1（包括甩负荷过速情况）下，最大主应力不得超过材料屈服强度的 1/3。

4）对于承受剪切和扭转力矩的零部件，铸铁的最大剪应力不得超过 21MPa，其他黑色金属最大剪应力不得超过许用拉应力的 60%，但其中发电机轴的最大扭曲剪应力不得超过许用拉应力的 50%。

5）对于一些关键部件，如定子机座、上机架、下机架、转子中心体、转子支架的支臂等，卖方应进行有限元应力分析和计算，确定这些设备在各种工作情况下的工作应力，且最大应力不得超过本章所规定的最大允许应力。卖方应向买方提交这些部件的应力分析图、应力计算结果和说明。

6）除主轴以外的转动部件，在最高飞逸转速或因短路而引起的发电机最大瞬时不平衡力情况下，其最大主应力不得超过材料屈服强度的 2/3。

7）所有发电机零部件均应设计成有足够的刚度，在任何工况下运行能够限制变形在安全范围之内。

8）主轴最大复合应力 S_{max} 的定义为：$S_{max} = (S^2 + 3T^2)^{1/2}$，式中，$S$ 为由于水力动载荷和静载荷引起的轴向应力和弯曲应力的总和；T 为发电机功率因素为 1，满功率运行时水轮机发出最大功率的扭转切应力。S_{max} 值不得超过材料屈服强度的 1/4。在应力集中处最大组合应力 S_{max} 不应超过材料屈服强度的 2/5。

9）需要预加应力的零部件，其预加应力应满足相应规范的要求（投标人应随投标文件提供施加应力的大小及引用标准）。

10）当要求有预应力时，螺栓、螺杆及连杆等均应进行预应力处理，其值不得大于该材料屈服强度的 3/4，预加应力后，螺栓承受负荷不得小于设计连接负荷的 2 倍，且各螺栓之间的应力差不得超过设计值的 ±5%。

表 7-1-8　正常运行工况部件许用应力

材料名称	许用应力	
	拉应力	压应力
灰铸铁	U. T. S/10	70
碳素铸钢和合金铸钢	min（U. T. S/5，Y. S/3）	min（U. T. S/5，Y. S/3）

续表

材料名称	许用应力	
	拉应力	压应力
碳钢锻件	Y. S/3	Y. S/3
合金锻件	min (U. T. S/5, Y. S/3)	min (U. T. S/5, Y. S/3)
主要受力部件的碳素钢板	U. T. S /4	U. T. S /4
高应力部件的高强度钢板	Y. S/3	Y. S/3
其他材料	min (U. T. S/5, Y. S/3)	min (U. T. S/, Y. S /3)

注：U. T. S 为极限抗拉强度。Y. S 为屈服强度。

1.10.3 抗震设计

机组设备应采用静力弹塑性分析法进行抗震设计。在临时过载同时伴随地震情况下，机组设备应能承受垂直方向____g 和水平方向____g 地震加速度载荷，非转动部件的应力不得超过正常工况下最大许用应力值的 133%，转动部件的剪应力不超过许用拉应力的 50%。

1.11 制造工艺

1.11.1 基本要求

1）合同设备应按良好的工艺方法和工艺条件进行制造加工，制造工艺应经实践证实是先进可靠的。全部设计和制造工作应由专业技术人员和经训练的熟练技工担任。设备的生产过程应进行严格质量控制，确保提供设备的质量。

2）所有部件包括特殊设计或制造的部件按 ISO 工艺标准精确制造，零件可互换，且便于修理螺栓。螺母等紧固件应符合 GB 标准的规定。

3）卖方应免费保存从合同期满起 10 年内的专用的测量量具、模具和有关记录，以便买方进行设备修理和/或更换零件。工地安装所需的特殊样板和专用测量仪器由卖方提供，除非另有规定外，均归买方所有。

1.11.2 机械加工和表面抛光加工

1）需加工的部件和在焊接后受焊接影响的部件表面，应进行机械加工或表面处理，最终达到规定尺寸的要求。当部件需消除内应力时，应在部件消除应力之后，方可进行机械加工，以便最终达到规定尺寸的要求。

2）精加工的零部件，须按其用途采取最适合的加工方法，并标示在卖方向买方提交的设计图纸上。除非另有规定，部件表面粗糙度 Ra 应符合 GB1031《产品几何技术规范（GPS）表面结构 轮廓法 表面粗糙度参数及其数值》的要求，且不应超过表 7-1-9 中所列的数值。

表 7-1-9　表面粗糙度

部件表面	Ra（μm）
要求紧配合的固定接触面	
不要求紧配合的固定接触面	
其他机械加工表面	
一般滑动接触面（镜板除外）	
镜板表面	
转子中心体法兰面	
主轴：不接触表面 轴承轴颈处 测量环带 不接触表面 法兰面 倒角	
轴承接触表面	

1.11.3　公差

对所有的配合件，应按其用途选择合适的机械制造公差。公差应符合 GB 标准或国际标准化组织（ISO）标准的规定。

1.12　焊接

1.12.1　概述

所有的焊接应采用电弧焊，焊接过程中应排除熔化金属中的气体。合适的地方应尽可能采用自动焊机进行焊接。

1.12.2　设计和制造

1）除另有规定，所有主要部件，包括上下机架、主轴、轴承支架、重要受力支承件和所有需要焊接的承压部件、压力容器和压力管道的设计和制造均应符合 GB150《压力容器》或 ASME《锅炉和压力容器规程》的有关规定。除蜗壳外的所有水轮发电机组主要部件应进行内应力消除处理。在工厂焊接的部件，不允许采用局部消除应力的方法。

2）其他部件，如管道支架等，设计和制造符合 AWS 的结构焊接规程 D1.1 或 ASME《锅炉和压力容器规程》有关条款的规定。这些部件不需作应力消除处理。

3）钢板在冲压成型前，应在 600—650℃ 温度进行退火处理，高强度淬火或回火合金钢板不允许做退火处理。

1.12.3　焊接鉴定

1）对 1.12.2 中 1）条所述部件的焊接，其焊接方法、工艺以及焊工的鉴定应符合 GB150《压力容器》和 TSG R0004《固定式压力容器安全技术监察规程》或 ASME

《锅炉和压力容器规程》的有关规定；对 1.12.2 中 2）条所述部件的焊接，其焊接工艺和焊工鉴定至少应符合相当于中国标准或 AWS《标准鉴定程序》的有关规定。

2）参与本合同设备焊接的焊工应具有国家权威机构颁发的焊接资格证书。买方有权对焊工的资格进行鉴定，对于不满意的焊工有权要求更换。在对现场焊工的资格进行鉴定时，卖方应提供现场焊接工艺试验和焊工鉴定试验所需的工具、设备、器材以及有关资料并运输到现场，卖方还应准备对现场焊接者进行鉴定的试件、程序及相关文件。焊工鉴定试验应由买方代表或其监造人员目击证实和认可。

1.12.4　焊接工艺大纲

卖方必须准备完整的焊接工艺过程大纲。大纲应包括每个焊接构件的详细工艺过程和表示每个接口的工艺过程图表。大纲应符合 GB150《压力容器》或 AWS D1.1 或 ASME《锅炉和压力容器规程》第 IX 章的规定。大纲还应说明包括充填金属、预热层间的温度、应力消除、热处理等要求。该大纲应提交买方审查。

1.12.5　焊接准备

焊接的工件，可采用剪切、刨削、磨削等机械加工方式或用气体、电弧切割、等离子切割加工成一定形状和尺寸的坡口以适应焊接的要求。焊接工件坡口加工的型式和尺寸应适应焊接的条件，且应符合施工图纸或规程规范的要求。焊接坡口表面应平整、光滑，无明显的缺陷，如夹层、锈蚀、油污或其他杂物和由切割引起的缺陷。

焊缝的设计、焊接方法和填充金属的选择应考虑焊透性，填充金属应与母材具有良好的匹配性和熔焊性。

重要焊缝应按 ASME 有关规定进行焊接工艺评定。

1.12.6　焊接作业

焊接作业应符合焊接工艺规程规定。制作过程应随时进行检测，严格控制焊接变形和焊接质量。焊缝形成后，应清除焊渣。焊缝结构应均匀一致、连续光滑，与母体金属融合良好，并且无空穴、裂纹和夹渣，符合规范规定的焊接构造与尺寸标准要求。焊缝应外观平整。结构焊缝应平整圆滑，避免应力集中。所有需超声波或其他无损探伤检验的焊缝应打磨平滑，以便更好地进行焊缝检查。过水表面的焊缝应磨削平缓且焊缝高度不应凸出表面 1.5mm。压力容器上的焊缝磨削不应削弱容器的结构强度。

1.12.7　焊接检查

应对焊缝进行检查，以确定其是否符合 GB150《压力容器》、AWS 或 ASME《锅炉和压力容器规程》以及合同技术规范的要求，如果焊缝出现上述标准和合同规定所禁止的缺陷，如任何程度的不完全熔合、没有焊透与咬边、焊缝夹渣、空穴或存有气泡、构造与尺寸达不到设计或规程规范规定标准、焊接变形等，都应被判为不合格。

按等强度设计受拉的对接焊缝和按等强度设计的丁字接头组合焊缝且接头受力垂

直于焊缝轴线的为一类焊缝，应作 100% 的超声波探伤，按 ASME I 级验收；一般对接焊缝（非等强度或受压的）和按等强度设计的丁字接头组合焊缝且接头受力平行于焊缝轴线的为二类焊缝，应作 50% 的超声波检查，按 ASME II 级验收；其他焊缝为三类焊缝，一般只作外观检查，对于有淬硬倾向的应作磁粉或渗透探伤。

无论何时，当对焊接质量有怀疑，买方有对卖方工艺过程所述的范围，或超出该范围，而追加无损探伤检查的权利。

无损探伤检查的质量应符合 GB150《压力容器》或美国焊接学会（AWS）外部检查规范或美国机械工程师协会（ASME）《锅炉和压力容器规程》的要求，经无损探伤（NDT）后，若有任何部分需要修复，则检查费、修复费和再检查费均由卖方承担。

1.12.8　现场焊接及其填充金属材料

如合同规定有卖方供货设备之间和卖方供货设备与非合同提供的设备之间需在现场焊接时，卖方应在图纸上注明，并附焊接部件详图和焊接工艺要求。焊接工艺和焊丝、焊条材料应与工厂加工图纸的要求相一致，并能适应现场焊接条件。如果需要特殊的焊接设备和器具，则应由卖方负责提供。

卖方应提供在现场焊接所需的焊条、焊丝和焊剂，其数量按全部需要在工地焊接的焊缝结构计并加 20% 的附加量，此余量不包括交货设备焊接缺陷处理所需的焊材，对设备缺陷处理所需的焊材应由卖方另行提供。卖方应选用性能适合的焊接材料，并注明在相应的图纸上。焊条、焊丝应用防潮塑料包装，并用密封的金属容器装运。

卖方还应提供现场焊接焊缝相应的焊接程序、工艺、焊后热处理（若需）的方法。现场焊接在卖方指导下由安装承包人完成，卖方应对所有的焊接质量负责。

1.13　无损检测

1.13.1　基本要求

卖方应在图纸上规定采用无损检测的部件、范围、检测方法及标准，提交买方审查；卖方应提供对焊缝和主要部件进行无损检测的详细步骤和说明供买方审查。参加无损检测人员的资格应当经过鉴定，符合国家质量技术监督检疫总局颁发的《特种设备无损检测人员考核与监督管理规则》及 GB9445 中的规定，或具有 ASNT-TC-1A II 级及以上的资格证书，卖方应将无损检测人员资格证明文件提交买方备案。

1.13.2　检测范围

无损检测应运用于主要部件上，如主轴、主轴连接螺栓、轴承、转子中心体、上机架中心体、下机架中心体、起吊装置等。在最后的精加工之后还应做全部表面的检查，在部件热处理后做焊缝检查。主轴在粗加工和精加工以后，用超声波检查。

1.13.2 无损检测的方法

1）焊缝检测

所有焊接部件的焊缝应全部做无损探伤检查，焊缝检查用外观检查（VT）、超声波（UT）、液体渗透法（PT）、磁粉法（MT）、衍射时差法（TOFD）。买方有权提出焊缝的随机抽样检查的要求。焊缝的超声波探伤应满足美国机械工程师协会（ASME）《锅炉和压力容器规程》所规定的技术要求。卖方对焊接无损探伤的详细程序，应提交买方审查。

若超声波探伤有可疑波形，不能准确判断，则用 TOFD 复验。TOFD 探伤应重点针对丁字形接头及超声波探伤发现可疑的部位进行检查。

2）铸件检测

设备内的主要铸件或设备的部件系铸件者应按照《水力机械铸件的检查规范》（CCH-70-3）的要求进行无损探伤检查。其他铸件应按卖方提出的、经实践证明效果良好的，且经买方认可的无损探伤方法进行，以确保铸件质量，并标明在卖方提供的图纸上。

3）锻件检测

主轴锻件、轴法兰连接螺栓等锻件，均应按 ASTM A388、Q/CTG 03《大型水轮发电机组主轴锻件技术条件》、Q/CTG 04《大型水轮发电机组镜板锻件技术条件》进行超声波检查，或者进行其他批准的有效的无损探伤检查。其他锻件的无损探伤检查，采用通常的可接受的方法进行。锻件的金相组织应均匀，不允许有裂纹出现，不允许存在白点、彩纹、缩孔和不能消除的非金属杂质。非金属杂质的尺寸和数量应符合有关技术条件和标准的规定。如杂质的过分集中或关键合金元素的离析，将予以拒收。

1.13.4 无损检查结果的处理

无损检查结果若不符合本合同文件规定或者不符合有关规程、规范和标准的要求，买方将予以拒收。无论何时，买方对焊接质量有怀疑，有权要求对超出买方已批准的工艺过程所述范围进行补充无损探伤检查，若经检查后所有焊缝是合格的，其补充检查费用由买方承担；若不合格，其补充检查费用由卖方承担。任何部位的缺陷修复费用和修复后复检的费用均由卖方承担。

1.14 铸钢件

1.14.1 概述

铸钢件应无有害缺陷，表面光滑干净。不需机械加工及在安装时外露的表面应进行修饰并涂漆。应仔细检查各部位的缺陷，危害铸件强度和效用的所有缺陷应彻底铲除直至无缺陷的金属，然后补焊修复。铸件金相组织应均匀致密，不允许有裂纹存在，杂质过分集中或关键部位合金元素离析的铸件将被拒收。所有主要铸件均应按1.9"材料试验"中的规定进行一般性化验和试验，以及冲击和弯曲试验。

1.14.2 检查

铸钢件清扫干净后，在铸造车间进行目视检查、提取试样、检查缺陷并进行修补。在修复和热处理后，还将按照本合同技术规范对铸件进行检查。买方有权要求卖方免费进行无损检测，以确定：

1) 缺陷的全部范围；

2) 补焊的区域；

3) 修补的质量。

1.14.3 缺陷修补

1) 在缺陷修复之前，卖方应提交铸钢件缺陷的报告，报告应包括说明主要和次要缺陷的位置和尺寸及相应的图纸，并附加照片、金相试验报告、无损探伤检查结果、金属断面厚度、中心位移、收缩量、扭曲变形和钻孔等。该报告还应说明缺陷形式，可能的原因以及在零件设计中或在铸造工艺中推荐的改进措施，以防止随后铸件中发生类似的缺陷。该报告还应提出详细的缺陷修复工艺，包括在焊接过程中和最终修复后采用的无损检测方式、方法和结果等。

2) 铸钢件主要受力区不允许有缺陷。对其他部位铸钢件次要缺陷系指需补焊的深度不超过实际厚度的20%，但在任何情况下都不得大于25mm，补焊面积必须在300cm^{2}以内。当缺陷超过次要缺陷规定范围时，应为主要缺陷，有主要缺陷的铸件，将被拒收。若消除缺陷后，导致铸钢件承受应力的断面厚度减小了25%以上，或者导致缺陷断面处的应力超出许用应力的30%以上的铸件，亦将被拒收。对于不削弱铸钢件强度或者不影响铸钢件可用性的次要缺陷，可按铸钢件行业的习惯做法进行补焊，并达到规定的要求。

3) 所有缺陷须经买方认可后，方能进行修补。修补后的铸钢件应与图纸尺寸相符。经热处理后的铸钢件，修补后应重新进行热处理和无损检测，补焊部位的检验标准按检验铸钢件的同一质量标准进行，并需经买方认可。

1.15 生产过程照片和移动存储设备

1.15.1 概述

本条款叙述卖方提供各生产阶段的照片（纸质照片）和移动存储设备（数字照片）。本条款所做的工作的费用已包括在合同价格中。

1.15.2 生产阶段

卖方应提供拍摄设备主要部件制造的重要环节或加工阶段的照片和移动存储设备。应提供不少于3个有利位置的不同景象，以反映工作的重要阶段或重要环节。在此期间的移动存储设备和每一张照片要进行复制，照片随月进度报告提交买方。

1.15.3　照片的质量

照片应是彩色的有光泽的，成像清晰，色彩还原准确、自然。纸质照片尺寸应为200mm×250mm；若卖方提供数码格式的照片，除应根据上述要求提供印制的照片外，还应提供电子格式的照片，数字照片的分辨率应不低于1000万像素。如果需要，卖方应提交更大尺寸的照片。

1.15.4　照片和移动存储设备的标志

提供的每张照片背面和移动存储设备的画面上要打上以下的内容：

1）工程的名称和合同号；

2）表示主题景象及视图方位的标志；

3）制造厂的名称和地址；

4）拍摄日期；

5）买方、卖方的名称。

1.16　辅助电气设备

1.16.1　概述

1）卖方提供的辅助电气设备应满足本招标文件1.2.6条"厂用电系统"中厂用电电源的要求。如果卖方所提供的电气设备的电源为其他电压等级，卖方应提供相应的电源变换装置，并应采取措施提高电源变换装置的可靠性。对于直流电源应在端子箱内进行隔离之后再进入机坑。电气设备控制及测量系统采用双电源（交流/直流）供电，并应采用双电源切换装置（应选用独立的电源模块，避免电源切换引起瞬时失电现象），确保交流电源切换以及交流电源与直流电源非同时消失时控制、测量系统不会出现瞬时失电现象。

2）除非另有规定，辅助电气设备应符合1.3条"标准和规程"中所列的标准和规程，同时考虑2.2条"运行条件"中所列的工作条件，所有技术规范的要求和所有制造厂的保证值均应根据这些工作条件制定。

3）卖方应向买方提供为工程合同所推荐的各种采购的辅助电气设备的生产厂家、类型及有关技术资料。

4）按照工信部发布的《电机能效提升计划（2013—2015年）》文件，电动机应选用符合国家相关标准要求的高能效电机，电机及拖动设备能效等级应达到GB标准能效二级（相对于国际标准IE3能效标准）及以上。

5）所有继电器、自动空气开关、按钮等均应采用知名品牌产品，并提供相应的证明文件。

6）辅助设备及自动化元件应在电源消失并恢复供电后能自动恢复正常工作。

7）电气盘柜内安装的传感器、指示仪表控制器、变换器（含电源变换装置、输出4—20mA及报警跳闸接点扩展装置等）等设备应在0—60℃的环境温度下可靠工作。

1.16.2 电动机

1）标准

电动机应符合 IEC、ANSI、IEEE、NEMA 或 GB755 标准的要求。

2）额定值和特性

型式：鼠笼式感应电动机直流电动机

频率（AC）：50±0.5Hz

电压（AC）：三相 380V、单相 220V（DC）220V

绝缘：F级，防潮型F级，防潮型

防护等级：IP54

交流电动机 750W 以下为单相，750W 以上为三相，一般应选用交流电动机。

3）附件

应提供下列附件：

（1）重量在 50kg 以上的电动机应配备起吊环。

（2）电动机应有带两个内螺孔的接地板，该板应靠近底座，并应在制造厂的电动机图纸或者安装外形图上标明。

（3）在需要的地方，应有底板和地脚螺栓。

（4）密封的电动机端子盒，应容纳得下外部电缆和接线片，并适合于电缆管的连接。端子盒应能转动，一次可转 90°角。

4）利用系数

所有电动机的容量应能拖动设备持续发出其规定功率，而不超过额定温度值，并且利用的容量不超过电动机额定容量（kW）的 85％。

5）轴承

（1）轴承应有足够大小的尺寸，适合于在规定条件下连续运行，轴承的密封应防止灰尘进入及润滑剂流失。

（2）在轴承座上应有适当的加油、排油孔。在需要的地方，应提供加油孔盖和排油延伸部分，并且易接近操作。

（3）凡是需要的地方，轴承应加以绝缘以防止轴电流通过轴承。

（4）立轴电动机的推力轴承应为耐磨型，能支撑电动机和被拖动设备转动部件的重量加上由于载荷引起的液压推力。轴承应采用油脂润滑，并有油润滑的设施。润滑油应符合 1.21"润滑油、润滑脂"的要求。在加油过多可能引起损坏的地方，应有防止油脂过量的措施。

（5）在额定转速和额定功率下，其寿命应大于 100000 小时。

6）启动

（1）除＿＿kW 及以上的电动机应采用软启动装置启动外，其他电动机应适合采用交流接触器直接全电压启动。

（2）对于全电压启动的电动机在机端供电电压是电动机铭牌电压的 70％时，电动机应能加速至额定转速。在额定电压下应有正常的启动转矩和不超过 6 倍额定电流的启动电流。

（3）在母线失电而从一个电源转到另一个全电压电源时，电动机应能耐受而无有害影响。这种转换的最短失压时间应按 0.3—1 秒考虑。

（4）需要重复启动的地方，应在电动机铭牌上清楚地标明允许的启动次数。

7）保护涂层

除非另有规定，户内使用的电动机的保护涂层可使用制造厂的标准。

8）资料

提交批准的资料应包括：

（1）表明电动机具有规定性能的完整说明。

（2）图上注明电动机全部数据（包括尺寸、电气参数等）、工程名、序号和拖动设备名。

（3）＿＿kW 及以上的电动机应提供下列特性曲线：

A. 定子温度与持续功率（kW）的关系曲线。

B. 根据正常负荷惯性矩和额定满负荷温度条件绘制下列曲线：表明连续安全运转的时间和电流关系曲线；在 70％和 100％额定电压下，加速时间与电流的关系曲线。

C. 在 70％和 100％额定电压下，转速与转矩和电流的关系曲线。

1.16.3 电动机启动器

1）磁力启动器

（1）磁力启动器应采用先进成熟的知名品牌产品。

（2）三相电动机启动器应为磁力组合型，并带有断路器、交流接触器、380V 交流线圈、具有熔断器的控制回路、3 个过载脱扣机构，还带有至少两常开、两常闭的单刀单掷的辅助接点。按钮、选择开关和指示灯应按要求安装在启动器盖板上。

（3）单相电动机启动器应为磁力组合型，并带有断路器、交流接触器、220V 交流线圈、具有熔断器的控制回路、在不接地线路里的热过载脱扣机构，还带有至少两常开、两常闭的单刀单掷的辅助接点。按钮、选择开关和指示灯应按要求安装在启动器盖板上。

（4）电动机主回路和控制回路应配置断路器或微型断路器，断路器应满足该回路的电压、电流及切断故障电流的要求，断路器的瞬时脱扣器的电流整定值应大于电动机起动电流的 2 倍。

（5）直流电动机的启动器应为直流接触器，带有过载保护机构、电阻和至少两常开、两常闭的单刀单掷辅助接点，操作电压为 220V 直流。按钮、控制开关和指示灯应安装在启动器盖板上。

（6）接触器为电动机回路的开、停控制电器，应能接通和断开电动机的堵转电流，其使用类别和操作频率应符合电动机的类型和机械的工作制。交流接触器的容量应与被控电机匹配，主要技术指标如下：

A. 工作电压：380V AC 或 220V AC；

B. 过载能力：600%，5s；

C. 环境温度：0—60℃ 相对湿度 95%（无凝结）；

D. 带有至少两常开、两常闭的单刀单掷的辅助接点。

（7）热过载保护器应采用断相保护热继电器，其过载脱扣器的整定电流应能接近但不小于电动机的额定电流。其动作时限应躲过电动机的正常起动或自起动时间。

2）软启动器

（1）软启动器应采用先进成熟的知名品牌产品。

（2）软启动器应满足下列技术要求：

A. 防护等级：IP10；

B. 耐振性：符合 IEC 68-2-6：2 至 13Hz 为 1.5mm 峰值，13 至 200Hz 为 1gn 峰值；

C. 抗冲击性：符合 IEC 68-2-27：15g，11ms；

D. 最大环境污染等级：3 级，符合 IEC 947-4-2；

E. 最大相对湿度：95% 无冷凝或滴水，符合 IEC 68-2-3；

F. 环境温度：贮存：−25℃ 至＋70℃，运行：10℃ 至＋40℃ 不降容；

G 软启动器的容量应考虑在 60℃ 环境下运行时降容的要求。

1.16.4 可编程逻辑控制器（PLC）

1）PLC 应采用国际知名品牌产品，需满足买方统一品牌的要求，卖方提供的 PLC 需经买方审批。

2）卖方应提供所有 PLC 的控制程序和源代码。

3）PLC 应采用全模块化结构，独立的 CPU 模块、电源模块、I/O 模块（I/O 模块与 CPU 需同一系列），保证系统安全可靠运行；PLC 应有良好的实时性和确定性。配置独立的开关量、模拟量输入输出模块，使每种模块完成各自的采集或控制输出功能，避免混合模块。

4）每个 PLC 均应配置 FlashRom 作为程序后备。不能因电源中断而丢失数据和应用程序，等电源恢复后 PLC 可自动启动投入实时监控运行。

5）每台 PLC 应具有与软启动器、触摸屏，以及计算机监控系统现地控制单元 LCU 通信的接口和功能。与电站计算机监控系统的通信，应满足计算机监控系统的要求，具体通信方式和通信协议在设计联络会上确定。另外还应提供一个编程接口，以满足与现场调试工具进行通信的需要。

6）各控制系统采用的 I/O 模块应能承受水电厂环境条件，并应满足 GB/T 14598.3 和 GB/T17626 要求。每个输入/输出点应带有发光二极管指示灯指示。

（1）开关量输入模块的每一输入应有光隔离和滤波以确保有 500V 的绝缘和减小接点颤动的影响。

（2）模拟输入模块应有一个 A/D 转换器，其分辨率为 12 位或更高。

（3）开关量输出模块应为电气隔离的继电器输出接点。

1.16.5　变送器和传感器

1）变送器和传感器应能适用于精确测量规定的物理量，其准确级不应低于 0.2 级。其输出应为 4—20mA（满刻度）直流电流，负载电阻不小于 750Ω。

2）除另有规定外，25℃时的最大允许误差应不超过满刻度的 ±0.25％，温度从 −20℃至 60℃的变化引起的误差不超过满刻度的 ±0.5％。交流输出脉动应不超过 1％。设备的校准调节量应为满刻度的 10％，从 0％—99％的响应时间应小于 300ms。在输入、输出、外接电源（如果有的话）和外壳接地之间应有电气隔离。所有传感器、变送器的绝缘耐压值应符合 IEEE 472 SWC 或 GB 标准的试验要求。

3）元件应完全密封在钢外壳内，钢外壳应有适宜于盘面安装的整体支架，外部电气连接应采用有隔板的螺钉型端子板。应提供单独的端子用于输出电缆的屏蔽接地。

4）所有变送器和传感器均应采用知名品牌产品，由卖方选择并报买方审查批准。

1.16.6　触点

除另有说明外，所有用于仪表、控制开关及器件的触点，用于直流 220V 时的最小额定电流不小于 1.5A，并要符合有关标准的规定。

1.16.7　按钮

1）所有按钮应为重载防油结构，并带有刻制触点组合方式的符号牌。符号牌的刻制应由卖方选择并经买方批准。

2）接点额定值

最高设计电压：交流 500V 和直流 250V

最大持续电流：10A（交流或直流）

最大开断电流：感性，交流 220V，3A 和直流 220V，1.1A

最大关合电流：感性，交流 220V，30A 和直流 220V，15A

1.16.8 继电器

1）中间继电器

顺序或监测回路中用于程控的中间继电器应为重载型，并具有线圈和可转换接点。接点数量应满足程控的要求和与计算机监控系统连接的要求。

2）延时继电器

延时继电器应为固态式，带有防尘盖和 2 个单极双掷接点回路并可调延时。如有规定，还应具有瞬时接点回路。

3）保护继电器

保护继电器应按照本技术条款详细要求的规定提供。

4）信号继电器

继电器接点应适于在信号回路里使用，并不得超过电路的额定电流和电压值。

1.16.9 电磁阀

电磁阀应采用双线圈结构，具有自保持功能。

1.16.10 指针式仪表及数字显示仪表

1）指针式仪表型式和结构

仪表应为开关板型，半嵌入式，盘后接线。仪表应经过校准并适合于所用的场合。另外，仪表应包括调零器（便于在盘前调零）、防尘、黑色外壳和盖板以及游丝悬挂装置。表的显示应为白色表盘、黑色刻度及指针。表计刻度盘盖板应防眩光。双指针表计指针为红、黑两色。

2）刻度和精度

（1）刻度弧度：90°（直角），＞300°（广角）；

（2）精度：1％。

3）标准：指示仪表应符合 GB 或 ANSI C39.1 标准的要求。

4）刻度：刻度应由卖方选择并经买方批准，当仪表与仪用变压器或变送器的二次侧相连接时，选择的刻度应能读出变压器一次侧的电气量，一般额定值应为满刻度的 2/3。

5）数字显示仪表，该仪表应有下述特点：

（1）明亮的橘黄色发光电子二极管显示或液晶显示；

（2）读数至少为 4 位，12mm 高；

（3）黑色仪表板并带有适于盘前安装的装配件及附件；

（4）0.5％精度；

（5）抗干扰及耐压性能应符合 GB 标准及试验的要求。

1.16.11 指示灯

1）型式

指示灯应为开关板型，指示灯的发光元件应优先采用 LED，具有合适的有色灯盖和配套安装的电阻。有色灯盖应是透明材料，且并不会因为灯发热而变软。从屏的前面应能进行灯泡的更换，所有更换所需的专用工具都应提供。所有有色灯盖应具有互换性，而且所有的灯应为同一类型和额定值。

2）额定值

指示灯和电阻的额定值为 220V（交流或直流）或与它所工作的电压系统相适应。灯泡发光元件的工作电压应为 24V（交流或直流）左右。

3）特殊要求

（1）电动机启动回路

在接触器辅助开关常开接点回路中应串接 1 只红色指示灯，以指示电动机处于"运行"状态。在接触器辅助开关常闭接点回路中应串接 1 只绿色指示灯，以指示电动机处于"停机"和控制电源"投入"状态。

（2）其他回路

用于其他各种场合的指示灯和光字信号应由卖方选择并提交买方审查。

1.16.12 控制、转换和选择开关

1）总则

开关板或控制柜盘前安装的手动开关应具有如下特性。

2）型式

开关为重载、旋转式。

3）额定值

A. 最高设计电压：交流 500V 或直流 250V；

B. 持续工作电流：10A（交流或直流）；

C. 最大开断电流：感性，交流 220V、3A 或直流 220V、1.5A；

D. 最大关合电流：感性，交流 220V、30A 或直流 220V、15A。

4）面板

每个开关应有能清楚地显示每一工作位置的面板。面板的标志应由卖方选择并经买方审查。

5）手柄

开关手柄的型式和颜色应符合 1.20 条"工厂涂漆和保护涂层"的有关规定。

1.16.13 电气盘、箱、柜

1) 概述

电气盘、箱、柜需满足买方统一品牌、型式、颜色和尺寸的要求。买方将对电气盘柜统一招标，以签订框架协议的方式确定电气盘柜厂家，由发电机卖方进行采购。

（1）结构

A. 电气盘面板由 2mm 厚以上的薄钢板制成，框架和外壳应有足够的强度和刚度。盘高一般为 2200mm+60mm，其中 60mm 为盘顶挡板的高度，为放置盘铭牌而设置。若为其他尺寸，则需经买方的批准，但排在一起的盘柜高度应一致。

B. 盘面应平整。至少应涂有两层底漆，面漆用半光泽漆。壳体内应有内安装板以便安装电气设备。发电机的端子箱及电气盘的最终尺寸由卖方推荐并由买方选定。

C. 发电机电气盘、端子箱的颜色应符合 1.20"工厂涂漆和保护涂层"的规定。

D. 电气盘应设置必要的通风孔或通风窗。应考虑在装有软启动器、PLC、数字显示仪表（用于保护）、传感器、电源变换装置等设备的盘柜中加装风扇。

E. 电气盘的防护等级应为：IP43。

（2）电缆孔和电缆葛兰头

A. 对墙上安装的壳体，其顶部或底部应有可拆卸的带密封垫的板，以利现场为电缆管或电缆葛兰头开孔。对楼板上安装的壳体，其顶部应有可拆卸的带密封垫的板，其底部应预留电缆敲落孔，以利电缆的引入，并有固定电缆的设施。

B. 除采用电缆管直接进入壳体外，电缆进入壳体应采用葛兰头。

（3）温湿度控制器

为控制温度和湿度，所有装有电气控制和开关设备的壳体内应装有温湿度控制器。壳体的结构和温湿度控制器的放置应确保空气循环流畅，并在过热状态时不会损坏设备。温湿度控制器额定电压应为单相交流 220V，具有自动投入/切除功能。

（4）灯和插座

对柜正面垂直面积大于 1.0m² 的壳体，其壳体内应装有 1 盏灯和 1 个插座，以方便运行和维修。灯应是节能灯，并带有护线板和电源开关。插座应为双联、10A、两极及三极、三线式。灯和插座的动力电源为单相交流 220V，电源回路由其他承包商提供。

（5）接地

A. 柜正面垂直面积大于 1.0m² 的壳体，应装有适当额定值的接地铜母线，该铜母线截面应不小于 40mm×5mm 并安装在柜的宽度方向上。柜的框架和所有设备的其他不载流金属部件都应和接地母线可靠连接。接地母线应设有与买方提供的 60mm×6mm 接地扁钢连接的固定连接端子。

B. 面积小于 $1.0m^2$ 的壳体应装有接地端子，该端子固定在壳体的构架上，并适合与买方提供的上述接地扁钢或接地铜母线棒相连。

C. 除上述要求外，所有二次控制、监测盘、柜、箱还应分别设置等电位专用接地（信号地）铜排/端子和安全地铜排/端子，等电位专用接地铜排/端子应与柜壳体可靠绝缘。等电位专用接地（信号地）铜排和安全地铜排均应设有与买方提供的电站等电位专用接地网和安全地接地扁钢连接的固定连接端子。

2）组件布置

盘面组件的布置应均匀、整齐。尽可能对称，便于检修、操作和监视。发热元器件应考虑散热问题。不同电压等级的交流回路应分隔。面对电气盘正面，交流回路的组件相序排列从左到右或从上到下为 U−V−W−N。

3）盘内接线

每块盘的左、右两侧应设置端子排，以连接盘内、外的导线。每个端子一般只连接 1 根导线。

盘内组件应用绝缘铜导线直接连接，不允许在中间搭接或"T"接。盘内导线应整齐排列并适当固定。

强电和弱电布线应分开，以免互相干扰，活动门上器具的连线应是耐伸曲的软线。

组件和电缆应有防止电磁干扰和隔热的措施。所有其他组件与电子元件连接时，若组件的工作电压大于电子元件的开路电压时，应有相应的隔离措施。

面对电气盘正面，交流回路的导体相序从左到右、从上到下、从后到前，应为 U−V−W−N；直流回路的导体极性从左到右、从上到下、从后到前为正−负。

盘内连接导体的颜色，交流回路 U、V、W 分别为黄、绿、红色，中性线 N 为黑色，接地线为紫底黑条；直流正极回路赭色，直流负极回路蓝色。

1.16.14　电气接线、电缆管路和端子

1）总则

（1）卖方提供设备与买方提供设备之间应用电缆和电缆管进行电气连接，该电缆和电缆管由其他承包商提供和安装。所有控制和信号电缆应带外屏蔽。

（2）卖方提供设备的各单个元件之间应用电缆和电缆管进行电气连接，该电缆和电缆管应由卖方提供，并由其他承包商安装。

2）电缆管路

（1）卖方提供设备的电缆管，其支架和配件应符合有关规定要求。

（2）卖方应负责发电机坑内电气管路的布置和设计，并提供所有电缆管、紧固件、连接件和安装支架。

（3）机坑内的所有电缆、电线的敷设均应穿镀锌钢管或外护套为 PVC 的复合金属

软管，并应用电缆卡固定，电缆卡应在工厂加工并热镀锌。管径不小于电缆外径的 1.5 倍。导线、电缆中间不允许有接头，接头只允许在端子盒、接线盒、灯头盒、转接盒内。

3）电缆和电线

（1）动力电缆、电线应满足阻燃 A 级要求，导体材质为无氧铜材，电缆采用交联聚乙烯绝缘、聚氯乙烯护套，电线采用聚氯乙烯绝缘。

（2）动力的电缆截面不小于 $6mm^2$；除报警线路和电阻温度检测计引线可采用截面小于 $1.5mm^2$ 外，其他的二次控制、信号回路的导线截面应不小于 $1.5mm^2$，电流互感器二次侧的导线截面不应小于 $4mm^2$；照明电线的截面不应小于 $4mm^2$。

（3）动力电缆应为 0.6/1kV 级电缆，并符合 GB12706《额定电压 35kV 及以下铜芯、铝芯塑料绝缘电力电缆》或 NEMA 标准的规定，控制电缆应为 450/750V 级电缆，应是屏蔽型的，并符合 GB9330《塑料绝缘控制电缆 聚氯乙烯绝缘和护套控制电缆》或 NEMA 标准的规定。照明用电线应符合 GB5023《额定电压 450/750V 及以下聚氯乙烯绝缘电缆》或 NEMA 标准的规定。

（4）二次控制电缆需采用多股软芯电缆，外护套和绝缘层应满足阻燃 A 级和低烟无卤的要求。计算机电缆应采用总屏蔽和分屏蔽技术，用于模拟量信号回路的电缆和控制线应采用对绞屏蔽电缆，多股软芯、外护套和绝缘层满足阻燃 A 级和低烟无卤要求的电缆，用于温度量测量回路的电缆和控制线应采用三绞屏蔽电缆，且外护层能耐油、防潮和抗热。

（5）4 芯以上控制电缆应留有 10%—20% 的备用芯，芯数多的电缆取低值，但最少备用芯数不小于 2。

（6）卖方应对本合同供货范围内的全部设备及电缆，编制端子接线图和电缆清册，每根电缆两端应设置与电缆清册、图纸上一致的识别编号。电缆清册应按买方认可的格式对每根电缆标明电缆型号、长度、起止位置及安装编号。

（7）交流 U、V、W、N 电缆的颜色分别为黄、绿、红、黑。

4）导线端子和端子板

（1）总则

设备内的电气接线应布置整齐、正确固定并连接至端子，使所有控制、仪表和动力的外部连接只需接在设备内端子板的一侧。每组端子板应至少预留 20% 的端子，任何一个端子板螺钉只能接入 1 根导线。

（2）端子板

端子板应为有隔板的凹式螺丝型端子或弹簧回拉式端子，振动较大的部位的二次接线端子应采用弹簧回拉式端子。端子板的额定值如下：

最高电压（AC）：不低于 600V

最大电流（AC）：30A

最大导线尺寸：10mm²

控制和动力回路的端子板应用分隔板完全隔开或位于分开的端子盒内。端子板应根据要求或接线图进行标记。电流互感器的二次侧引线应接于具有极性标志和铭牌的短路端子板上。

（3）导线端子

导线应用导线端子与端子板或设备连接。导线端子规定如下：

A. 16mm² 以下的导线应为圆形舌片或铲形舌片，压接式铜线端子。

B. 16mm² 及以上导线应为 1 孔或 2 孔压接式铜线端子。

C. 所有导线端子应有与要求或接线图一致的标志。

1.17 管道、阀门及附件

1.17.1 概述

发电机机坑内全部管道及其连接件、紧固件、管架的设计与供货均由卖方负责。

管道、管道材料、管道支架和吊架应符合 GB 及 ANSI B31.1.0 "动力管道" 的标准。管路系统设计、安装、试验应符合 GB/T8564《水轮发电机组安装技术规范》、GB50235《工业管道工程施工及验收规范》、GB50184《工业金属管道工程施工质量验收规范》、GB50236《现场设备、工业管道焊接工程施工及验收规范》、GB50683《现场设备、工业管道焊接施工质量验收规范》中有关规定。

管道、阀门和接头的布置及管接头的位置应便于设备解体检查和移动部件，且检修时，对其他设备干扰最少。管道系统需拆卸的部位，应设置带有 "O" 型耐油橡胶密封圈法兰，并尽可能减少活接头连接方式。

直径 50mm 以上的管道，在满足安装起吊、装卸和运输的要求下，应由卖方的工厂预加工并成形，并作清楚的标记。

设备和管路与本合同范围外的设备和管路有接口时，卖方应提供便于在现场安装的连接件，法兰连接时应提供成对法兰和附件。

所有管道内壁应加以清理，装运时管道应配有管塞或管帽。

卖方应在工厂图纸上详细地表示出各管道的位置、管径及用途。

管道内的液体流速应为 1.5—5m/s。

除另有规定外，所有的组装管道都应作 1.5 倍设计压力的试验。试验时间为 30min。

机墩内管路在适当的位置应配有伸缩装置。

所有管道均应按 1.20 条规定进行涂漆，所有管道的法兰连接处应设置可靠的接地跨接线。

1.17.2 油管

油管及管件应采用不锈钢材料，并采用不锈钢法兰连接，对于公称直径小于或等于 20mm 的油管可采用不锈钢焊接式直通接头连接。油管连接不采用螺纹密封管接头。

1.17.3 气管

压缩空气管及其附件均采用无缝不锈钢管。管道连接方式采用不锈钢法兰连接。

1.17.4 水管

除另有规定外，公称直径小于 300mm 的供排水管均采用不锈钢管，公称直径大于和等于 300mm 的供排水管采用不锈钢管或内衬不锈钢复合钢管。管道连接方式为：预埋水管采用焊接，非预埋水管采用不锈钢法兰连接。

1.17.5 水喷雾灭火系统用管道

水喷雾灭火系统的管道应为具有抗磁性能好的不锈钢管。管路连接采用法兰连接，阀门应采用不锈钢材料。仪表管上应配稳压元件。

1.17.6 仪表连接管

仪表连接管应为紫铜管或不锈钢管，并配有稳压装置等管道附件。在仪表与管路之间应设置截止阀，以使仪表可以拆卸。在截止阀后和仪表前，应设置表用三通阀或排水接头。

指示式温度计的软管应有铠装防护。

1.17.7 管道附件和管材

卖方提供的全部管道应配备足够的成型管道附件。包括所有管道附件包括支架、吊架、墙上托架、管夹、紧固装置和管道系统所需的全部螺栓、螺帽、垫圈、耐油密封垫圈、密封件和填料等。这些产品应为知名品牌成品，不需在现场进行任何加工，如焊接、切割和钻孔，即可安装到位。管道支架应采用知名品牌，并需得到买方的确认。

1.17.8 管道连接

所有合同设备的内部管道连接，其螺纹、法兰面加工及钻孔应符合 GB 标准的公制规定。所有合同设备的管道与其他承包商提供的管道相连处，其螺纹、法兰面加工及钻孔应与买方协调。连接件（螺栓、螺帽和垫圈）亦采用 GB 标准，并由卖方提供。法兰连接应优先采用"O"型密封圈。

1.17.9 阀门

卖方提供的阀门应采用知名品牌产品。除非在技术条款中另有说明，应符合以下要求：

1）口径等于或小于 25mm 的水阀或低压空气阀应采用黄铜或青铜制成；口径大于

25mm 小于 100mm 的阀门采用球阀，整体不锈钢制成；口径等于或大于 100mm 的阀门，密封部位及阀杆为不锈钢材料，压力在 2.5MPa 以下采用弹性座密封闸阀，压力为 2.5MPa 及以上采用球阀。

2）高、中压油阀和高、中压空气阀门采用不锈钢球阀，润滑油阀采用不锈钢油用球阀。

3）所有公称直径大于 50mm 的阀门最好采用法兰连接，若不能做到，应提交买方审查。

4）所有闸阀应为实心楔式明杆闸阀。

5）所有阀门均应设有锁定装置，以防止误操作。

6）具有方向性的阀门阀体上应标有箭头，指示介质的流向。

1.17.10　加工/组装

除必须在现场进行配制的管路外，整个管路系统应尽量在工厂预加工好。管路及附件应随主机分批交货，并留有适当的调节余量。管路应尽量减少采用焊接连接，焊缝应能从内部进行打磨和用钢刷清理；在靠近端部或 T 形接头处，应采用法兰连接。

1.18　埋入基础的构件

1.18.1　概述

所有埋入基础的永久性构件，包括锚定螺栓、千斤顶、拉杆、螺旋拉紧器、锚环、水准螺丝、管型或结构钢支柱、底板、埋入基础板、拉条等，均应及时供货，并不少于 10% 的余量。

1.18.2　设计

埋设部件的拉紧和支撑的设计，应便于部件埋入时进行调整，且能牢固地将部件予以固位。传递水轮发电机组部件的各种载荷到周围混凝土所必需的拉紧和支撑件，应由卖方设计和提供。所有千斤顶应有钢座和钢帽，以便能焊接在基础和支持的部件上。

1.18.3　地脚螺栓

为固定设备需要的所有地脚螺栓和紧固材料（包括管套、螺母和平垫圈）应由卖方提供。

1.19　吊具

1）吊运转子的平衡梁由另外的承包商提供，卖方应提供 1 套吊具，包括与平衡梁连接的转子吊具、与上端轴和发电机轴顶端连接的吊具及把上端轴、发电机轴从水平位置竖起时的衬垫、定子吊具、下机架吊具。把水轮机轴/发电机轴从水平位置竖直到垂直位置所要求的保护装置。

2）卖方应与桥机供货商协调上述部件吊装细节。

3）卖方应在所有设备和部件上设置起吊的吊耳、吊架和吊孔等。提供用于部件起吊的吊环或其他起吊工具。在不锈钢设备或部件表面接临时吊耳前，需要采取有效措施，防止碳沾污。

4）卖方应提供在目的地和在工地卸货时有特殊要求的部件的吊具。

1.20　工厂涂漆和保护涂层

1.20.1　概述

1）保护涂层应按中国标准和 SSPC-PA1《工厂、现场和维修涂层》、ASTM B456、ASTM B633 和 ASTM A164 有关规定和要求进行操作。含有铅和/或其他重金属或被认为是危险的化学物质不得用于保护涂层。

2）全部设备表面应清理干净，并应涂以保护层或采取防护措施。表面颜色见表 7-1-10。

3）除另有规定，锌金属和有色金属部件不需要涂层。不锈钢、奥氏体灰口铸铁和高镍铸铁应视为有色金属。为防止运输过程中锈蚀，表面应涂防护漆。

4）在进行清理和上涂料期间，对不需要涂保护层的表面应保护其不受污染和损坏。

5）清理和涂保护层应在合适的气候条件和充分干燥的表面上进行。当环境温度在 7℃ 以下或当金属表面的温度低于外界空气露点以上 3℃ 时，不允许进行保护层涂抹。

表 7-1-10　发电机及其辅助设备的颜色

序号	系统	部件	色标	备注
1	发电机	上盖板正面、集电环外罩或外露部分表面		
		上盖板背面		
		定子机座外表面及基础板		
		定子机座内表面		
		上下机架及基础板、空气冷却器		
		挡风板、定子齿压板		
		转子支架、制动闸		
		下盖板上表面		
		下盖板下表面		
		中性点设备（包括接地变压器柜和护栏）		
		机坑内加热器		
		粉尘收集装置		
		三部轴承外壳		

序号	系统	部件	色标	备注
2	发电机主引出线离相封闭母线	外壳		喷涂相色标志
3	动力、控制、仪表柜	发电机动力柜、照明箱、端子箱、仪表柜		
4	各类阀门	本体		含阀门电机
		操作手柄		
5	水系统	供水管道、滤水器		
		排水管道		
		热交换器（如果有）、离子交换器（如果有）		
		水泵及电机（如果有）		
6	油系统	油罐		
		滤油机		
		所有油泵及电动机、回油箱		
		供油管道		
		排油管道		
7	气系统	气管		
8	消防系统	消防水管道		
		机组消防电气柜、机械柜		
		消防栓		

1.20.2　表面处理

在设备部件表面涂抹保护层之前，应采用合适的设备进行清扫，除去所有的油迹、油脂、污垢、锈斑、热轧氧化皮、焊渣、熔渣、溶剂积垢和其他异物。清扫前，对不需要涂抹保护层的表面和已有涂层的表面应予以保护，以免受损坏和污染。对已清扫过的表面，如果在上涂料的间隙期受到污染，均应重新清扫。对表面的清扫工作，应按下列方法进行：

1) 溶剂清洗：先用干净抹布或刷子浸湿溶剂，将表面擦洗，清除所有的油质和污物，最后用干净溶剂和干净抹布或刷子清除残留已清洗表面的残余物薄膜。清洗剂在正常气候条件下，用闪点不小于 38℃ 的矿物酒精溶液或无毒溶剂；在热天，应采用 2 级浓度矿物酒精溶液，其闪点不小于 50℃。涂覆沥青油环氧树脂的表面应采用有效溶剂清洗。

2) 喷丸处理：表面先按上述"溶剂清洗"的要求清除掉所有的油迹、油脂和污垢，再对需要上涂料的表面，用尖硬的干砂或钢磨粒进行喷丸处理，使金属表面呈均匀的灰白色。喷丸处理表面的清洁度应不低于 ISO 8501—1 1/2 级的要求。用于喷丸的压缩空气应不含油或油脂和凝结水分。

1.20.3　涂层工艺

1）在运输过程中暴露在大气中的机械加工表面或精加工的黑色金属表面，发运前应用无水溶剂清洗干净，进行干燥处理，涂保护层，并采用防潮材料进行包装。

2）所有会暴露在大气中的非机械加工的铁质金属表面，需喷丸处理，再涂两层防锈漆。底层防锈漆干膜的厚度应不小于$50\mu m$。防锈漆在干燥后的总厚度应不小于$75\mu m$。受冷凝作用的表面，应涂覆经买方批准的防结露油漆。

3）卖方的标准油漆系列也应适用于各种小型辅助设备，例如小功率电动机、接触器、表计、压力开关和类似的设备。

4）所有与混凝土接触的预埋件的非配合黑色金属表面，应按要求进行机械清扫，并涂保护涂层，便于运输和存放。保护涂层应便于安装时清除或者不影响预埋件与混凝土有效结合。

5）准备现场焊接的不防锈的钢板或铸件的焊缝坡口，需喷丸处理，并涂两层防锈铝底漆。这种油漆应是不需在焊接前清除的底漆。

6）盘柜、压力罐、泵组和管道的外表面，应在机械清扫后涂四层指定的装饰颜色涂料。盘柜的非工作内表面，须在进行机械清扫后，按买方的标准涂两层防护漆。

7）油罐、油箱的铁质金属的全部内表面需喷丸处理，直到露出金属光泽为止，再按卖方的涂层标准涂保护层，卖方应提交证明书，证明所使用的涂料在类似的条件下至少已满意地使用了5年。该标准涂料需经买方的认可。

8）定子机座外壳、上机架、空气冷却器、转子顶面和底面、定子端部绕组盖板、下挡风板以及转子下部轴承架的表面、所有轴承油箱的内表面等，均应由卖方涂上四层乙烯基树脂或其他经买方批准的涂层。

9）对重要部件的涂层，卖方应提交涂层附着力及老化试验报告。

1.20.4　涂料应用

1）所有涂料在应用时，应按涂料厂家的说明充分搅拌均匀。

2）应采取有效的措施除去喷涂设备中的游离油和水分。喷涂时应选用与涂层相符的喷嘴压力。连续喷涂两层以上涂层时，每层涂层不得有淌滴、气孔和凹陷。应在底层涂料干燥、硬化后，再涂上层涂料。

3）卖方应提供足够数量的罐装备用涂料，以供现场修整（包括修补和装饰）所有设备部件表面涂层之用。

1.20.5　工厂喷涂

设备表面应在工厂进行喷涂，一般按SSPC乙烯基涂层系列4.04号和SSPC-PS-1.07"煤焦油聚酰胺树脂黑色涂层"进行喷涂。表7-1-11喷涂清单要求的设备表面除外。

表 7-1-11 喷涂清单

表面	表面准备	上漆
一、发电机		
1. 与混凝土接触的表面	按 SSPC-SP2 或 3 的要求作机械清扫	涂刷水泥浆
2. 配合的机加工表面	溶剂清理（SSPC-SP1）	防锈涂层化合物，它可用溶剂除去
3. 暴露于空气中的非配合表面（发电机轴除外）	接近白色喷砂处理（SSPC-SP10）	两层乙烯基涂层加上所要求的面层颜色
4. 轴承油槽内部	接近白色喷砂处理（SSPC-SP10）	四层抗油乙烯基涂层
二、其他表面		
1. 电气柜、控制柜、仪表柜等的外表面。	按 SSPC-SP2 或 3 的要求作机械清扫	按卖方标准和买方要求的面层颜色
2. 箱柜的内表面。	工业喷砂处理。	卖方的标准面层
3. 辅助设备	标准的商品面层	按买方的要求的面层颜色
4. 管路及管件的外表面	按 SSPC-SP2 或 3 的要求作机械清扫	按卖方标准和买方要求的面层颜色

1.21 润滑油和润滑脂

发电机轴承采用的润滑油由买方提供。

1.21.1 润滑油技术参数

润滑油型号为 Mobil DTE 746，其主要技术要求见表 7-1-12。

表 7-1-12 Mobil DTE 746 润滑油的技术参数

序号	项目		技术参数	典型值	测试方法
1	ISO VG		46	46	
2	外观	Min	清澈	C&B	观察
3	密度 15℃ kg/L		0.86—0.88	0.87	Olfactory
4	ASTM 色度	max	1.5	0.5	ASTM D1500
5	黏度@40℃, cSt		41.4—50.6	45.6	ASTM D445
6	破乳化性，至 3mL 乳化层的时间（分钟）54℃	max	15	5	ASTM D1401
7	抗泡性，SeqI 趋势，mL	max	50	0	ASTM D892
8	抗泡性，SeqI 稳定，mL	max	0	0	ASTM D892
9	锌含量，ppm	max	2	0.5	ASTM D4951
10	空气释放值，分钟	max	6	3.0	ASTM D3427
11	防锈特性 ProcB		必须通过	通过	ASTM D665
12	闪点，℃	Min	200	230	ASTM D92
13	倾点，℃	max	—18	—30	ASTM D97

序号	项目		技术参数	典型值	测试方法
14	粘度指数	Min	100	113	ASTM D2270
15	中和值，mgKOH/g		0.1	0.1	ASTM D974
16	机械杂质	max	无	无	GB/T 511
17	水分含量	max	痕迹	无	GB/T 260
18	抗泡性 SeqII，趋势 mL	max	50	0	ASTM D892
19	抗泡性 SeqII，稳定性，mL	max	0	0	ASTM D892
20	抗泡性 SeqIII，稳定性，mL	max	50	0	ASTM D892
21	抗泡性 SeqIII，稳定性 mL	max	0	0	ASTM D892
22	铜腐蚀，3 小时，100℃	max	1B	1A	ASTM D130
23	RBOT，分钟		报告值	1000	ASTM D2272
24	TOST 寿命 2NN，小时	Min	3000	8000	ASTM D943

1.21.2 润滑脂

设备所使用的润滑油脂应符合 中国标准 SH/T 0368《钙钠基润滑脂》，并由卖方提供，价格含在相应部件的报价中，其技术参数如下表 7-1-13。

表 7-1-13 钙钠基润滑脂（2#）技术参数

序号	项目	单位	质量标准
1	滴点	℃	不低于 135
2	水分	%	不小于 0.7
3	矿物油黏度（40℃）	mm²/s	41.4—74.8
4	游离碱	$N_aOH\%$	不大于 0.2
5	针入度（25℃，50g）	0.1mm	200—240

1.22 铭牌、标牌和安装标记

1.22.1 概述

每一项设备与辅助设备均应有一个永久固定的铭牌，在位置应清楚易见并符合环境和气候的要求。在铭牌上以清楚和耐用的方式标出序号、制造厂家的名称和地址、规格、特性、重量、出厂日期以及其他有用的数据，仅有销售代理商的铭牌不予接受。刻度表、表计和铭牌上的度量单位应以国际公制单位（SI）表示，并标有名称，并提交买方审批。

为了保证工作人员和操作的安全，卖方应提供专门的标牌，以表明主要的操作程序、注意事项或警告。另外，盘上装的每一个仪表、位置指示器、按钮、开关、灯或其他类似设备应有永久性的铭牌以表明控制功能。电气接线和仪表（包括继电器）也应标有与电气控制图上相对应的编号。

1.22.2　文字

所有设备均应装设中文铭牌，水轮发电机组的铭牌采用中英文，铭牌和标牌中刻制的字体应为印刷体，并清晰可见。

1.22.3　标牌与标志

设备应使用指示标牌和标志，包括运行操作与监视、维护与检修标志、安全标牌等。

1.22.4　审批

主要设备上的铭牌的清单及图样应提交买方审批。

1.22.5　安装标记

1）概述

为了便于在安装和检修中迅速辨认零部件的装配关系和位置，在设备的零部件上应该有不易磨失的标记。

2）标记规定

发电机的平面中心线以"$+X$，$-X$，$+Y$，$-Y$"来表示。

凡图纸上规定有"$+X$，$-X$，$+Y$，$-Y$"中心线的零部件均应打上相应的标记，并与图纸相一致。

所有呈圆周分布的相同部件均按顺时针方向排列，自"$+Y$"开始为第"1"号，没有标记的环形部件上的孔或零件，可从任何位置开始为第"1"号，其余序号顺时针方向排列。

标记应打在明显易见的非工作表面上，对全部加工的零部件，除本规范有特殊规定外，均应打在不与其他零部件接触而易见的表面上。

做标记时应用白漆作边框，在不加工的粗糙表面做标记的部位应先铲平或磨光。

在满足本标记规定的前提下，卖方可以根据工厂标准提供相应的标记规范，但必须加以说明并经买方的批准。

1.23　密封件

所有设备及部件的密封材料应是新的、符合前列标准的优质产品，使用寿命长，易于更换和检修。凡使用聚四氟乙烯密封件的，其聚四氟乙烯含量要适合于应用，且密封材料应有长的使用寿命。当卖方采用特殊的密封材料时（如主轴密封等），应将其详细试验资料与实际运行情况证明提交买方审查。

除特殊结构的密封外，均应采用可靠的知名品牌的"O"型密封圈。当卖方采用特殊的密封材料时，应将其详细试验资料与实际运行情况证明提交买方审查。

1.24　备品备件、易损件和安装维修工具

1.24.1　备品备件

1）概述

备品备件应能与原设备互换，并有与原设备相同的材料和质量。备品备件应按要

求处理并必须与其他设备的部件分开装箱，箱上应有明显的标记，以便识别箱内所装的部件。卖方应对备品备件进行处理，以防止在贮藏时变质，电气线圈和其他精密的电气元件，必须包装在可靠、防潮的容器中或带干燥剂的塑料袋中，或用其他有效的方法包装。

2）规定的备品备件

卖方应按本合同文件的规定提供发电机及其辅助设备的备品备件。备品备件应按要求涂保护层和装箱以适应长期保存，包装箱应标记清楚。

3）卖方推荐的备品备件

除本合同文件规定的备品备件外，卖方应推荐一份其认为需要增加的备品备件清单及投运以后5年所需的备品备件清单，并分项列出单价，不计入合同总价内。买方将根据需要另行订购全部或部分这些备品备件。

1.24.2　易损件

卖方应提供在安装和现场试验过程中的易损件。这些易损件包括在合同价中，并应列出易损件的数目、名称。这些易损件不计算在备品备件的范围以内。卖方提供的易损件和安装耗材的数量和品种应满足发电机现场安装和试验的要求。

1.24.3　安装维修工具

1）规定的安装维修工具

卖方应根据合同规定提供保证发电机及其附属设备安装、运行、维修所需的安装工具清单。

若工器具因质量问题发生损坏，卖方应无偿补齐。

2）卖方推荐的安装维修工具

卖方在投标时应向买方推荐其认为需要增加的和今后商业运行所需的安装维修工具清单，并分项列出单价，不计入设备总价内。买方将根据需要另行订购全部或部分安装维修工具。

3）卖方应提供经买方确认的必要的安装、维修工具，与其他设备的部件分开装箱，与第一台机相关设备一起发货。所有安装维修工具应按长期存放、防止变质的要求做装箱处理，包装箱上应有明显的标记，以便识别箱内所装的部件。

1.25　互换性

卖方为本合同提供的设备的相同部件，其尺寸和公差应完全相同，以保证各设备部件之间的互换性。所有的备品备件的材料和质量应与原设备相同。

1.26　设计联络会

1.26.1　设计联络会的规定

1）本电站水轮机和发电机设计联络会同时进行。合同双方应根据本条款的规定，召开四次设计联络会，协调合同设备设计与试验、技术条件、技术问题、设计方案、与土建安装工程和其他方面的工作与衔接、与其他系统设备的接口、资料交换、工作进度等。

2）每次设计联络会召开的时间与参加人员的数量，除按本合同规定外，由双方协商确定。由卖方编制每次会议的详细计划和日程，并按计划份数准备会议文件资料（包括图纸和电子文件等）和工作必需的设施，报买方同意后执行。

3）在设计联络会期间，买方或买方代表人员有权就合同设备的技术方案、性能、参数、试验、工作与工程及其他系统设备的接口等方面的问题，进一步提出改进意见或对合同设备设计、试验和结构布置等补充技术条件和要求，卖方应认真考虑并研究改进、予以满足。

4）每次设计联络会将以会议纪要的形式确认双方协定的内容，卖方应接受设计联络会的意见、建议或要求，并在合同执行中遵守。在设计联络会期间如对合同条款、技术条款有重大修改时，或涉及合同额外增加费用时，须经双方委托代理人签字同意。设计联络会均不免除或减轻卖方对本合同应承担的责任与义务。

5）除本条款规定的设计联络会以外，如果有重要问题需要双方研究和讨论，经协商可另外召开设计联络会，卖方的费用已包括在合同设备的价格中。

1.26.2 设计联络会、专题协调会地点和主要内容

1.26.3 其他

除设计联络会以外，由任意一方提出的所有有关合同设备设计的修正或变更都应经双方讨论并同意。一方接到任何需批复的文件或图纸后，应在规定时间内将书面的批复或意见书面返回提出问题的一方。

在合同有效期内，卖方应及时回答买方提出的技术文件范围内的有关设计和技术问题。同样，买方也应配合卖方工作。

1.27 制造监造

1.27.1 买方对卖方的监造

1）买方将派监造人员到卖方的工厂和各制造地点对合同设备制造全过程进行监造。买方的监造人员在设备制造期间，应能进入卖方（包括分包商）的材料和设备准备或制造的地方。重要部件的生产需在监造人员核实材料后才能进行。监造人有权查看生产过程中所采用的工艺、材料、试验和质量检查记录等各种资料。卖方应向监造人员提供详细的生产计划表和主要部件的技术标准、设计图纸及监造所必需的其他资料。

2）卖方应免费向买方的监造人员提供工作所需的便利和帮助。

3）买方的监造人员将按下列项目进行制造检查：

（1）审查制造检查和试验计划，以及质量控制系统的初步评价。

（2）定期或不定期检查制造和试验工序，以保证有效地实施。

（3）提供检查和/或检查记录分析报告，包括下列内容：

A. 加工件与技术规范、图纸、标准的相符性；

B. 材料与本技术规范规定的标准的相符性；

C. 定期或不定期地对设计和生产情况进行检查；

D. 各种试验的见证。

（4）交货进度、工作计划的监督。

（5）对装箱、包装及发运进行跟踪检查。

（6）签署合同设备出厂证明文件。

4）设备加工制造过程中，如发生重要质量问题时，卖方应及时向买方监造人员反映。买方监造人员发现零件、产品不符合合同文件技术条款要求时，可以中止生产，直到材料、工艺、性能符合技术条款要求为止。

5）买方监造人员签字均不减轻卖方的责任。在设备制造全过程中，卖方应认真执行合同文件、技术条款，必须全面保证产品的质量。

6）买方监造人员所做出的决定不构成卖方不按期交货的理由。

7）买方提出的材料、工艺、性能、质量、进度等不一致报告及相关文件将可能成为买方向卖方索赔的依据。

1.27.2 卖方对分包商的监督

卖方对其分包商的制造过程必须进行监督，卖方应对分包的主要部件进行监造，在第一次设计联络会期间提交监造计划，经买方认可后并按此执行。

1.27.3 质量保证体系

为了对合同设备所有设计制造全过程进行质量控制，并使所有合同设备设计制造工艺均达到最高的质量标准要求，卖方应有完善有效的质量管理和质量控制体系。卖方的质量保证体系应符合 ISO9000 标准。

1.28 工厂制造、组装、试验的见证

1.28.1 概述

卖方应按合同规定对设备在工厂进行预组装和试验。买方代表将参加主要试验的目击见证和产品的中间组装的检查、见证。当买方有疑问要求进行验证设备性能的另外的试验时，卖方应免费执行。在发电机设计、制造过程中，买方对认为重要的技术方案进行专题审查。

1.28.2 基本要求

卖方应在合同生效后 90 天内提供工厂装配和试验项目安排计划。卖方应在第一次

设计联络会上向买方提交 6 份买方要参加的工厂装配和试验项目清单，以及买方目击见证安排计划。卖方在进行各项试验或检验前 40 天，应向买方提供 6 份试验或检验大纲，并说明技术要求、工艺、试验或检验方法、标准及时间安排，以便买方派人参加。

在工厂进行的各项设备试验（包括型式试验）或检验后，应向买方提供 6 套试验和检验报告，报告应包括试验方法、使用仪器的精度、计算公式、试验结果和照片等。报告经买方审查批准后，设备才能发运。

所有试验项目应尽量模拟正常使用条件。对所有拆卸的部件，应做出适当的配合标记和装设定位销，以保证在工地组装无误。对工厂组装、试验的设备，若非安装需要，在工地也可不进行解体，其装配质量和性能由卖方予以保证。

1.28.3 见证与检查

买方代表在工厂内制造、组装及试验的目击见证和检查的内容如下：

1）定子线棒试验及检查；

2）转子支架、下机架工厂预装检查；

3）发电机其他部件试验及检查；

4）辅助设备及自动化元件出厂试验见证；

5）制造过程的检查和见证。

1.29 买方技术人员在卖方的培训

1）为保证合同设备的顺利安装调试和正常运行，达到预期性能，由卖方负责组织对买方技术人员进行两次技术培训。

2）技术培训的地点和主要内容

（1）第一次技术培训：在卖方工厂所在地进行包括合同设备性能、结构、装配、安装、检验、调试、试验、试运行等内容的安装技术培训。

（2）第二次技术培训：在卖方工厂所在地及类似项目进行包括合同设备的性能、运行、操作、维修、维护等内容的运行技术培训。

3）卖方应提出对买方技术人员培训的大纲，包括时间、计划、地点、要求等。

4）卖方应指派熟练、称职的技术人员对买方技术人员进行指导、示范和培训，并解释本合同范围内的所有技术问题。

5）卖方应保证买方技术人员在不同岗位工作和受训，使他们能够了解和掌握合同设备的生产技术、操作、安装、调试、运行、维修、检验和维护等作业。

6）在培训期间，卖方应向买方技术人员免费提供有关的试验仪表、工具、技术文件、参考资料、工作服、安全用品和其他必需品，以及适当的办公室。

7）卖方应在培训开始之前 1 个月，将初步培训计划提交给买方审阅。在培训开始之前 1 周，买方应通知卖方其培训人员的姓名、性别、出生日期、职务和专业，并对卖方的初步计划提出意见。双方应根据合同及设计联络会的规定，以及买方技术人员到达卖方所在地后的实际需要，通过协商确定详细的培训计划。

8）培训开始前，卖方应向买方技术人员详细阐明与工作有关的规则和其他注意事项。

9）培训结束时，卖方应向买方签署具有培训主要内容的证明书，以确认培训结束。

1.30 故障的调查研究及处理

每台水轮发电机组初步验收之日起2年的时间内，如果发现设备在运行中有过大的振动、功率和轴系摆渡、磨损、温升或发现买方认为会对设备带来永久损害的其他故障，卖方应进行调查研究，找出故障形成的原因，记录形成调查报告，并提交6份已签署好的正式调查报告给买方。

如果故障是由于卖方的责任引起的，卖方应进行必要的维修和修补。上述调查研究、维修和修补所需的费用，由卖方承担。

2 专用技术条款

2.1 概述

1）本专用技术条款适用于合同文件要求提供的额定容量为_____MVA发电机及其辅助设备在设计、制造、装配、包装、装运、交货、工厂试验和技术服务等方面提出的要求。设备安装和现场试验将由其他承包商在卖方的监督和技术指导下进行。

2）卖方应按照目前通用的标准及本技术规范要求进行设计，提供适于本招标文件第八部分图中所示的厂房内运行的完整的成套的发电机。除非另有规定，还应提供成套发电机运行所必需的所有辅助设备，无论它们是否在本招标文件中专门指出。

3）材料、技术文件和技术服务应符合1的规定；现场试验应符合3的规定。

2.2 运行条件

2.2.1 特征水位及流量

水电站特征水位及流量见表7-2-1：

表7-2-1 水位和流量

项目	单位	数值
潜能利用蓄水位	m	
正常蓄水位	m	
防洪限制水位	m	
死水位	m	
多年平均流量	m^3/s	

2.2.2　电站数据及运行方式

1)　_____水电站运行参数见表7-2-2。

表7-2-2　电站运行参数

参数	单位	数量
装机台数	台	左、右岸厂房各　台
机组额定功率	MW	
保证出力*	MW	
装机利用小时数	h	
年平均发电量	亿kW.h	

*注：保证出力为满足设计保证率的供水期电站平均出力。

2)　运行方式

3)　与发电机主回路相连的电气设备应能承受最大短路电流值。发电机端短路时，由电力系统侧供给的短路电流周期分量暂定为_____kA（有效值）和_____kA（峰值）（准确值待电力系统参数确定后提供）；由本台发电机供给的短路电流值由卖方给出。

4)　发电机每24h启、停机并网带负荷2个循环以上，在一年内不少于1000次。

5)　发电机与主变压器连接采用_____接线。发电机出口_____装设断路器，中性点通过接地变压器接地。电站电气接线方式参见本招标文件第八部分附图。

2.2.3　水库调度方式

1)　动能特性

2)　年运行方式

2.2.4　电站自然条件

1)　气象条件

坝址天然多年平均气温_____℃，最高月平均气温_____℃（7月），最低月平均气温_____℃（1月）。极端最高气温_____℃，极端最低气温_____℃。

多年最大平均风速为_____m/s，历年最大风速为_____m/s。

2)　水温和水质

（1）水温

坝址天然多年平均水温_____℃，最高月平均水温_____℃（6月），最低月平均水温_____℃（12月）。

（2）水质

水质化学成分见下表7-2-6

表 7-2-6　水质化学成分

样品名称	主要离子（mg/l）						总硬度（mmol/l）	总碱度（mmol/l）	侵蚀性 CO_2（mg/l）	PH 值
	$K^+ + Na^+$	Ca^{2+}	Mg^{2+}	Cl^-	SO_4^{2-}	HCO_3^-				
河水										

（3）密度

多年平均水温_____℃时，水密度为_____kg/m³。

3）地震烈度

本工程场址地震基本烈度为_____度，地震设防烈度为_____度，相应地震动参数见表 7-2-7。

表 7-2-7　_____场地基岩地震动参数

设计地震动参数	50 年超越概率			100 年超越概率		
	63%	10%	5%	3%	2%	1%
Ah（g）						

水电站地下厂房水工建筑物抗震设计标准采用 50 年基准期超越概率 5%，相应基岩地震水平加速度为_____g，垂直加速度为_____g。

4）电站所在处的重力加速度 gp

电站所在地重力加速度为_____m/s²。

2.2.5　电站土建有关的参数（若需要）

1）发电机上机架基础最大允许荷载

径向：____kN/点；

切向：____kN/点。

2）发电机下机架基础最大允许荷载

垂直方向：　t/点；

下机架基础数量：不少于_____个。

2.3　型式和额定值

2.3.1　发电机型式

1）按本招标文件提供的发电机应为____式、由水轮机驱动的同步发电机，并配备轴承、中性点接地设备、水喷雾灭火系统、火灾自动报警系统、冷却系统、发电机自动化元件以及本招标文件规定的和作为一台完整的发电机所必需的所有辅助设备和装置。

2）发电机冷却方式可采用全空冷（定子绕组、定子铁心和转子绕组均为空冷）或蒸发冷却方式（定子绕组采用自驱动循环蒸发冷却，定子铁心和转子绕组空冷，汇流铜排冷却方式不限定）。机组主轴为二根轴结构，推力轴承支撑在下机架上。

2.3.2　额定值

1）额定容量（MVA）/额定功率（MW）_____

2）额定电压（kV）_____

3）额定功率因数（滞后）_____

4）额定频率（Hz）_____

5）相数_____

6）额定转速（r/min）_____

7）定子绕组连接_____

8）旋转方向_____

2.3.3　可靠性指标

1）发电机可用率_____

2）发电机无故障连续运行时间_____

3）大修间隔时间_____

4）发电机退役前的使用期限_____

5）定子绕组退役前的使用期限_____

2.4　温升

2.4.1　现场温度条件

1）主厂房内最高温度_____℃

2）主厂房内最低温度_____℃

3）冷却水最高温度_____℃

2.4.2　绕组、铁心及集电环温升

1）发电机采用全空冷方式或定子采用蒸发冷却方式时，在额定电压、额定转速、额定功率因数和额定频率下连续发出额定容量_____MVA 时（以下简称"额定运行工况"），并当 15％冷却容量的空冷器（但不少于 1 台）和 1 台蒸发冷却冷凝器（若采用）退出运行，且空气冷却器出口冷却空气温度不超过 40℃、冷却水进水温度不超过 25℃时，额定运行工况下的最大温升（或温度）不得超过表 7-2-8 列出的数值：

表 7-2-8　各部位允许温升（或温度）

部件名称及测量方式	允许温升（或温度）	
	全空冷	蒸发冷却
定子绕组（RTD）		
定子绕组所有部位最大温差（RTD, K）		
定子铁心及与定子绕组绝缘接触或相邻的机械部件（（RTD）		
定子铁心背部所有部位最大温差（RTD, K）		

续表

部件名称及测量方式	允许温升（或温度）	
	全空冷	蒸发冷却
转子绕组（电阻法，K）		
集电环（温度计法，K）		
汇流铜排（检温计法）		

2）在（100±5）％额定电压范围内，发电机应能在额定容量、额定功率因数和额定频率下连续运行，且不超过 2.4.2（1）中规定的温升限值。

3）发电机的温度按 GB/T1029 标准"三相同步电机的试验方法"或 IEEE 标准 115"IEEE 导则：同步电机的试验方法"所规定的方法测定，如下所述：

（1）定子绕组和铁心的温度应采用埋置电阻型温度检测计（RTD）测定；

（2）转子绕组的温度应用电阻法测定；

（3）集电环、铁心紧固件和靠近或者接触绝缘的其他机械零件应用温度计法测定。

2.4.3 轴承温度

1）当发电机在额定电压、额定转速和功率因数为 1.0，且在额定容量运行时推力轴承和导轴承轴瓦的正常运行温度分别不超过下列值：

推力轴承轴瓦（巴氏合金瓦）_____℃（RTD）

推力轴承轴瓦（塑料瓦）_____℃（RTD）

导轴承轴瓦_____℃（RTD）

在上述工况下，卖方应提供导轴承和推力轴承的报警温度及停机温度值。

2）轴承温度应用位于轴瓦内的电阻型温度检测计测定。

2.5 电气特性和性能

2.5.1 容量

1）发电机在额定频率、额定电压和欠励情况下对线路充电，其持续充电容量应不小于_____Mvar，此时发电机温升不超过 2.4.2 条 1）中规定的温升限值，也不应产生自励或不稳定现象。

2）在功率因数为 0.9—1.0（进相或滞相）的范围内，发电机在额定频率、额定电压和额定容量下应能连续运行，且各部分温升不超过额定运行工况时的温升限值。

3）发电机应能在额定电压、额定转速、额定容量的温升限值和功率因数 0.9（进相）的条件下长期进相运行。

4）各种功率特性应符合提供的功率特性圆图。在功率图中应绘出发电机静态区曲线并留有 15％的裕度，此计算曲线在发电机并网运行中验证，卖方应作相应保证。

2.5.2　效率

1）发电机在额定运行工况下的额定效率值应得到保证，并不小于____％。发电机损耗根据 ANSI C50.12 应包括定子绕组和转子绕组 I^2R 损耗、摩擦和风损、铁心损耗、杂散损耗和励磁系统损耗（包括励磁变、整流器和电压调节器等的损耗，投标人在投标文件性能保证值表中当发电机功率因数为 0.9 时的励磁系统损耗应按____kW 计列；当发电机功率因数为 1 时的励磁系统损耗应按____kW 计列），以及由于发电机本身的推力荷载引起的推力轴承损耗。计算定子绕组和转子绕组铜损（I^2R）的基准温度为 95℃。上述损耗测定应按照 3"现场试验"规定的程序进行。

2）发电机的加权平均效率应得到保证。它是根据发电机的损耗和在额定电压、额定转速、下述规定的功率因数及不同出力工况下对应的发电机效率值，以及下面的加权系数计算得到的。卖方应提供保证的加权平均效率。发电机的加权平均效率应按下面公式计算得出：

$$\eta（\%）=（A\eta_1+B\eta_2+C\eta_3+D\eta_4+E\eta_5）/100$$

在各种运行条件下的加权系数见表 7-2-9：

表 7-2-9　发电机效率加权系数表

容量（％额定容量）	60	70	80	90	100
功率因数（滞后）	0.9	0.9	0.9	0.9	0.9
加权系数	A=	B=	C=	D=	E=
效率（％）	η_1	η_2	η_3	η_4	η_5

2.5.3　系统参数

1）电抗（以额定电压和额定容量为基准的标幺值）

（1）发电机采用全空冷方式时

A. 直轴不饱和瞬态电抗保证值不大于____％；

B. 直轴饱和超瞬态电抗保证值不小于____％；

C. 交轴不饱和超瞬态电抗与直轴不饱和超瞬态电抗之比应尽量接近于 1，不得超过 1.1。

（2）发电机采用蒸发冷却方式时

A. 直轴不饱和瞬态电抗保证值不大于____％；

B. 直轴饱和超瞬态电抗保证值不小于____％；

C. 交轴不饱和超瞬态电抗与直轴不饱和超瞬态电抗之比应尽量接近于 1，不得超过 1.1。

2）短路比不小于_____。

3）水轮发电机定子绕组接成正常工作接线时，在空载额定电压和额定转速时，发电机线电压波形的全谐波畸变因数（THD）应不超过____％。

4）发电机运行期间电压和频率的变化应满足 GB/T7894 第 5.5 条的规定。当电压或频率偏差超过上述规定范围时，发电机应能在一定出力限制下连续运行，输出容量以定子电流不超过额定值的 105％，励磁电流不超过额定容量运行工况下的励磁电流为限。

2.5.4 绝缘性能

1）定子线棒应能安全地耐受不低于（$2.75U_N+6.5$）kV 的工频交流电压，历时 1min。

定子线棒绝缘的工频击穿电压应不低于额定电压的____倍。

定子绕组绝缘的冲击耐压应不低于 $1.25×\sqrt{2}$（$2U_N+3$）kV。

2）定子绕组嵌线过程中应能安全地耐受不低于数值如下的工频交流电压（kV），历时 1min：

（1）线棒下线前（$2.75U_N+2.5$）kV

（2）下层线棒下线后（$2.5U_N+2.0$）kV

（3）上层线棒下线后，打完槽楔

与下层线棒一起试验（$2.5U_N+1.0$）kV

（4）全部定子绕组、端部连接、端箍、引线及冷却介质管道（如果有）连接等安装完成后：

若发电机采用空冷方式：（$2.0U_N+3.0$）kV。

若发电机采用定子绕组蒸发冷却方式：

注入冷却介质前：（$2.0U_N+6.0$）kV；

注入冷却介质后：（$2.0U_N+3.0$）kV。

（5）机组零起升压试验前，整体绝缘检查试验电压（$2.0U_N+1.0$）＊0.8kV

注：U_N——表示发电机的额定电压（kV）。

3）定子绕组对机壳或绕组间的绝缘电阻值在换算至 100℃时，应不低于____MΩ（对应额定电压为 kV）。

对干燥清洁的水轮发电机，在室温 t（℃）的定子绕组绝缘电阻值 Rt（MΩ）可按下式进行修正：

$$R_t=R×1.6^{\frac{100-t}{10}}$$

式中 R 为对应温度 100℃时的定子绕组热态绝缘电阻最低值_____MΩ。

当发电机采用空冷方式时，定子绕组的绝缘电阻值应采用 5000V 兆欧表进行测量。当发电机定子绕组采用蒸发冷却方式时，定子绕组的绝缘电阻值应采用 2500V 内冷发电机绝缘电阻测定仪进行测量。

4）转子单个磁极挂装前及挂装后在室温 10—40℃用 1000V 兆欧表测量时，其绝缘电阻值应不小于 5MΩ。挂装后转子整体绕组的绝缘电阻值应不小于 0.5MΩ。

5）在实际冷态下，定子绕组各分支路间的直流电阻最大与最小两相间差值，并校正由于引线长度不同引起的误差以后，应不大于测得的最小电阻值的 2％。

6）定子绕组的极化系数 R_{10}/R_1（R_{10} 和 R_1 为在 10min 和 1min、温度为 40℃以下分别测得的绝缘电阻值）不应小于 2.0。

7）在交流绝缘耐压前，定子绕组应进行 3 倍额定电压的直流耐压试验和泄漏电流测定。试验电压应分级稳定地增加，每级为 0.5 倍额定电压，每级持续 1min。泄漏电流不应随时间而增大。各相泄漏电流的差值应不大于最小值的 50％。

8）定子单个线棒在 1.5 倍额定电压下不应起晕，整机耐压试验时，在 1.1 倍额定电压下，绕组端部应无明显的晕带和连续的金黄色亮点。

9）整根定子线棒（直线段）常态介质损失角正切（tgδ）及其增量（Δtgδ）指标（％）应不大于表 7-2-10 中的限制值。

表 7-2-10 定子线棒常态介质损失角正切及其增量指标

试验电压	$0.2U_N$	$0.2—0.6U_N$
介质损失角正切值及其增量	tgδ	$\Delta tg\delta = tg\delta_{0.6U_N} - tg\delta_{0.2U_N}$
指标（％）	1.0	0.5

10）当励磁电压为 500V 及以下时，转子绕组应能安全地耐受 10 倍励磁电压（但不低于 1500V）的工频试验电压历时 1min；当励磁电压为 500V 以上时，转子绕组应能安全地耐受 2 倍励磁电压加上 4000V 的工频试验电压历时 1min。

11）有绝缘要求的轴承和埋入式温度检测计应分别对地绝缘。在导轴承、推力轴承装入温度计注入润滑油前，用 1000V 兆欧表在 10—30℃测得导轴承、推力轴承的绝缘电阻值不小于 1.0MΩ，在注入润滑油后，用 500V 兆欧表在 10—30℃测得导轴承、推力轴承的绝缘电阻值不小于 0.5MΩ。用 250V 兆欧表在 10—30℃测得埋入式温度检测计的绝缘电阻值不小于 5.0MΩ。

2.5.5 特殊运行要求

1）过负荷运行

（1）当发电机采用空冷方式时，定子绕组在热状态下应能承受 150％额定电流历时 2min 不发生有害变形、机械损伤或其他损害，电压应接近额定值。

当发电机定子绕组采用蒸发冷却方式时，定子绕组在热状态下应能承受 150％额定电流历时 1min 不发生有害变形、机械损伤或其他损害，电压应接近额定值。

（2）当发电机采用空冷方式时，转子绕组应能安全地承受 2 倍额定励磁电流历时不少于 50s。

当发电机定子绕组采用蒸发冷却方式时，转子绕组应能安全地承受 2 倍额定励磁电流历时不少于 20s。

2）不对称运行

（1）发电机在不对称的电力系统中运行，如果每相电流不超过额定值，且负序电流与额定电流的比值为下列数值时，应能长期连续运行：

当发电机采用空冷方式时，不超过　％；

当发电机采用定子绕组蒸发冷却方式时，不超过　％。

（2）发电机在不对称故障时，在额定容量下运行，应能承受的负序电流标幺值 I_2 的平方与持续时间 t（s）的乘积 $I_2^2 t$ 应为下列数值：

当发电机采用空冷方式时，按 40s 计算；

当发电机采用定子绕组蒸发冷却方式时，按 20s 计算。

2.5.6　准同期

发电机应采用自动准同期方式与系统并列。在发电机与电力系统并列时，当冲击电流引起的应力不大于机端三相短路所引起的应力的 1/2 时，发电机应允许在相应的电压偏差、频率偏差和相位偏差下以准同期方式与电力系统并列，而不产生有害变形或损坏。

2.5.7　相序

发电机出线端应注明 U、V、W 相序标志，相序排列应为：面对发电机出线端，从左至右水平方向的顺序为：_____。

2.6　机械特性和性能

1）不包括水轮机转动部件和水体惯量在内的发电机旋转部件的飞轮力矩（GD^2）不小于_____ t・m^2。

2）发电机旋转方向（俯视）为顺时针。

3）发电机转动部分刚强度按照水轮机飞逸转速保证值设计。

发电机在飞逸转速下运行 5min 应不产生有害变形或损坏，此时，转动部件材料的计算应力不超过屈服强度的 2/3。发电机部件设计应能安全地承受在飞逸转速下运行时间不少于 5min 所引起的温度、应力、振动和磨损。水轮发电机组甩 100％ 额定负荷后，在调速系统正常工作的条件下，应允许机组不经任何检查并入系统。

4）发电机机械结构设计应能承受功率因数为 1 时的最大负荷_____MW，其应力应在 1.10 "工作应力和安全系数" 规定的限制范围内。

5）发电机机械结构设计应有足够的刚度，在各种正常或非正常运行工况下，发电机固定部分和转动部分在承受动态力下，各部件的振动和摆度不应过大以致产生破坏。

6）发电机在额定转速、空载电压等于105％额定电压下应能承受历时3s的三相突然短路试验而不产生有害变形；发电机在额定容量、额定功率因数、105％额定电压及稳定的励磁条件下运行时，应能承受机端历时30s的突然对称或不对称短路或者其他任何形式的短路而无有害变形或损坏；在额定容量、额定功率因数、105％额定电压下及发电机励磁在强励的条件下，应能承受机端三相短路或者其他任何形式短路的冲击而无有害变形或损坏。卖方应对最严重短路条件下的动稳定及热稳定电流进行计算，并对汇流铜排及定子线棒的固定方式和固定结构进行动稳定条件下的受力分析及复核；以热稳定电流计算结果对汇流铜排及定子线棒的绝缘结构进行热稳定分析及复核。上述的分析和计算报告应按1.6节的要求提交买方审查。

7）发电机结构应能承受转子半数磁极短路时产生的不平衡磁拉力，而不能产生有害变形。

8）在发电机盖板外缘上方垂直距离1m处，发电机噪音应不超过____dB（A）。

9）在定子组装完毕后，定子内圆半径的最大值或最小值分别与设计半径之差不应大于设计空气间隙的±3％。转子组装完毕后，转子外圆半径的最大值或最小值分别与设计半径之差，不应大于设计空气间隙的±3％。转子整体偏心允许值为____mm，但最大不应大于设计空气间隙的1.2％。

10）定子和转子间的气隙，其最大值和最小值与平均值之差不应超过平均值的±6％。在运行中，发电机定子和转子各自的热膨胀不应破坏相互间的同心度和气隙的均匀性，不应使定子机座和转子支架发生有害变形。

11）在各种正常工况下，在下述部件上任一点测得的以峰—峰值位移表示的最大振动允许限值如表7-2-11所示。

表7-2-11　发电机各部件振动允许限值

部位	振动允许限值（mm）
上机架（水平分量/垂直分量）	
下机架（水平分量/垂直分量）	
定子铁心部位机座水平振动	
定子铁心振动（100Hz双振幅值）	
注：振动值系指机组在除过速运行以外的各种稳定运行工况下的双振幅值。	

12）除上表规定的各部件最大振动允许限值外，还应满足下述要求：

在各种正常运行工况下，各部件应对可能引起有害共振的水轮发电机机架、机座及其他结构件的固有频率予以核算，以避免与水轮机的振动频率、水力脉动频率和它的倍频，或不对称运行时与转子和定子铁芯的振动频率，或与电网频率和它的倍频，或与主回路离相封闭母线、建筑物的振动频率产生任何可能的共振。

定子机座和铁心无论采用何种结构，均应采取措施防止由谐波产生的高频电磁振动及相应的噪音。

13）在各种正常工况下，水轮发电机导轴承处任一点测得轴的相对运行摆度值（双幅值）应不大于 75％的轴承总间隙值。

在集电环上任一点测得的以峰—峰值位移表示的相对运行摆度值（双幅值）在冷态下应不大于_____mm，在热态下应不大于_____mm。

14）发电机与水轮机组装完毕后，机组的转动部分的第一阶临界转速应不小于飞逸转速的 125％。

15）发电机及各辅助设备的设计应能适应频繁开停机的要求，年开停机次数不少于_____次。

2.7 总体结构简述

1）发电机为半伞式结构，转子上方设有上导轴承，转子下方设有下导轴承和推力轴承。推力轴承和下导轴承布置在下机架上，下导轴承与推力轴承优先采用组合油槽。

2）发电机轴与水轮机轴采用内法兰或外法兰连接。法兰分界面高程暂定为____m。分界面高程可由投标人根据机组总体设计在投标文件中推荐，并在第一次联络会上确定。

3）发电机定子机座固定在埋于混凝土中的基础板上，卖方应提供基础板、地脚螺栓和楔子板等埋件。定子机座用地脚螺栓连接在基础板上。定子机座在安装时，用楔子板调节定子机座高程。在定子绕组突然短路产生瞬变转矩或转子半数磁极短路产生不平衡磁拉力时，应保证定子机座及基础不发生异常变形和位移。

4）发电机定子在现场组装。定子现场组装可在本机组机坑，也可在安装场进行定子机座的组圆、铁心叠片，然后吊入本机坑进行铁损试验、下线和耐压试验。

5）转子采用无轴结构，由中心体、圆盘支架、磁轭和磁极等部件构成。转子在电站主厂房安装场进行组装。

6）下机架应能承受水轮发电机组所有转动部分的重量和水轮机最大水推力叠加后的动荷载，并能与上机架一起安全地承受由于水轮机转轮引起的水力不平衡力，以及由于发电机绕组短路、半数磁极短路等引起的电磁不平衡力，且不发生有害变形。

7）发电机采用机械制动（或与电气制动联合）制动方式。机械制动器还应具有顶起发电机转子和水轮机转轮液压千斤顶的作用。机械制动器应安装在下机架上或混凝土基础上。

8）卖方应提供必需的平台、支撑、人孔、梯子（或活动梁和楼梯）和栏杆，以便用于靠近和检查集电环、电刷、轴承、制动器和测速装置，并用于从定子机座外围通道通往下机架及水轮机坑的交通。梯子和栏杆应由不锈钢或铝合金材料制成。

9）卖方应对可能引起有害共振的水轮发电机机架、机座及其他结构件的固有频率予以核算并应和水轮机设计进行协调，以避免与水轮机的振动频率、水力脉动频率和它的倍频，或不对称运行时与转子和定子铁心的振动频率，或与电网频率和它的倍频，或与主回路离相封闭母线、电站水工建筑物的振动频率产生任何可能的共振。

10）所有带电且可能触摸的零部件或转动部分上方或周围设置适当的保护罩。

11）为防止轴电流通过轴承，集电环和各轴承应与底板、管路系统、自然补气系统和其他部件完全绝缘，绝缘材料应能够承受可能的机械应力。

12）为便于机组安装和检修，卖方应提供必要的附加吊具、吊索、吊环、螺栓、安装检修时用的安装维修工具、各种测量用具，以及其他装置。

13）卖方应在发电机机坑内设置一圈 50—5mm 的明敷扁铜排，以供机坑内的电气设备接地及与电站接地网连接。

14）在发电机定子机座、上下机架、油冷却器、空气冷却器、发电机机坑内的所有金属管路，以及所有要求接地的发电机其他部件上，至少有两处可靠接地，并形成接地系统。该接地系统的铜排应在指定的位置与全厂接地系统相连。卖方还应提供该接地系统用的全部接头、端子和螺栓。

15）发电机整体及其所有部件除应具有良好的技术特性外，还必须满足强度和刚度要求，使之在正常运行情况下，其整体和所有部件的挠度、振动和各种变形均在允许范围之内。所谓非正常运行情况指的是对称与不对称短路、飞逸转速下运行、过电压、转子半数磁极短路、冷却水中断等以及 ANSI C50.2 所规定的其他非正常运行情况。

16）发电机应采用先进的成熟结构、材料和工艺。如果采用新的结构应有验证试验，卖方在投标时应提供这方面的资料。

17）发电机整体及其所有部件的结构应设计成便于运输、安装、维护和检修。发电机各部件的设计应便于利用厂内桥式起重机起吊、检修和维护，各部件最大运输尺寸及重量必须在电站对外交通运输条件允许的范围内。

18）卖方应提供发电机各部位基础的正常和非正常工况下的作用力，并提供各基础螺栓的细部尺寸及预留二期混凝土的孔洞尺寸。

19）对于采用全空冷方式的机组，应优化巨型发电机的通风设计，发电机的通风设计应保证风路畅通和良好的通风效果，保证定子、转子轴向和周向无过大温差，定子线棒上下端部应有足够风量进行冷却，并确保定子绕组所有 RTD 测点的温差不超过_____K，定子铁心背部所有 RTD 测点的温差不超过_____K。

20）卖方应采取措施尽量减少在热状态下发电机铁心高度、定子线棒长度的膨胀量，并应尽量减小线棒和铁心之间的相对滑移长度。

2.8 发电机机坑

1）发电机安装在钢筋混凝土坑内，机坑内壁为圆形。发电机上下机架上均设有钢隔板，和发电机混凝土墙形成封闭的风罩。混凝土墙以及用于固定发电机定子机座、上下机架的基础混凝土部分，由其他承包商完成。卖方应提供发电机基础布置图、基础的受力要求，以及混凝土埋件的安装要求。这些埋件由卖方提供。发电机机坑内径不大于＿＿＿＿m。

2）卖方应提供发电机冷却系统、灭火系统等管路和设施安装所需的钢结构，以及其他所有安装在机坑内的部件。钢结构件应有足够的刚度，承受机坑各种工况下的振动。机坑内所有的基础件、上下盖板、预埋构件、基础螺栓等金属埋件的安装工作，由其他承包商完成。卖方应提供这些埋件。

3）卖方应提供发电机上盖板和与发电机机坑混凝土墙结合在一起的钢连接环。该环和混凝土墙、发电机上盖板之间应紧密结合，下钢盖板与混凝土墙之间应密封良好。

4）上盖板应具有足够的刚度，与上机架联结应牢固，盖板与机架联结处应设置防振垫层，可以防止上盖板的振动。上盖板均布设计负荷应不小于 $5000N/m^2$。位于空气冷却器及磁极上方的盖板应为可拆卸式盖板，以便空气冷却器及磁极在不拆卸上机架时进行拆卸和吊装。在上盖板应设有两个向上开启的门，并附有必要的梯子和平台，以形成用于检修或调整集电环、上导轴承和到达定子和转子上部的通道。上盖板面的高程应与发电机层楼板高程一致，为＿＿＿＿m。

5）上盖板应分成适当数量的扇形块，每个扇形块上要设置安装吊环的螺孔。当上盖板准确就位后，吊环螺孔应用螺栓或销封堵，以使上盖板表面平整。每台机应提供适当数量的吊环。发电机上盖板所有外露部分应平整美观。

6）在发电机端部高出上盖板的部分，应设置外罩（颜色应符合1.20.1的规定）。该外罩外观要求精美，并具有足够的刚度以防止振动。为电站布置的统一，买方将可能提出修改上部结构及外罩尺寸的要求，所有费用已包含在合同总价中。该外罩上应设有外开的门，用于检修或调整集电环、水轮机补气设施。在外罩顶部，应装有发电机运行情况指示灯。发电机运行时指示灯亮，停机时指示灯熄，事故时指示灯闪烁。

7）固定在定子机座外壁上的空气冷却器与发电机机坑混凝土墙的内壁之间应有不小于＿＿＿m净宽的通道。机坑内管路系统布置后，应保证环绕定子机座的走道通畅，且其净宽不小于＿＿＿m。卖方应提供适用的托架和盖板，盖住风道内的管道沟槽。

8）卖方应在定子机座外壁设置四副固定梯子，以便到发电机定子机座顶部。

9）卖方应提供两扇从发电机机墩外穿过混凝土墙进入机坑内风道的密封门，其防火等级为甲级。防火门上应装设在机坑外侧开启的磁卡锁。防火门只允许外开，并配有门框、门槛。门的方位、具体位置、尺寸及埋设部件的设置将在设计联络会上协调。

10) 卖方应提供封堵由于管道、母线、电缆等穿越发电机机坑而遗留的孔洞的耐火材料。

11) 发电机机坑内壁周围应对称布置带风扇的加热器，以防止机组停机时机坑内由于潮湿引起的结露。

12) 卖方应在发电机机坑内设计并提供一套完整的正常和事故照明系统。照明系统应有足够数量的具有保护罩的照明灯具，为定子机座周围的通道、轴承及支架区域、集电环和电刷周围、轴承油槽和卖方认为适当的其他地方提供照明。正常照明系统采用厂用电 220V 交流电，事故照明系统采用 EPS（Emergency Power Supply）供电的220V 交流电源，事故照明的总功率不应超过 2kW。在机坑内水平和垂直工作面上的最小照度为 150 lx。应在适当的位置布置双插座和灯开关。导线应穿管敷设，并接到发电机照明箱上。买方提供一个 220/380V 交流三相四线电源和一个由 EPS 供电的220V 交流电源至发电机照明箱，照明箱要求详见 2.27 条规定。卖方应提供从发电机照明箱到灯具的电线和电线管。照明灯具、护罩、插座和开关应为耐热防振型。照明光源应采用 LED 光源，并应选用优质名牌产品。

13) 发电机机坑内的所有控制阀门、开关和表计都应放在安全、便于操作和监视的位置。

14) 在发电机坑底部应设置钢隔板，该隔板可与下机架相组合，以便使空气在发电机机坑内循环。应在经批准的位置至少提供两个尺寸足够的带有铰盖的进人孔以便同水车室相通，该铰盖应由两侧开启的插销固定，且朝发电机侧开启。

15) 发电机主引出线和中性点引出线靠近混凝土、定子机座和上机架的地方应采取电磁屏蔽措施，以防止混凝土内的钢筋或发电机金属构件因涡流而过热。机坑内的护栏应为非磁性材料制造。电磁屏蔽体及非磁性护栏应由卖方提供。

16) 卖方在发电机设计中应采取措施，将通过空气和结构传播的发电机噪音降至最低程度。这些措施应包括对发电机顶盖的隔音、风道的隔音、门的隔音等，以及阻隔所有连接发电机机坑到主厂房发电机层和水轮机层的声源出口。

2.9　定子

2.9.1　定子机座

1) 定子机座由轧制钢板焊接而成，并根据运输的限制条件分成最少的瓣数，在工地进行组圆焊接。为便于现场组装，分瓣机座应在工厂内进行预组装，并配有钻好螺栓孔的工艺法兰和销钉。需到工地焊接的部位应预先在工厂加工好坡口，到工地后不再进行机械加工。

2) 定子机座应有足够的强度和刚度，应能承受定子绕组短路时产生的切向力和转子半数磁极短路时产生的单向磁拉力。应能承受在各种运行工况下所受的热膨胀力、切向力及定子铁心通过定位筋传来的100Hz交变力等。定子机座分瓣应能承受贮存、运输及安装引起的应力而不产生变形。定子机座应能承受把整体定子（无绕组）从安装场吊入发电机所在机坑的过程中引起的应力而无有害变形。定子机座应具有支撑上机架及其构件的能力。

3）为了使定子机座能适应发电机运行期间产生的热膨胀和收缩，定子机座与基础板及上机架的连接结构可设计成允许机座做径向运动的浮动式机座，也可设计成斜支撑结构或其他经买方同意的结构。定子机座无论采用何种结构型式，均应采取措施防止由谐波产生的高频电磁振动及相应的噪音。应随投标文件提供防止定子铁心产生翘曲、防止定子机座及铁心电磁振动的详细设计说明或计算分析报告。

4）定子机座基础板与混凝土结合部位应设有楔子板、调平螺杆、螺栓及灌浆孔。

5）定子机座的焊缝，应采用合适的无损探伤方法进行检查。

6）定子机座的设计应能适应采用多点固定单点起吊的方式，卖方应提供定子起吊工具及附件，并应提供起吊装置的加工图纸和规范。图纸应表明所有必需的附件和连接要求，并应经买方审查和确认。卖方应与桥机承包商协调定子起吊工具与桥机的连接。

2.9.2 定子铁心

1）定子铁心应由高导磁率、低损耗、无时效、优质冷轧薄硅钢片叠成。卖方提供的铁心叠片应适当留有裕量。每片扇形硅钢片冲压成形后，应去毛刺、磨光，并在两侧涂"F"级水溶性环保绝缘漆，并应形成完整的漆膜，或其他相当的经批准的材料以减少涡流损耗。冲片质量应符合Q/CTG 05《大型水轮发电机无取向电工钢带技术条件》及经批准的有关标准，叠装于有干燥剂的集装箱内发运。硅钢片应精密冲制，保证叠装后定子槽深和槽宽的误差均不大于0.10mm。

2）为保证定子铁心现场叠片正确，每个扇形片的外圆侧应标有记号以便辨别扇形片的正面。扇形片应易于在定子机座内叠装，与定位筋的配合设计也应方便安装。叠片交错重叠，以形成一个整体连续的铁心。在叠片过程中，应分层和整体压紧，对定子叠片应均匀地施加一合适的夹紧压力以保证铁心叠片在运行期间不致松动且不伤及漆膜，铁心压紧方式应采用液压拉伸方式。卖方应提交叠片方法，并提供定子铁心压紧力专题计算报告。夹紧系统应能保持铁心的夹紧压力，并使铁心在工作期间不致松动。定子铁心在运行中不应有明显的蜂鸣声。铁心磁化试验应根据买方批准的方案进行。卖方应提供不同规格的冲片补偿片，以保证铁心叠压尺寸。

3）定子铁心用足够数量的鸽尾形定位筋固定于定子机座上。定位筋和铁心之间的结合设计，应考虑各种运行方式下允许定子铁心的径向热膨胀，以尽量减少定子铁心的翘曲变形和应力，保证铁心的圆度和同心度。应采取措施防止定位筋在运输过程中的变形，以减少工地校直的工作量。定位筋与托块、托块与机座的焊接应能承受发电机突然短路产生的切向力和磁拉力产生的径向力同时作用时的剪应力。

4）定子铁心的通风槽的布置，应使空气流动顺畅，铁心及绕组冷却均匀、高效和充分，并使风阻损耗最小。通风槽应采用非磁性撑条隔成，撑条的布置应合理。

5）所有铁心压指、固定定子绕组的端箍等都应用非磁性材料制造。铁心压紧螺杆和铁心要有绝缘和防尘措施。铁心压紧螺杆应采用可靠绝缘的高屈服强度的钢材制成，并具有弹性储备以保持在机组运行期间冷热交替铁心膨胀和收缩时对铁心叠片保持必要的压紧力，防止长期运行后的松动。该螺杆不得作为定位筋使用。应采取措施防止在发电机的各种运行工况下，特别是欠励工况下因漏磁引起定子铁心各部件和压紧部件的有害过热。

6）定子铁心内径的尺寸应允许通过定子内腔吊出发电机下机架及水轮机的所有可拆部件。

7）在不吊出发电机转子和不拆除上机架的情况下，应能更换定子线棒和转子磁极，以及对定子绕组端部和定子铁心进行预防性检查。

8）定子铁心测温装置的设置见 2.23.3 "测温电阻"的要求。

9）卖方应提供定子铁心现场叠片所需的全套叠装及检测工具。

10）首台机组叠装时定子冲片应按照不低于 1.5 台的量供货。

2.9.3 定子绕组

1）定子绕组由单根线棒组成，各支路并联，"Y"形连接，主引出线和中性点引出线以及它们的终端应为线电压级全绝缘并穿越发电机机坑引至 2.19 "绕组终端"和 2.20 "中性点接地装置"所规定的位置。

2）定子绕组绝缘为 GB755 或 IEC60034 中规定的"F"级绝缘，并能通过本招标文件规定的有关试验。绕组包括主引出线和中性点引出线的最大温升不得超过 2.4 "温升"中的有关规定值。卖方应预先提供定子线棒以备在现场嵌入定子线槽中，组成整个定子绕组和端部接头所需的全部材料应由卖方提供。卖方应提供组成发电机中性点以及将发电机绕组连接到中性点的设备和主引出线所需的所有导体、接头、接线端子和材料以及绝缘材料的包扎工艺要求。

3）成型的线棒应保证导体周边绝缘厚度均匀，具有良好的电气性能、机械性能、抗老化耐潮湿性能和具有不燃或难燃特性。

4）线棒对地的绝缘可用真空压力浸渍法或者模压固化法使绝缘成为稠密均匀的固体，不含气泡且表面光滑无缺陷。绝缘材料根据绝缘所在部位可采用玻璃丝带、云母板、环氧树脂等或经批准的其他材料，但不允许采用沥青复合物。所有槽垫片及材料不允许使用低于 F 级绝缘的材料。

5）定子线棒对地绝缘的外侧用半导体复合物做防晕处理。绕组的槽部和端部用适当的材料做防晕处理后，单个定子线棒应能保证在 1.5 倍的额定电压下不产生电晕，整机在 1.1 倍额定电压下绕组端部应无明显的晕带和连续的金黄色亮点。线棒外部的绝缘保护带应能耐热并且在高温下不易老化。在下线前，铁心槽部若需用半导体漆进行处理，漆由卖方提供，并提供电阻值。

6）定子绕组采用立式嵌线方式，线棒在定子槽内与定子铁心应配合严密，应采取措施保证线棒与铁心单侧无间隙。线棒表面应包扎半导体材料。设计应保持线棒上的半导体防晕层与铁心的整个槽形接触良好，确保线棒电晕屏蔽的连续性。线棒与槽形的配合设计，应能保证更换线棒时使线棒无损伤地放入槽内。同规格的定子线棒尺寸应统一并具有互换性。

7）绕组的设计应使环流引起的热损耗和发热量最小。应采用退火铜作为定子线棒的导体材料，其导电性能应符合经过批准的标准，应没有裂片、裂纹、粗糙的斑点和尖角。

8）线棒在整个定子铁心长度上（亦可以稍超出槽部）应采用罗贝尔 360°的股线全换位、不完全换位或空换位等，以减小股线在槽部漏磁场中不同位置产生循环电流而引起的附加损耗和股线电势差及温差。

9）线棒槽部固定应采用成对斜槽楔和弹性垫条在槽口压紧，以保证发电机在各种运行工况下均能对线棒施加并保持较大的径向力，避免线棒松动。槽楔应确保对线棒施加均匀压力。线棒测温装置的设置要求见 2.23.3 "测温电阻"。槽内的适形材料和压紧波纹板应为优质材料。

10）线棒端部的固定，应能保证线棒在各种运行工况下和长期运行后不发生下沉或位移，并能防止发电机在最严重的短路情况下所可能发生的振动和变形。整个端部支撑系统应具有足够的强度、刚度和良好的通风，并便于检查定子端部绕组及测量振动。

11）绕组端部接头经银铜焊接（采用中频焊）、加工平整之后，套以绝缘盒。不允许线棒之间用软焊接头。所有绕组的连接，包括极间连接线和引线铜排，均应采用银铜焊，确保足够的机械强度和导电性能。卖方应提供绕组连接时的材料、技术，以便在工地进行绕组连接。所有螺栓连接的母线接头，表面应平整并镀银。

12）定子绕组应在相角和电压相序上沿整个定子圆周对称并均匀分布，在绕组布置上，要考虑到使气隙磁场中的谐波分量最小。

13）线棒应采取必要的防潮措施，以防在潮湿环境中产生永久损伤。

14）若发电机定子绕组采用蒸发冷却方式，电液接头分开设置，则定子线棒的冷却介质接头应有良好的密封性能，在各种运行工况下，能长期承受机组振动的影响而不发生任何渗漏现象。内冷系统的集气管及集液管应对地可靠绝缘。

15）主引出线和中性点的汇流引线导体选择计算中应考虑集肤效应和邻近效应作用，并应按短路动、热稳定校验。

16）汇流引线布置应考虑引线最短。应进行汇流引线共振计算和机组短路时机械应力计算。汇流引线的自振频率应远离工频及 2 倍工频，其固定方式应能耐受最严重短路电流引起的动、热稳定作用，支撑支架及附近钢结构均应采用非磁性材料制成。

17）汇流引线的连接处应焊接牢固，不得产生局部过热。连接方式应保证足够的机械强度。内冷的汇流引线连接处不得因长期运行发生渗漏而损坏。

18）若发电机定子绕组采用蒸发冷却方式，定子线棒的实心和空心股线均应采用铜材，实心股线和空心股线的截面比应在满足电气性能要求的情况下，使得蒸发冷却效果最优。

19）若汇流引线采用蒸发冷却方式，汇流引线除满足本节 14）—18）外，卖方还应随投标文件提供汇流引线蒸发冷却方案的详细设计图纸、试验报告、计算报告等技术资料。

2.9.4　定子测圆架

1）卖方提供_____套用于安装场和机坑定子现场组装的测圆架及其基础埋件。该测圆架应为成熟可分解结构，应随第一台机组到货，并依次应用于以后的每一台机组。

2）测圆架应由底座、中心柱、转臂和平衡重锤组成，应设计成具有足够的刚度、稳定性和精度，并能在进行定子组装和就位调整时，方便地使用测圆架测量定子机座、定位筋和定子铁心的半径/圆度和水平，还应能方便地进行中心柱的垂直度的调整以达到 GB/T 8564 所要求的精度值。

3）测圆架的中心柱的外表面应进行精确地加工并具有足够的高度，转臂应采用电动方式驱动，应能沿中心柱方便地上下滑动和做 360°旋转，以满足在整个定子铁心高度和全圆周上的测量要求。转臂滑动套与中心柱的间隙应适当，以达到测量精度的要求。当转臂在任一高度上做旋转时，应不会在垂直方向移动。

4）转臂也应有足够的刚度，其长度应能在定子机座内径和铁心内径的测量范围内调整。转臂应能安装卖方提供的测杆和千分尺。

5）测圆架基础板及支撑结构的设计和布置应得到买方的批准并在设计联络会上商定。

2.9.5　定子组装

1）发电机定子将由其他的承包商在现场进行组装。卖方应提供详细的定子组装方法和工艺供买方审查。在发电机定子的安装期间，卖方应派代表到现场进行技术指导和监督。

2）定子将在安装场或非本机坑组焊，或在本机坑组焊叠装等多种工位进行，卖方应配套提供相应的定子安装场组焊基础或机坑组焊叠装平台及其基础埋件。若在非本机坑组焊叠装，卖方应提出带铁芯起吊方案供买方审查，如审查通过，相应的吊装专用工具应由卖方提供。

3）卖方应提供用于定子现场安装和质量检查的工具。

4）对于采用蒸发冷却方式的发电机，为了保证定子线棒现场下线完成后即可进行定子绕组的压力试验及通液下的工频耐压试验，卖方提供的定子蒸发冷却系统装置应随定子线棒一起供货。

5）定子组装过程中易损件及下线工具应提供一定的裕量。

2.10 转子

2.10.1 概述

1）转子采用无轴结构，由转子支架、磁轭、磁极等部件构成。应按照经实践证明最先进的方法制造。转子将在工地主厂房进行组装。

2）卖方提供＿＿＿＿套转子在现场组装时所需的叠装支墩及其基础埋件，并且提供支墩的设计、布置图纸以及对地基的受力要求。还应提供除转子起吊平衡梁之外的全部转子安装起吊工具，平衡梁由其他承包商提供。卖方应提供转子与吊具连接的要求（包括转子中心体法兰加工图纸）和规范。起吊转子应采用专用起吊副轴和起吊螺栓，不允许采用上端轴及其连接螺栓进行起吊。转子的起吊方案应经买方审查和确认。

3）转子的大立筋或主、副立筋都应采用配装后现场加工方式，卖方应提供现场加工设备。

2.10.2 转子支架

1）转子支架（包括转子中心体）应为圆盘式结构。其中心体应为整体，支臂应按运输条件分成最少瓣数。转子支架在工地进行组圆焊接，其整体结构设计应有足够的刚度。

2）各分瓣支臂与转子中心体之间应在工厂内进行预组装，并应预留工地焊接收缩量，并配钻好螺孔的工艺法兰、销钉，以便于工地组装。需在工地焊接的部位，应在制造厂加工好坡口，在工地不再进行机械加工和热处理。

3）转子支架应能承受正常运行时的扭矩、磁极和磁轭的重力矩、离心力以及热打键的配合力，能承受飞逸转速时的作用力且应具有足够的切向和垂直方向的刚度，以防止不应有的变形，保证磁轭和磁极对中。

4）支架上应有足够数量的孔洞，以满足发电机通风的要求和具有良好的导风性能。

5）转子中心体上、下端面应精确地加工成与发电机上端轴和发电机轴相连的平滑的法兰面。运输中应采取措施对加工好的法兰面予以防锈、防撞保护。在转子中心体的侧面至少应有一个从转子支臂进到中心体里面的进人洞。

6）转子支架的所有焊接部分，其焊接厚度大于或等于12mm时，均应经超声波探伤，还应进行磁粉或液体渗透检验。当焊接厚度小于12mm时，则做磁粉或液体渗透检验。焊缝的质量应符合1.12"焊接"和1.13"无损检测"的要求。

2.10.3 磁轭

1）磁轭是由经钝化处理的高强度热轧薄钢板叠片组装成的坚实结构。磁轭叠片应采用激光切割，各叠片厚薄应均匀，且应平整、除锈、无毛刺、无油污，尺寸符合图纸精度要求，磁轭钢板不平度应满足不大于____mm/m的要求。卖方应将叠片分类按重量分级装在有干燥剂的箱发运到工地（同一箱中单片重量差不超过0.2kg）。磁轭叠片包装应采用真空、无油方式。

2）装配好的转子磁轭用拉紧螺栓拉紧，以形成一个整体。磁轭冲片上的孔和拉紧螺栓应配合良好，保证精度，不需要在现场叠片时对磁轭镗孔。在转子磁轭叠片过程中，应分层和整体压紧，对叠片应均匀地施加一合适的夹紧压力以保证磁轭叠片在运行期间不致松动，卖方应提供关于转子磁轭叠片压紧力专题计算报告。磁轭压紧方式应采用液压拉伸方式。在转子磁轭现场组装完成后，其实际高度不应低于设计值（在100%压紧时的磁轭设计高度），且与设计值之差不应大于10mm。应选择合适的叠片方法，以减小磁轭的拉应力。卖方应提供不同规格的冲片补偿片，以保证磁轭叠压尺寸。

3）磁轭与转子支架可采用径切向复合键或径切向键分开的连接结构，其径向键的预紧力应保证机组转速为1.4倍额定转速时转子支架与磁轭不发生分离。该连接结构应能保证转子在各种工况下运行时的圆度、同心度及气隙的均匀度，并保证实际运行气隙在考虑安装偏差、过速等情况后和设计值相符。且做到不使转子重心偏移而产生振动，并能有效地传递扭矩。键槽板应与转子支架焊接后在现场加工，卖方应预留工地加工裕量，并提供加工设备。

4）磁轭通风沟与通风隙的设计，应使通风效果最好，损耗最小。发电机的整个通风系统应经模型试验或经实践证明的计算机有关程序精确计算，证明是最完美的设计。发电机不允许采用外加风扇的通风方式。

5）发电机本体的转动部分应满足飞轮力矩的要求，不得采用任何类型的辅助飞轮。在机组运行试验期间，进行过速试验前应按批准的方法进行动平衡试验，卖方应提供转子动平衡试验的试验方法和仪器，所需配重的装焊位置应在转子支架设计中加以考虑，并考虑预留增加配重块的挂孔位置。卖方应提供不同规格的配重块及相应的连接螺栓，并标明重量。

2.10.4 磁极

1）转子磁极在制造厂组装完成后运往工地，卖方应对配重磁极的编号及每极重量进行标注。

2）磁极铁心采用由拉紧螺杆紧固的高强度薄钢板制成，压力叠装，通过磁极上的鸽尾或"T"尾与磁轭上相应的键槽挂接。磁极铁心应保证组装质量，不允许叠加补偿片。

3）磁极绕组的绝缘应符合 GB755 或 IEC60034 标准中规定的"F"级绝缘。绕组材料为无氧退火铜排。铜排表面应光洁，边缘不得有锯齿状缺陷。绕组应由铜排经银铜焊接而成。极间连接线的截面积应大于绕组铜排截面积，其布置和连接装置应方便于拆卸单个磁极。

4）绕组匝间绝缘应与相邻匝完全黏合且突出每匝铜线表面，首末匝与极身和托板间应有防爬电的绝缘垫，其爬电距离应满足要求。磁极绕组应加压热处理，匝间应无间隙，以保证组装紧固。线圈及整个磁极的固定应能保证在发电机的所有运行工况下不发生有害变形。必须采取措施补偿绝缘材料的收缩并在磁极线圈上维持适当的压力。磁极绕组、绝缘及极间连接线的连接结构、支撑绝缘应能承受运行时的振动、热位移和飞逸转速下的应力，而且能承受短路和不平衡电流而无机械的和电气的损坏。应特别注意避免作用在极间连接线上的离心力所引起的绕组端部变形和松动。固定在磁极和转子支架上的铜排引线，其线夹结构应考虑防止引线在运行中作径向滑动。

5）转子磁极线圈接头的设计应便于拆卸和检修。接头结构及极间连接应能承受运行时的振动、热变形、飞逸时的离心作用力及电气短路等所造成的应力破坏。

6）发电机应具有交直轴阻尼绕组，阻尼绕组应具有低电阻值且结构坚固。阻尼条与阻尼环的焊接采用银铜焊。阻尼绕组及其连接应支撑牢固，防止由于振动、热位移以及飞逸转速下的应力而造成机械故障，并具有承受短路和不平衡电流的能力。磁极之间的阻尼环连接片应设计成在机械力和热应力的作用下能产生一定的容许变形，其与磁极线圈间应有足够的安全距离，且易于拆卸相关的磁极。

7）磁极绕组温升的测量方法及运行时的温升值应满足 2.4 "温升"的规定。所有磁极接头及磁极间阻尼环的连接接头应镀银，镀银厚度不应小于 $12\mu m$。

8）磁极间应设置撑块。应采取措施，以便在不吊出转子情况下更换磁极。

2.10.5 制动环

1）转子支架或磁轭下部的制动环应是经实践证明具有成熟的设计和运行经验，以及能长期安全、可靠运行的结构。卖方应提供该种结构的制动环在其他的类似机组上运行被证明是好的资料，包括运行时间、检修情况，并应附有照片。

2）制动环的摩擦面应选用优质、耐热、耐磨材料，表面应加工光滑。制动环应分块，便于拆卸和更换，应采取适当的措施散发制动所产生的热量，并使制动环块不致因热膨胀而变形。制动环应能在 2.17 "制动系统"中规定的条件下长期使用而不产生变形和裂纹。

3）制动环加工好后，应在工厂内进行预装配，使得在工地安装时不需要进行修磨处理即可达规定的要求。

4）不允许用磁轭的下压板代替制动环。

5）制动环应具有良好的使用寿命。制动块磨损产生的粉尘应无毒、无害，符合环保要求，在制动情况下不产生刺激性气味。卖方应设置在机组制动时可以吸收其粉尘的装置，避免粉尘进入发电机通风系统并污染发电机绕组。粉尘收集装置的详细要求见 2.17.5 节。

2.10.6　集电环和电刷

1）集电环布置在转子上部的金属罩内，并应留有能让运行维护人员进入的空间，绝缘等级为"F"级。电刷的布置应使在发电机运行时检查电刷可行和安全，而不需拆卸护罩。设计应考虑两集电环有一定的轴向距离，使操作人员在更换和调整电刷时引起集电环短路的可能性减到最小。刷握的布置应易于在运行时安全地取出和重新装入电刷。在电刷寿命期间，电刷对集电环的压力应不变且不需调整。电刷和刷握的布置应利于通风，卖方应确保集电环和电刷能有效散热。卖方应设置碳粉吸收装置，以除去机组运行中电刷产生的粉尘，收集的粉尘应能方便地从吸收装置中清除。碳粉吸收装置应按照分布式布置方式，设置在就近适当的地方，尽量减少管路路径，从卖方提供的动力柜供电，供买方远方控制用的接点应连接到机坑墙外侧的发电机端子箱中。卖方应提供集电环维护和检查用的走道、栅栏和楼梯。

2）集电环和电刷应由高抗磨材料制成，电刷的磨损量应小于 2mm/1000h；集电环的磨损量应小于 0.01mm/7500h，其寿命应不小于 20 年。为了使集电环的磨损均等，应有变换集电环或电刷的极性而无须拆卸或更换转子绕组引线和集电环的措施。应采取措施保证电刷在运行中不产生火花。

为防止集电环和碳刷间打火，卖方应合理选择和确定碳刷材料和接触电流密度，采用合理的励磁电缆进线方式和碳刷支撑结构，以确保发电机在各种工况、长期运行条件下集电环和碳刷间不打火。

3）集电环的表面应能够在现场重新抛光。应采取措施避免碳粉积存在集电环室内或进入发电机轴、发电机通风系统。

4）为防止由于电刷接触不良或接头松脱导致机组失磁，每个集电环上应有数个电刷和铜排引线接头，不允许采用单刷和单接头。每个集电环上应预留备用电刷和铜排引线接头。

5）磁极引线应为银焊铜排。其截面应至少比最大励磁电流所要求的铜截面大30%。

6）电刷固定端的连接应为银铜编织带。

7）集电环和引线的绝缘材料应耐油和防潮。

8）卖方应提供从电刷的端子至发电机机坑内励磁电缆接线箱的励磁电缆及所有励磁电缆机坑范围内的支撑件和固定件。

2.10.7 转子测圆架

1）卖方提供＿＿＿套用于转子在现场安装间组装时测量转子支架、磁轭、磁极的半径的测圆架。该测圆架为成熟可分解结构，应随第一台机组到货，并能依次应用于以后的每一台机组。

2）测圆架安装在转子中心体上法兰面上，由底板、中心轴、转臂组成，并具有足够的刚度、稳定性和精度以及便于安装、调整和拆卸。

3）测圆架的转臂应能围绕中心轴灵活地作360°旋转，并且应有足够的刚度和长度，应能在其端部安装百分表以准确地测量出转子支架、磁轭、磁极的半径/圆度，测量精度应能满足要求。

2.10.8 转子组装

1）发电机转子将由其他的承包商在现场安装场进行组装。卖方应提供详细的转子组装办法和工艺供审查。在发电机转子的安装期间，卖方应派代表到现场进行技术指导和监督。

2）转子现场组装成整体后，其最大垂直挠度应不大于＿＿＿mm。

3）所有转子部件设计时，应考虑到维修、安装的方便。

2.11 轴

2.11.1 概述

1）发电机轴系由上端轴、转子中心体、主轴以及作为一个完整轴系所需的其他所有部件构成。机组主轴采用二根轴结构。

2）轴（包括上端轴、发电机轴）应是中空结构。轴应采用适于热处理的低合金钢材料，采用钢板卷焊和锻件锻焊制成，钢板卷焊不应超过2条交错的纵向焊缝。发电机轴法兰等锻件用20MnSX、25MnSX材料锻造制成，锻件材料性能应满足企业标准Q/CTG 03《大型水轮发电机组主轴锻件技术条件》要求。

3）轴与其成整体的其他部件，应有足够的结构尺寸和强度，以保证在任何转速直至飞逸转速时都能安全运转而没有有害的振动和变形。在额定转速下，输出功率上升到如2.6"机械特性和性能"中规定的最大值时及发电机短时间过负荷时，轴的应力应符合 1.10"工作应力和安全系数"的规定。

4）水轮发电机组转动部分的临界转速应由卖方计算，并且第一阶临界转速至少为飞逸转速的 125%。

5）卖方应协调布置与水轮机配套的主轴中心孔补气管路、阀门和其他相关设施。

2.11.2 机组转动系统的分析

卖方应分析包括上端轴和全部轴承及所有重叠荷载在内的机组轴系的动态稳定、刚度和临界转速。该分析应论证对于正常工况和暂态工况下，所有轴承、轴承的支承件和建立的油膜是完好的。卖方应根据机组动荷载频率、水轮机流道压力脉动和卡门涡频率、输水钢管流道中的压力脉动频率，验算发电机各部件的固有频率与上述频率及电网频率是完全不同的，且不致产生共振。机组转动系统分析计算的详细报告应提交给买方审查。

2.11.3 上端轴

在转子上方设有一根适当长度的上端轴，用于配置上导轴承、安装发电机励磁集电环。卖方应提供连接这些部件的螺栓、螺帽和螺帽护罩等。

上端轴应设有轴绝缘装置并具有轴绝缘在线监测、保护功能。

2.11.4 加工和无损探伤

1）发电机轴两端应有连接法兰，一端和发电机转子中心体相连，另一端用来和水轮机轴法兰相连。

发电机和水轮机的联轴器尺寸以及内、外部直径应符合 ANSI B49.1"水力发电机组整体锻造法兰型联轴器"的规定。

2）发电机轴应按照 ASTM A388、Q/CTG 03《大型水轮发电机组主轴锻件技术条件》相应条款规定进行无损检测。

3）卖方应采用先进的方法加工主轴连接法兰之间或主轴与转子中心体之间的结合面和连接螺栓孔，以获得精确配合，确保主轴的连接质量。

4）轴在消除应力后应进行全部精加工，内外表面在最后一道机械加工后必须同心。在发电机轴上部合适的位置应设置用于测量主轴摆度的环带。测量环带、上端轴导轴承滑转子表面必须进行抛光。

5）轴的径向跳动量应在工厂利用车床旋转加工好的轴或用找正装置检查，容差应不超过 GB/T8564"水轮发电机组安装技术规范"或 ANSI/IEEE 标准 810"水轮机、发电机联轴器和轴的径向跳动容差"规定的允许数值。除非书面声明放弃，轴的尺寸和径向跳动量检查必须由买方目击证实。无论在哪种情况下，在轴装运之前，应提供 6 份尺寸和径向跳动量检查的图表交送买方验收。

2.11.5　轴的连接与对中

1）发电机轴和水轮机轴可在工厂或现场进行连接同铰。在工厂连接和同铰，轴的连接、装配和中心找正由卖方完成。若在现场连接和同铰，发电机轴内表面合适位置应设置测量环带，轴的现场连接、装配和中心找正由卖方完成，并按3节"现场试验"的规定进行盘车检查。若出现由于卖方的原因而需要对轴进行校正，卖方应完成该项工作以尽量减少任何延误，满足工地的安装进度，并承担所引起的损失。

2）卖方应在安装说明书中提供盘车工艺，并提交发电机轴与水轮机轴现场对中及发电机轴、上端轴现场安装和中心找正的详细计划或程序供买方审批。

2.12　上、下机架

1）下机架应能通过定子内腔吊出机坑。下机架基础的设计不得减少通过定子内腔吊出水轮机部件的净空，基础净空尺寸不得小于水轮机坑直径所确定的空间。水车室内径为____m，下机架的设计应考虑在不吊出转子的情况下轴承维修所需的充足空间和方便的通道。

2）在最严重的工况下，下机架垂直挠度最大不应超过____mm。

3）下机架的结构设计应考虑水轮机坑内环形吊车的环形轨道与发电机下机架的连接及其受力。

4）上机架在2.7.6中所规定的不平衡工况下安全运行时，应能承受来自上导轴承、集电环罩和发电机上盖板（负荷要求见2.8.4）等各方面的力，并具有足够的刚度，且能沿径向均匀热膨胀。上机架与混凝土围墙之间的径向支撑，应采用刚度较大的弹性支撑或卖方认为有专长的支撑方式，应保证在事故情况下（包括半数磁极短路，发电机出口短路时）发电机的稳定性；尽可能地将单边磁拉力的径向作用力转变成为切向作用力传至发电机风洞混凝土围墙，或采用联合受力的办法，既能保持机组稳定又能尽可能少地将径向力全部传至风洞混凝土围墙，并使混凝土围墙受力均匀恒定。

5）上机架的设计应考虑取出上导轴承轴瓦和油冷却器、而不需拆卸集电环，支臂的设计要便于从上方吊出磁极、空冷器。上机架应有防止轴电流的措施。

6）卖方应提供上、下机架与基础混凝土结合部位的连接件、埋件和详细的地基图，以及对地基的受力要求。混凝土基础及预埋件的埋设由其他的承包商完成。

7）上、下机架结构应有足够的刚度和强度，并应避开激振频率。下机架为承重机架，应能承受水轮发电机组所有转动部分的重量和水轮机最大水推力的组合轴向荷载，并能与上机架一起安全地承受由于绕组短路，包括半数磁极短路引起的不平衡力，以及作用于水轮机转轮上的不平衡水推力，不发生有害变形。卖方应提供上、下机架刚度、强度及自振频率计算书供买方审查。

2.13 轴承

2.13.1 概述

1）发电机推力轴承和导轴承的设置见 2.7"总体结构简述"所述。

2）在发电机各种运行工况下，且轴承冷却水温在规定值范围内，推力轴承和导轴承轴瓦的温度应符合 2.4.3 节的规定。

3）若推力轴承和导轴承采用巴氏合金瓦，在油温不低于10℃时，应允许水轮发电机启动。若推力轴承采用弹性金属塑料瓦，在油温不低于5℃时，应允许水轮发电机启动。应允许发电机在停机后立即启动和在事故情况下不经制动而惰性停机，此时推力轴承不应发生损害。

4）油槽容量应满足应允许推力轴承和导轴承油冷却器的冷却水中断时，机组在额定转速下带额定负荷运行 15min。推力轴承和导轴承油槽的冷却方式应符合 2.14.3 节的规定。

5）采用巴氏合金轴瓦的推力轴承和导轴承，轴瓦应作 100%超声波检查。

6）推力轴承和导轴承油槽应有合理的润滑冷却油路，应采取措施防止油旋转并应有良好的密封，尤其是转动件与静止件之间的密封，在任何工况包括机组过速直至飞逸转速下，不允许甩油和油雾逸出污染定子。所有的轴承均应有有效的防甩油及防油雾溢出结构，投标人在投标文件中应对防油雾和防甩油所采取的措施作详细说明。

7）每个轴承油槽应配备高低油位报警的油位指示计，油位计的安装位置应便于运行维护人员在发电机停机或运行状态下均能目测。油位计应有标出油位运行范围的标记。每个油槽应设置一个油位变送器、油位开关和油混水信号器。

8）所有轴承应配备油雾吸收装置，该装置应采用分布式布置方式，设置在合适位置，尽量减少管路路径，该装置由 2.27 节卖方供应的发电机动力柜供电和控制。供买方远方控制用的接点应连接到机坑墙外侧的发电机端子箱中。

9）用于所有轴承的透平油，其物理特性和化学特性应符合 1.21 款的规定。

10）轴承系统中应设置带有报警触点的温度计、压力表和流量计。每块推力瓦及导轴瓦应钻好孔（各瓦钻孔位置应一致），以便安装测温电阻，测温电阻应预先埋设好。

11）油槽的供油、排油、溢油管道应引至发电机机坑外经批准的位置，并提供相应的管路、法兰及所有的连接件。

12）各油槽的油、水管路应提供至发电机机坑外的第一对法兰处，包括该法兰的所有连接件。

13）所有轴承部件设计时，应考虑到维修、安装的方便，按需要设置吊钩、可卸式把手等。

14）卖方应提供详细的轴承安装办法和工艺。

15）卖方应在投标文件中提供各轴承用油量、冷却用水量以及对轴承冷却用水的水压等要求。

2.13.2 推力轴承

1）推力轴承应能承受水轮发电机组所有转动部分的重量，包括水轮机最大水推力在内的最大荷载。如加装磁悬浮减载等装置，推力轴承仍应按全部推力负荷进行设计，以应保证在该装置失效时机组能安全长期运行，同时不应增加机组总体尺寸。

2）推力轴承结构设计应考虑可以方便地进行整体镜板的更换，即在转子吊出后，镜板应能拆卸。推力轴承的结构设计和布置应能在顶起转子、卸除轴承负荷的情况下，便于检查、调整、拆卸和组装推力瓦，且不干扰定子、转子或轴承架。

3）镜板应进行锻压加工，并经过足够的时效。镜板锻件材料订货技术要求应符合企业标准《大型水轮发电机镜板锻件技术条件》的要求。镜板应有足够的刚度，镜板和推力头把合连接方式应牢固合理，并采取措施避免与推力头结合面产生接触性的铁锈或油污腐蚀，使机组轴线偏摆、轴的摆度增大。镜板的镜面不得有任何缺陷，镜板的硬度和表面加工应符合以下要求：

镜板硬度（HB）值：

镜板面硬度（HB）差值：

镜面粗糙度：

镜板与推力头结合面粗糙度：

内外圆粗糙度：

镜板平面度：

两平面平行度：

4）轴瓦采用在钢瓦坯上浇铸轴承合金的钢制瓦，不允许采用水冷瓦结构。卖方必须采用自己最有经验、最擅长的设计，要求推力瓦采用热变形和机械变形最小的结构型式，瓦的结构和几何形状要有利于机组的运行。瓦面材料应牢固地锚结在瓦坯上，经超声波检查应保证接触面积大于96%。瓦面应无夹渣、气孔和缩孔，金相组织及硬度均匀，硬度差不大于平均值的10%。

5）推力轴承的支撑方式，可采用小弹簧簇支撑方式或双层瓦弹性柱销簇支撑方式，卖方也可根据自己的经验，采用成熟的、经批准的并在真机大推力负荷有成功运行经验或经推力试验台验证的弹性支撑方式。推力瓦应具有互换性，应采取措施防止推力瓦变形，设计上应能使推力瓦承受均匀荷载。推力瓦安装时，不需现场刮瓦。镜板和主轴经校直后的精度，应能保证将所有推力负荷均匀分配在所有推力瓦上。

6）推力轴承如采用钢制轴承合金面推力瓦，应设有高压油顶起系统，供发电机开停机时使用；如采用弹性金属塑料瓦，则可不设置高压油顶起系统。推力轴承应能在下列情况下不投入高压油顶起装置安全运行而无损伤：在事故情况下能安全停机；在50％—110％额定转速间的任何转速下，轴承应能长期运行；在110％额定转速直到规定的最大飞逸转速间的任何转速应能连续运行 5min；在10％—50％额定转速间的任何转速下至少能连续运行 30min。高压油顶起系统的技术要求详见 2.16"高压油顶起系统"。

7）下导轴承与推力轴承检修时，应相互不干扰。在检修推力轴承抽出推力瓦时，无须拆卸下导轴承，反之亦然。推力轴承、油槽、油冷却器的布置应考虑推力轴承检修方便。

8）推力轴承的冷却循环方式及冷却器布置地点由卖方根据自身的设计、制造经验推荐，并在投标文件做出详细的说明。若采用外循环方式，应将外循环装置布置在机坑内合适的地方。

9）卖方应提供供排水管路系统、油循环系统所需的温度计、流量开关、流量计、压力开关、压力变送器、压力表、阀门等仪表和管件。若推力油槽油冷却器布置在油槽外，则所有维持油循环系统正常工作所需的管件、仪表等在内的设备均由卖方供货。

10）弹性金属塑料瓦的技术要求应符合 JB/T10180 和 DL/T622 标准的有关规定。

2.13.3　导轴承

1）发电机上、下导轴承应能承受机组转动部分径向机械不平衡力和电磁力，使机组轴线在规定数值范围内摆动。

2）导轴承为自润滑、分块、可调、油浸、巴氏合金型，不需现场刮瓦。

3）导轴承应设置一个完整的、独立的润滑系统（下导轴承和推力轴承合用一个油槽除外），机组运行时，油应能自油槽通过轴瓦进行自循环而无须辅助油泵。油槽各部件的布置应使轴领在静止状态至少 1/2 总高度浸入油中。

4）导轴瓦支撑部件的设计，应便于安装和调整导轴瓦与滑转子之间的间隙，并保证在运行中不发生变化。

5）滑转子内径的轴向长度，应与挡油管高度相适应，如滑转子套于轴上，应与轴一起加工。导轴承工作面的粗糙度不得大于____μm。

6）导轴承应有可靠的绝缘措施，以防止轴电流腐蚀导轴瓦。

7）导轴承的设计及其结构应能使之在不影响推力轴承、转子和集电环的情况下拆卸、安装、调整。

2.14　冷却系统

2.14.1　概述

1）本节所述冷却系统包括发电机冷却系统和各轴承冷却系统。

2）发电机可采用空冷方式或蒸发冷却方式，投标人可根据电站情况和自身经验进行选择。

3）卖方应提供全套的冷却设备，包括空气冷却器、各轴承冷却器、全套蒸发冷却系统（若发电机采用蒸发冷却方式）以及仪器、仪表、阀门和管路等。

4）空气冷却器、轴承冷却器及蒸发冷却系统冷凝器（若发电机采用蒸发冷却方式）应是水冷式。冷却用水引自电站技术供水系统。卖方提供的冷却器、热交换器及冷凝器对水质的要求应符合水库条件（见 2.2 "运行条件"），冷却水进水最高温度为____℃。冷却系统应满足发电机频繁开停机的要求。

5）卖方提供的冷却系统各冷却器（包括空气冷却器、冷凝器及油槽冷却器等）应采用热交换效率高的产品。

6）卖方应提供冷却系统详细的设计计算书以及对空气冷却器、轴承冷却器冷却水、冷凝器冷却水（若发电机采用蒸发冷却方式）的水压、水量的要求和数值。

2.14.2 发电机冷却系统

1）发电机空气冷却系统

（1）空气的循环通过发电机转子的径向气流作用来实现，气流经转子通风沟、通风隙、气隙、定子铁心和机座导入空气冷却器，通过空气冷却器冷却的气流再返回到转子上下端。不得在转子上另设风扇。

（2）在发电机定子机座周围，对称地布置足够数量的水冷式空气冷却器，形成一密闭自循环的空气冷却系统。空气冷却器应具有散热余量，当全部空气冷却器的 15%（至少为 1 台空气冷却器）退出运行时，发电机应能在额定运行工况下安全运行，且各部分温升符合 2.4 "温升"的要求。冷却系统的设计应保证定子铁心轴向温度分布均匀。空气冷却器应采用优质高效的、经买方批准的产品，详细要求见 2.14.1（5）。

（3）空气冷却器的冷却管应采用高导热率材料（如紫铜、不锈钢等）制成的无缝管，或者经过批准的其他防锈蚀、高导热性的管材。散热方式可采用热交换效率高的鳍片式等方式。散热部件应牢固地焊接在冷却管上，冷却管与承管板的连接应保证连接处密封性能良好。空气冷却器设计工作压力应为 0.8MPa，并应满足 1.2MPa 的试验压力要求，历时 60min 无渗漏，冷却器管中水的流速不超过 1.5m/s。

（4）冷却器的设计应防止由于沉淀物的聚积堵塞冷却水管，并应双向换向运行。

（5）冷却器供水系统应配有供、排水环管。冷却器和水管之间的全部接头应为法兰或柔性管接头。在每一冷却器与水管之间的连接处均应设置一个阀门，以使发电机的任意一个冷却器需要进行维修时，可及时拆卸和更换，而不影响其他冷却器的运行。在连接空气冷却器的各排水支管上阀门和法兰之间应安装一个双向示流器，供、排水环管上应设有温度计、和压力表，进水总管上应设有流量计。在环管进出水口连接法兰处测得的冷却器和环管的水压降不得超过0.1MPa。在每个冷却器的进、出口处提供一个带有8mm符合GB或ANSI标准的锥形内管螺纹接头的三通表计旋塞、稳压接头和控制阀门，以安装压力表。在连接每个空气冷却器的供排水支管上均应装设温度计和压力表。每个冷却器供水管上均应设置流量开关和流量计。

（6）供水管道的布置应当做到当冷却器需要修理而被拆除，或拆卸和更换任一管路，均不应影响其他管路的连接。每个冷却器均应设置一个能排除其内部积水的排水管，并设有适当阀门，同时应设置公用集水环管，当冷却器检修时能将其内部积水排空。每个冷却器的顶端和管道系统的其他高部位应装上自动排气阀。每个冷却器上都应设置起重吊耳。

（7）供、排水管材料应为不锈钢。在水管路上，应设有可拆卸的盖板，且与全部冷却水管连通。管路在布置上应能自由膨胀，只要卸去任何盖板便可检查或者清扫冷却水管而不拆开水管接头。

（8）连接环管和冷却器的接头，其布置应使得冷却器里总是充满水。

（9）排水环管应有一个排气立管和相应的自动排气空气阀，以确保冷却器里总是充满水。

（10）各空气冷却器的出风和进风口应按2.23.3"测温元件"中的规定设置冷、热风测温元件。测温元件应易于更换，且不影响发电机的运行。

（11）卖方应提供发电机冷却系统设置在机坑内的所有管道、管件、测量元件、操作阀门等。供、排水管道应引至机坑外第一对法兰，该法兰及其连接件应由卖方提供。所有管道和仪表均应充分加以支撑和固定，以避免有害振动。

2）定子绕组采用蒸发冷却方式时的技术要求。

（1）定子线棒蒸发冷却系统应按免维护运行的原则进行设计和制造。

（2）卖方应为每台发电机提供一套蒸发冷却系统，用于定子线棒的冷却。每套蒸发冷却系统包括冷凝器、回液管、下集液环管、绝缘引流管、定子线棒、上集汽环管、均压管、冷却水供排水管等部件，以及配套的蒸发冷却介质和监测、保护系统。集液环管采用单点接地方式。

（3）卖方应提供1套移动式抽真空装置（卖方提供的蒸发冷却机组共用）和移动储液管（如果需要），具体性能参数及技术要求在设计联络会上确定。

（4）蒸发冷却系统利用冷却介质蒸发所产生的压差进行密闭自循环，无须外加泵强迫循环。该系统具有高的可靠性和可利用率，其循环系统的设计确保发电机在各种工况下长期连续安全稳定运行，且具有免维护功能。

（5）蒸发冷却系统的设计应保证发电机从零到额定容量运行区间能顺利启动和安全稳定运行，并能适应各种事故工况而不影响安全稳定运行；蒸发冷却系统的设计还应保证发电机绝缘寿命和可用率等可靠性指标满足 2.3 节的要求，发电机定子线棒、铁心的温升满足 2.4 节的要求。

（6）定子线棒初始静态液位的选择应保证发电机在各种工况下各部位的温度、压力满足要求，不出现低电流过热现象，并尽量减少介质用量。卖方应根据真机模拟试验和仿真计算的结果提出定子线棒初始静态液位值（范围），并在设计联络会上提交买方审查。

（7）发电机在额定负荷条件下运行时，蒸发冷却系统压力范围为 −0.01—0.06MPa。蒸发冷却系统最大许用压力值为 0.1MPa。

（8）冷却介质

A. 冷却介质应具有低沸点、高蒸发潜热值、良好的流动及耐热、绝缘性能，化学性能稳定并与定子绕组用材相适应，且安全、无毒、符合环境保护标准和相关要求。卖方应根据本电站发电机的具体特点和要求，提出冷却介质选择报告（包括介质的物理及电化学参数），并在设计联络会上提交买方审查和确定。

B. 卖方应对本合同发电机使用冷却介质在注液前进行以下试验，并向买方提供相应的试验报告：

a. 对介质的沸点、凝固点、液态密度、比热、蒸发潜热、黏度等性能参数进行检验；

b. 在液相、汽相和液汽二相状态下的电气强度试验；

c. 冷却介质中混有杂质后的电气强度和性能影响；

d. 冷却介质的毒理试验；

e. 冷却介质电弧作用下产生分解物的生化试验。

C. 蒸发冷却系统应密封良好，并保持洁净。在正常负荷运行条件下，冷却介质的年耗液量不大于 1%。

（9）冷凝器

A. 冷凝器应具有良好的热交换性能和高可靠性。应根据机组在各种工况下能均衡地带走热量，减少冷却系统的阻力，确保蒸发冷却系统均衡的密闭循环，以及考虑在运行中冷却水压力和水量变化、冷凝器退出组数等因素，综合确定冷凝器的数量和容量，以使发电机定子线棒的温度和温度分布满足要求。

B. 冷凝器由热交换管、承管板、冷凝器壳体和密封件等组成。热交换管优先采用无缝双层管，壳体及内部承管板等构件全部采用非导磁不锈钢材料。

C. 冷凝器在发电机各种运行工况下能带走足够的热量以确保蒸发冷却系统均衡密闭自循环。在 1 台冷凝器和 2 台空气冷却器退出运行的情况下，发电机能以额定容量连续运行，且各部件的温升不超过 2.4 节中的规定值。

D. 冷凝器及其连接管件具有良好的防漏功能，并保证不渗漏、不堵塞、不生锈、管壁不结垢、不影响介质的纯度且便于维护和检修。冷凝器带有漏水检测装置，能有效监测到冷却水的泄漏情况。

E. 冷凝器应具有抗腐蚀能力，检修周期应大于 10 年，正常使用寿命应大于 20 年。

（10）定子线棒和汽液接头

A. 定子线棒采用实心铜股线和空心铜股线换位编织而成，换位要求满足 2.9.3.8）款的要求。

B. 定子线棒之间以及线棒和极间连接线之间的连接接头，采用汽液接头和电接头分开的形式，将空心铜股线单独抽出，接上汽液接头。接头的设计使其易于检查和更换。安装、焊接好的汽液接头具有良好的密封性能，能承受各种工况下的振动，不允许有渗漏现象；外形应考虑电场分布均匀。汽液接头采用不锈钢材料，其焊接工作在制造厂完成。

C. 汽液接头必须严密、可靠，不渗漏。卖方将提出汽液接头的连接工艺与检漏措施。

D. 定子线棒的绝缘引流管采用聚四氟乙烯塑料，正常使用寿命 25 年。

E. 制造厂在线棒成形前，空心股线将逐根进行水压或气密试验，水压试验的试验压力不小于 2.5MPa，历时 10min；气密试验试验压力不小于 4MPa，历时 10min。试验后空心股线无渗漏和永久变形。空心股线还将进行超声波和高频涡流探伤检查，不允许导线表面和内部有缺陷和微小裂纹。线棒成形后，单根线棒还将进行水压和流量试验，水压试验时水压不小于 2MPa，历时 20min，流量试验水压降约 0.1MPa，流量约 3l/min。如定子线棒有渗漏，将被拒收。

F. 定子在现场下线前，按每批次数量的 5% 进行线棒的抽样气密试验，试验压力为 0.4MPa，历时 10min，压力下降不大于 0.005MPa。若每批首次抽样试验有不合格线棒，则加倍比例进行抽样试验，若再有不合格线棒，则应全部检验。

G. 定子在现场完成下线及蒸发冷却系统安装完成后，进行干燥氮气气密性试验，试验压力为 0.25MPa，历时 48h，压力下降不大于 0.005MPa。

H. 当卖方采用的空心股线和单根定子线棒试验标准与本技术规范不一致时，应详细说明所采用的标准和技术措施的优越性，并报买方审批。

（11）结构及布置

A. 冷凝器在发电机上盖板下方的混凝土牛腿环形平台上，其具体的装设部位应结合发电机通风系统设计综合考虑，并尽量减小对发电机通风系统的不利影响。

B. 蒸发冷却系统各部件和管路的布置不影响发电机定子、转子、空气冷却器等主要部件的维护和检修，并能满足在不吊出发电机转子和不拆除上机架情况下更换定子线棒、转子磁极的要求。冷凝器冷却水环管、集液管、集气管及补液装置等蒸发冷却系统的管路和设备的具体布置在设计联络会上确定。

C. 蒸发冷却系统的金属管路应采取防结露措施。

D. 卖方提供蒸发冷却系统的外形尺寸、荷载、原理图，以及设备、埋件、接线和管路的布置图。

（12）监测和保护系统

A. 为确保机组的安全稳定运行，卖方应提出蒸发冷却系统在机组启动、运行、停机等工况下必须监测的状态量和采用的测量装置，并列出清单提交买方审查确定。

B. 蒸发冷却系统装设2套相互独立、动作可靠的排气装置。

C. 在蒸发冷却系统运行过程中，若存在某些参数在达到或超过允许值后，会危及人身和设备安全，则卖方应提出这些参数的报警及停机整定值，并提交买方审查确定。

D. 蒸发冷却系统与电站计算机监控系统的接口详见2.29.9节。

2.14.3 轴承油槽冷却系统

1）轴承油槽冷却系统应设置油—水冷却器，用于密闭、再循环的油冷却。卖方可根据自身的经验推荐合适的推力轴承循环冷却方式，但必须是有成熟设计和运行经验。冷却系统应可双向切换进水运行。

2）轴承油槽冷却器的设计应符合2.13"轴承"中规定的要求。采用内循环冷却系统的轴承油槽中应设置若干个冷却器，冷却器应有足够的容量维持适当的油温，并在一只冷却器失灵或中断运行的情况下，其他冷却器仍能使油维持正常的温度。推力轴承应配置进出水和进出油的控制调节阀门。

3）轴承油槽冷却器的管道材料应采用紫铜或不锈钢的无缝管，或者经买方批准的其他防锈蚀、高导热性的管材。与冷却器连接的供、排水管道应采用不锈钢材料。管与管之间的连接、与水接头等设备的连接不允许有渗漏。每个冷却器在规定的冷却水温下应具有足够的冷却能力，设计应有防止冷却水中沉淀物积聚的措施。通过冷却器的压降不应大于0.1MPa，油冷却器设计的工作压力应为0.9MPa，并应满足1.35MPa的试验压力要求。所有冷却器拆卸和更换时不应拆卸轴承体。每个轴承油槽的独立的供水、排水管道应采用不锈钢材料，并引至发电机机坑外经批准的位置。

4）对采用外循环方式的推力轴承，其冷却系统应尽量利用镜板泵或导瓦自泵的作用维持油循环，如镜板泵的压力不足，也可以设置油泵维持油循环。油冷却器和油泵及控制装置（若有）等设备布置在发电机机坑内合适的地方，便于冷却器检修时吊装和拆卸。如设置油泵维持油循环，则油泵、相应阀门等设计应分组设计并考虑100%备用，以保证油循环系统的可靠运行，如工作油泵发生故障，应能自动切换到备用油泵工作，并发出报警信号。

应提供一个用于手动和自动控制油泵电动机的控制柜。该控制柜应包括以下控制装置：

（1）符合 1.16"辅助电气设备"的要求的电动机启动器。

（2）若采用 PLC 控制，应选用符合 1.16"辅助电气设备"要求的 PLC。

（3）用于选择工作油泵和备用油泵的定位触点选择开关。

（4）在工作油泵"自动"方式运行期间不能启动时，自动启动备用油泵所要求的继电器、计时器、油泵故障检测器、指示灯和其他装置。

（5）油泵控制回路应采用交直流供电，设有电源切换装置。

（6）供买方远方控制用的两回电气上独立的、单极双掷接点电路如下：

A. 油泵运行（每台油泵两回电路）；

B. 油泵断开（每台油泵两回电路）；

C. 备用泵投入；

D. 系统故障；

E. 控制回路电源消失。

2.15 润滑系统

1）推力轴承和导轴承均应配有全套设备齐全的自循环润滑系统。该润滑系统应有包括防止油过分搅动和汽化，以及消除甩油和油气逸出的措施。卖方应推荐两种以上有成熟运行经验的防止油气逸出的轴承油槽密封方式，供买方选择确定。

2）各轴承润滑油特性见本招标文件 1.21。发电机各轴承应能适应这种润滑油的特性，且确保长期安全运行。

3）每个润滑油系统应包括油槽和装有阀门控制的单独排油和充油管道，并外接净化器及其他的设备，以便循环净化润滑油。净化器及附件由其他的承包商提供。每个油槽内应装有如 2.23"发电机自动化元件"中所规定的油位信号器和油混水信号器。

4）为能直接地观察到推力轴承和导轴承油槽中的油位，推力轴承和导轴承油槽外应装设一个油位指示计。油位指示计应能显示出机组在运行中的最高和最低油位之间的油位，并应设置在便于观察的位置。

2.16 高压油顶起系统

1）当推力轴承采用轴承合金金属瓦时，应配备有高压油顶起系统，以便在机组启动和停机过程中给推力轴承瓦面注入高压油。在正常情况开停机过程中，高压油顶起系统应能自动地投入运行；当探测到机组发生蠕动时，该系统应自动启动。推力轴承应允许在事故情况下不投入高压油顶起系统也能安全停机。该系统应具有故障时远方复位的功能。

2）每台机高压油顶起系统应配备两套单独的油泵。油泵采用三相380V、50Hz的全封闭式电动机驱动，以保持轴瓦表面具有恒定油膜所需的压力。该两套油泵中，一套为工作油泵，另一套为备用油泵，两套油泵能进行自动和手动切换。在工作油泵故障时，备用油泵自动投入工作，以保持瓦面油压。油泵启动时间应不大于5s，即可在镜板和轴瓦之间建立起足够的油膜。当机组停机时，高压油顶起系统应在机组转速降至90％额定转速时投入，机组停止运行后5s内切除；当机组启动时，高压油顶起系统在接到开机命令后立即投入，机组转速达90％额定转速时应切除。

3）卖方应提供全套高压油顶起系统的自动控制系统和有关设备，包括启动器、传感器、断路器、自动调节器阀、逆止阀、过滤器、高压油管、管件、柔性软管、仪表、端子箱和电缆等。卖方还应提供控制框图、接线图和管路图供买方审查。

该自动控制系统至少应包括，但不限于以下的仪表或设备：

（1）每台油泵的出油管上应装设一个压力开关、压力表和逆止阀。开关接点用于由卖方提供的油泵电动机的"工作—备用"切换运行。

（2）每块推力瓦的高压供油管路上应设置一个逆止阀。逆止阀在出厂前应作反向严密性耐压试验。

（3）两台油泵的公用供油管路上应设置一个流量开关、压力传感器、压力开关和压力表。开关接点应归买方使用。每个压力开关和流量开关应具有至少2回电气上独立、可调单极双掷接点。

（4）供油管路上应设置互为备用的两个过滤器和相应的检修阀门，应能滤除直径超过油膜厚度1/2的微粒。该过滤器滤芯应能在运行中方便更换。

4）油泵及控制装置应布置在发电机机坑内合适的地方。高压油顶起系统的油泵、管路及装置应设置合适的减振装置，防止过大的振动。轴承合金推力瓦面高压油槽的设计应满足当机组运行在高于90％额定转速且高压油泵关闭时，不影响轴承的正常润滑的要求。用于连接推力瓦的软管强度应为高压油顶起系统最大工作压力的2倍以上。

5）应提供一个用于手动和自动控制油泵电动机的控制柜。该控制柜应包括以下控制装置：

（1）符合1.16"辅助电气设备"要求的电动机启动器。

（2）若采用PLC控制，应选用符合1.16"辅助电气设备"要求的PLC。

（3）"手动—自动—切除"定位式触点的选择开关。

（4）用于选择工作油泵和备用油泵的定位触点选择开关。

（5）在工作油泵"自动"方式运行期间不能启动时，自动启动备用油泵所要求的继电器、计时器、油泵故障检测器、指示灯和其他装置。

（6）供买方远方监视控制用的两回电气上独立的、单极双掷接点电路如下：

A. 油泵运行（每台油泵两回电路）；

B. 油泵断开（每台油泵两回电路）；

C. 备用泵投入；

D. 系统故障；

E. 控制回路电源消失。

2.17 制动系统

2.17.1 机组应采用机械制动（或与电气制动联合）方式

卖方应提供发电机机械制动装置、顶起装置和粉尘收集系统。

2.17.2 电气制动（若有）

1）概述

电气制动采用定子绕组三相对称短路、转子加励磁，使定子绕组有等于额定容量运行工况时电流值的制动电流流过。电气制动励磁系统的电源引自 400V 厂用电系统，变压器二次侧设有抽头用以调节磁场电压，使制动电流值在 90%—100% 额定容量运行工况时定子电流值的范围内调节。制动变压器、整流器及接线均由励磁系统承包商提供，发电机卖方应与励磁系统承包商就有关事宜进行协调。电气制动开关及短接线由其他承包商提供。

2）电气制动单独使用

电气制动单独使用时，电气制动一般应在转子转速达到 50%—60% 额定转速时投入，制动时间应限制在 5min 以内。

3）电气制动与机械制动的配合使用

当两套制动方式配合使用时，要求：

A. 当发电机转速下降到 50% 额定转速时，电气制动系统投入运行；

B. 当转速下降到额定转速的 10% 时，机械制动系统投入运行；

C. 制动时间应限制在 5min 以内。

4）卖方应提供电气制动系统的详细说明、技术条件和拟定的运行参数，包括定子制动电流（A）和制动结束后定子绕组的最大温升（K）等。卖方应向买方提供电气制动时转速—时间特性曲线的 5 份报告。

2.17.3 机械制动系统

1）当电气制动不能使用时，机械制动系统应在规定的转速下投入使用。

卖方应备有足够容量的采用压缩空气操作的机械制动器。在正常工况下，该制动器应能在其投入后 150s 内，使水轮发电机组的旋转部分从 20% 额定转速到完全停止旋转，且转子的制动环表面没有热损伤。机械制动是在没有励磁和水轮机导水叶的漏水量不超过规定值的情况下进行的。在紧急情况下，机械制动器应能在 300s 内使水轮发电机组的旋转部分从 35% 额定转速到完全停止旋转。机械制动器采用压缩空气操作时的最大工作压力为 0.8MPa，设计压力为 0.8MPa，制动工作压力为 0.5—0.8MPa。制动器的油、气缸应在顶起转子工作压力下做 150％耐压试验。机械制动系统的设计应保证机组制动时，制动瞬间压力不低于额定制动压力的 60％。当探测到机组发生蠕动时，制动系统应自动投入制动。

2）机械制动瓦应具有适当的容易更换的耐磨表面。制动瓦及耐磨表面应用键或其他可靠的方式固定在制动活塞上。在机械制动过程中不应产生过量粉尘污染和有害人体健康的化学物质。在每天停机不少于 2 次，一年内不少于 1000 次且在 20％额定转速时施闸的情况下，机械制动瓦摩擦面的保证寿命应不少于 8 年。

卖方应提供各种制动条件下的制动块磨损量和温升计算。

3）每个机械制动器上都应设置带充气的制动瓦自动复位装置。当制动气压消失时或复归操作后，每块瓦应能完全复位，与制动环脱开。该自动复位装置应是可靠的，并且有成熟的运行经验。

机械制动器排气管的尺寸应足够大，不应阻碍制动器的复位。

4）每个机械制动器的气缸应配有一个位置开关，当制动器处于一定位置时起作用，制动器完全释放后开关复位。每个位置开关应装有两个常开和常闭接点。每个常开接点和每个常闭接点应连接到发电机端子箱的端子上并分别接到独立的电气回路中。

5）卖方应提供配套的供油和供气环形管，并能排除和防止油进入空气系统。在供油和供气管至环形管的管段上应装有高压闭锁阀。所有的用于与空气制动器和液压千斤顶连接的管道均应提供到发电机机坑混凝土墙外经批准的地点，且应能承受顶起机组转动部件总重所需最大油压。在制动过程中，制动器缸中不能积存有油。

6）机械制动系统操作的压缩空气由买方提供。

卖方应提供完成一次停机过程投入制动器所需的总空气用量。

7）发电机空气制动阀及与制动供气环管之间的连接管道由卖方提供。空气制动阀与厂房供气系统之间的连接管道由买方提供。

8）空气制动阀由一个用于自动投入制动的电磁控制阀和一个用于紧急制动的手动阀组成，装于制动控制柜内，控制柜内设有发电机转速表和制动气压表，转速信号由调速器承包商提供。

9）手动控制阀应与自动控制阀闭锁，以避免手动控制阀正在使用时自动控制阀动作。

2.17.4　顶起装置

1）制动器还应设计成能用作液压千斤顶来顶起机组整个转动部件，以便检查、拆卸和调整推力轴承。发电机所有部件应允许转子被顶起而不必拆卸或分离任何的部件。应有适当的措施使转子在顶起位置时锁定。锁定装置应能使转子在顶起位置时，无须维持千斤顶中的液压。卖方应确定制动器的允许顶起值。

2）顶起转子时，由高压供油装置向制动器输送高压油。供油装置应是可移动的，并且应包括两台互为备用的、由交流电动机驱动的全容量油泵，用以向制动器（液压千斤顶）提供高压油。卖方应提供完整的高压油顶起系统所需的全部控制器、电动机启动器、保护设备、限位开关、高压油管、软管、管接头、滤油器、调节器、压力表计、逆止阀、油槽和所有其他的配件或附件。电动机启动器应符合 1.16 "辅助电气设备"的要求，并配置有以下的装置：

（1）"接通—断开"定位接点选择开关；

（2）红、绿指示灯。

当转子达到最高顶起位置时，限位开关应接通指示灯并断开高压油泵。限位开关信号用电缆引至制动控制柜，通过控制柜与移动式顶转子油泵装置连接。

移动式顶转子油泵装置的电源来自 2.27 节卖方供应的发电机动力柜，在机坑墙外侧制动控制柜旁设有电源插座。

3）移动式顶转子油泵装置应组合成一个整体，装在一个带有万向轮的底座上，可以在水轮机层机坑外侧移动并通过制动控制柜与任一发电机顶转子系统相连。制动控制柜内装有高压油管、管接头、阀门、压力表计等，一端与机坑内的顶转子高压油环管连接，另一端与移动式顶转子油泵装置连接。

4）左右岸电站应各提供 1 套上述移动式顶转子油泵装置。

2.17.5　粉尘收集系统

1）应设置粉尘收集系统，以便除去在制动时产生的制动粉尘，消除制动块粉屑对定子和转子的污染。该粉尘收集系统应包括用于收集制动瓦上磨下来的微粒的静电过滤器、吸风机以及所有的必需的金属风管、风道、仪表和控制装置。收集的粉尘应能方便地从收集室中清除。粉尘收集装置采用分布式布置方式，设置在合适位置，尽量减少管路路径。

2）控制装置应能手动操作和自动控制粉尘收集系统的运行，并具有以下的装置：

（1）符合 1.16 "辅助电气设备"中的要求的电动机启动器。

（2）"手动—切除—自动"定位接点选择开关。

（3）红、绿指示灯。

（4）当加闸时自动启动粉尘收集系统，松闸后经一段时间延时，自动停止粉尘收集系统所需要的继电器、定时器和其他装置。

（5）向买方提供远方控制用的两个单极双掷、电气独立的接点电路如下：系统运行；系统故障；系统断开。该接点应连接至机坑墙外侧的发电机端子箱中。

2.17.6 其他

卖方应提供在类似机组上采用机械制动的实测转速—时间特性曲线和在水中自由滑行停机的同类机组的实测转速—时间特性曲线。

2.18 管道

1）卖方应提供发电机和机坑范围内用于冷却器、轴承、制动器、顶起装置和灭火系统的全部管道系统，包括空气冷却器和水—水热交换器（如果有）以及蒸发冷却（如果有）的环管、阀门、水喷雾灭火系统的喷嘴和配件，并且应提供到发电机坑或冷凝器（如果有）附近经批准的位置作端部接口。所有管道内部应清洗干净。与其他管件连接的管端如果是敞开的，则管端应加盖保护。阀门和其他操作装置应布置在便于接近的地方。表计和其他指示装置应布置在便于从楼板或过道读数的地方。管道及其附件的全部技术规范见 1.17 "管道、阀门及附件"。

2）不允许水管上发生结露现象。全部明敷的冷却水管道、阀门、伸缩节及管道附件均应进行隔热处理以防止结露。隔热层应由卖方提供，它由一层 25mm 厚、不可燃的泡沫塑料或膨胀聚氨酯材料组成，并应牢牢地固定。管道隔热层应在现场用一层 0.4mm 的铝护套包裹，不得用纸或沥青黏结。应随护套提供 50mm 宽的铝对接带以便包裹对接。在与吊架或支架的接触处应设有隔热保护托瓦，覆盖底部达 150°，托瓦的最小长度如下：

管径	托瓦长度
Dg 150mm 及以下	230mm
Dg 150mm 及以上	300mm

隔热护套与吊架间的托瓦材料应为 1.5mm 厚的铝合金。

3）管道、阀门、接头以及其他管件的布置应不妨碍发电机或其部件的拆卸、检查或修理和对其他工作的影响。

2.19 绕组终端

2.19.1 概述

1）发电机三相定子绕组主引出线采用离相封闭母线型式。发电机每相定子绕组的各并联支路应在引出线端通过汇流板汇流，并通过可拆卸的软连接与机坑内的离相封闭母线相连，机坑内离相封闭母线外壳需延伸至发电机定子机座，该离相封闭母线穿越机坑墙上的孔洞延伸至机坑外约 1000mm 处与其他承包商提供的主回路离相封闭母线相连。从该连接处至机坑内软连接处的主引出线离相封闭母线段由卖方提供。卖方应提供主引出线离相封闭母线引出机坑处机坑墙的密封和引出线的支撑和固定组件。

2）发电机定子绕组末端应在机坑内连成中性点后采用电力电缆引至中性点接地装置柜。卖方应提供由机坑内中性点连至机坑外中性点接地装置的电缆。

3）转子绕组的引线采用铜排连接，终端将连接到转子集电环上。

4）在发电机机坑内每相主引出线和中性点引出线均应装有可拆卸的铜软连接接头，以便为了试验的目的将各单相与外部连接断开。当该软连接接头拆下后，在相邻的断口间应有不小于300mm的间隙。为了在机组运行期间，保护运行人员的安全，在机坑内主引出线、中性点引出线及可拆卸连接头四周应设置防护网。防护网应设有方便接近接头的进出口。

5）发电机主引出线（包括定子绕组汇流板、软连接、主引出线离相封闭母线段）中心水平线应布置在____m高程，以便与由其他承包商提供的主回路离相封闭母线的布置一致。三相主引出线离相封闭母线段外壳在电气上相互连接，使之能与由其他承包商提供的主回路离相封闭母线的外壳形成三相全连式的电气结构。卖方应与主回路离相封闭母线承包商协调两段离相封闭母线外壳的连接结构和载流导体的连接结构。

6）所有用螺栓作连接的铜制终端表面均应镀银，镀银层的厚度应大于12mm。卖方将提供所有的螺栓金具，包括螺栓、螺母和经认可的锁紧垫圈。

2.19.2　定子绕组

1）发电机主引出线位于_____轴。中性点引出线（电缆）从第_____象限引出机坑墙外（暂定）。

2）发电机定子主引出线相间距离为_____mm，主引出线最终布置在设计联络会上确定。

3）引出线固定件应能耐受短路时动热稳定电流引起的电动力作用和热效应。

4）主引出线侧电流互感器的配置应满足发电机—变压器组继电保护、电气测量和励磁系统的要求，中性点侧电流互感器的配置应满足发电机—变压器组继电保护、电气测量及故障录波的要求。2.21、2.22中所规定的主引出线、中性点侧分支绕组和中性点连线的电流互感器应布置在发电机机坑内，其位置由卖方提出并经买方确认。主引出线电流互感器布置在机坑内的主引出线离相封闭母线段内。卖方提供的电流互感器应能在离相封闭母线内的环境温度下安全运行。主引出线和中性点引出线的设计应考虑能方便地安装和拆卸电流互感器，中性点侧电流互感器应布置在机座和风罩内壁之间，与引出线导体保持足够的距离，并形成良好的通风通道，防止电磁感应发热。

2.19.3　转子绕组

1）转子绕组的终端将连接到转子集电环上，其固定和连接件均由卖方提供。

2）在发电机机坑内设置一只励磁电缆接线箱，布置于励磁电缆穿入机坑开孔处附近的合适位置。电刷和励磁电缆接线箱之间的直流励磁电缆及所有直流励磁电缆其在机坑范围内的所有支撑件及固定件由卖方提供。励磁电缆穿入机坑墙的方向和高程在设计联络会上确定。

3）直流励磁电缆应选用单芯、截面____mm²的软电缆，在流过1.1倍额定励磁电流时的平均电流密度应不大于2.0A/mm。

2.20 中性点接地装置

2.20.1 概述

卖方应提供一套完整的中性点接地装置。中性点经二次侧带负载电阻的配电变压器接地，当发电机发生单相接地故障时，卖方应保证在定子绕组一点接地继电保护的配合下瞬时切除故障，以防止定子铁心受损害。接地装置的投运时间按60s设计，接地装置应符合ANSI/IEEE C37.101《发电机接地保护导则》的要求。

整个接地装置应安装在同一柜体内，应可靠性高、热容量大、占用空间小，并应具有防潮、防腐蚀、防振措施。

发电机中性点接地装置的设计应满足100%定子接地保护装置提出的要求（具体要求在设计联络会上定），接地过电压应限制在允许范围内，并限制接地故障电流不超过10—15A。

2.20.2 中性点接地装置

1）卖方应提供一套完整的中性点接地装置，包括变压器、电阻、隔离开关、电流互感器、柜体、相关附件、所有必需的内部连接（如铜母线与隔离开关和电阻的连接）和接头等。接地变压器接在发电机中性点和地之间，变压器一次侧应接一组隔离开关，变压器二次侧应接一组电阻。该装置应接线完整，带有从变压器二次侧引至端子板的引线，用于与发电机接地保护继电器、电阻等相连。端子板应安装在一小室内，用铁栅栏将其与变压器和电阻隔开。与发电机—变压器组继电保护系统、电站计算机监控系统接口的信号引至发电机表计盘或端子箱。该装置应适应于装在柜内，并安装于机坑墙外侧如本招标文件第八部分附图中所示的位置，柜体支撑件和固定件由卖方提供。卖方应对中性点接地装置的额定值、特性参数、规范等提出建议和计算报告，并提交买方审查。接地方法应符合ANSI/IEEE C37.101《发电机接地保护导则》。

2）接地变压器

（1）变压器应为单相、50Hz、自冷、户内、干式、防潮型配电变压器，带H级绝缘环氧浇注铜绕组，其额定容量和过载能力应由卖方确定并经买方批准。

（2）额定值：

一次侧额定电压，kV_____（同发电机电压）

二次侧额定电压，V_____根据需要

额定容量，kVA_____根据需要

一次侧耐压：_____

工频耐压，kV有效值（1min）_____

BIL，kV 峰值_____

二次侧耐压：工频耐压，kV 有效值（1min）_____

抽头（一次侧额定电压的百分数），_____%

（3）标准

变压器的额定值，试验和特性应符合 GB6450、GB/T10228、GB/T17211 或 ANSI C57.12、NEMA TR1 等有关条款的规定。

（4）结构概述

变压器引线和抽头的支撑应使所有的重量不由线圈负担，线圈应支撑牢固。铁心应严格夹紧以避免运输中位移或运行时的振动。套管应为高质量瓷件或环氧树脂，且有压接型端子，从隔离开关至发电机中性点的连接应为单芯、阻燃型交联聚乙烯绝缘、带屏蔽、用于发电机电压不接地系统运行的护套电缆。应提供电缆应力锥的布置空间。为该电缆提供的保护电缆用管路应从柜顶进入。管路入口的位置应与整套接地装置的设计相配合。应提供固定电缆的支架。内部的高压连接应按定子绕组的全线电压绝缘。高压绕组为密闭式，与二次绕组之间对地静电屏蔽。变压器应整体密封于一单独的金属防尘外壳内。除铁心、绕组和封闭外壳外，所有的钢制部件应为热浸渍镀锌钢。

3）电阻

（1）型式：干式。

（2）材料：铁铬铝高电阻电热合金或其他经批准的材料。

（3）运行时间为 60s。

（4）运行最高温度 1000℃。

（5）电阻器采用无感绕制，中间无螺栓接头，功率因数大于 0.95 ± 0.01。

（6）电阻值按 ANSI/IEEE C37.101 的有关要求计算配置。接地故障时，暂态过电压峰值小于 2.6 倍额定相电压。

（7）电阻器的对地绝缘 1min 工频耐压值（有效值）不小于 3kV。

（8）连接螺栓应为不锈钢或铜材。

（9）电阻应设置在单独的框架内。

（10）电阻器的对地绝缘应为 600V 级。

（11）应提供适当的端子，用于将电阻跨接在中性点接地变压器的二次侧端子上。

4）隔离开关

（1）隔离开关应有一个手动操作机构，操作柄应便于操作后维修。

（2）隔离开关应带有适当的端子，用于连接发电机中性点和接地变压器。隔离开关和接地变压器的连接采用铜母线或电缆。

（3）隔离开关技术特性

隔离开关，单相、50Hz、户内型。

额定电压，kV _____（同发电机电压）

额定电流，kA _____

耐压水平：_____

工频耐压，kV 有效值（1min）_____

BIL，kV 峰值_____

操作机构：手动（带锁）

5）中性点接地柜

（1）中性点接地柜钢板的厚度应大于 1.5mm。

（2）外壳的防护等级为 IP20。

（3）柜体内外均应喷塑，颜色应符合 1.20.5 的规定。

（4）柜体上应设有起吊用的吊耳。

（5）引出电缆应有电缆保护套。

（6）柜门应带电磁锁。

6）应提供安装和连接中性点接地装置柜内的下述附属设备：

（1）带合、分控制开关和远方接点连锁的恒温控制电热器，应在每个柜内提供并连好线。

（2）低压过电压保护设备，用于保护变压器及二次侧回路。

（3）配有铜母线用作变压器与电阻间的连接，母线应具有与电阻的电流和时间额定值相对应的连续载流能力，并应为额定电压 600V 的绝缘。

（4）每个柜的外侧应有两个接地端子，用于与买方供给的 60mm×6mm 接地扁钢相连。

（5）组装和拆卸变压器、电阻以及中性点接地装置的其他元件所必需的所有工具和器具。

7）电流互感器

卖方应提供一只电流互感器，并安装在变压器接地线上。电流互感器型式为环氧浇注式，其参数在设计联络会上确定。

2.21　短路电流计算、中性点引出方式及电流互感器配置

1）招标文件提供的图纸中表示的发电机中性点定子绕组引出方式及电流互感器配置仅供参考，最终的发电机中性点侧定子绕组引出方式及电流互感器配置应根据本节要求确定。

2）发电机内部短路电流计算

卖方应委托一家具备能力的经发包人批准的单位对发电机内部短路电流进行详细的计算。具体计算要求如下：

（1）调查、分析发电机定子绕组实际可能发生的相间和匝间短路数。

（2）对所有可能发生的短路进行分析计算，求得每一故障下的各支路电流大小和相位。

（3）比较单元件和双元件式零序电流型横差保护的灵敏度，并初步选择发电机中性点侧分支引出方式和零序电流横差保护用 CT 变比。

（4）比较完全纵差和不完全纵差保护的灵敏度，初步选择接入不完全纵差保护的中性点侧分支数。

（5）比较完全裂相横差和不完全裂相横差保护的灵敏度。

（6）提出任一故障有两套或以上主保护灵敏动作的主保护配置方案，并指出其动作死区。

提出的计算成果应经技术审定会鉴定通过，技术审定会由承包人组织，所有费用包括在合同总价中，参加会议的人员包括有关各方代表和邀请的专家。

3）发电机中性点电流互感器配置

卖方应根据发电机内部短路电流计算成果确定发电机中性点侧定子绕组的引出方式，确定保护用电流互感器的型式、变比、配置数量和装设位置。电流互感器数量要满足继电保护设备相关规程、规定和规范要求，两套主保护要求使用独立电流互感器。具体配置和各电流互感器参数在设计联络会上确定。

电流互感器采用加强型互感器，应布置在合适的位置，以尽量避免电磁干扰；中性点引线穿过电流互感器的方式应合理，避免过热。电流互感器的绝缘等级应不低于 F 级。

4）推荐发电机最终的主保护配置方案

按照"优势互补、综合利用"的设计原则，通过主保护配置方案的定量化及优化设计，推荐发电机最终的主保护配置方案，并明确该方案的不能动作故障数（保护死区）、两种及以上不同原理主保护灵敏动作故障数。

2.22 电流互感器

2.22.1 型号和额定值

所有电流互感器应为具有两个或一个二次线圈的穿心结构，并具有良好的自屏蔽结构。电流互感器的雷电冲击耐压水平应为≥_____ kV，工频耐压为≥_____ kV/1min，其额定值和特性应符合 GB20840 或 IEC600185 的有关规定，准确等级应符合下列要求：

1) 测量准确等级＿＿＿＿级

2) 保护准确等级＿＿＿＿型

3) 录波准确等级＿＿＿＿级

2.22.2　每台发电机应按表7-2-12提供电流互感器：

表7-2-12　电流互感器

位置	用途	测量等级	台数（每台线圈数）	变比
出口母线	励磁		3（1）	
出口母线	测量		3（2）	
出口母线	录波		3（1）	
出口母线	保护		3（2）	
中性点侧分支绕组	保护		计算后确定	
中性点侧分支绕组	录波		计算后确定	
中性点连线上	保护		1（2）	
中性点连线上	录波		1（1）	

保护用电流互感器暂态特性应符合GB16847或IEC60044的规定。

1) 对TPY型电流互感器暂态响应要求：一次电路通过故障电流0.04s内，二次电流误差不超过7.5%。

2) 卖方应提供中性点TPY型电流互感器参数选择计算报告。计算所需参数和要求，在设计联络会上确定。

3) 电流互感器仪表级保安系数Fs＜10。

4) 所有电流互感器应配置二次侧过电压保护装置，以防止因二次回路开路引起的过电压。每个保护装置至少提供两个接点供买方使用。电流互感器还应附有回路短路装置。发电机出口电流互感器应设计成能长期安全稳定运行于离相封闭母线内，且能耐受2.2.2"电站数据及运行方式"中提出的短路电流引起的热和机械应力的型式；中性点电流互感器应设计成能长期安全稳定运行于机坑内，且能耐受计算后确定的短路电流引起的热和机械应力的型式。

5) 卖方应提供6份电流互感器应用数据的鉴定文件。标准应用数据应按ANSI C57.13提供。用于继电保护的电流互感器的典型曲线和数据，可以取自在相同的互感器上进行试验而得到的实测值。卖方应提供下列曲线和数据：

(1) 变比和相角修正曲线。

(2) 短时热稳定和动稳定电流额定值。

(3) 励磁电流曲线，标明每一类型和额定值的拐点电压。

6) 所有电流互感器的接线端子应连接到机坑墙外侧的发电机仪表柜或端子

箱中。

2.23　发电机自动化元件（装置）及控制设备、仪表柜和端子箱

2.23.1　概述

1）为使机组高度安全、可靠、连续地运行，卖方应为发电机提供必需的自动化元件（装置）、控制和保护装置及盘柜；还应提供发电机机坑内以及测量元件与显示仪表之间的所有必需的电缆、导线、管路、开关和附件。此外，为满足 GB/T11805《水轮发电机组自动化元件（装置）及其系统基本技术条件》的要求，即使本节没有列出但只要是卖方设计中所需要的、任何需安装或显示在卖方供货设备上的其他自动化元件（装置）、仪表和控制设备，卖方均应提供，且在投标文件中列出。

2）各种自动化元件的动作整定值应便于调整，且不受发电机振动的影响。各种自动化元件的接线端子应便于拆装。

3）卖方采购的全部自动化元件应为知名厂家生产的技术先进、可靠性高的产品，并在单机容量____MW 水轮发电机组的水电站有 2 年以上运行经验的证明材料。投标文件中应列出全部自动化元件的详细清单（包括型号、规格参数、过程连接方式等），并注明其供货厂家和产地，连同在水电站运行经验的证明材料一起提交买方审查，经买方同意后方可使用。

4）自动化元件应满足买方统一供电电源、功能和逻辑的要求。如卖方提供的自动化元件不满足要求，买方有权要求卖方更换，且不改变合同价格。

5）卖方提供的每个自动化元件应提供国内专业检测机构的检测报告。

6）各种自动化元件（装置）按 IEC 标准进行动作试验，应灵活、准确、可靠，完全适应本电站强磁、强电、潮湿环境工作，并能够在环境温度为 0—60℃时可靠工作；元件、仪表的结构易于安装，易损零件便于更换。

7）所有自动化元件的电源均应为 DC24V，卖方应为其供货范围内的自动化元件提供交直流双供电装置，并安装在卖方提供的屏柜内。

8）买方提供 AC220V/DC220V 双电源。

9）发电机辅助设备控制宜采用国际知名品牌可编程逻辑控制器（PLC）进行控制，PLC 的一般性技术要求详见 1.16.4 节。

2.23.2　仪表清单

除非注明，表 7-2-13 为卖方应为每台发电机至少提供用于监测和控制的仪表和装置。表中的显示器位置及与电站计算机监控系统的接口数量均为初步设计，并最终在合同谈判和技术联络会上确定。此外，未在表 7-2-13 列出但为满足子系统本身控制、监测功能的自动化元件由卖方在投标文件中列出，买方确认。

2.23.3 仪表和控制设备

本技术条款未明确的自动化元件（装置）性能应不低于 GB/T11805《水轮发电机组自动化元件（装置）及其系统基本技术条件》、DL/T619《水电厂机组自动化元件及其系统运行维护与检修试验规程》，及其引用标准的有关规定。

1）一般规定

（1）可靠性

在合同规定的保证期内连续正常运行，可用率100％。

（2）装置的工作电源在下列变化范围内，能正常工作：

DC220V＋10％——15％

AC220V＋15％——20％，50Hz±0.5Hz

（3）输出量

①模拟量输出为 DC4—20mA（三线制），负载电阻最大值不小于750Ω。

②开关量应以空接点的形式输出，开关量接点容量：

DC220V，不低于1.5A，速动型

AC220V，不低于3A；速动型

（4）抗干扰能力：

电磁兼容性（EMC）：IEC 61000-4-2-5，3级

抗射频干扰：IEC 1000-4-3，80—1000MHz，10V/m

抗静电干扰：IEC 1000-4-2，8kV

（5）电绝缘性能：

工作电压为220V的元件、仪表，交流耐压为2400V，且在1min内不得击穿、闪络；用500V兆欧表现场测电源端子与外壳、信号端子（引出线、插座）与外壳、电源端子与信号端子等之间的绝缘电阻应不小于10MΩ。

工作电压为60V以下的元件、仪表，交流耐压为1000V电压1min内不得击穿、闪络；用250V兆欧表现场测电源端子与外壳、信号端子（引出线、插座）与外壳、电源端子与信号端子等之间的绝缘电阻应不小于10MΩ。

（6）变送器和信号器的导线应缠绕在一起，使电磁干扰最小，并有屏蔽，使静电干扰最小。在需要防止杂散轴电流影响处，仪器的外壳应予以绝缘。

（7）现地传感器、仪表外壳的保护等级不低于 IP54 级，防水型不低于 IP65 级。

（8）指示仪表的精度不低于0.5级，传感器（变送器）精度不低于0.20级。

（9）各种液（气）压自动化元件（装置）按 IEC 标准进行压力试验，耐压试验压力不低于1.5倍公称压力，试验时间不低于10min，试验后不得出现裂纹和渗漏等异常现象；密封性试验压力不得低于公称压力，试验时间30min，无渗漏现象。

（10）各种自动化元件（装置）按 IEC 标准进行动作试验，应灵活、准确、可靠，完全适应本电站强磁、强电、潮湿环境工作，并应能在环境温度 0—60℃下可靠工作；元件、仪表的结构易于安装，易损零件便于更换。

表 7－2－13　由卖方提供的自动化元件、仪表和装置（单台套合同设备所需量，不限于此）

序号	功能	仪器	数量	仪器装设位置	显示位置	与控制系统的接口数量	接口功能
1	推力轴承冷却系统					/	
1.1	外循环系统油泵出口压力	压力变送器（耐高温）		油泵出口并联管道	现地		油泵主备切换控制、报警
1.2	外循环系统油泵出口压力	压力开关（耐高温）		油泵出口并联管道			油泵主备切换控制、报警
1.3	外循环系统油泵示流开关	可视流体机械式流量测控装置（耐高温）		油泵出口并联管道	现地		流量指示、低流量报警
1.4	冷却器供水干管压力	压力变送器		推力干管出水口	现地		
1.5	冷却器供水干管流量	插入式热导流量计		推力干管出水口			低流量报警
1.6	冷却器供水干管流量	插入式电磁流量计		推力干管出水口	现地		流量指示、低流量报警
1.7	油却器支管流量	插入式热导流量开关		冷却器支管出水口			低流量报警
2	发电机空冷器					/	
2.1	干管压力	带显示压力变送器		空冷器进水干管	现地		
2.2	支管压力	压力表		空冷器进、出水管	现地		
2.3	干管流量	插入式电磁流量计（正反向能正常工作）		空冷器进水干管	仪表柜		
2.4	支管流量	插入式热导流量开关		空冷器支管			
3	上导冷却器					/	
3.1	干管压力	带显示压力变送器		冷却器进水干管			
3.2	支管压力	压力表		冷却器进、出水管	现地		
3.3	干管流量	插入式电磁流量计（正反向能正常工作）		冷却器进水总管	仪表柜		
3.4	支管流量	插入式热导流量开关		冷却器支管			

续表

序号	功能	仪器	数量	仪器装设位置	显示位置	与控制系统的接口数量	接口功能
4	下导（推导）冷却器					/	
4.1	干管压力	带显示压力变送器		冷却器进水干管			
4.2	支管压力	压力表		冷却器进、出水管			
4.3	干管流量	插入式电磁流量计（正反向能正常工作）		冷却器进水干管			
4.4	支管流量	插入式热导流量开关		冷却器支管			
5	冷却水总管压力	压力开关		机组供水总管	无显示		低压报警
6	冷却水总管压力	带显示压力变送器		机组供水总管	仪表柜		4—20mADC 模拟量
7	冷却水总管流量	带显示的插入式电磁流量计（正反向能正常工作）		机组供水总管	仪表柜		4—20mADC 模拟量
8	推力轴承油槽油位	油位开关		推力轴承油槽	无显示		高、过高、低、过低
9	推力轴承油槽油位	带显示油位变送器（耐高温、耐油）		推力轴承油槽	现地		4—20mADC 模拟量
10	推力轴承油槽油位	磁翻柱式油位指示器（耐高温、耐油）		推力轴承油槽	现地		
11	上导轴承油槽油位	油位开关		上导轴承油槽	无显示		高、过高、低、过低
12	上导轴承油槽油位	带显示油位变送器（耐高温、耐油）		上导轴承油槽	现地		4—20mADC 模拟量
13	上导轴承油槽油位	磁翻柱式油位指示器（耐高温、耐油）		上导轴承油槽	现地		
14	下导轴承油槽油位（如有）	油位开关		下导轴承油槽	无显示		高、过高、低、过低
15	下导轴承油槽油位（如有）	带显示油位变送器（耐高温、耐油）		下导轴承油槽	现地		4—20mADC 模拟量
16	下导轴承油槽油位（如有）	磁翻柱式油位指示器（耐高温、耐油）		下导轴承油槽	现地		
17	油混水检测（模拟量、开关量）	油混水变送器		上导、下导、推力轴承油槽	现地		混水多报警 4—20mADC模拟量

续表

序号	功能	仪器	数量	仪器装设位置	显示位置	与控制系统的接口数量	接口功能
18	推力轴承瓦温	温度显控器（具备断线、断电、上电信号闭锁功能）		仪表柜	机旁		高温报警 4—20mADC 模拟量
19	推力轴承油温	温度显控器（具备断线、断电、上电信号闭锁功能）		仪表柜	机旁		高温报警 4—20mADC 模拟量
20	上/下导轴承瓦温	温度显控器（具备断线、断电、上电信号闭锁功能）		仪表柜	机旁		高温报警 4—20mADC 模拟量
21	上/下导轴承油温	温度显控器（具备断线、断电、上电信号闭锁功能）		仪表柜	机旁		高温报警 4—20mADC 模拟量
22	空冷器冷风出口	温度显控器（具备断线、断电、上电信号闭锁功能）		仪表柜	机旁		高温报警 4—20mADC 模拟量
23	空冷器热风出口	温度显控器（具备断线、断电、上电信号闭锁功能）		仪表柜	机旁		高温报警 4—20mADC 模拟量
24	风罩内温湿度测量	温湿度变送器（具备断线、断电、上电信号闭锁功能）		仪表柜	机旁		控制加热器 4—20mADC 模拟量
25	定子绕组测温	测温电阻（RTD）		定子绕组	测温屏、机旁屏或监控系统		
26	定子铁心测温	测温电阻（RTD）		定子铁心			
27	推力瓦测温	测温电阻（RTD）		推力瓦			
28	推力瓦间测温	测温电阻（RTD）		推力瓦间			
29	上导轴瓦测温	测温电阻（RTD）		上导轴瓦			
30	下导轴瓦测温	测温电阻（RTD）		下导轴瓦			
31	推力/下导轴承油槽测温	测温电阻（RTD）		推力轴承油槽			
32	上导轴承油槽测温	测温电阻（RTD）		上导轴承油槽			
33	空冷器进风口测温	测温电阻（RTD）		空冷器进风口			
34	空冷器出风口测温	测温电阻（RTD）		空冷器出风口			
35	空冷器冷却水测温	测温电阻（RTD）		空冷器供、排水总管			
36	空冷器冷却水测温	测温电阻（RTD）		空冷器冷却进、出水支管			
37	推力轴承冷却水测温	测温电阻（RTD）		推力轴承出水管			

序号	功能	仪器	数量	仪器装设位置	显示位置	与控制系统的接口数量	接口功能
38	上导、下导轴承冷却水测温	测温电阻（RTD）		上导、下导轴承出水管			
39	铁心上、下齿压板测温	测温电阻（RTD）		铁心上、下齿压板			
40	集电环罩测温	测温电阻（RTD）		集电环罩			
41	制动闸位置行程开关			制动闸	无显示		制动闸位置
42	制动系统自动化元件						
43	发电机制动屏（含各种自动化元件、仪表、阀门、管路及附件）						
44	高压油顶起系统	高压油顶起装置（含油泵、各种自动化元件、仪表、阀门、管路及附件等）		机坑内、外			
45	推力轴承负荷传感器（如有）			轴瓦支撑			4—20mADC直流
46	集电环通风系统（如有）						
47	轴绝缘在线监测装置						
48	其他						

（11）机坑内自动化元件（装置）的产品金属电镀层、化学覆盖层和油漆层，不得低于JB4159《热带电工产品通用技术标准》的一级规定，机坑外的自动化元件（装置）的产品金属电镀层、化学覆盖层和油漆层，不得低于JB4159《热带电工产品通用技术标准》的二级规定。塑料零件和外观要求应符合JB4159一级的要求。

（12）仪表和控制设备应安装在易于接近的地方，其刻度、指示和铭牌要清晰、易读。显示单位采用公制，温度以℃刻度，压力以MPa刻度，流量以l/min刻度，效率以％刻度，振动以0.01mm刻度，液位用m或mm刻度。某些仪表刻度如果没有规定，则由卖方根据工作条件选择，由买方审查确定。

（13）卖方应提供随机组一起提供的所有仪器的参数（包括用途、装设位置、型式、尺寸、元件性能、刻度范围、测量范围、二次接线图、触点接通条件、电气整定值参数和制造商名）。元件和仪表均应设有铜或不锈钢中文铭牌。

（14）卖方应把布置在发电机机坑内的显示仪表集中安装在一起，并固定在机旁适当的地方。所有安装在仪表柜上的仪表应经买方批准，并与其他相关仪表匹配。卖方应配套提供各种自动化元件（装置）和仪表安装、运行维护和检修所需的所有接线、接头等。接线应配有柔性导管，管道（如有）应为不锈钢或铜管，导线与金属的接触处要用不导电的绝缘材料。所有安装在测量点上的指示器、仪表应稳固地支承在托架上，并易于检修。

2）仪表和控制设备细则

（1）压力测量元件

压力元件适用的工作介质应与实际使用的流体介质相符；根据 IEC 标准，压力元件应能适应规则或不规则的压力变量，并具有良好的阻尼；压力监测装置精度不低于 0.5 级，测量元件精度不低于 0.2 级，压力开关的重复动作误差不大于 1.5%。

（2）压力表

压力表应为青铜布尔登管、波纹管或其他经买方审查的型号，可调节型，带有直径约为 150mm 的白色刻度盘、黑色刻度线及指针。压力表应符合 ANSI 标准 B40.1"指示式压力和真空表"，应为 A 级精度或更高，水压力表前应提供无塞式脉动阻尼器。各测压测嘴应由卖方提供。

（3）测温电阻

测温电阻（RTD）应选用双元件铂电阻，一体式结构整体设计。铂电阻元件、传感器内部引线、外部电缆的三者间连接必须采用激光焊接工艺，封装采用铠装结构。测温电阻引线采用耐油耐温屏蔽电缆，且屏蔽层外有耐油耐温护套层。传感器电缆芯线材质为镀银铜线。电缆在 80℃ 的透平油中最少工作 5 年。电缆采用大于 95% 的网状镀锡铜屏蔽编制。电缆芯线每线间的阻值差小于 0.2 欧姆/100 米。

油槽中的测温电阻采用密闭式油槽出线装置，引线可从油槽集中引出，直接接到现地端子箱上，中间无接头，引出部位加装盖板，以保护电缆。卖方应提供测温电阻在油槽内的安装和布线方案及相关配件。

每个测温电阻应采用三根引线接到发电机 RTD 端子箱内的端子排上，RTD 双元件的备用元件亦应引线到发电机 RTD 端子箱内。备用元件的引线应在端子板上接地。提供的测温电阻数量和布置的位置见表 7-2-13。

（4）温度显控器

测温电阻应装在表征最热部件温度的地方。温度显控器应装在发电机仪表柜上。探测元件与导线应按要求绝缘和屏蔽，以防止外部电磁场的影响。温度显控器以摄氏温度显示，其显示范围的上限至少应在预计的最高允许运行温度的 120% 的范围。

温度显控器应有两个可调的、电气上独立的、不接地的报警信号接点和跳闸接。

（5）带现地显示的流量计

流量计/变送器应是成熟的产品，能满足流量测量的要求，其指示范围应为冷却水最大流量的0%—125%，流量计/变送器上应装备2套可调节、不接地、电气独立的下限流量报警触点电路。孔板（若采用）应采用不锈钢材料并提供孔板法兰（或其他适用于流量测量的装置），4—20mA直流信号的导线应接到发电机机端子箱，流量计/传感器应该抗强电磁场干扰、抗污垢，感应部分具备自动清洁或手动在线清洁功能。

（6）流量开关及流量计

卖方应为冷却水回路提供热导式流量开关，装于冷却器排水管道侧。该开关应设有流速和报警两个独立的调节旋钮，流速旋钮由指针来指示管道内流体流速，报警旋钮由灯的闪烁来显示报警点。探头应具有良好的防结垢性能。引线应接到水轮机端子箱。

为便于监视轴承外循环冷却油系统管路油流状态，卖方应为油循环回路（如推力轴承油外循环回路、高压油顶起回路）提供可视流体的机械式流量测控装置，该装置应能在低压、小流量工况下可靠工作，应有1路4—20mA模拟量输出和1—3路开关量输出，具有压损小，可视管道内流体状态，能指示管道内流体流量。

卖方应为每一个冷却水回路提供1套可现地和远方指示的插入式电磁流量计，装于各冷却支或总管排水管侧。流量指示传感器应是成熟的产品，能满足流量测量的要求，其指示范围应为冷却水最大流量的0%—200%，应有一路4—20mA模拟量输出，2路开关量输出，带现地数字显示，配带焊接安装套管。

（7）压力开关及压力变送器

压力开关应有独立、可调、不接地报警触点电路。压力开关上应有1个经校准了的刻度盘和1个外部调节装置，用来设定工作压力，用于油槽等部位的压力开关应能够在高温介质下长期稳定运行。

在每个水冷却回路支管和总管进出水侧均应装设压力传感器，传感器的量程应足以测量在发电机停机和所有运行工况下的压力，引线连接到发电机端子箱上或接入计算机监控系统。

（8）油位计及油位传感器

油位传感器应安装在能全过程正确反映油位的部位，油位计应有1个足够长的标尺用来指示发电机停机或运行时导轴承内的油位，油位计应装在油槽附近容易接近的位置，以方便读数。

油位计应选择耐油型、抗冲击、密封良好的产品。在各种运行工况下，应正确显示油位数据。

每个轴承油槽应配备一个油位传感器。传感器的量程应足以测量在发电机停机和所有运行工况下的油位。传感器应能输出 4—20mA 直流信号，引线连接到发电机端子箱上。

（9）油位开关

每个轴承油槽应配备一个油位开关。每个油位开关应具有四对电气独立的接点。

每个接点的动作油位应是独立可调的。接点不应接地。油位计的量程应足以指示在停运和所有运行状态下的油位。上述接点应连接到发电机端子箱。

（10）推力轴承负荷传感器

推力轴承如不采用自平衡型或弹簧型时，应在每个轴瓦支撑上装有负荷传感器，以检测轴瓦上荷载的平衡情况。卖方应提供一台手提式设备，包括埋装在推力轴瓦内的所有必需的负荷传感器、连线和其他元件，以便在发电机安装完成后，轴承已充满油的情况下，测量每台发电机推力轴瓦上的荷载。手提式设备应归买方所有。

（11）油压表和开关

卖方应提供下述的压力表和开关：

A. 如果推力轴承采用钢制轴承合金面推力瓦，卖方应提供 2.16"高压油顶起系统"中规定的高压油顶起系统压力表和开关。

B. 卖方应提供 2.17"制动系统"中规定的转子顶起系统的压力表和开关。

C. 在发电机油系统和水系统中，卖方应提供跨接每个过滤器的差压表和差压开关。

D. 卖方应提供传感元件与表计之间所有必需的相互连接的管道及配件。每个开关应有 2 对电气上独立、可调的接点电路供买方使用。

（12）油混水检测器

在每个轴承油槽内，卖方应提供一台检测器，以检测漏进油里的水。每一台检测器应带 2 对电气独立的接点电路供买方使用。

（13）电磁阀

电站提供的电源为 220V DC 电源。若电磁阀操作电源采用其他电压等级，则相应的电源变换装置应由卖方提供，但涉及机组安全操作的电磁阀应采用 220V DC 电源。

（14）如发电机采用蒸发冷却，仪表和监测装置还应包括：

在冷凝器的二次冷却水进水总管上装设流量变送器和压力信号装置各 1 个；排气管上装设带有负压指示的压力表、压力信号器、压力传感器和自动排气安全保护装置和手动排气阀门。

为检测蒸发冷却系统内部介质含量，应装设具有直观显示功能的液位计和液位信号变送装置。

每个冷凝器应装设漏水检测元件和变送器。

2.23.4 发电机仪表柜

1）卖方应根据需要给每台机组配备若干组仪表柜。仪表柜为刚性自支撑结构，按国家有关开关板的标准，用不小于 2.0mm 厚钢板、角钢和槽钢制成。仪表柜高 2200mm，深 600mm。卖方应将仪表柜的安装位置提交买方审批。

2）仪表柜应有下述装置（包括而不限于）：

温度显控器

流量计指示仪表

轴承油位表计

带有开关的恒温控制的仪表柜加热器

带有开关的表计盘内的节能灯

轴绝缘在线监测装置

冷却水的压力指示计

其他卖方建议的监测表计

3）卖方应提供仪表柜与发电机之间的所有连接电缆和管道。

卖方应提供探测元件、测流孔板、仪器设备、继电器和表计之间所有必需的连接电缆和管道及其辅助设备，并应满足长度的要求。

所有仪器仪表均嵌装在仪表柜前门的钢架上。盘门应为铰接，且装有玻璃窗，以便于仪表读数。

所有仪表柜应是单独全封闭式的。在仪表柜后面有检修用铰接的门，铰为隐式。所有电缆由顶部进入。基础为带孔的槽钢结构，用螺栓安装固定仪表柜。

包括照明回路和盘加热器在内的所有元件应用导线连接至端子排。

4）除非另有规定，所有仪器、仪表、控制、限位开关和其他设备的电气接点应具备在 220V 直流电压下切断 2.0A 的能力，且是非感性的。所有电气接点应可靠，不受发电机振动的影响。

5）发电机仪表柜的电源、信号和控制满足下述要求：

（1）电源

照明、日常维护、盘内加热和盘内通风共用一路 AC220V 电源，该电源取自 AC400V 机组自用电开关柜。

装置、仪表采用一路 AC220V、一路 DC220V 双电源同时供电，其中交流取自发电机动力柜。若仪表柜采用 DC24V 给仪表、传感器、变换器、装置供电，则装设双电源变换模块，每个独立的电源模块采用双电源输入形式，输入侧电压为 AC220V、DC220V，两个电源模块的输出经过隔离装置后汇接在一起形成直流小母线，仪表、装置经过微型空气开关接入直流小母线。

（2）信号

仪表柜装设若干电源监视继电器，对输入电源、输出电源、装置、仪表、传感器等的工作电源等进行监视，仪表柜面装设相应的电源投入信号指示灯，相应电源监视继电器的一对长闭接点用于接入电站计算机监控系统用于电源消失信号指示。

所有提供给电站计算机监控系统、常规水机保护继电器逻辑回路的报警、跳闸停机的开关量信号、4—20mA信号应具备断电、投电、传感器断线闭锁功能。

（3）装设柜面信号灯试灯按钮。

2.23.5 刻度盘

用于压力表和温度表的刻度盘应是白色的，带有黑色的刻度和数字及黑色的指针。带有报警输出信号接点的表计，其表计报警点的指针为红色。刻度盘上应有一条色带与刻度并排，可以从表计正面很清楚地看到刻度，色带为耐用材料制成，并按以下色码布置：

1）绿色区为正常运行范围。

2）橙色区为运行时需要谨慎或注意，但不是最危急的范围。

3）红色区为不正常运行，需要立即进行矫正操作。

2.24 机组状态在线监测系统（根据具体项目选择配置）

2.24.1 电站主要机电设备状态监测系统

水电站设置一套电站主要机电设备状态监测系统，对全站机组、主变压器、GIS、GIL的运行状态集中进行全面的监测分析，该系统由电站状态监测厂站层和状态监测子系统组成，子系统包括机组状态在线监测系统、主变压器在线监测系统、GIS在线监测系统、GIL在线监测系统等。其中，机组状态在线监测系统由本标卖方提供，在线监测系统供货商及所采用元器件应经买方认可。

1）总体要求

（1）机组状态监测厂站层通过集成水轮发电机组的振动、摆度、轴向位移、压力脉动、空气间隙以及定子线棒端部振动等状态的监测数据，同时集成电站计算机监控系统的过程量参数以及相应的工况参数等监测数据，利用各种分析、诊断策略和算法，针对电站的机组，建立功能全面、适用性强的跟踪分析系统，提供监测、报警、状态分析、故障诊断等一系列工具和手段，对监测数据长期存储、管理、综合分析，反映机组长期运行状态变化趋势，为机组安全运行、优化调度以及检修指导提供有利的技术支持，为状态检修提供辅助决策并实现与其他系统的信息共享。

（2）电站状态监测厂站层的数据集成范围包括机组状态监测系统、GIS局放监测系统、GIL局放监测系统、主变压器油气监测系统及电站计算机监控系统等。

（3）各状态监测子系统宜独立完成数据集成，将该系统数据保存至各自的上位机或数据服务器，再由上位机或数据服务器传送至电站状态监测厂站层数据服务器。监测子系统上位机至电站状态监测厂站层数据服务器的连接电缆、光缆由电站状态监测厂站层卖方提供。如果子系统为单一监测设备，则由电站状态监测厂站层与监测设备直接通信，监测设备至电站状态监测厂站层的连接电缆、光缆由电站状态监测厂站层卖方提供。

（4）对电站安装多套同一型号的状态监测子系统，且该系统设计为下位机与上位机集成的分布式结构，则由状态监测子系统卖方先进行本系统集成，并提供数据汇总后的上位机或数据服务器。状态监测子系统卖方应提供下位机至上位机的电缆、光缆以及相关网络设备。

（5）任何系统或设备与电站状态监测厂站层的通信连接，必须符合国家电力监管委员会第 5 号令《电力二次系统安全防护规定》。

2）接口要求

（1）电站状态监测厂站层对状态监测子系统的集成，需各状态监测子系统卖方按照《中国长江三峡集团有限公司水电站设备状态监测数据集成与通信技术导则》（试行）的要求，将数据以接口通信方式传输至厂站层数据服务器（以下简称"通信技术导则"）。

（2）接口通讯遵循开放性原则、规范性原则和集中诊断原则。如果数据格式不开放，状态监测子系统将诊断结果发送至厂站层，或者提供可在厂站层进行分析诊断的软件。

（3）状态监测子系统传送数据应带时刻时标，且时标误差不超过 1ms。

（4）状态监测子系统在通讯中断恢复后，应能手动或自动补传数据。

（5）通讯标准采用 IEEE 802.3u 以太网络或标准串行接口标准。通信协议可采用 TCP、UDP 和 MODBUS 协议，优先采用 TCP 协议。

（6）通讯时间采用 UTC 时间和 CP56Time2a 时间。系统时间同步采用 UTC 数据时间。数据报文中数据时标采用七个八位位组二进制时间（CP56Time2a）。二进制时间在 IEC60870-5-4 6.8 中定义。在跨越时间—区段的区域的系统，对于所有时标建议采用 UTC 时间。

（7）机组稳定性监测系统，包含于机组状态在线监测子系统。稳定性监测系统应传送波形数据和特征数据，通讯数据格式参考通信技术导则要求。数据时间间隔应不大于 8s。

（8）发电机气隙监测系统，包含于机组状态在线监测子系统。发电机气隙监测系统应传送波形数据和特征数据，通讯数据格式参考通信技术导则要求。通讯时间间隔不大于监测系统的采样时间。

（9）其他未列出的监测子系统，应具有开放的通信规约，可参照技术要求中某一子系统提供数据格式，或提供设备通信接口的标准文件。

2.24.2　机组状态在线监测系统结构和性能

1）系统结构

（1）系统采用两层结构，由上位机和现地控制层构成。上位机和现地层之间的主干网采用星形交换式以太网连接，传输速率为 100Mbps，传输介质采用多模光纤。网络通信协议使用 TCP/IP 协议，遵循 IEEE 802.3u 标准。

（2）左、右岸分别设置 1 套上位机，主要包括状态数据服务器及相关网络设备、软件等；现地控制层由现地数据采集站、现地端子箱、现地传感器及变送器组成，主要包括数据采集及预处理单元、测点及传感器、人机界面及相关网络设备等。

（3）状态数据服务器用于存储和管理从各数据采集箱传送过来的机组实时状态数据、历史状态数据及各特征数据。状态数据服务器还具有与电站计算机监控系统通信的软件及硬件接口，实现与电站计算机监控系统的数据交换。

（4）数据采集及预处理单元应配置采集模块负责对机组的振动、摆度、压力脉动、发电机气隙以及机组的流量等参数进行采集、存储和数据处理，并进行实时监测和分析。数据采集站应能对相关数据进行特征参数提取，得到机组状态数据，完成机组故障的预警和报警，并将数据通过网络传至状态数据服务器，供进一步的在线监测分析和诊断；并应能接收来自电站其他系统的信号，如机组的油温、瓦温、功率，开停机信号等；还应能输出在线监测系统的有关数据至电站计算机监控系统。数据采集及预处理单元还应预留足够的安装位置和接口，便于系统扩展其他监测项目。

（5）状态数据服务器及相关网络设备组柜安装，布置在地下厂房计算机室。现地数据采集站在每台机旁设一个，包括数据采集及预处理单元设备、采集单元交换机、人机界面等，安装在一面标准机柜内。

2）系统性能

（1）开放性，开放性环境应包括应用开发环境，发包人接口环境和系统互联环境，并符合国际开放系统组织推荐的开放环境规范。可以方便地与电站计算机监控系统、电站生产信息管理系统及电站状态监测系统进行通信，实现数据共享。

（2）扩展性，系统应具有开放的平台，便于系统功能模块的增加及二次开发。系统的硬件配置应有一定的裕度，要为日后的进一步扩展升级提供便利的条件。

（3）可靠性，在系统的设计、设备选型及工程实施上，均应重视系统的可靠性。

（4）先进性，软件采用模块化、分布式设计；强化设备故障自动分析、诊断功能及远程诊断功能；全套系统的构架采用最新的通信和网络技术。

（5）集成性，在系统设计中应强调系统的集成性，一套完整实用的在线监测系统，应该将系统各个功能模块和设备进行集成整合，实现资源和信息的共享。

2.24.3 机组状态在线监测功能要求

1）系统监测对象

机组状态在线监测系统的监测内容应至少包括以下内容：

（1）键相

（2）振动、摆度

（3）轴向位移

（4）压力脉动

（5）定转子空气间隙

（6）工况参数和过程量参数

2）监测功能

机组状态监测系统应能在电站状态监测厂站层、状态数据服务器和现地数据采集柜同步监视和显示机组当前的运行状态，并以数值、曲线、图表等各种形式和监测画面，从不同的角度分层次地显示出机组的各种状态信息，实现实时在线监测功能。

机组状态监测系统应能利用键相信号，实现数据采集精确地按照整周期采样，避免频谱分析中的混叠和泄漏现象，实施真正准确地分析。

（1）机组状态在线监测系统应至少能实现以下监测功能：

A. 大轴轴线状态

机组状态在线监测系统应能通过各轴承摆度、键相信号等监测信号，利用大轴上的轴心轨迹，描绘出空间轴线图，直观掌握大轴的空间运动，并配合工况参数，了解大轴的静态弯曲和各工况下的动态弯曲情况，并能判断大轴异常状态的故障或缺陷。

B. 导轴承状态

各导轴承的在线监测信号应包括：上导轴承 X、Y 向摆度，下导轴承 X、Y 向摆度，水导轴承 X、Y 向摆度；上机架 X、Y、Z 向振动，下机架 X、Y、Z 向振动，定子机座 X、Y、Z 向振动，水轮机顶盖 X、Y、Z 向振动；上导轴承瓦温、下导轴承瓦温、推力轴承瓦温、水导轴承瓦温等。

机组状态在线监测系统应能根据上述测量信号，结合机组运行工况进行分析，反映各轴承摆度、瓦温随负荷/时间变化的趋势特性和轴瓦的间隙值，并能判断各轴承异常状态的故障或缺陷，如：轴承间隙过大或过小、不对中、轴瓦松动等。

C. 支架、定子机座、水轮机顶盖及定子铁心振动

振动监测信号应包括：上机架 X、Y、Z 向振动，下机架 X、Y、Z 向振动，定子机座 X、Y、Z 向振动，定子铁心水平、垂直振动，水轮机顶盖 X、Y、Z 向振动等。

机组状态在线监测系统应能根据上述测量信号，结合机组运行工况进行分析，反

映各支架振动随负荷/时间变化的趋势特性，并初步判断支撑部件的损伤情况。

机组状态在线监测系统应能通过对水轮机顶盖垂直振动的分析，反映多种故障信息，尤其是水力对机械结构振动的影响，通过振动频谱成分的变化分析，反映支架松动、裂纹等故障。

机组状态在线监测系统还应能通过机组在正常运行过程中相同工况下定子铁心振动的频率成分幅值的变化分析定子铁心的松动情况。

D. 过流部件状态

过流部件状态应包括全流道测压点压力及蜗壳进口压力脉动、转轮与导叶间压力脉动、转轮与顶盖间压力脉动、转轮与底环间压力脉动、尾水管水压脉动等信号。

机组状态在线监测系统除应能测量流体的压力以外，还应能测出压力的脉动情况，并通过对这些脉动做频率分析，判断可能引发水力脉动的原因。还应通过对压力脉动的状态信号监测，反映过流部件可能的损伤，预测部件的安全状态，为大修决策提供依据。

机组状态在线监测系统应能通过对尾水管压力脉动的监测分析，监测涡带的形成，进而分析涡带对机组振动摆度的影响。

E. 转子质量不平衡状态

转子质量不平衡状态应包括上导 X、Y 向摆度，上、下机架 X、Y、Z 向振动，下导 X、Y 向摆度。

机组状态在线监测系统应能通过对开停机和稳态运行过程中上述参数的分析，确定转子质量不平衡的大小和方位，为动平衡提供指导。

F. 定转子空气间隙

机组状态在线监测系统应能利用气隙传感器和键相传感器，结合机组运行工况进行分析，得到定子不圆度，转子不圆度，最大、最小磁极间隙和相位，磁极周向形貌等多种参数和曲线，反映机组定转子气隙特性，同时还应能监测定子结构蠕变、定子热变形、磁极伸长等故障。

G. 水力参数

机组状态在线监测系统应能利用蜗壳进口压力、尾水管出口压力、机组流量、导叶开度等信号，计算出机组工作水头等参数，结合机组有功、无功测量，计算机组效率、耗水率等参数，完成对机组水力能量参数的监测和跟踪分析。

（2）用于实时监测的测量内容，监测画面及其显示内容等，至少但不限于以下内容：

A. 机组状态在线监测系统监测的内容，应能以数据、曲线、图形、表格等各种不同形式表示：

a. 机组状态在线监测系统应至少能显示振动值、摆度值、压力及脉动、相对效率、水头、机组流量、气隙、定转子不圆度、有功、无功、水头、转速等参数。

b. 机组状态在线监测系统应至少能显示时域波形、趋势图、频谱图、相频图、比较棒图、轨迹图、瀑布图、级联图、空间轴线图等曲线和图形。

c. 对于监测的数据应能导出成 Word、Excel 等常见文本格式，监测的曲线、图形应能导出成 BMP、JPEG、GIF 等等常见图片格式。

B. 机组状态在线监测系统应能至少提供以下监测画面

a. 设备布置图；

b. 监测参数数值表；

c. 棒图比较图；

d. 空间轴线；

e. 轴心轨迹；

f. 压力脉动；

g. 趋势跟踪；

h. 定转子气隙圆；

i. 磁极气隙图。

（3）对每个振动、摆度和气隙测点应能分别实时输出 1 路 4—20mA 模拟量信号至电站计算机监控系统机组 LCU。

（4）监测功能的其他指标

A. 画面刷新速度：≤3s；

B. 监测显示方式：支持在现地采集系统显示屏、局域网发包人终端、远程授权发包人终端上完成实时监测；

C 打印功能：支持画面打印功能。

3）分析诊断功能

（1）分析诊断功能指系统能够使用一系列软件工具，随实时监测任务连续、自动地选取合适的数据，进行自动分析和诊断，并给出分析诊断结果的功能。在线诊断过程不影响实时系统的运行，整个分析过程系统能够自动完成而无需人工操作。在线分析诊断还应能周期性的或依赖命令起动。分析诊断的结果应能帮助发包人分析机组的运行状况以及提前发现机组运行的异常状态和故障。

（2）在线监测系统至少应提供但不限于以下的分析方法：

A. 波形分析；

B. 频谱分析；

C. 轨迹分析；

D. 空间轴线分析；

E. 趋势分析；

F. 其他相关分析等。

（3）稳态分析及优化运行功能

在线监测系统应能在机组运行过程中，自动记录振动、摆度、压力脉动、定转子空气间隙等参数，绘制出这些参数随功率、水头等工况的变化曲线，使发包人对机组的稳定性性能有一个全面的了解。

A. 系统应能综合机组设计数据和运行标准数据，通过对机组实际振动、摆度特性曲线的了解，分析掌握机组的不同工况下振动区变化，以此为基础，通过调整机组自动控制参数，提高机组运行稳定性，达到指导优化运行的目的。

B. 系统应能通过水力能量参数（效率、耗水率等）在不同工况下的特性曲线的了解，则可以为实现经济性最优为目标的指导优化运行。

C. 卖方应至少提供以下曲线：

a. 振动、摆度、压力脉动随负荷瀑布图；

b. 振动、摆度、压力脉动连续波形分析图；

c. 振动、摆度、压力脉动、流量、效率随负荷变化曲线；

d. 振动、摆度、压力脉动随转速变化曲线；

e. 振动、摆度、压力脉动、效率随水头变化曲线；

f. 振动、摆度随励磁电流变化曲线；

g. 有功、流量、效率随导叶开度变化曲线；

h. 瓦温、油温变化曲线；

i. 接力器行程关闭规律。

（4）暂态工况分析

暂态工况分析包括开机、停机、甩负荷、变负荷、变励磁过程等具体过程记录数据的分析，系统应能通过曲线描述各种测量参数随工况参数及时间的变化过程，从而分析各种相应情况。

A. 卖方应至少提供以下曲线：

a. 振动、摆度、压力脉动随转速变化曲线；

b. 振动、摆度随励磁电流变化曲线；

c. 甩负荷过程性能分析

d. 甩负荷过程振动、摆度、压力脉动变化过程；

e. 机组开机过程与惰性停机过程转速变化特性。

B. 卖方还应能提供暂态工况的高速录波和数据回放。

（5）趋势分析

A. 提供实时趋势分析，以利于运行人员及时掌握机组最新的运行状态及瞬态过程的特征。

B. 提供完善的相关趋势分析功能，可以分析任意两个或多个参数之间的相互关系，其中横轴和纵轴可任意选定，时间段可任意设定，既可以以时间作为坐标轴，也可以选择某一过程参数作为坐标轴。如振动摆度和转速、负荷、水头、励磁电流、励磁电压之间的相互关系，为查找故障原因提供分析手段。

C. 提供趋势预报功能，可以根据当前参数的变化，预测机组状态的发展趋势，及时发现故障隐患，避免破坏性事故的发生。

4）试验功能

卖方所提供的机组状态在线监测系统，应当能够满足与本系统相关的各种现场试验的数据采集和数据整理工作，要求系统应支持至少但不限于以下试验：

（1）甩负荷和带负荷试验

（2）启停机试验

（3）效率试验

（4）稳定性试验

（5）盘车试验

A. 每次试验完成后，系统应能自动形成试验相关的机组状态报告。

B. 卖方应在投标技术方案中对已有实际应用案例的试验项目，提供相关的项目名称、试验数据采集和分析的方法及特点。

5）运行检修维护指导和评价

机组状态在线监测系统应能根据机组各部件运行状态，利用系统提供的各种分析工具，可以辅助分析异常原因，并根据分析结果指导机组运行检修。系统还应能对比机组检修前后的历史数据，可以直观评价检修效果，或通过检修后的各种机组常规试验数据，综合评价检修后机组各部件特性。

（1）自动状态分析报告功能

A. 机组状态在线监测系统应具有机组自动状态分析报告功能，报告可包括系统软件工具自动生成的曲线、图形、表格、结论，只要是对运行检修维护指导和评价工作有实用意义的，都可以归入自动分析报告。

B. 机组状态在线监测系统应能按预先设定的检查周期定期完成对机组状态检查，并自动形成机组的状态分析报告单。检查周期包括周检、月检和季度检，应能根据机组运行情况手动设定。

C. 当机组出现异常工况或故障时（如甩负荷等），系统应能自动对该工况或故障前后机组的状态进行检查，并根据运行人员的指令，自动形成异常工况或故障的分析报告单。

D. 机组检修前后，机组状态在线监测系统应能根据运行人员的指令，自动形成机组检修前后的状态分析报告单。

（2）机组考核试运行后制作的状态分析诊断报告

在每台套机组及相应合同设备考核试运行后，在发包人的配合下，卖方应组织专业技术人员通过本系统的监测结果对机组进行全面深入地详细分析诊断，并提出合理建议。卖方技术人员的技术服务费用应单独报价，并包含在合同总价中，卖方提供的诊断分析报告至少应包含以下内容，但并不仅限于此：

A. 机组动稳态性能评估

B. 机组优化运行评估

C. 机组轴系评价

D. 机组振、摆情况评价及机械、水力、电气因素分析

E. 机组各部轴承运行评估及推理分析

F. 过流部件及尾水管工况评估

6）预警、报警功能

（1）系统应提供预警功能，根据监测到的有关参数在同一工况下的变化趋势或与同一工况下的样本数据的比较结果，在报警之前提前发现机组缺陷或故障，给出预警提示。

（2）系统应提供报警功能，当监测到的超过设定限值后发出报警信号，限值的选取应是跟工况相关的，系统应能根据机组运行状态结合水头、负荷、导叶开度等情况将机组运行状态分成不同工况，各工况下对振动、摆度各测点单独设定报警值和跳机值，为机组提供准确的报警和跳机信号，对压力脉动、气隙各测点单独设定两级报警值。所有报警和跳机信号均应能对外输出无源硬接点信号供发包人使用。

（3）系统应能支持至少但不限于以下报警功能：矢量靶区报警、频谱靶区报警、趋势报警等。系统应能根据机组实际运行状况对靶区分布进行优化，提供灵敏的靶区识别和报警，为故障早期识别提供有效的手段。

7）数据采集和管理功能

（1）数据采集

系统应具备完备的数据采集功能以保证系统能够全面准确地记录机组暂态运行和稳态运行的数据，提供事故追忆功能，并保证机组发生事故时能够提供全面完整的数据以供事故分析。

A. 系统应能自动准确判定以下机组运行工况：

a. 开机过程

b. 稳态运行过程

c. 负荷波动运行过程

d. 停机过程

e. 事故停机过程/甩负荷过程

B. 系统在记录数据时应满足以下要求：

a. 开、停机数据，应连续记录，分辨率1ms，含出口开关变化前后的数据，且数据原始波形中应标注有键相信息；

b. 负荷波动过程/励磁调节过程数据，应连续记录，分辨率1ms，且数据原始波形中应标注有键相信息；

c. 事故停机过程（含甩负荷）数据应连续记录，可追忆事故前10分钟，事故后5分钟的详细资料，事故分辨率不大于1ms，且数据原始波形中应标注有键相信息；

d. 稳态数据应在负荷、开度稳定后记录，每周256点，一次连续纪录应不少于16周。

（2）数据管理

A. 数据库应采用高效数据压缩技术，可以长期存储机组稳态、暂态过程和高密度录波数据，存储容量应至少满足保留最近3个月内的所有原始数据以及最近4年内经过压缩的原始数据，存储间隔为不间断存储，应最大限度地保证机组所有历史信息不丢失；对超过4年的数据系统提供数据备份软件可进行自动和人工备份，系统存储量可根据硬盘容量进行扩展；能提供黑匣子记录功能，可完整记录机组出现异常前后的数据，确保系统能提供完整详尽的数据用于分析诊断机组状态；能提供试验数据存储功能，确保试验数据的长期保留。

B. 数据库应能自动管理数据，对数据进行检查、清理和维护；能实时监测硬盘的容量信息，当其容量不够时自动在本系统发出警告信息，同时向电站信息管理系统发出警告信息；能自动和手工备份数据。

C. 数据库应具备自动检索功能，用户可通过输入检索工况快速获得满足条件的数据；应提供回放功能，能对历史数据进行回放。

8）数据通信功能

（1）系统应能通过现地数据采集站与电站计算机监控系统相应的机组现地控制单元通信，获取机组的有关参数，以作为系统综合分析使用。需要从电站计算机监控系统输出的参数及通信接口将在设计联络会上讨论确定。

（2）系统应能通过状态数据服务器与电站状态监测厂站层通信，上送机组状态监测系统相关数据，以满足电站在线监测及趋势分析系统、生产管理系统和区调中心状态监测系统的需要。通信接口和协议将在设计联络会上讨论确定。

（3）系统应能通过通信方式采集其他监测系统的监测数据，进一步统一分析处理，并满足其他系统的通信规约要求。

2.24.4 机组状态在线监测硬件要求

1）概述

（1）系统应采用标准的网络分布功能和系统化的开放式的硬件结构。

（2）利用冗余硬件、自诊断和抗干扰等措施达到高可靠性。

（3）应减少设备类型，即外围设备、微处理器、电气模块、输入输出接口等模块的类型和尺寸限制到最小，以减少扩建的麻烦和所需备件的费用。

（4）系统中的 I/O 模块应是标准化的、模块化的，结构上是插入式的，应容易替换，可带电插拔。

（5）提供导轨和锁件以防止插拔模块时，引起损坏和事故。

（6）所有的处理模块的组件应该清楚标明，并且有适当的诊断指示。

（7）一个组件故障不引起误动作，一个单元故障不影响其他单元。

2）上位机设备

（1）状态数据服务器

左、右岸各配置 1 台，性能及配置至少满足下列要求：

机型：国际知名品牌的服务器，机架式结构，组柜安装。

CPU：Intel Xeon Processor 四核 ≥2GHz，64 位，1333MHz 前端总线，8M 二级高速缓存。

内存容量：≥ 4GB，容量可扩展。

硬盘存储器：4 个 147G，可热插拔，15000 转 Ultra 320 SCSI。

磁盘阵列卡：集成 RAID，Ultra320 SCSI。

可读写光驱：52XR/48XW/24XE。

操作系统：符合开放系统标准的实时多任务多用户成熟安全的操作系统，至少支持 Windows 2000 Server 及以上操作系统。

网络支持：快速以太网 IEEE 802.3u，TCP/IP 或类似的最新的网络支持，100MB 以太网。

网络接口：至少集成 2 个 10/100/1000M 以太网卡，RJ45 口，USB2.0 端口，并具有与电站计算机监控系统的数据通信接口，与其他承包商供货设备的串行通信接口（串口至少 6 路）。

汉化功能：符合中国国标 GB2312-80，支持双字节的汉字处理能力。命令和实用程序及图形界面都有相应的汉字功能。

标准 ASCII 键盘，鼠标器各一个。

显示器：一个，TFT 型，17″，分辨率 1280×1024，其中 X 射线辐射满足国际安全标准，具有抗电磁干扰能力。

电源：应具有冗余电源。

（2）网络设备

局部区域网络必须符合工业通用的国际标准 IEEE 802.3u 以及 TCP/IP 规约，网络选用 100M 高速光纤星型以太网。

左、右岸各配置 1 套厂站层以太网交换机，采用国际知名品牌的工业级以太网交换机。交换机应采用模块化结构，双 24VDC 电源冗余供电，允许运行温度范围为 0—60℃，运行湿度 10%—95%（无凝露），电磁兼容性指标应满足工业要求。交换机设备应具有工业级安全认证 cUL508，支持 SNMP V3，支持端口与所连接设备的 MAC 地址绑定等网络安全功能。交换机还应支持 RFC1769 SNTP 简单网络时间协议，方便实现网络设备的时间同步。

厂站层上位机系统计算机设备与厂站层以太网交换机间的通信介质为 8 芯 5 类 UTP 缆线，各现地数据采集站之间以及采集站与厂站层以太网交换机之间通信介质为 4 芯多模光纤。

（3）网络打印机

1 台中英文网络打印机，自带汉字库，具有快速汉字打印能力。主要性能要求：

打印速度：12ppm；

分辨率：1200dpi；

打印方式：彩色激光式；

幅面：A3 和 A4。

3）现地数据采集及预处理单元

（1）每台机组在发电机旁配数据采集及预处理单元一个，数据采集及预处理单元设备安装在一标准机柜内，机柜尺寸：2260mm（高）×600mm（深）×800mm（宽）。机柜内配置数据采集箱、15″液晶显示器、键盘和鼠标、网络交换机以及电源模块、端子等。

（2）智能数据采集箱中各模块均应能独立工作，其中某一通道或某一模块的故障不会影响其他通道或其他模块正常工作。某一模块发生故障时用户仅需自行用备用模块更换即可。采集箱内提供导轨以便于插拔，模块安装后可用紧固螺钉锁紧以防止误插拔。具有安装、维护、更换方便、可靠性好的特点。

（3）数据采集系统装置应至少具有以下采集模块：

A. 系统模块

系统模块负责系统各模块的协调工作，完成数据采集、报警、通信和系统维护。

B. 存储模块

用于存储数据采集箱有关程序和部分机组状态数据，作为数据服务器的备份，容量应不小于 128G。

C. 通信模块

应具有串行通信接口和以太网通信接口，与状态数据服务器和其他系统的通信工作。串行通信接口应可根据实际情况接成 RS232 或 RS485 方式，通信协议应支持 ModbusRTU。以太网通信接口采用 TCP/IP 协议。

D. 振动摆度监测模块

振动摆度监测模块可根据需要集中为同一个模块，也可采用单独的振动监测模块和摆度监测模块。

采集方式：整周期采集；

采集速度：不低于 256 点/周；

测量精度：误差≤0.1%；

相位误差：≤3°。

E. 压力脉动监测模块

采集方式：整周期采集；

采集速度：不低于 256 点/周；

测量精度：误差≤0.1%。

F. 键相模块

测量范围：1—1000r/min；

测量精度：转速误差≤0.1 r/min。

G. 空气间隙监测模块

采集方式：整周期采集；

测量精度：误差≤0.1%。

H. 开关量输入模块

时间分辨率：≤1ms；

输入信号：无源开关信号。

I. 开关量输出模块

输出方式：无源开关信号；

输出接点容量：DC220V，2A；

继电器动作时间：≤1ms。

J. 模拟量输入模块

测量精度：误差≤0.1%；

输入信号：4—20mA。

K. 模拟量输出模块

（4）数据采集箱还应预留卖方推荐功能中所需的信号采集模块的安装位置，方便合同执行过程中对系统的扩充。

（5）数据采集箱也可采用集成化的专用采集分析设备，卖方应提供该设备的详细技术特点及实际应用案例的项目名称和配置。

（6）网络设备

网络设备采用国际知名品牌的工业级以太网交换机。

（7）电源模块

数据采集站内应配置一套电源模块作为采集站各设备及传感器的工作电源，电源模块技术要求如下：

输入电源：AC220V、DC220V，交直流电源同时输入，电源模块应具有隔离回路将两者完全隔离。交直流电源分别来自厂用交流电源系统和直流系统。正常工作时，交流优先，当交流消失时，电源模块将自动切换到直流输入电源，交直流输入电源的切换应不得中断交流输出电源。

输出电源：电源类型由卖方自行决定。

电源模块额定输出功率由卖方自行决定，但应不小于所供设备功耗的 1.5 倍，同时还应具有短路、过流、过压保护。

4）测点配置及传感器和变送器技术要求

（1）单台机组的测点配置。

（2）传感器和变送器技术条件

卖方提供所有传感器和变送器应提供国内专业检测机构的检测报告。

A. 摆度及键相传感器

摆度及键相传感器应采用国际知名品牌的原装进口产品，并在国内单机容量____MW 及以上水轮发电机组中有成熟运行业绩。传感器应满足如下技术条件：

a. 测量原理：非接触式位移测量，采用电涡流或更优原理；

b. 频响范围：0—10kHz（—3dB）或更优；

c. 测量范围：其线性量程范围为 2mm，但其线性量程起始点不低于 0.5mm；

d. 灵敏度：8mV/μm（电压型输出）；

e. 幅值非线性度：≤±2%；

f. 温度漂移：≤0.1%/℃；

g. 防护等级：IP66；

h. 工作温度：－10—＋60℃；

i. 误差：满足 API670 要求；

j. 延长电缆：电缆应采用带屏蔽抗油污的，并有足够机械强度的专用电缆，电缆的最终长度在确定传感器安装位置后确定。

表 7－2－14 机组状态在线监测系统测点配置表

序号	测点名称	单机数量	备注
1	键相信号	1	至少输出 3 路模拟量
2	上导轴承 X、Y 向摆度	2	
3	下导轴承 X、Y 向摆度	2	
4	水导轴承 X、Y 向摆度	2	
5	大轴法兰 X、Y 向摆度	2	
6	上机架 X、Y 径向水平振动	2	配置速度型振动传感器
7	上机架 Z 向垂直振动	1	配置速度型振动传感器
8	下机架 X、Y 径向水平振动	2	配置速度型振动传感器
9	下机架 Z 向垂直振动	1	配置速度型振动传感器
10	顶盖 X、Y 径向水平振动	2	配置速度型振动传感器
11	顶盖 Z 向垂直振动	1	配置速度型振动传感器
12	定子机座 X、Y 向水平振动	2	配置速度型振动传感器
13	定子机座 Z 向振动	1	配置速度型振动传感器
14	定子铁心 X 向水平振动	3	配置加速度型振动传感器
15	定子铁心 Z 向水平振动	3	配置加速度型振动传感器
16	空气间隙	8	
17	机组抬机量（大轴轴向位移）	2	
18	蜗壳进口压力脉动	1	配置压力脉动变送器（量程：－0.1—5.0MPa）
19	转轮与导叶间压力脉动	4	配置压力脉动变送器（量程：－0.1—5.0MPa）
20	顶盖压力脉动测量（上止漏环前）	2	配置压力脉动变送器（量程：－0.1—5.0MPa）
21	顶盖压力脉动测量（上止漏环出口和大轴附近）	2	配置压力脉动变送器（量程：－0.1—5.0MPa）
22	尾水管进口压力脉动	4	配置压力脉动变送器（量程：－0.1—0.9MPa）
23	尾水管肘管压力脉动	2	配置压力脉动变送器（量程：－0.1—0.9MPa）

B. 速度型振动传感器

速度型振动传感器应采用国内知名品牌产品，并在国内单机容量____MW 及以上水轮发电机组中有成熟运行业绩。传感器应满足如下技术条件：

    a. 测量原理：惯性式（磁电式）低频振动传感器；

    b. 量程：±1mm；

    c. 灵敏度：8V/mm±5％；

    d. 工作频响范围：0.5—200 Hz（−3dB）；

    e. 幅值非线性度：≤5％；

    f. 防护等级：防尘，防潮（95％不冷凝）；

    g. 工作温度：−10—＋60℃。

表 7−2−15　机组状态在线监测系统测点配置表

序号	测点名称	单机数量	备注
1	导叶开度	1	模拟量输入
2	励磁电流	1	模拟量输入
3	励磁电压	1	模拟量输入
4	有功功率	1	模拟量输入
5	无功功率	1	模拟量输入
6	上游水位	1	与监控系统通信
7	下游水位	1	与监控系统通信
8	机组流量	1	模拟量输入
9	定子三相电流	3	与监控系统通信
10	定子三相电压	3	与监控系统通信
11	机组温度	数量待定	与监控系统通信
12	发电机断路器位置	1	开关量
13	灭磁开关位置	1	开关量
14	其他开关量	数量待定	开关量

C. 加速度型振动传感器

加速度型振动传感器应采用国际知名品牌的原装进口产品，并在国内单机容量 ____ MW 及以上水轮发电机组中有成熟运行业绩。传感器应满足如下技术条件：

    a. 测量原理：加速度型振动传感器；

    b. 最大线性量程：±10g；

    c. 灵敏度：不低于 1000mV/g；

    d. 工作频响范围：1—1000Hz；

    e. 幅值非线性度：≤5％；

    f. 横向灵敏度：≤7％；

    g. 防护等级：IP66；

h. 工作温度：0—125℃；

i. 靠干扰措施：传感器需抗电磁场干扰。

D. 压力脉动变送器

压力脉动变送器应采用国际知名品牌的原装进口产品。该产品必须是专门用于测量水压脉动的高频响的压力脉动变送器，并在国内单机容量____MW及以上水轮发电机组中有成熟运行业绩。变送器应满足如下技术条件：

a. 量程：在－0.1—5MPa范围内可以被调整，最终量程在设联会上确定；

b. 精度误差：≤±0.2%；

c. 输出：4—20mA，二线制；

d. 工作电压：24VDC；

e. 响应速度：≤1ms；

f. 外壳防护等级：不低于IP65。

E. 空气间隙传感器

空气间隙传感器应采用国际知名品牌的原装进口产品，并在国内单机容量____MW及以上水轮发电机组中有成熟运行业绩。传感器应满足如下技术条件：

a. 测量原理：采用平板电容式或其他更优测量原理；

b. 线性量程：10—50mm；

c. 频响范围：0—1000Hz（－3dB）；

d. 温度漂移：≤0.05%/℃；

e. 抗振动：符合IEC68.2.27标准；

f. 抗干扰：抗电磁场干扰，抗磁强度：1.5T（Tesla），50Hz；

g. 专用电缆：电缆应采用带屏蔽抗油污的，并有足够机械强度的专用电缆，并配适配器，电缆的最终长度在确定传感器安装位置后确定；

h. 抗污染：耐各种污物沉积；

i. 工作温度：传感器和变送器工作温度为0—125℃或更优，前置器工作温度为0—55℃或更优；

j. 平板式传感器物理尺寸限制：粘贴于定子内壁的平板式传感器其物理厚度不得大于4mm，宽度不得大于80mm，长度不得大于300mm；

k. 安装附件：卖方应提供专用的安装附件如耐高温的专用黏合剂、催化剂等，并且该黏合剂、催化剂能在传感器工作温度范围内不失效。

F. 抬机量（大轴位移）位移传感器

抬机量位移传感器应采用国际知名品牌的原装进口产品，并在国内单机容量____MW及以上水轮发电机组中有成熟运行业绩。传感器应满足如下技术条件：

a. 测量原理：非接触式位移测量，采用电涡流或更优原理；

b. 频响范围：0—10kHz（—3dB）或更优；

c. 测量范围：其线性量程范围为 10mm，但其线性量程起始点不低于 2mm；

d. 灵敏度：0.8mV/μm；

e. 幅值非线性度：≤±5%；

f. 温度漂移：≤±0.1%/℃；

g. 工作温度：—10—＋60℃；

h. 延长电缆：电缆应采用带屏蔽抗油污的，并有足够机械强度的专用电缆，电缆的最终长度在确定传感器安装位置后确定。

2.24.5 机组状态在线监测软件要求

1）概述

（1）卖方提供的整个系统软件应符合国际开放系统组织推荐的开放式系统，网络系统应采用符合 TCP/IP 协议的网络软件，各服务器及各数据采集站均应使用实时多任务多窗口操作系统。

（2）应用软件应是可执行程序和源程序两种形式。在源程序中应有详细的中文解释，应用软件提供的资料应详尽清楚，由第三方提供的软件应有证书和详尽的使用说明手册。

2）软件配置

卖方应至少提供以下软件：

（1）操作系统软件。

（2）在线监测系统自诊断软件。

（3）数据库管理系统软件。

（4）网络管理软件。

（5）人机接口软件。

（6）监视和数据采集及处理软件。

（7）时钟同步管理软件。

（8）与电站状态监测厂站层的通信软件。

（9）开发工具。

（10）状态报告智能分析软件。

（11）系统管理软件。

2.24.6 机组状态在线监测系统主要技术指标

1）故障间隔时间：

（1）系统平均故障间隔时间 MTBF≥17000 小时。

（2）在线监测子系统平均故障间隔时间 MTBF≥27000 小时。

（3）其中 I/O 单元模板平均故障间隔时间 MTBF≥50000 小时。

（4）外部设备（除打印机）平均故障间隔 MTBF≥10000 小时。

（5）通道平均无故障时间＜12 小时/年。

2）CPU 及网络负荷率

（1）CPU 平均负荷率

正常状态下：

主机和人机工作站≤40％

其他处理机≤35％

事故状态下：

主机和人机工作站≤50％

其他处理机≤45％

（2）光纤网平均负荷率≤25％。

（3）液晶显示器调用画面响应时间≤3s。

（4）动态数据刷新时间≤5s。

（5）事件记录分辨率≤2ms。

（6）报警发生到输出≤3s。

（7）主机数据库刷新周期≤1s。

2.25　机坑加热器

卖方在每个发电机机坑内应设计和提供一套完整的热风型电加热系统，以防止发电机处于停机时受潮结露。卖方应提供足够数量的带风扇的机坑加热器，在发电机机坑内等间距布置。机坑加热器运行时应保证不损坏发电机绝缘和其他任何部件。各机坑加热器应接到 2.27 节卖方供应的发电机动力柜上，且负荷应对称，动力柜中装有符合 1.16 节"辅助电气设备"中规定的电动机磁力启动器。机坑加热器应分成二组投入运行，二组机坑加热器交叉布置。按需要提供的端子箱应布置在经批准的、易于接近机坑加热器电路的位置。应为整个电加热系统提供一个根据温湿度自动投切和手动操作的控制装置，该装置置于 2.27 节卖方供应的发电机动力柜内，且应包括以下控制装置：

1）开关和按钮。

2）红、绿指示灯。

3）机坑加热器与机组控制系统闭锁，在机组运行时不得投入机坑加热器。

4）温湿度控制器：根据机坑内温湿度传感器信号，自动投切加热器。

2.26 轴绝缘及其在线监测

发电机的导电部件，如定子、机架、轴承、所有支撑件、密封件、测温包和检测器等应根据需要适当绝缘，以防止由于发电机磁场产生的并可能伤及发电机或水轮机轴承的轴电流。绝缘材料的设计应能安全地承受本规范中所规定的各种运行工况下产生的所有机械应力。应在发电机上端轴采用滑转子结构，在轴身与滑转子间设置绝缘，以切断轴电流可能的通路。

轴绝缘监测装置对发电机轴绝缘进行监测，且应具有报警功能，绝缘电阻值能以 4—20mA 模拟量输出。

2.27 发电机动力柜、照明箱、端子箱

2.27.1 发电机动力柜

电气盘、箱、柜应满足买方统一品牌、型式、颜色和尺寸的要求。卖方应提供发电机动力柜，负责发电机辅助设备的用电及控制，包括机坑内加热器、高压油顶起系统、推力轴承外循环油泵（如果有）、移动式顶转子油泵装置、粉尘收集装置、油雾收集装置、中性点接地装置、集电环室通风机（如果有）、盘箱柜内电加热器等设备用电和控制，但不包括消防用电和控制。动力柜暂定布置在。为保证供电的可靠性，买方将提供 2 回独立的 380/220V AC 三相四线制电源至该动力柜，动力柜内设双电源自动切换装置。动力柜内所有开关及其他元器件均应采用知名品牌空气断路器。动力柜应符合 1.16.11 款的规定。动力柜采用落地式安装，其进出线方式在设计联络会上确定。卖方应提供动力柜原理接线图（含元件参数）供买方审查。

2.27.2 照明箱

卖方应提供照明箱，负责发电机机坑内照明系统用电，包括定子机座周围的通道、轴承及支架区域、集电环室和卖方认为必要的其他地方的照明以及发电机顶部指示发电机运行工况灯的用电。照明箱面板由薄钢板制成，箱体应有足够的刚度，盘面应平整，并涂漆，颜色应符合 1.20.5 的规定，箱内应有安装板以便安装电气元件。照明箱采用挂墙式或落地式安装，膨胀螺栓固定，其进出线方式在设计联络会上确定。卖方应提供照明箱原理接线图（含元件参数）供买方审查。

2.27.3 发电机端子箱

1）发电机机坑内的所有导线尽可能地敷设在硬质金属管内。该管道的布置使得在拆卸发电机时，尽量避免不必要的移动。

2）与电站计算机监控系统相连的导线，包括备用接点回路的连线，接到位于机坑外的发电机端子箱内，但发电机机坑加热器和轴承油雾吸收装置应接到发电机动力柜。

3）端子箱内设有隔板，将仪表端子、控制端子和电源端子分开。发电机端子箱应布置在便于运行巡视的位置。

4）若根据卖方的要求需要设中间端子箱，则中间端子箱应设置在发电机机坑内易于接近并有足够工作空间的地方。端子箱的设置应保证在发电机检修时，只需将连接端子的接线拆除，即可将发电机部件吊出。

5）端子箱配有端子排和电缆支撑夹板，装有活页折门，并采用厚度不小于1.5mm的钢板制成。箱内设有支撑，确保一定刚度。箱深至少125mm。箱内四周留有足够的空间，以便连接电缆，电缆可从顶部或底部接入。端子箱的安装位置应满足运行维护的要求。

6）除非另有注明，机坑内全部发电机自动化元件及风罩附近自动化元件应在发电机端子箱上汇接，并至少留有20%的空端子。备用端子板应设保护罩。端子箱内每一端子应尽可能采用单芯压接。机组范围内设备的供电均应通过端子箱或动力柜转供。

2.28　灭火设备

2.28.1　概述

发电机应采用水喷雾自动灭火系统，该系统的设备应符合中国有关消防标准。

发电机机坑应设置排水沟，并采取防水措施，以防止消防水漏到水轮机机坑或发电机层。卖方应在发电机下盖板处安装浮球型排水装置，以便将消防水排入电站主厂房的排水沟。

2.28.2　水喷雾自动灭火系统

1）水喷雾灭火装置

（1）卖方应随每台发电机提供的水喷雾灭火系统应包括下列设备：

卖方应根据通风系统结构，为发电机设置2条灭火环管，每条环管上应布置适当的喷头。喷头的布置应能使水雾覆盖定子绕组所有部分，包括端部。第一条环管布置在定子绕组的上方，直接向绕组喷雾；第二条布置在定子绕组下方，直接把水雾喷向绕组端部。

灭火环管应是不锈钢管。卖方在进行环管设计时应考虑其承受的水压。

（2）喷头应由耐热材料制作，最好是蒙乃尔合金。喷头应不易被堵塞，且易于用标准扳手拆卸而不被破坏。

当压力在0.3MPa，在距离喷头0.3m处取样时，水滴平均直径应小于0.3mm。在水喷雾灭火时，雾状水粒的平均直径应小于$100\mu m$。卖方应提供水雾化试验报告。

（3）消防用水将取自电站消防供水系统，电站消防供水水源取自消防水池。接到水灭火系统的工作水压约为0.3—0.6MPa。

2）探测器

（1）卖方应在发电机机坑内提供适当数量的具有抗电磁干扰的感温型和极早期吸入式空气采样探测器，用以发警报和/或自动喷水灭火。探测器的装设数量和装设位置应由卖方提出并经买方批准。

（2）感温探测器应为固定温度型，其整定的动作温度应由卖方确定。温度传感元件和接点动作元件应为管型、全封闭和具有抗腐蚀的外壳。各接点应是常开接点，在温度上升时闭合。

（3）极早期吸入式空气采样探测器应为高灵敏度电离子型，主要技术要求如下：

A. 具有"国家消防电子产品质量监督检验中心"检验报告，及 FM 和 UL 认证；

B. 工作电压：DC24V；

C. 探测光源：激光光源；

D. 灵敏度：$0.005\%—20\%$ obs/m 可调；

E. 报警条件：监控区域内烟雾浓度达到最小灵敏度值时报警，支持可编程的四级报警；

F. 报警方式：火警和故障两对开关量输出接点 24V 5A；

G. LED 寿命：$\geqslant 20$ 年；

H. 采样管：管路接口数$\geqslant 2$ 路；每路管长$\geqslant 100$m；

I. 内置可维护空气过滤器；

J. 强抗干扰防误报能力：强电流、电磁场、尘土颗粒、燃油排气等干扰。

3）消防机械操作柜

为了向 2 条环管供水，卖方应提供一个手动和电磁阀操作的雨淋阀组和一个手动操作的截止阀，安装在发电机机坑外的总消防供水管上。截止阀应配有在开、闭位置时的挂锁。这些阀应带有两个单独的辅助接点，一个用于声光报警，一个用于停机。

阀门应放置在一个金属柜子内。机械柜应提供一个带柱形锁、门闩和把手的铰链门。在柜体的合适的部位应设置与买方提供的消防水管连接的管接头。机械柜的设计和布置应得到买方的批准，并在设计联络会上协商确定。

阀门应具有良好的密封。绝对不允许漏水进入发电机灭火环管中，应设置有可靠的防止漏水进入灭火环管的措施。

4）消防电气操作柜

（1）消防电气操作柜内应安装火灾控制器、声光报警装置以及其他必要设备，机组火灾探测器接入火灾控制器，火灾控制器应能通过硬接点 I/O 方式将机组火灾信号接入全厂火灾报警系统，并接收全厂火灾报警系统的控制命令，消防电气操作柜应布置在发电机机坑外。消防电气操作柜更详细的设计及布置将在设计联络会上进行商定。

（2）自动喷水系统应 在感烟和温度探测器动作后报警，应在下列所有动作发生时才动作：

预定的一些感烟探测器动作；

预定的一些温度探测器动作；

发电机差动和/或中性点不平衡保护已动作跳闸；

主变压器高压侧断路器和灭磁开关均已跳闸。

（3）卖方应提供探测器与消防电气柜以及到消防机械柜之间连接的电缆管和电缆。

5）管道及附件

卖方应提供发电机机坑内所有必需的全部管道、阀门、仪表及附件，并提供与消防机械柜连接消防管道（至机坑外的第一对法兰），包括安装固定用的吊架、支架锚、螺栓等。

所有管道、管件、测量元件等均应进行可靠的固定，以防在发电机运行时振动。

卖方应提供水灭火系统的用水量、水压值以及详细的设计计算书。灭火系统的布置应经买方审批。

2.29　发电机详细接口（与接口协调合并）

2.29.1　发电机与桥机的接口

除转子起吊平衡梁之外的所有起吊发电机定子、转子、轴、上机架、下机架的专用起吊工具均由卖方提供。起吊转子的平衡梁由桥机承包商提供。

2.29.2　发电机与主回路离相封闭母线的接口

发电机主引出线离相封闭母线供货应供至机坑墙外约 1000mm 处与其他承包商供应的主回路离相封闭母线焊接，包括离相封闭母线导体的密封件、绝缘子和外壳穿机坑墙的密封件、支撑件和对机坑墙内钢筋发热的保护设施。

2.29.3　发电机与励磁系统的接口

从发电机集电环室内炭刷至机坑内励磁电缆接线箱的直流励磁电缆（含接线端子）及机坑范围内所有直流励磁电缆的支撑件和固定件由发电机卖方提供。

励磁柜至机坑内励磁电缆接线箱的直流励磁电缆由励磁系统承包商提供，直流励磁电缆出机坑墙后至励磁柜的支撑件和固定件由其他承包商提供。

用于励磁系统的电流互感器与励磁系统的接口在发电机端子箱或发电机仪表柜。

2.29.4　发电机辅助电气设备、照明系统与电站厂用电系统的接口

发电机辅助电气设备、照明系统与电站厂用电系统的接口在发电机动力柜、照明箱上。发电机动力柜负责发电机机坑内电加热系统、高压油顶起系统、粉尘收集系统、油雾吸收装置、推力轴承外循环油泵装置（如果有）、移动式顶转子油泵装置、集电环室通风装置（如果有）等辅助电气设备的供电；发电机照明箱负责发电机机坑内照明系统的供电。发电机动力柜、照明箱由卖方提供，电站厂用电系统提供 2 回独立的 380/220V AC 三相四线制电源至发电机动力柜，提供 1 回 380/220V AC 三相四线制电源至发电机照明箱。

2.29.5　发电机与发电机－变压器组继电保护系统的接口

发电机与发电机－变压器组继电保护系统的接口在机坑墙外侧的发电机仪表柜或

端子箱上。机组继电保护所需的电流互感器、发电机仪表柜和端子箱由卖方提供，继电保护装置由其他承包商提供。

2.29.6 发电机辅助设备控制系统与电站计算机监控系统的接口

与计算机监控系统网络通信的光电转换器、光纤固定盒、尾纤、规约转换器（如有）等接口装置，由合同卖方提供。

1）发电机水喷雾自动灭火及报警系统

发电机水喷雾自动灭火及报警系统应以 I/O 点的方式接入全厂火灾报警系统和电站计算机监控系统。电站计算机监控系统采集发电机水喷雾自动灭火及报警系统各探测器的动作、消防阀动作、消防水压信号以及水喷雾灭火系统正常信号。

2）高压油顶起控制系统

高压油顶起控制系统应以 I/O 点的方式从发电机端子箱接入电站计算机监控系统。电站计算机监控系统从高压油顶起控制系统采集油路的压力、示流信号以及油泵运行、油泵断开、备用泵投入、系统故障信号；根据开/停机流程要求对高压油泵的启停进行控制。

3）推力轴承外循环油泵控制系统（如果有）

推力轴承外循环油泵控制系统应以 I/O 点的方式从发电机端子箱接入电站计算机监控系统。电站计算机监控系统从推力轴承外循环油泵控制系统采集轴承油槽的油温、油位信号、油泵运行、油泵故障、冷却器堵塞信号；根据开停机流程要求启/停油泵，监视水冷却器的工作状态和冷却器进水口水温。

4）发电机机械制动系统

发电机机械制动系统应以 I/O 点的方式从发电机端子箱和机械制动控制柜接入电站计算机监控系统。电站计算机监控系统从机械制动系统采集制动器位置信号；根据机组操作流程要求投入或切除制动电磁阀。

5）发电机碳粉收集控制系统

发电机碳粉收集控制系统应以 I/O 点的方式从发电机端子箱接入电站计算机监控系统。电站计算机监控系统从碳粉收集控制系统采集系统运行、系统故障信号；根据机组开/停机操作流程要求启/停本系统电动机。

6）发电机制动粉尘收集控制系统

发电机制动粉尘收集控制系统应以 I/O 点的方式从发电机端子箱接入电站计算机监控系统。电站计算机监控系统从发电机制动粉尘收集控制系统采集系统运行、系统故障信号；根据机组操作流程要求启/停本系统电动机。

7）发电机轴承油雾吸收控制系统和电加热控制系统

发电机轴承油雾吸收控制系统和电加热控制系统的控制装置安装在卖方提供的发

电机动力柜内，该系统应以 I/O 点的方式从发电机动力柜接入电站计算机监控系统。

（1）轴承油雾吸收控制系统

电站计算机监控系统从发电机动力柜采集轴承油雾吸收控制系统运行、故障、操作方式信号；电站计算机监控系统根据机组操作流程要求操作轴承油雾吸收装置。

（2）发电机电加热系统

电站计算机监控系统从发电机动力柜采集电加热系统运行、故障、操作方式信号；电站计算机监控系统根据机组操作流程要求操作机坑加热器。

8）机组状态在线监测系统

机组状态在线监测系统应以 I/O 接口和通信接口两种方式接入电站计算机监控系统。机组状态在线监测系统应留有以太网接口和 RS485、RS232 串行接口与电站计算机连接。

卖方作为协调方，应公开本系统的通信规约和协议，与电站计算机监控系统制造厂商协调，完成机组状态在线监测系统与电站计算机监控系统之间信息交换功能的要求。

9）蒸发冷却控制系统

蒸发控制系统应以 I/O 点的方式接入电站计算机监控系统。电站计算机监控系统从蒸发冷却系统采集冷却介质及冷凝器冷却水的温度、流量、压力、故障、保护信号。可根据机组操作流程要求自动启/停电动泵和正反向运行。

10）发电机冷却水系统

发电机冷却水系统应以 I/O 点的方式从发电机端子箱接入电站计算机监控系统。电站计算机监控系统从发电机冷却水系统采集冷却水示流量、压力信号以及推力轴承温度、导轴承温度、轴承油温、空气冷却器冷/热风温度；根据机组操作流程控制正反向运行和备用水源自动投入、投入/切除冷却水电磁阀。

11）集电环通风系统

集电环通风系统应以 I/O 点的方式从发电机端子箱接入电站计算机监控系统。电站计算机监控系统从集电环通风系统采集各种信号，根据机组操作流程控制集电环通风系统的启停。

12）其他

卖方提供的自动化元件，如测温电阻（RTD）、温度开关、油混水检测器、液位信号器、示流信号器、流量传感器、油位传感器、压力开关、限位开关、油位开关、差压开关、中性点接地装置、推力轴承负荷传感器信号、轴电流信号等以及其他卖方认为需要的自动化元件的信号从发电机仪表柜和发电机端子箱均以 I/O 点的方式接入电站计算机监控系统。所有辅助设备控制系统均需具有自保持监控系统发出的启/停令的功能。

卖方应提供发电机各辅助设备控制系统与电站计算机监控系统接口的 I/O 点表。

2.30 工厂组装和试验

2.30.1 概述

1）装配和试验计划

卖方应随投标文件提交工厂装配和试验的计划。

2）提供试验计划和程序

至少在工厂试验前的 60—90 天，卖方应通知买方，以便买方能见证试验。卖方应提交 6 份试验报告，包括可资应用的特性曲线。

3）材料试验

金属材料应按 1 "一般技术条款" 中的规定进行试验。绝缘材料应按 GB 或 ANSI-C29、IEC 标准的有关规定进行试验。另外，关键部件材料的附加试验，如硅钢片在冲压前后的电磁特性和损耗样品试验、转子支架钢板材料性能试验、推力轴承弹性支撑材料试验、阻尼绕组极间连接部分的疲劳强度样品试验等也应进行。

4）焊接试验

包括焊缝尺寸检查、焊缝表面裂纹检查，并对发电机的组焊件、定子机座、转子、机架、主轴和起吊设备的主要受力焊缝进行无损检测。

5）尺寸检验和预组装

不要求在工厂进行发电机总装配，除定子铁心和转子磁轭不在工厂组装外，发电机的所有部件和零件应在工厂预装配和检验。预装配和检验过的部位应作永久的和清晰的配合标记，以便现场的重新组装。应检查部件的重要尺寸和装配尺寸。但定子铁心和转子磁轭应在工厂进行模拟预叠片。

工厂内应对每台发电机转子磁轭铁片尺寸进行仔细的检查，装运前应得到买方代表进行模具检查后的认可才能发运。

6）主轴及连接法兰的尺寸检验

卖方应按国际通用的办法进行水轮机轴与发电机轴及连接法兰的尺寸检验，检查记录交买方认可，作为现场安装的依据。

7）推力轴承应在工厂进行试验以表明其设计正确，并满足规定的性能要求。试验可以在全套轴承、多个轴瓦或者在轴承模型上进行。买方将接受表明与其推荐的轴承类似的推力轴承能满意地运行的合格的现场试验报告或运行报告，来代替这些报告。类似的推力轴承应为装在单独的下机架上；其承载能力与_____机组类似，推力瓦单位面积荷载等于或大于所推荐的数值；并且，其额定温度等于或小于所推荐的额定值。推力轴承镜板应按 2.13.2 中所规定的要求做硬度检验。

8）在本合同发电机定子线棒设计完成后，应进行线棒的有关试验（包括买方代表参加的见证试验）。

2.30.2　应对每个定子线棒，包括备件进行下列试验

1）交流耐压试验

每个线棒应能安全地承受 1min 的工频试验电压，其数值应不低于 2.75 倍额定电压加 6500V。

2）介损试验

介质损失角正切值（tgδ）应在 20% 和 60% 额定电压时测量。在 20% 额定电压时的 tgδ 值不得大于 0.01；在 60% 和 20% 额定电压时 tgδ 值之差（Δtgδ）不得大于 0.005。

3）股间绝缘试验

股间绝缘应能承受的工频试验电压由卖方提出，经买方审查。

4）电晕试验

每个线棒在 1.5 倍额定电压下不得产生可见电晕。

2.30.3　定子线棒工频击穿电压试验

对定子线棒应随机抽样（首批线棒上、下层各抽取 3 根）进行工频击穿电压试验，试验电压应以____kV/s 的速度逐步升高，直至不低于额定电压的____倍，如通过则认为这批线棒全部合格，如未通过再随机加倍抽样，如仍然不合格则认为这批线棒全部不合格。完成试验后，取 3 根样品中的 2 根进行破坏性击穿电压试验，试验电压逐步升高直至击穿，记录击穿时的电压。

2.30.4　应对每个磁极、包括备件进行下列试验：

1）磁极绝缘电阻试验

2）交流阻抗试验

3）交流耐压试验

每个磁极应能安全地承受 2.5.7.（10）款中规定的工频试验电压历时 1min。

4）匝间绝缘试验

匝间绝缘试验耐压值为：250V 的冲击电压（1.2/50ms）。

2.30.5　若发电机定子绕组采用蒸发冷却方式，尚需进行下列试验：

1）单根空心导线的检查

对空心导线进行超声波和高频涡流探伤检查，导线表面和内部无缺陷或微小裂纹。在线棒成型前，对每根空心导线进行水压试验或气密试验，试验水压为 2.5MPa，历时 10min，无渗漏；气密试验的试验压力为 4Mpa，历时 10min，无渗漏。

2）线棒成型后的检查

在单根线棒成型后对空心股线进行水压试验，试验水压 2MPa，历时 20min。还需

进行流量试验，额定水压降为 0.1MPa，流量约 3 l/min。

3）线棒焊接好汽液接头后的检查

在线棒内充以氮气，进行压力和泄漏试验，压力为 1.5 MPa，历时 20min，无渗漏。在线棒内充以空气，进行流量试验，空气流速为 3 m/s。

卖方也可按自己的经验建议水压和流量试验的方法，但必须得到买方批准后才能进行。

4）定子线棒空心铜线材料的化学成分和机械性能试验；

5）蒸发冷却系统各部件的流量、水压、气密试验；

6）上集气环管/下集液环管的水压、气密试验；

7）单个冷凝器的水压和气密试验、加阀门密封试验；

8）冷却介质耐压试验。

2.30.6　其他试验要求

1）所有的油冷却器、空气冷却器、冷凝器和制动器缸应能承受不少于 60min、2 倍额定压力的耐压试验，而无渗漏出现。试验完毕后，冷却器中的水应完全排尽，再用空气冲扫干净，并保持排（泄）阀开启。逆止阀应进行反向压力试验，以证明其密封是可靠的。

2）灭火系统的喷头应在工厂做例行试验，喷头的型式需买方审批。

3）电流互感器应按照 GB20840 或 IEC60185 进行试验，所有电流互感器应按有关标准进行外施电压和感应电压耐压试验。

4）接地变压器应在工厂组装，并按 GB6450 或 ANSI C57.12、NEMA TR1 标准进行出厂试验。应对接地变压器的每一只电阻进行交流耐压试验和交流电阻测量。

5）所有辅助设备及自动化元件，如电动机、继电器、仪表、传感器、探测器和仪器等，应按照至少与 ANSI 或 IEEE 标准相当的有关标准逐个地进行试验。若部件是成批生产的，且按照至少与 ANSI 或 IEEE 标准相当的有关标准做过了例行试验，则该部件的单个试验可不做。然而，无论哪种情况，必需提交每个部件有关的合格的试验数据。

6）电阻温度计精度试验

安装在定子绕组或轴瓦中的每一个温度计应采用与合适标准进行比较的方法做精度试验。每个温度计应在 25℃、80℃ 和 120℃ 情况下进行试验。当电阻在 25℃ 与 120℃ 之间变化时，计算其电阻系数。

应对安装于定子绕组，并检测测温电阻垫条的表面电阻率、轴瓦内的 RTD 做交流耐压试验。

7）买方放弃任一试验或不到场见证试验均不能免除卖方应负的完全满足本技术规

范要求的责任。

2.30.7 试验数据

1) 所有在工厂内进行的组装检查和试验的原始数据记录都应当是两份，并且应由双方代表签订认可，各持一份。

2) 试验完成后应由卖方编写检查、试验报告并报买方，对试验报告中的检查、试验结论需双方代表签字。卖方应提供 6 份有全部设备检查、试验数据的报告。

3) 应随设备发送 2 份包括检查、试验数据的报告到工地。

3 现场试验

3.1 概述

3.1.1 要求

在发电机和其他辅助设备的安装、试验运行期间和最后验收之前，买方将组织对以上设备进行试验，以检验卖方提供的保证值和本技术条款规定的要求是否得到满足，并且提供水轮机试验时将发电机作为测功计所需的数据。试验项目按中国标准或按国际标准和惯例。试验分成以下几个阶段：现场安装试验、性能试验、型式试验、试运行、考核运行。

本节只定出了最后验收之前，设备应进行的最小限度的现场试验。除下面所列举的试验外，买方将进行其他必要的为验证设备与保证值和本规范规定的要求是否相符的补充试验。本节的条款是对本合同中有关规定的补充，在发生矛盾的情况下，以具体设备章节的详细要求为准。卖方应与买方、安装承包商以及有关的制造厂商协调配合，以保证相互满意地完成现场试验。

3.1.2 责任

卖方应对发电机的所有现场试验的监督和试验程序负责，并派遣有资格的试验工程师来指导试验。安装承包商将提供必要的人员，在试验工程师的指导下，进行试验设备的安装和进行试验。

买方放弃任一项试验均不能免除卖方应完全满足技术规范要求的责任。

3.1.3 试验设备

除了本规范规定的由他方提供的试验设备之外，卖方应提供所需的全部试验设备，包括消耗品及临时连接用的导线和电缆。该试验设备应满足本技术规范中规定的标准的要求，并且应由有资格的计量机构正确地校准。所有试验设备的产品说明书、整套规范和校准的全部证明应提供给买方。

卖方应随投标文件一起提供全部现场试验设备所需的试验仪器和仪器清单，清单应包括每项单价，并应注明试验完成后每套试验设备的折旧价格，这部分价格不包括在总价中，以便买方考虑是否购买（按折旧价）这些试验设备的一部分或全部。卖方对现场试验的技术指导服务费（包括仪器、仪表的运输费）包括在卖方技术服务费报价中，并计入总报价内。

3.1.4 试验的进度和程序

在试验开始的 90 天以前，卖方应编写进行所规定试验的建议进度表并提交以供批准。进度表应与安装承包商进行协调并应符合 1.5 款的要求。

在试验开始的 60 天以前，卖方应提交 6 份完整的包括建议的试验方法和试验程序在内的试验大纲，该大纲应经买方认可，大纲包括：

1）每项试验所需设备的清单。

2）每项试验需要的技术人员和劳力的配备。

3）每项试验的试验接线图。

4）记录试验数据用的表格和记录纸。

5）符合设备所规定的要求的最大/最小试验合格值。

6）说明参照的标准名称、章节。

3.1.5 试验数据和报告

每个试验完成以后，卖方应提交 6 份试验结果给买方。在所有的试验完成之后，卖方应提交 6 份完整的对设备进行的所有现场试验的报告给买方。该报告应包括下述的内容：每项试验的描述；试验方法和仪表；试验参加人员名单；测量仪表的校准；试验程序；测试数据表；计算举例；包括最终调整、整定值和性能曲线的试验结果；关于试验结果的讨论和最后的试验结论。

3.1.6 试验标准

除本节已明确规定的外，试验应按下述标准的要求进行：

GB/T8564 水轮发电机组安装技术规范

GB/T1029 三相同步电机试验方法

GB/T5321 用量热法测定大型交流电机的损耗和效率

GB50150 电气装置安装工程电气设备交接试验标准

JB/T6204 大型高压交流电机定子绝缘耐压试验规范

DL507 水轮发电机组启动试验规程

ANSI-C50.10 同步电机的一般要求

IEEE-115 同步电机的试验方法

IEEE-62 电力设备绝缘现场试验 IEEE 导则

IEC 60034-2A 旋转电机的损耗与效率试验方法

ANSI/IEEE-810 水轮机、发电机联轴器和轴的径向跳动容差

ANSI C37.1、C37.2 和 C37.9-继电器

3.2　现场安装试验

3.2.1　概述

在卖方试验工程师的监督下，安装承包商将进行现场安装试验，以确定水轮发电机组及其辅助设备已正确安装和组装，以及试验运行和商业运行所需的调试业已全部完成。

3.2.2　试验项目

在安装的过程中或安装完成之后，在投入初始运行前每台发电机及其辅助设备应进行下列试验：

1）对全套轴承冷却器系统、空气冷却器系统、蒸发冷却系统（如果有）包括冷却器、管道及其连接部分进行 1.5 倍额定工作压力的静水压试验，试验时间为 60min，试验完成之后，应没有水渗漏和压降。

2）对制动和顶起系统及高压油顶起系统（如果有）的压力试验。

3）在水轮机轴与发电机轴安装、连接对中之后，在卖方试验工程师的指导下，进行盘车试验。盘车试验应有买方代表见证，并应有安装承包商以及卖方试验工程师的书面批准。

4）定子铁心磁化试验

定子铁心组装之后和定子线棒安装之前，将进行定子铁心磁化试验，以检查叠片损耗和寻找可能的故障（热点）。用 10kV 绝缘电缆在铁心上缠绕足够的匝数以使其产生与额定工作状态所预期的最大磁通密度（至少 1T）。磁化试验的持续时间不得小于 90min。当铁心各部分的最高温升超过 25℃ 时，或定子铁心和外壳的温差超过厂家保证值时，应终止试验。在试验中，应定期检查铁心温度以发现铁心的"过热点"。对温度超过铁心平均温度 10℃ 以上的"过热点"应进行修补。试验应重复进行，直到没有温度超过铁心平均温度 10℃ 以上的"过热点"出现。试验所需的全部设备由买方提供。

动力电源的容量、电缆的匝数等计算书应提交买方审查。

5）若发电机定子绕组为蒸发冷却方式，还应进行下列试验：

（1）下线前单根线棒进行气密试验。

（2）绝缘引流管抽样气密试验。

（3）冷凝器水压、气密试验。

（4）冷却管路系统水压及气压试验。

（5）蒸发冷却系统各分支管路的水压及气密试验。

（6）整个蒸发冷却系统检漏、气密和保压试验。

6）定子绕组和转子绕组绝缘电阻的测试

（1）绝缘电阻

A. 定子绕组对机壳或绕组间的绝缘电阻值在换算至 100℃，应不低于 2.11MΩ（对应额定电压为 22kV）或 2.30MΩ（对应额定电压为 24kV）。

对于干燥清洁的水轮发电机，在室温 t（℃）时测得的定子绕组绝缘电阻值 R_t（MΩ）应大于按下式进行修正的 R_t 值（MΩ）：

$$R_t = R \times 1.6^{\frac{100-t}{10}}$$

式中，R 为对应温度 100℃时的定子绕组热态绝缘电阻最低值 2.11MW（对应额定电压为 22kV）或 2.30MW（对应额定电压为 24kV）。

当发电机采用空冷时，定子绕组的绝缘电阻值应采用 5000V 兆欧表进行测量。当发电机定子绕组采用蒸发冷却方式时，定子绕组的绝缘电阻值应采用 2500V 内冷发电机绝缘电阻测定仪进行测量。

B. 转子绕组绝缘电阻：

单个磁极挂装前、后：R（10—40℃） 5MΩ

转子整体绕组：R（10—40℃） 0.5MΩ

（2）极化系数

定子绕组的极化指数 R_{10}/R_1（R_{10} 和 R_1 为在 10min 和 1min 分别测得的 40℃时的绝缘电阻值）不小于 2.0。

7）定子绕组的直流耐压

试验将在一相试验、其他相接地的情况下进行。试验电压应逐步增加，每步增加直流 0.5UN，一直增加到 3 倍额定电压的最高值。每步历时 1min。泄漏电流应不随充电时间而增加，各相泄漏电流之差不应大于最小泄漏电流的 50%。当最大泄漏电流在 20μA 以下，各相间差值与出厂试验值比较不应有明显差别。试验所需的全部设备由其他承包人提供。

8）定子绕组和转子绕组的交流耐压

单根定子线棒在下线之前，应按每台机线棒总数的 5% 进行抽样试验，线棒应能安全承受不低于（2.75UN＋2.5）kV 工频试验电压 1min。单根定子线棒在嵌入槽下层后连接之前，应进行试验，应能安全耐受不低于（2.5UN＋2.0）kV 工频试验电压 1min。上层线棒下线后，打完槽楔与下层线棒一起试验，应能安全耐受不低于（2.5UN＋1.0）kV 工频试验电压 1min。若发电机采用空冷方式，当全部绝缘处理工作结束后，完整的定子绕组应能安全地耐受不低于（2UN＋3.0）kV 的工频试验电压，试验时间为 1min；若发电机定子绕组采用蒸发冷却方式，当全部绝缘处理工作结束后，在通液后应能安全地耐受不低于（2UN＋3）kV 的工频试验电压，试验时

间为 1min。机组零起升压试验前，进行整体绝缘检查，试验电压为 $0.8\times$（$2.0U_N+$
1.0）kV，试验时间为 1min。试验时对一相进行试验，其余相接地。转子绕组应能安全地耐受如 2.5.7 项下 10）中规定的工频试验电压 1min，试验所需的全部设备由其他承包人提供。

9）测量定子绕组各相对地电容和相与相之间的电容值。

10）定子绕组的电晕试验

定子绕组电晕起晕电压不得低于额定线电压的 110%，此时，在线棒的端部应无明显的晕带和金黄色的电晕亮点。

11）在实际冷态下，测得的定子绕组各支路间的直流电阻最大与最小两相间的差值，在校正了由于引线长度不同引起的误差以后，应不大于测得的最小电阻值的 2%。

12）轴承和埋入式温度检测计绝缘电阻的试验

所有的导轴承、推力轴承和埋入式温度检测计应分别对地绝缘电阻试验。在导轴承、推力轴承装入温度计注入润滑油前，用 1000V 兆欧表在 10—30℃ 测得导轴承、推力轴承的绝缘电阻值不小于 $1.0M\Omega$；注入润滑油后，用 500V 兆欧表在 10—30℃ 测得导轴承、推力轴承的绝缘电阻值不小于 $0.5M\Omega$。用 250V 兆欧表在 10—30℃ 测得的埋入式温度检测计绝缘电阻值应不小于 $1.0M\Omega$。

13）磁极的极性试验。

14）每个转子磁极绕组的交流阻抗测定。

15）空气冷却器、冷凝器（如果有）进水口和出水口之间的水压降试验。

16）发电机机坑内所有电气连线的电气连续性和绝缘电阻试验。

17）蠕动和振动探测器、气隙测量系统、机坑加热器、中性点接地装置、热继电器、温度计、测速装置、电阻式温度检测计和流量开关等的动作试验。

18）对发电机和水轮机旋转部分的动平衡试验。

19）对所有发电机电流互感器进行极性和相位试验。

20）灭火系统试验

灭火系统将在发电机机坑外预组装并进行试验，以验证本规范的有关规定是否得到满足，并测试喷嘴在正常工作水压下水喷雾的平均直径和雾滴的平均直径。

3.3　发电机例行试验和性能试验

3.3.1　概述

在发电机全部安装好并进行试运行以后，在卖方试验工程师的指导下，由安装承包商对各台发电机进行例行试验和性能试验。有些试验经买方批准可以推迟进行。所有量测和记录所需数据的传感器、变送器或应变仪和其他所需的仪器的固定设施均应由卖方选择和提供。

3.3.2 每台发电机上进行的例行试验

1）制动和顶起系统以及高压油顶起系统（如果有）的功能试验。

2）确定机组从50％—60％额定转速起加电气制动到机组安全停机所需时间的电气制动时间试验。确定机组从50％—60％额定转速起加电气制动和从10％额定转速起加机械制动到机组安全停机所需时间的制动时间试验。确定机组分别从20％和35％额定转速起加机械制动到机组安全停机所需时间的机械制动时间试验。并确定上述各种试验的n＝f（t）曲线。

3）测量轴承轴瓦的温度。

4）相序试验。

5）空载特性试验。

6）短路特性试验。

7）圆度和气隙分析仪气隙值测量。

8）机组各部件的振动测量。

9）发电机输出功率试验

用以检验机组按规范要求，在最大额定超前功率因数和滞后功率因数条件下运行的能力，包括线路充电容量试验。

10）在额定电压下，进行额定负荷的25％、50％、75％、100％甩负荷试验。

11）在不超过160％额定转速下进行过速试验，以检验所有过速保护装置整定和动作的正确性。

12）水轮发电机组进相运行试验。

13）空载运行轴电压测量。

14）电压波形全谐波畸变因数（THD）测定。

15）灭火系统检查。

16）发电机冷凝器断水试验（对于蒸发冷却发电机）。

3.3.3 在买方选择的一台发电机上进行性能试验

下述试验的取舍由买方决定。经过与卖方协商以后，买方将确定要进行的试验项目和安排这些试验的进行日期，并在试验开始前通知卖方，卖方应派出试验工程师指导试验。

1）当发电机在额定容量下连续运行时，测定发电机各部件最大温升的试验。此时，调节供给空气冷却器的冷却水，使冷却器出口的空气温度约为40℃。该试验应包括发电机端子和引出母线端子间的连接以及组成发电机中性点的连接。

2）定子绕组和转子绕组的过电流试验。

3）三相短路试验。用以表明发电机在带负荷运行的情况下能承受短路力而不损坏的能力。发电机应在空载、额定频率和高于额定电压5％时，作突然短路试验，持续时间不超过 3s。卖方应推荐为做此试验所需的设备试验接线。

4）测量发电机轴承冷却器、空气冷却器、冷凝器（如果有）进口和出口冷却水的温度和流量的试验。

5）测量发电机线电压波形的全畸变因数的试验，应录制当发电机在额定电压和频率下空载运行时，定子绕组每相电压的波形图。

6）噪声水平试验。由买方选择发电机顶盖板上方垂直距离 1m 处的 5 个位置进行测量。每处的噪声水平应为至少 12 个读数的平均值。5 个位置中最高的噪声水平应不超过＿＿dB（A）。

7）飞轮力矩（GD^2）试验。

8）测量下述发电机参数：

（1）直轴和交轴同步电抗；

（2）直轴饱和不饱和瞬态电抗；

（3）直轴饱和不饱和超瞬态电抗；

（4）交轴不饱和超瞬态电抗；

（5）不饱和负序电抗；

（6）零序电抗；

（7）直轴瞬态开路时间常数；

（8）直轴超瞬态开路时间常数；

（9）直轴瞬态短路时间常数；

（10）直轴超瞬态短路时间常数；

（11）交轴超瞬态短路时间常数；

（12）定子绕组短路时间常数；

（13）贮能常数；

（14）短路比。

9）效率试验

按照买方的选择进行常规效率试验，以确定发电机在 2.5.2"效率"中所规定的功率因数、额定电压和频率下，输出为 60％、70％、80％、90％ 和 100％ 额定容量（MVA）时的效率。该试验将包括确定：定子绕组和转子绕组的有功 I^2R 损耗、摩擦和风阻损耗、铁心损耗、杂散电流损耗、蒸发冷却系统中的损耗（若发电机定子绕组采用蒸发冷却方式）和励磁系统损耗（包括励磁变压器损耗以及整流器损耗）。上述损耗除 I^2R 铜损、励磁变压器损耗和整流器损耗以外，应用量热法确定。在确定这些损耗中所采用的 GD^2 值应由卖方根据 IEC"水轮机、蓄能泵和水泵轮机水力性能现场验收试验国际规程"所述的方法计算。

试验还包括在不同水头和出力下按推力轴承负荷变化校正的全部发电机推力轴承损耗，而不是试验测出的损耗。在试验前，卖方应提供水轮机引起的随水头和出力大小而变化的推力轴承损耗详细数据。由 2.5.2 所要求的发电机效率保证值由现场试验减去由于上述确定的水轮机负荷引起的推力轴承损耗来确定。

10）飞逸转速试验

在保证期内，买方可进行飞逸转速试验，以证明机组所有部件能承受规定飞逸转速下的应力，且电压调节器按规定动作。试验之后，应按 3.2.2.6）规定的要求对转子绕组进行试验，以检验转子绕组的绝缘强度仍能满足规定的要求。

11）汇流铜环蒸发冷却系统（如果有）专项试验

该试验用以验证发电机汇流铜环采用蒸发冷却方式的设计、制造及安装是否满足合同有关规定。卖方应根据本电站蒸发冷却系统的特点和合同的相关技术要求，提出具体的试验项目、试验方法及试验程序，并提交买方在设计联络会上审查确定。

3.4　试运行

在现场安装试验圆满完成之后，每台机组应进行试运行，以验证机组进行正常连续运行的能力。试验应在自动控制方式下进行，机组的负荷由买方指定。试运行持续时间应为 72h。如果由于卖方设备的故障引起试运行中断，经检查处理合格后应重新开始 72h 连续试运行，中断前后的运行时间不得累加计算。

3.5　考核运行

在试运行完成并合格后，要进行 30 天的考核运行。考核运行阶段出现问题后，可进行必要的修复处理，处理方式应经买方同意。进行修复处理合格后，考核运行应重新进行，时间从运行恢复后算起仍为 30 天。

3.6　商业运行与机组检修

30 天考核运行完成后，即可签署机组设备的初步验收证书，开始计算设备质量保证期，并及时投入商业运行。对运行中出现的机组及其附属设备缺陷，卖方在运行管理单位的安排与协调下，及时消除。

在质量保证期内，买方将安排机组至少 1 次 C 级或 C 级以上（A 级、B 级）的检修工作。卖方在上述检修期间，对机组及其附属设备存在的设计、制造等方面尚存的问题，进行全面的处理。

3.7　发电机型式试验

该试验在买方组织下，由卖方负责实施，用以验证发电机设计、制造、安装是否满足合同有关规定。发电机型式试验在卖方供货的一台发电机上进行。卖方应根据本电站发电机合同的相关技术要求，提出详细的试验大纲，包括具体的试验项目、试验方法及试验程序等，并提交买方在设计联络会上审查确定。

第八章　投标文件格式

_____（项目名称及标段）_____招标

投　标　文　件

投标人：_____（盖单位章）

法定代表人或其委托代理人：_____（签字）

_____年_____月_____日

目　录

一、投标函

致：_____（招标人名称）

1. 我方已仔细研究了_____（项目名称）_____标段招标文件的全部内容，愿意以人民币（大写）_____元（_____）的投标总报价，按照合同的约定交付货物及提供服务。

2. 我方承诺在招标文件规定的投标有效期____天内不修改、撤销投标文件。

3. 随同本投标函提交投标保证金一份，金额为人民币（大写）_____元（_____元）。

4. 如我方中标：

（1）我方承诺在收到中标通知书后，在中标通知书规定的期限内与你方签订合同。

（2）我方承诺按照招标文件规定向你方递交履约保证金。

（3）我方承诺在合同约定的期限内交付货物及提供服务。

5. 我方已经知晓中国长江三峡集团有限公司有关投标和合同履行的管理制度，并承诺将严格遵守。

6. 我方在此声明，所递交的投标文件及有关资料内容完整、真实和准确。

7. 我方同意按照你方要求提供与我方投标有关的一切数据或资料，完全理解你方不一定接受最低价的投标或收到的任何投标。

8. _____（其他补充说明）。

法定代表人或其委托代理人：_____（签字）

地址_____邮编_____

电话_____传真_____

电子邮箱_____

网址：_____

_____年_____月_____日

二、授权委托书、法定代表人身份证明

授权委托书

本人_____（姓名）系_____（投标人名称）的法定代表人，现委托_____（姓名）为我方代理人。代理人根据授权，以我方名义签署、澄清、说明、补正、递交、撤回、修改_____（项目名称）_____

标段投标文件、签订合同和处理有关事宜，其法律后果由我方承担。

代理人无转委托权。

附：法定代表人身份证明、生产（制造）商出具的授权函（若需要）

法定代表人或其委托代理人：＿＿＿＿＿＿＿＿（签字）

地址＿＿＿＿＿＿＿＿＿＿＿＿邮编＿＿＿＿＿＿

电话＿＿＿＿＿＿＿＿＿＿＿＿传真＿＿＿＿＿

电子邮箱＿＿＿＿＿＿＿＿＿＿＿＿＿＿＿＿

网址：＿＿＿＿＿＿＿＿＿＿＿＿＿＿＿＿

＿＿＿＿年＿＿＿＿月＿＿＿日

注：若法定代表人不委托代理人，则只需出具法定代表人身份证明。

附：法定代表人身份证明

投标人名称：＿＿＿＿＿＿＿＿＿＿＿＿＿＿＿＿＿

单位性质：＿＿＿＿＿＿＿＿＿＿＿＿＿＿＿＿＿

地址：＿＿＿＿＿＿＿＿＿＿＿＿＿＿＿＿＿＿＿

成立时间：＿＿＿＿年＿＿＿＿月＿＿＿＿日

经营期限：＿＿＿＿＿＿＿＿＿＿＿＿＿＿＿＿＿

姓名：＿＿＿＿＿＿性别：＿＿＿年龄：＿＿＿职务：＿＿＿＿＿

系＿＿＿＿＿＿＿＿＿＿＿＿＿＿＿＿（投标人名称）的法定代表人。

特此证明。

附：法定代表人身份证件复印件

法定代表人身份证件扫描件粘贴处

投标人：＿＿＿＿＿＿＿＿＿＿＿＿＿＿＿＿（盖单位章）

＿＿＿＿年＿＿＿＿月＿＿＿日

附：生产（制造）商出具的授权函

致：_____（招标人）

我方_____（生产、制造商名称）是按中华人民共和国法律成立的生产（制造）商，主要营业地点设在_____（生产、制造商地址）。兹指派按中华人民共和国的法律正式成立的，主要营业地点设在____（代理商地址）的_____（代理商名称）作为我方合法的代理人进行下列有效的活动：

（1）代表我方办理你方_____（项目名称）_____（货物名称及标包号）投标邀请要求提供的由我方生产（制造）的货物的有关事宜，并对我方具有约束力。

（2）作为生产（制造）商，我方保证以投标合作者来约束自己，并对该投标共同和分别承担招标文件中所规定的义务。

（3）我方兹授予_____（代理商名称）全权办理和履行上述我方为完成上述各点所必需的事宜。对此授权，我方具有替换或撤销的全权。兹确认（代理商名称）或其正式委托代理人依此合法地办理一切事宜。

我方于___年_月_日签署本文件，_____（代理商名称）于___年_月_日接受此件，以此为证。

代理商名称___（盖单位章）_____　　生产（制造）商名称___（盖单位章）___
签字人职务和部门_____　　签字人职务和部门_____
签字人（印刷体）姓名_____　　签字人（印刷体）姓名_____
签字人签名_____　　签字人签名_____

三、联合体协议书

牵头人名称：_____
法定代表人：_____
法定住所：_____
成员二名称：_____
法定代表人：_____
法定住所：_____
　……

鉴于上述各成员单位经过友好协商，自愿组成_____（联合体名称）联合体，共同参加

（招标人名称）（以下简称"招标人"）_____（项目名称）_____标段（以下简称"本项目"）的投标并争取赢得本项目承包合同（以下简称"合同"）。现就联合体投标事宜订立如下协议：

1. ____（某成员单位名称）为_____（联合体名称）牵头人。

2. 在本项目投标阶段，联合体牵头人合法代表联合体各成员负责本项目投标文件编制活动，代表联合体提交和接收相关的资料、信息及指示，并处理与投标和中标有关的一切事务；联合体中标后，联合体牵头人负责合同订立和合同实施阶段的主办、组织和协调工作。

3. 联合体将严格按照招标文件的各项要求，递交投标文件，履行投标义务和中标后的合同，共同承担合同规定的一切义务和责任，联合体各成员单位按照内部职责的部分，承担各自所负的责任和风险，并向招标人承担连带责任。

4. 联合体各成员单位内部的职责分工如下：_____。按照本条上述分工，联合体成员单位各自所承担的合同工作量比例如下：_____。

5. 投标工作和联合体在中标后项目实施过程中的有关费用按各自承担的工作量分摊。

6. 联合体中标后，本联合体协议是合同的附件，对联合体各成员单位有合同约束力。

7. 本协议书自签署之日起生效，联合体未中标或者中标时合同履行完毕后自动失效。

8. 本协议书一式_____份，联合体成员和招标人各执一份。

牵头人名称：_____（盖单位章）

法定代表人或其委托代理人：_____（签字）

成员一名称：_____（盖单位章）

法定代表人或其委托代理人：_____（签字）

成员二名称：_____（盖单位章）

法定代表人或其委托代理人：_____（签字）

____年____月____日

四、投标保证金

（一）采用在线支付（企业银行对公支付）或线下支付（银行汇款）方式

采用在线支付（企业银行对公支付）或线下支付（银行汇款）方式时，提供以下文件：

投标保证金承诺（格式）

致：＿＿＿＿＿＿＿＿＿＿＿＿＿

　　鉴于＿＿（投标人名称）＿＿已递交（项目名称及标段）招标的投标文件，根据招标文件规定，本投标人向贵公司提交人民币＿＿万元整的投标保证金，作为参与该项目招标活动的担保，履行招标文件中规定义务的担保。

　　若本投标人有下列任何一种行为，同意贵公司不予退还投标保证金：

　　（1）在开标之日到投标有效期满前，撤销或修改其投标文件；

　　（2）在收到中标通知书 30 日内，无正当理由拒绝与招标人签订合同；

　　（3）在收到中标通知书 30 日内，未按招标文件规定提交履约担保；

　　（4）在投标文件中提供虚假的文件和材料，意图骗取中标。

　　附：投标保证金退还信息及中标服务费交纳承诺书（格式）

投标保证金递交凭证扫描件

　　　　　　投标人：＿＿＿＿＿＿（加盖投标人单位章）＿＿＿＿＿＿

　　　　　　法定代表人或其委托代理人：＿＿＿＿＿＿（签字）

　　　　　　日　期：＿＿＿＿年＿＿＿月＿＿日

（二）采用银行保函方式

　　采用银行保函方式时，按以下格式提供投标保函及《投标保证金退还信息及中标服务费交纳承诺书》

投标保函（格式）

受益人：＿＿＿＿＿＿＿＿＿＿＿＿

　　鉴于＿＿（投标人名称）＿＿（以下称"投标人"）于＿＿年＿月＿日参加＿＿（项目名称及标段）＿＿的投标，＿＿＿＿（银行名称）＿＿＿＿（以下称"本行"）无条件地、不可撤销地具结保证本行或其继承人和其受让人，一旦收到贵方提出的下述任何一种事实的书面通知，立即无追索地向贵方支付总金额为＿＿＿＿＿＿＿＿＿＿的保证金。

　　（1）在开标之日到投标有效期满前，投标人撤销或修改其投标文件；

（2）在收到中标通知书 30 日内，投标人无正当理由拒绝与招标人签订合同；

（3）在收到中标通知书 30 日内，投标人未按招标文件规定提交履约担保；

（4）投标人未按招标文件规定向贵方支付中标服务费；

（5）投标人在投标文件中提供虚假的文件和材料，意图骗取中标。

本行在接到受益人的第一次书面要求就支付上述数额之内的任何金额，并不需要受益人申述和证实他的要求。

本保函自开标之日起（投标文件有效期日数）日历日内有效，并在贵方和投标人同意延长的有效期内（此延期仅需通知而无须本行确认）保持有效，但任何索款要求应在上述日期内送到本行。贵方有权提前终止或解除本保函。

银行名称：（盖单位章）

许可证号：

地　　址：

负 责 人：（签字）

日　　期：　年　月　日

附件：投标保证金退还信息及中标服务费交纳承诺书

_____ :

我单位已按招标文件要求，向贵司递交了投标保证金。信息如下：

序号	名称	内容
1	招标项目名称及标段	
2	招标编号	
3	投标保证金金额	合计：￥_____元，大写_____
4	投标保证金缴纳方式（请在相应的"□"内划"√"）	□4.1 在线支付（企业银行对公支付） 汇款人： 汇款银行：　　　　　银行账号： 汇款行所在省市： □4.2 线下支付（银行汇款） 汇款人： 汇款银行：　　　　　银行账号： 汇款行所在省市： □4.3 银行投标保函 投标保函开具行：
5	中标服务费发票开具（请在相应的"□"内划"√"）	□5.1 增值税普通发票 □5.2 增值税专用发票（请提供以下完整开票信息）： ● 名称： ● 纳税人识别税号（或三证合一号码）： ● 地址、电话： ● 开户行及账号：

我单位确认并承诺：

1. 若中标，将按本招标文件投标须知的规定向贵司支付中标服务费用，拟支付贵司的中标服务费已包含在我单位报价中，未在投标报价表中单独出项。

2. 如通过方式 4.1 或 4.2 缴纳投标保证金，贵司可从我单位保证金中扣除中标服务费用后将余额退给我单位，如不足，接到贵司通知后 5 个工作日内补足差额；如通过方式 4.3 缴纳投标保证金，将在合同签订并提供履约担保（如招标文件有要求）后 5 日内支付中标服务费，否则贵司可以要求投标保函出具银行支付中标服务费。

3. 对于通过方式 4.1 或 4.2 提交的保证金，请按原汇款路径退回我单位，如我单位账户发生变化，将及时通知贵司并提供情况说明；对于通过方式 4.3 提交的银行投标保函，贵司收到我单位汇付的中标服务费后将银行保函原件按下列地址寄回：

投标人名称（盖单位章）：

地址：＿＿＿＿＿＿＿　邮编：＿＿＿＿＿　联系人：＿＿＿＿＿　联系电话：＿＿＿＿＿＿

法定代表人或委托代理人：＿＿＿＿＿＿＿＿＿＿＿＿＿＿　　年　　月　　日

说明：1. 本信息由投标人填写，与投标保证金递交凭证或银行投标保函一起密封提交。

2. 本信息作为招标代理机构退还投标保证金和开具中标服务费发票的依据，投标人必须按要求完整填写并加盖单位章（其余用章无效），由于投标人的填写错误或遗漏导致的投标担保退还失误或中标服务费发票开具失误，责任由投标人自负。

五、投标报价表

说明：投标报价表按第五章"采购清单"中的相关内容及格式填写。构成合同文件的投标报价表包括第五章"采购清单"的所有内容。

六、技术方案

1. 技术方案总体说明：应说明设备性能；拟投入本项目的加工、试验和检测仪器设备情况等；质量保证措施等。

2. 除技术方案总体说明外，还应按照招标文件要求提交下列附件对技术方案做进一步说明。

附件一　货物特性及性能保证

附件二　设计、制造和安装标准

附件三 　工厂检验项目及标准

附件四 　工作进度计划

附件五 　技术服务方案

附件六 　投标设备汇总表

附件七 　投标人提供的图纸和资料

附件八 　其他资料

投标人：＿＿＿＿＿＿＿＿＿＿＿＿＿（盖单位章）

法定代表人或其委托代理人：　　　　　（签字）

年　　月　　日

附件一　货物特性及性能保证

投标人必须用准确的数据和语言在下表中阐明其拟提供的设备的性能保证，投标人应保证所提供的合同设备特性及性能保证值不低于招标文件第六章技术参数要求。

投标人一旦被授予合同，所提供的性能保证值经买方认可后将作为合同中设备的性能保证值。

序号	招标文件要求值	投标响应值

投标人：＿＿＿＿＿＿＿＿＿＿＿＿＿＿（盖单位章）

法定代表人或其委托代理人：＿＿＿＿＿＿（签字）

＿＿＿年＿＿月＿＿日

附件二　设计、制造和安装标准

投标人应列明投标设备的设计、制造、试验、运输、保管、安装和运行维护的标准和规范目录。

投标人：＿＿＿＿＿＿＿＿＿＿＿＿＿＿＿（盖单位章）

法定代表人或其委托代理人：＿＿＿＿＿＿＿（签字）

＿＿年＿＿月＿＿日

附件三　工厂检验项目及标准

投标人应列明工厂制造检查和测试所遵循的最新版本标准。

投标人应指出拟提供设备的初步检查和测试项目。

投标人：＿＿＿＿＿＿＿＿＿＿＿＿＿＿＿（盖单位章）

法定代表人或其委托代理人：＿＿＿＿＿＿＿（签字）

＿＿年＿＿月＿＿日

附件四　工作进度计划

投标人应按技术条款的要求提出完成本项目的下述计划进度表。

1. 制造进度表

2. 交货批次及进度计划表

3. 其他

投标人：＿＿＿＿＿＿＿＿＿＿＿＿＿＿＿（盖单位章）

法定代表人或其委托代理人：＿＿＿＿＿＿＿（签字）

＿＿年＿＿月＿＿日

附件五 技术服务方案

投标人应按技术条款的要求提出本项目的技术服务方案，如安装方案（若有）、现场调试方案、技术指导、培训和售后服务计划等。

投标人：＿＿＿＿＿＿＿＿＿＿＿＿＿＿（盖单位章）

法定代表人或其委托代理人：＿＿＿＿＿＿＿（签字）

＿＿＿年＿＿＿月＿＿＿日

附件六 投标设备汇总表

序号	名称	主要技术规范	数量	包装	每件尺寸（cm³）（长×宽×高）	每件重量（吨）	总重量（吨）	交货时间	发运港/发运点	备 注
1										
2										
3										

注：本表应包括报价表中所列的所有分项设备、备品备件、专用工具、维修试验设备和仪器仪表。

投标人：＿＿＿＿＿＿＿＿＿＿＿＿＿＿（盖单位章）

法定代表人或其委托代理人：＿＿＿＿＿＿＿（签字）

＿＿＿年＿＿＿月＿＿＿日

附件七　投标人提供的图纸和资料

1　概述

（1）投标人应按照本招标文件技术条款要求，提供足够详细和清晰的图纸、资料和数据，以便能够与本招标文件中的技术条款进行完整和翔实的比较。在这些图纸和资料中，应详细说明设备的特点，同时对与技术条款有异或有偏差之处应清楚地给予说明。除非经买方同意，设备的最终设计应按照这些图纸、资料和数据的所有详细说明进行。

（2）投标人应将其提供的所有设备布置在厂房内适当的位置，并提供建议的设备布置图。所提供图纸应包括表示设备总体布置的平面、立面和剖面的初步设计图纸，应表示出设备的主要尺寸和相关联的埋入部件，特别对于那些有可能影响厂房布置和厂房总体尺寸以及安装或拆卸机组所需的空间尺寸的部分更应详细表示。图纸中的高程均按照以水轮机安装高程为____m计的绝对高程注释。

（3）为了便于厂房设计，投标人应提供主要部件的外形尺寸、设备重量、设备对基础的作用力（包括力的大小、方向）和设备基础详图。

（4）投标人应随投标文件，按招标文件第六部分的要求，提供完整的水轮机CFD分析报告。

（5）投标人应根据本招标文件的供图要求，提供1份工厂图纸的目录及供图时间表，图纸应包括标书所列的内容和投标人认为应增加的内容。

（6）投标人应根据招标文件第四部分进度安排，提供1份所供设备的设计、制造和供货进度表和设备安装进度建议表。

（7）投标人应提供用于设计、制造、安装、试验、运输、保管和运行维护的标准和规范目录。

（8）投标人应提供工厂试验检查计划表。该计划表应包括部件名称、标准、试验标准、材料试验项目、制造过程与最终检验以及试验项目，并注明需有买方参加的项目。

2　随投标文件提供的图纸资料

2.1　水轮机部分

（1）模型试验台附图、照片及资料，精度的说明资料（包括测量装置、数据记录与处理系统及计算方法、校正装置、数据校验仪器和仪表、模型说明总尺寸）、水轮机模型试验项目。

（2）技术条款规定的水轮机模型特性曲线和预期的水轮机运转特性曲线。

（3）水轮机参数选择计算书。

（4）预估的水轮机振动和压力脉动分析资料，并提供与乌东德电站水轮机类似或相近水轮机振动和压力脉动实测资料及说明。

（5）过渡过程计算方法、计算成果、正/反向水推力计算报告和防抬机措施。

（6）表明卖方主要设备和辅助设备供货界定的图纸，主要设备供货图中应注明主要尺寸和关键高程。

（7）水轮发电机组的总装配图，应标出主要尺寸和关键高程。

（8）水轮机平、剖面图，应标出主要尺寸和关键高程。

（9）水轮机主轴密封及导轴承结构图。

（10）导水机构布置图，接力器行程和导叶开度关系图。

（11）转轮、座环、水轮机轴、顶盖外形尺寸图纸。

（12）标有各断面详细尺寸的蜗壳、尾水管外形尺寸图。

（13）导叶接力器装配图。

（14）机坑内环形吊车布置图。环形吊车机坑内起吊最大件示意图。

（15）主要部件（包括但不少与转轮、主轴、底环、基础环、蜗壳、顶盖、尾水管里衬）运输简图，包括尺寸、重量和吊点。

（16）前款所述部件吊运示意图。

（17）重、大件运输报告。

（18）蜗壳埋设方式的研究报告（按技术条款 6.2.10"蜗壳"规定的研究内容）

（19）水轮机液压操作系统图及自动化元件、设备、变送器等配置及说明。

（20）水轮机仪表、盘柜和控制设备布置图，设备和配置说明。

（21）水轮机主要部件结构设计、制造工艺、材料、应力选取和主要技术性能详述。需要预加应力的零部件，其预加应力预加应力的大小及引用标准。

（22）焊缝和主要部件的无损伤检查方法的详细说明。

（23）水轮机油、气、水系统原理图及说明书。

（24）详细说明转轮现场加工厂厂房的规模、工位布置、设备配置以及转轮上冠和下环的运输方式、组装、焊接、加工的工艺、质量保证措施和不同投标方案的工期安排等。如果有其他部件需要在转轮现场加工厂加工，则应一并说明。

（25）顶盖泄压和顶盖排水方式论述。

（26）防止转轮叶片裂纹的专项设计和可靠措施。

（27）水轮机设计技术说明书。

（28）工厂检验和试验项目清单，并注明需要买方代表见证的项目。

（29）投标人建议的水轮发电机组安装方法、示意图和进度。

（30）投标人认为还需要提供的其他图纸和说明。

2.2　发电机部分

（1）发电机性能及结构说明。

（2）建议的厂房布置图（平面图、剖面图）。

（3）发电机总装配图，应注明主要结构件名称、主要尺寸和关键高程。

（4）发电机主轴、定子和转子装配及吊装方式说明和图纸，应注明吊点、主要尺寸和重量。

（5）附图说明定子及其主要部件结构特点及加工、焊接、装配、拆卸的技术要求。

A. 定子机座，包括基础板位置、尺寸、预埋件及各种工况下预计的荷载和力矩；

B. 定子铁芯，包括叠压方法，各层压紧厚度，压紧力，适应热膨胀防止定子铁心产生瓢曲的措施和详细设计说明，RTD 的设置；

C. 定子线圈及其绝缘，包括线圈剖面详图、线圈详细尺寸、绝缘数量和电场强度（V/mm）、槽楔、槽壁、垫片安装及 RTD 在槽内的布置图，线圈在槽内安装的方法说明，线圈换位方式及股线间最大温差值；

D. 定子线圈的端箍、支持件、固定件、接头、铜环引线；

E. 空气冷却器布置、尺寸、具体结构和材料的大致情况，空气冷却器生产厂家、原产地和在类似大型空冷发电机上成功运行的经验及用户证明；

F. 定子组装方式、吊运方式及技术要求。

（6）发电机定子线棒绝缘性能专题，包括定子线棒的主绝缘结构、防晕方式、试验成果等。

（7）附图说明转子和其重要部分的结构及特点。

A. 投标人推荐的发电机轴与水轮机轴法兰分界面高程；

B. 主轴及连接法兰，加工方式；

C. 上端轴；

D. 转子支架及中心体，转子中心体加工方式；

E. 磁轭及磁轭键的结构和连接方式、叠片方法、压紧力、压紧厚度、安装方法；

F. 磁极和磁极线圈；

G. 集电环及电刷装置；

H. 制动环；

I. 阻尼绕组，包括设计安装方法及监测设备位置；

J. 防止轴电流措施；

K. 详细表达主轴、转子中心体、推力轴承、下导轴承和下机架之间相对关系的装配图，图中示出部件间的相关尺寸。

（8）附图说明推力轴承、导轴承及其他主要部件的结构和特点以及加工、焊接装配和拆卸的技术要求，高压油顶起系统详图，冷却器布置及水管材料。说明推力轴承的冷却循环方式。说明轴瓦温升保证值的选择依据以及设计的温升值。

（9）导轴承布置方式，油循环及冷却器布置方式说明。

（10）防油雾和防甩油措施说明，防止轴承油或油气进入发电机或空气冷却系统方法的说明。

（11）转子支墩总体布置图，埋件尺寸及转子安装预计负荷。

（12）定子及上、下机架基础荷载计算（发电机正常运行和各种故障情况下定子机座及上、下机架基础荷载图）和基础图，混凝土基础和墙上预留孔洞和基础螺栓布置图。

（13）发电机油、水、气系统原理图，运行参数和需用量，风道内油，水、气管道布置图。

（14）主引出线，中性点分支线及中性点引出线及其电流互感器，中性点间连线及其电流互感器布置图；附图说明防止发电机主引出线、中性点引出线附近机坑墙内钢筋及定子机座、上机架等金属结构件电磁感应发热的磁屏蔽措施。

（15）中性点接地装置，各元件参数、尺寸、系统图及布置图。

（16）机械制动及顶转子系统构成、技术参数、结构特点。

（17）灭火系统图及布置图、管路布置及喷头型式原理、结构的说明。

（18）监测系统图。

A. 列表说明：温度、压力、流量等监测元件安装地点、数量；

B. 监测仪器、仪表，带接点信号计、自动化元件等的原理、功能和技术参数；

C. 感温、感烟等各种探测器安装地点及数量。

（19）机组状态在线监测系统说明，包括系统图和关于设备、传感器和变送器等的说明。

（20）发电机效率曲线、损耗及效率计算方法的说明。

（21）发电机空载及短路特性曲线及发电机"V"形曲线。

（22）发电机功率特性曲线。

（23）发电机进相运行限界及限制分类的说明。

（24）容量为 500MVA 及以上，推力轴承负荷大于 3000t 的制造业绩及经验，及典型机组的各种试验报告和一般描述。

（25）发电机冷却方式选择专题报告。

（26）发电机通风冷却系统模拟、计算或试验报告。

（27）如果投标人推荐发电机定子绕组采用蒸发冷却方式，则应提供模拟计算报告或试验报告，应包括蒸发冷却采用的冷却介质选择、静态液位选择的专题报告，定子铜环引线和主引出线的冷却方式专题论证报告。

（28）空气冷却器的结构、材料、数量及备用数量的说明。

（29）蒸发冷却发电机蒸发冷却系统图、结构、参数、性能及部件尺寸的说明（如果有）。

（30）蠕动检测器的说明及使用说明。

（31）水轮机最大部件穿过发电机定子内腔和下部的孔径尺寸及说明。

（32）焊缝和主要部件的无损伤检查方法的详细说明。

（33）需要预加应力的螺栓、螺杆和连杆预加应力的大小和及引用标准。

（34）发电机主要设备及部件的运输尺寸图。

（35）重、大件运输报告。

（36）工厂检验和试验项目清单，并注明需要买方代表见证的项目。

（37）现场常规试验项目清单。

（38）现场性能试验项目清单。

（39）投标人设计、生产制造、工厂装配和试验计划。

（40）投标人建议的现场试验计划以及全部现场试验设备所需的试验仪器和仪器清单。

（41）投标人建议的机组安装方法、示意图和进度。

（42）投标人认为还需要提供的其他图纸和说明。

3　图纸资料清单

投标人应按照下表格式提供所提供图纸和资料的详细清单。

序号	名称/图号	张数	编号/图号	对应条款号	备注

投标人：＿＿＿＿＿＿＿＿＿＿＿＿＿＿＿＿＿＿＿＿（盖单位章）

法定代表人或其委托代理人：＿＿＿＿＿＿＿＿（签字）

＿＿＿年＿＿＿月＿＿＿日

附件八　其他资料

（根据项目情况，加入与项目特点相关的其他需要投标人提供的技术方案，如：运输方案等。）

投标人：＿＿＿＿＿＿＿＿＿＿＿＿＿＿＿（盖单位章）

法定代表人或其委托代理人：＿＿＿＿＿＿＿（签字）

＿＿＿年＿＿＿月＿＿＿日

七、偏差表

表 8-7-1　商务偏差表

投标人可以不提交一份对本招标文件第四章"合同条款及格式"的逐条注释意见，但应根据下表的格式列出对上述条款的偏差（如果有）。未在商务偏差表中列明的商务偏差，将被视为满足招标文件要求。

项目	条款编号	偏差内容	备注

备注：对投标人须知前附表中规定的实质性偏差的内容提出负偏差，无论是否在本表中填写，将被认为是对招标文件的非实质性响应，其投标文件将被否决。

表 8-7-2　技术偏差表

投标人可以不提交一份对本招标文件第七章"技术标准和要求"的逐条注释意见，但应根据下表的格式列出对上述条款的偏差（如果有）。未在技术偏差表中列明的技术偏差，将被视为满足招标文件要求。

项目	条款编号	偏差内容	备注

备注：对投标人须知前附表中规定的实质性偏差的内容提出负偏差，无论是否在本表中填写，将被认为是对招标文件的非实质性响应，其投标文件将被否决。

投标人：＿＿＿＿＿＿＿＿＿＿＿＿＿＿＿（盖单位章）

法定代表人或其委托代理人：＿＿＿＿＿＿＿（签字）

＿＿＿年＿＿＿月＿＿＿日

八、拟分包（外购）项目情况表

表 8-8-1　分包（外购）人资格审查表

序号	拟分包项目名称、范围及理由	拟选分包人				备注
		拟选分包人名称	注册地点	企业资质	有关业绩	
		1				
		2				
		3				
		1				
		2				
		3				
		1				
		2				
		3				
		1				
		2				
		3				

表 8-8-2　分包（外购）计划表

序号	分包（外购）单位	分包（外购）部件	到货时间
1			
2			
3			
...			

备注：投标人需根据拟分包的项目情况提供分包意向书/分包协议、分包人资质证明文件。

投标人：＿＿＿＿＿＿＿＿＿＿＿＿＿＿＿＿（盖单位章）

法定代表人或其委托代理人：＿＿＿＿＿＿＿（签字）

＿＿＿年＿＿月＿＿日

九、资格审查资料

（一）投标人基本情况表

投标人名称						
投标人组织机构代码或统一社会信用代码						
注册地址				邮政编码		
联系方式	联系人			电话		
	传真			网址		
组织结构						
法定代表人	姓名		技术职称		电话	
技术负责人	姓名		技术职称		电话	
成立时间			员工总人数：			
许可证及级别		其中	高级职称人员			
营业执照号			中级职称人员			
注册资金			初级职称人员			
基本账户开户银行			技工			
基本账户账号			其他人员			
经营范围						
备注						

备注：1. 本表后应附企业法人营业执照、生产许可证（如果有）等材料的扫描件。

2. 若代理商投标，须同时提供生产（制造）商的基本情况表。

附件一　生产（制造）商资格声明

1. 名称及概况：

（1）生产（制造）商名称：＿＿＿＿＿＿＿＿＿＿＿＿＿＿＿＿＿＿＿

（2）总部地址：＿＿＿＿＿＿＿＿＿＿＿＿＿＿＿＿＿＿＿＿＿＿＿＿＿

传真/电话号码：＿＿＿＿＿＿＿＿＿＿＿＿　邮政编码：＿＿＿＿＿＿

（3）成立和/或注册日期：＿＿＿＿＿＿＿＿＿＿＿＿＿＿＿＿＿＿＿＿

（4）法定代表人姓名：＿＿＿＿＿＿＿＿＿

2.（1）关于生产（制造）投标货物的设施及有关情况：

工厂名称地址	生产的项目	年生产能力	职工人数
＿＿＿＿＿	＿＿＿＿＿	＿＿＿＿＿	＿＿＿＿
＿＿＿＿＿	＿＿＿＿＿	＿＿＿＿＿	＿＿＿＿

（2）本生产（制造）商不生产，而需从其他生产（制造）商购买的主要零部件：

生产（制造）商名称和地址	主要零部件名称
＿＿＿＿＿＿＿＿＿＿＿	＿＿＿＿＿＿＿＿
＿＿＿＿＿＿＿＿＿＿＿	＿＿＿＿＿＿＿＿

3. 其他情况：组织机构、技术力量等。

兹证明上述声明是真实、正确的，并提供了全部能提供的资料和数据，我们同意遵照贵方要求出示有关证明文件。

生产（制造）商名称＿＿＿＿（盖单位章）＿＿＿＿

签字人姓名和职务＿＿＿＿＿＿＿＿＿＿＿＿

签字人签字＿＿＿＿＿＿＿＿＿＿＿＿＿＿＿

签字日期＿＿＿＿＿＿＿＿＿＿＿＿＿＿＿＿

传真＿＿＿＿＿＿＿＿＿＿＿＿＿＿＿＿＿＿

电话＿＿＿＿＿＿＿＿＿＿＿＿＿＿＿＿＿＿

电子邮箱＿＿＿＿＿＿＿＿＿＿＿＿＿＿＿＿

附件二　代理商资格声明①

1. 名称及概况：＿＿＿＿＿＿＿＿＿＿＿＿＿＿＿＿＿＿＿

（1）代理商名称：＿＿＿＿＿＿＿＿＿＿＿＿＿＿＿＿＿

（2）总部地址：＿＿＿＿＿＿＿＿＿＿＿＿＿＿＿＿＿＿＿

传真/电话号码：＿＿＿＿＿＿＿＿＿＿＿　邮政编码：＿＿＿＿＿

（3）成立和/或注册日期：＿＿＿＿＿＿＿＿＿＿＿＿＿

（4）法定代表人姓名：＿＿＿＿＿＿＿＿＿

2. 近 3 年该货物主要销售给国内、外主要客户的名称地址：

（1）出口销售

（名称和地址）＿＿＿＿＿＿＿＿＿＿　　（销售项目名称）＿＿＿＿＿＿

（名称和地址）＿＿＿＿＿＿＿＿＿＿　　（销售项目名称）＿＿＿＿＿＿

（2）国内销售

（名称和地址）＿＿＿＿＿＿＿＿＿＿　　（销售项目名称）＿＿＿＿＿＿

（名称和地址）＿＿＿＿＿＿＿＿＿＿　　（销售项目名称）＿＿＿＿＿＿

3. 由其他生产（制造）商提供和生产（制造）的货物部件，如有的话：

生产（制造）商名称和地址　　　　　　生产（制造）的部件名称

＿＿＿＿＿＿＿＿＿＿＿＿＿＿＿　　　＿＿＿＿＿＿＿＿＿＿＿＿

4. 开立基本账户银行的名称和地址：＿＿＿＿＿＿＿＿＿＿＿＿

5. 其他情况：组织机构、技术力量等＿＿＿＿＿＿＿＿＿＿＿

兹证明上述声明是真实、正确的，并提供了全部能提供的资料和数据，我们同意遵照贵方要求出示有关证明文件。

代理商名称：＿＿＿＿＿＿＿（盖单位章）

代理商全权代表：＿＿＿＿＿＿（签字）

签字日期：＿＿＿＿＿＿＿＿＿＿

传真：＿＿＿＿＿＿＿＿＿＿＿＿

电话：＿＿＿＿＿＿＿＿＿＿＿＿

电子邮箱：＿＿＿＿＿＿＿＿＿＿

---

① 若为制造商投标，则不需要提供此声明。

（二）近年财务状况表

投标人须提交近_____年（_____年至_____年）的财务报表，并填写下表。

序号	项目	_____年	_____年	_____年
1	固定资产			
2	流动资产			
	其中：存货			
3	总资产			
4	长期负债			
5	流动负债			
6	净资产			
7	利润总额			
8	资产负债率			
9	流动比率			
10	速动比率			
11	销售利润率			

（三）近____年完成的类似项目情况表

项目名称	
项目所在地	
采购人名称	
采购人地址	
采购人电话	
合同价格	
供货时间	
货物描述	
备注	

注：应附中标通知书（如有）和合同协议书以及货物验收证表（货物验收证明文件）等的彩色扫描件（复印件），具体年份时间要求见投标人须知前附表。每张表格只填写一个项目，并标明序号。

（四）正在进行的和新承接的项目情况表

项目名称	
项目所在地	
采购人名称	
采购人地址	
采购人电话	
合同价格	
供货时间	
货物描述	
备注	

注：应附中标通知书（如有）和合同协议书等的彩色扫描件（复印件），具体年份时间要求见投标人须知前附表。每张表格只填写一个项目，并标明序号。

（五）近年发生的诉讼及仲裁情况

序号	案由	双方当事人名称	处理结果或进度情况
……	……	……	……

注：1. 本表为调查表。不得因投标人发生过诉讼及仲裁事项作为否决其投标、作为量化因素或评分因素，除非其中的内容涉及其他规定的评标标准，或导致中标后合同不能履行。

2. 诉讼及仲裁情况是指投标人在招投标和中标合同履行过程中发生的诉讼及仲裁事项，以及投标人认为对其生产经营活动产生重大影响的其他诉讼及仲裁事项。投标人仅需提供与本次招标项目类型相同的诉讼及仲裁情况。

3. 诉讼包括民事诉讼和行政诉讼；仲裁是指争议双方的当事人自愿将他们之间的纠纷提交仲裁机构，由仲裁机构以第三者的身份进行裁决。

4. "案由"是事情的缘由、名称、由来，当事人争议法律关系的类别，或诉讼仲裁情况的内容提要，如"工程款结算纠纷"。

5. "双方当事人名称"是指投标人在诉讼、仲裁中原告（申请人）、被告（被申请人）或第三人的单位名称。

6. 诉讼、仲裁的起算时间为：提起诉讼、仲裁被受理的时间，或收到法院、仲裁机构诉讼、仲裁文书的时间。

7. 诉讼、仲裁已有处理结果的，应附材料见第二章'投标人须知'3.5.3；还没有处理结果，应说明进展情况，如某某人民法院于某年某月某日已经受理。

8. 如招标文件第二章"投标人须知"3.5.3条规定的期限内没有发生的诉讼及仲裁情况，投标人在编制投标文件时，需在上表"案由"空白处声明："经本投标人认真核查，在招标文件第二章'投标人须知'3.5.3条规定的期限内本投标人没有发生诉讼及仲裁纠纷，如不实，构成虚假，自愿承担由此引起的法律责任。特此声明。"

（六）其他资格审查资料

（投标人名称）＿＿＿＿＿＿＿＿

（委托代理人签名）＿＿＿＿＿＿

（印刷体姓名）＿＿＿＿＿＿＿＿

（职务）＿＿＿＿＿＿＿＿＿＿＿

十、构成投标文件的其他材料

初步评审需要的材料

投标人应根据招标文件具体要求，提供初步评审需要的材料，包括但不限于下列内容，请将所需材料在投标文件中的对应页码填入表格中。

序号	名称	网上电子投标文件	纸质投标文件正本	备注
1	营业执照			
2	生产许可证（如果有）			根据项目实际情况填写
3	业绩证明文件			
4	......			
5	经审计的财务报表			＿＿＿至＿＿＿年
6	投标函签字盖章			电子版为扫描件
7	授权委托书签字盖章			电子版为扫描件
8	投标保证金凭证或投保保函			电子版为扫描件
9	......			

注：1. 所提供的资质证书等应为有效期内的文件，其他材料应满足招标文件具体要求；投标保证金采用银行保函时应提供原件，单独密封提交。

2. 招标文件规定的其他材料。

3. 投标人认为需要提供的其他材料。